令和6-7年の試験に対応

一陸特

第一級陸上特殊無線技士
問題・解答集

2024-2025
年版

QCQ企画・編

文堂新光社

はじめに

　高度な無線技術を駆使した携帯電話やスマートフォンなどの端末機器は、現代社会の毎日の生活において、もはや欠かすことのできない必需品となっています。これらの端末機器は電波を利用した無線機であり、その通信を維持するための機器の技術操作や保守を行うには無線従事者の資格が必要になります。また、テレビやラジオ、各種の重要な情報伝送にも電波が利用されており、これらの機器を操作するにも無線従事者の資格が必要になります。

　この無線従事者は電波法という法律によって定められており、業務の無線局を操作・運用するための資格として、総合無線通信士、海上無線通信士、航空無線通信士、そして陸上無線技術士があります。これらの資格を取得するには高度な無線知識が要求されますが、現在の無線技術の発達はすばらしく、高度で高性能な無線装置であっても、簡易な操作で運用することが可能となっています。それらの無線装置を操作するための無線従事者の資格を比較的簡単に取得できるように海上系、航空系、そして陸上系の9種類の「特殊無線技士」の資格がありますが、簡易な操作をすることが目的であることから、操作することができる範囲は「外部の転換装置で電波の質に影響を及ぼさないもの」と制限されています。

　この資格の中でただ一つ「第一級陸上特殊無線技士」だけは例外で、「外部の転換装置で電波の質に影響を及ぼさないもの」という制限がなく、また、周波数は「30メガヘルツ以上」という定めはあるものの空中線電力は「500ワット」という大電力まで扱え、加えてテレビジョンの技術操作もできる（放送局を除く）ため、脚光を浴びていて、この資格を取得するための無線従事者国家試験を受験する方がたいへん多くなってきています。しかし、特殊無線技士の中でもこの資格は出題される無線工学の問題の難易度が高いため、毎回の国家試験では合格率が30％台とかなり低くなっています。

　本書は、この第一級陸上特殊無線技士の資格の国家試験に出題された問題を総合的にまとめ、ジャンルごとに問題を編集してありますので、効率よく学習することができます。

　本書で、第一級陸上特殊無線技士の免許を取得されることを祈念しています。

2024年3月

編者しるす

第一級陸上特殊無線技士 問題・解答集【2024-2025年版】

過去12年分のよく出る問題を厳選
2023年10月期までの試験問題を収録

CONTENTS

本書の効率的な使い方

　第一級陸上特殊無線技士の国家試験で合格するための本書の効率的な使い方を紹介します。

■ 問題の攻略とポイント

　各問題には、その問題の重要度として★印により過去約12年にさかのぼって出題された頻度を示しています。

　★印の数が多いほど出題頻度・重要度が高くなります。特に、★印が五つ付いている問題は出題頻度・重要度が非常に高いので、重要なポイントは確実に覚えておきましょう。試験までの時間が少ないなど学習時間の配分が必要なときは、★印の数が多い問題から順に学習していくのもよいでしょう。

■ 繰り返し問題を解く

　繰り返し問題を解くことは、しっかりとポイントを覚える上で有効な手段です。そこで、各問題において習熟度がチェックできるように1回目、2回目、3回目と表示した欄を設けました。その問題を解くたびにチェック印を入れていけば習熟度が図れ、効率的に学習することができるでしょう。

■ 赤シートの活用

　本書には赤シートが付属しています。赤シートを本書に重ねると、正答や正答を得るためのキーワードなどが隠せるようになっています。赤シートを活用して重要なポイントをマスターしましょう。

■ 模擬試験問題にチャレンジ

　本書の最後に模擬試験問題を収録しています。実際の試験問題と同じスタイルとなっていますので、試験本番前の腕試しとしてご活用ください。手元に時計を置いて、実際の試験時間に合わせてチャレンジするとよいでしょう。

第一級陸上特殊無線技士・受験案内

無線従事者の資格

　無線従事者の資格は、電波法第40条の規定により、総合無線通信士、海上無線通信士、陸上無線技術士、そしてアマチュア無線技士に大別されますが、これらのほかに電波法施行令（政令）第2条によって海上特殊無線技士、航空特殊無線技士、そして陸上特殊無線技士の資格が定められています。

　この政令で定められている「特殊無線技士」の資格は、比較的簡単な知識で取得できるようになっていますが、本書で扱う「第一級陸上特殊無線技士」の資格は、これらの資格の中でも飛び抜けて高度な知識が要求されています。

　特殊無線技士の操作範囲は、原則的に「外部の転換装置で電波の質に影響を及ぼさないものの技術又は通信操作」と限定されています。

　外部の転換装置とは、無線機器のパネル面などに付いている送信と受信の切替えスイッチや周波数の切替えスイッチ、そしてスケルチつまみや音量調整用のボリュームなどをいいます。

　しかし、第一級陸上特殊無線技士の操作範囲は、

・陸上の無線局の空中線電力500ワット以下の多重無線設備（多重通信を行うことのできる無線設備でテレビジョンとして使用するものを含む。）で30メガヘルツ以上の周波数の電波を使用するものの技術操作
・前号に掲げる操作以外の操作で第二級陸上特殊無線技士の操作の範囲に属するもの

となっています。これでおわかりのように、第一級陸上特殊無線技士では「電波の質に影響を及ぼす」技術操作ができ、しかも多重設備やテレビジョンの技術操作も可能で、その上、周波数は30メガヘルツ以上という制限はありますが、出力は500ワットという高出力が扱えます。

　このように、実に現代の要求にマッチした資格ですから、放送局を除く（中継などの業務はできる）、通信関連会社、電力会社、官庁などの無線技術者として活躍することができます。

　そのようなことから現在の無線技術者に欠くことのできない資格が、この「第一級陸上特殊無線技士」といえます。事実、受験会場には大勢の若者が訪れていることでも、その必要性をうかがい知ることができます。

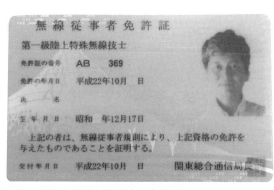

●第一級陸上特殊無線技士の免許証

しかし、他の特殊無線技士の資格とは違い、この資格では実に高度な技術が要求されており、中でも「マイクロ波」、「多重設備」、「通信衛星」などの知識が必要で、そのためか合格率は30％台とたいへん低く、合格することがむずかしくなっています。

 ## 特殊無線技士の試験科目

第一陸上特殊無線技士の試験科目は、無線従事者規則で次のように定められています。

・無線工学

(1) 多重無線設備（空中線系を除く。以下この号において同じ。）の理論、構造及び機能の概要

(2) 空中線系の理論、構造及び機能の概要

(3) 多重無線設備及び空中線系等のための測定機器の理論、構造及び機能の概要

(4) 多重無線設備及び空中線系並びに多重無線設備及び空中線系等のための測定機器の保守及び運用の概要

・法規

電波法及びこれに基づく命令の概要

 ## 特殊無線技士の試験内容

1 無線工学

無線工学の試験では、多重通信の概念：2～3問／基礎理論：3～4問／多重変調方式：2～3問／無線送受信装置：2～4問／中継方式：2問／レーダー：2問／空中線及び給電線：2～3問／電波伝搬：3～4問／電源：1問／測定：2問、合計24問が出題されます。

2 法規

法規の試験では総則（定義）・無線局の免許：2問／無線設備：3問／無線従事者：1問／運用：2問／業務書類：1問／監督・罰則：3問、合計12問が出題されます。

 ## 特殊無線技士の問題と正答

問題用紙はB4判の大きさで、「無線工学」と「法規」が同時に配布されます。解答はどちらからでもよく、配布された答案用紙（A4判）にマークシート方式で記入します。用紙には自分の受験番号、生年月日、氏名を記入します。これらを間違えると、せっかく合格点を得ていても受験者不明となってしまいますので、注意しましょう。

試験時間は、無線工学と法規の両方で「3時間」です。

無線工学は24問中、15問以上（120点／75点）、法規は12問中、8問以上（60点／40点）の正答で合格です。ただし、無線工学と法規の両科目が合格点に達していないと「不合格」となってしまいます。つまり、1科目でも合格点が得られていないと「不合格」ということです。

 ## 特殊無線技士の受験

特殊無線技士の国家試験は、公益財団法人日本無線協会が毎年6月、10月、そして

第一級陸上特殊無線技士・受験案内

2月の3回実施しています。試験申請は、その試験期のおよそ2箇月前までに行います。詳細は、日本無線協会のホームページをご覧ください。

https://www.nichimu.or.jp/

第一級陸上特殊無線技士の試験手数料等は6,300円です。

（令和6年1月現在）

試験申請は、同協会のホームページから「無線従事者国家試験等申請・受付システム」にアクセスし、インターネットを利用してパソコンやスマートフォンから行います。申請時に提出する写真は、デジタルカメラ等で撮影した顔写真を試験申請に際してアップロード（登録）しますので、受験の際には、顔写真の持参は不要です。

インターネットによる申請が完了すると、クレジットカード決済、コンビニエンスストア決済又はペイジー決済で試験手数料等を支払います。

試験地	事務所の名称	事務所の所在地	電話
東京	（公財）日本無線協会 本部	〒104-0053 東京都中央区晴海3-3-3	03-3533-6022
札幌	（公財）日本無線協会 北海道支部	〒060-0002 札幌市中央区北2条西2-26 道特会館4階	011-271-6060
仙台	（公財）日本無線協会 東北支部	〒980-0014 仙台市青葉区本町3-2-26 コンヤスビル	022-265-0575
長野	（公財）日本無線協会 信越支部	〒380-0836 長野市南県町693-4 共栄火災ビル	026-234-1377
金沢	（公財）日本無線協会 北陸支部	〒920-0919 金沢市南町4-55 WAKITA金沢ビル	076-222-7121
名古屋	（公財）日本無線協会 東海支部	〒460-0011 名古屋市東区白壁3-12-13 中産連ビル新館6階	052-908-2589
大阪	（公財）日本無線協会 近畿支部	〒540-0012 大阪市中央区谷町1-3-5 アンフィニィ・天満橋ビル	06-6942-0420
広島	（公財）日本無線協会 中国支部	〒730-0004 広島市中区東白島町20-8 川端ビル	082-227-5253
松山	（公財）日本無線協会 四国支部	〒790-0003 松山市三番町7-13-13 ミツネビルディング	089-946-4431
熊本	（公財）日本無線協会 九州支部	〒860-8524 熊本市中央区辛島町6-7 いちご熊本ビル7F	096-356-7902
那覇	（公財）日本無線協会 沖縄支部	〒900-0027 那覇市山下町18-26 山下市街地住宅	098-840-1816

第一級陸上特殊無線技士「無線工学」試験問題

〔1〕 次の記述は、対地静止衛星を用いた衛星通信の特徴について述べたものである。 ☐ 内に入れるべき字句の正しい組合せを下の番号から選べ。なお、同じ記号の ☐ 内には、同じ字句が入るものとする。

(1) 静止衛星の A は赤道上空にあり、静止衛星が地球を一周する B 周期は地球の C 周期と等しく、また、静止衛星は地球の C の方向と同一方向に周回している。

(2) 静止衛星から地表に到来する電波は極めて微弱であるため、静止衛星による衛星通信は、春分と秋分のころに地球局の受信アンテナビームの見通し線上から到来する D の影響を受けることがある。

	A	B	C	D
1	円軌道	公転	自転	空電雑音
2	円軌道	自転	公転	空電雑音
3	円軌道	公転	自転	太陽雑音
4	極軌道	自転	公転	太陽雑音
5	極軌道	公転	自転	空電雑音

〔2〕 次の記述は、デジタル伝送方式における標本化定理について述べたものである。 ☐ 内に入れるべき字句の正しい組合せを下の番号から選べ。

(1) 入力信号が周波数 f_0〔Hz〕よりも高い周波数成分を A 信号(理想的に帯域制限された信号)であるとき、繰返し周波数が B 〔Hz〕よりも大きいパルス列で標本化を行えば、標本化されたパルス列から原信号(入力信号)を再生できる。

(2) 標本点の間隔が $1/(2f_0)$〔s〕となる間隔をナイキスト間隔という。通常これより C 間隔で標本化を行う。

	A	B	C
1	含まない	$2f_0$	短い
2	含まない	$f_0/2$	短い
3	含む	$f_0/2$	短い
4	含む	$2f_0$	長い
5	含まない	$2f_0$	長い

〔3〕 図に示す回路において、端子 ab 間に直流電圧を加えたところ、8〔Ω〕の抵抗に 2.5〔A〕の電流が流れた。端子 ab 間に加えた電圧の値として、正しいものを下の番号から選べ。

1 18〔V〕
2 23〔V〕
3 36〔V〕
4 46〔V〕
5 54〔V〕

〔4〕 次の記述は、デシベルを用いた計算について述べたものである。このうち誤っているものを下の番号から選べ。ただし、$\log_{10}2 = 0.3$ とする。

1 出力電力が入力電力の 250 倍になる増幅回路の利得は 24〔dB〕である。
2 1〔mW〕を 0〔dBm〕としたとき、8〔W〕の電力は 39〔dBm〕である。
3 1〔μV〕を 0〔dBμV〕としたとき、0.5〔mV〕の電圧は 54〔dBμV〕である。
4 1〔μV/m〕を 0〔dBμV/m〕としたとき、3.2〔mV/m〕の電界強度は 63〔dBμV/m〕である。
5 電圧比で最大値から 6〔dB〕下がったところの電圧レベルは、最大値の 1/2 である。

〔5〕 図に示す理想的な演算増幅器(オペアンプ)を使用した反転増幅回路の電圧利得の値として、最も近いものを下の番号から選べ。ただし、図の増幅回路の電圧増幅度の大きさ A_v(真数)は、次式で表されるものとする。また、$\log_{10}2 = 0.3$ とする。

$$|A_v| = R_2/R_1$$

1 6〔dB〕
2 10〔dB〕
3 14〔dB〕
4 20〔dB〕
5 28〔dB〕

● 第一級陸上特殊無線技士「無線工学」問題の例

第一級陸上特殊無線技士「法規」試験問題

法　　規　　１２問
無線工学　２４問 } ３時間

　　解答は、答えとして正しいと判断したものを一つだけ選び、答案用紙の答欄に正しく記入（マーク）すること。

［１］　次の記述は、申請による周波数等の変更について述べたものである。電波法（第１９条）の規定に照らし、□□□内に入れるべき最も適切な字句の組合せを下の１から４までのうちから一つ選べ。

　　総務大臣は、免許人又は電波法第８条の予備免許を受けた者が識別信号、□A□、周波数、□B□又は運用許容時間の指定の変更を申請した場合において、□C□その他特に必要があると認めるときは、その指定を変更することができる。

	A	B	C
1	無線設備の設置場所	空中線の型式及び構成	混信の除去
2	無線設備の設置場所	空中線電力	電波の規整
3	電波の型式	空中線の型式及び構成	電波の規整
4	電波の型式	空中線電力	混信の除去

［２］　無線局の免許の有効期間及び再免許の申請の期間に関する次の記述のっち、電波法（第１３条）、電波法施行規則（第７条）及び無線局免許手続規則（第１８条）の規定に照らし、これらの規定に定めるところに適合しないものはどれか。下の１から４までのうちから一つ選べ。

1　免許の有効期間は、免許の日から起算して５年を超えない範囲内において総務省令で定める。ただし、再免許を妨げない。
2　特定実験試験局（総務大臣が公示する周波数、当該周波数の使用が可能な地域及び期間並びに空中線電力の範囲内で開設する実験試験局をいう。）の免許の有効期間は、当該周波数の使用が可能な期間とする。
3　固定局の免許の有効期間は、５年とする。
4　再免許の申請は、固定局（免許の有効期間が１年以内であるものを除く。）にあっては免許の有効期間満了前１箇月以上１年を超えない期間において行わなければならない。

［３］　周波数の安定のための条件に関する次の記述のうち、無線設備規則（第１５条及び第１６条）の規定に照らし、これらの規定に定めるところに適合しないものはどれか。下の１から４までのうちから一つ選べ。

1　周波数をその許容偏差内に維持するため、送信装置は、できる限り電源電圧又は負荷の変化によって発振周波数に影響を与えないものでなければならない。
2　周波数をその許容偏差内に維持するため、発振回路の方式は、できる限り外囲の温度又は湿度の変化によって影響を受けないものでなければならない。
3　移動局（移動するアマチュア局を含む。）の送信装置は、実際上起り得る気圧の変化によっても周波数をその許容偏差内に維持するものでなければならない。
4　水晶発振回路に使用する水晶発振子は、周波数をその許容偏差内に維持するため、発振周波数が当該送信装置の水晶発振回路により又はこれと同一の条件の回路によりあらかじめ試験を行って決定されているものでなければならない。

● 第一級陸上特殊無線技士「法規」問題の例

（陸 特 1）

答 案 用 紙

見本

氏 名

受 験 番 号						
C0コ	C0コ	C0コ	C0コ	C0コ	C0コ	C0コ
C1コ	C1コ	C1コ	C1コ	C1コ	C1コ	C1コ
C2コ	C2コ	C2コ	C2コ	C2コ	C2コ	C2コ
C3コ	C3コ	C3コ	C3コ	C3コ	C3コ	C3コ
C4コ	C4コ	C4コ	C4コ	C4コ	C4コ	C4コ
C5コ	C5コ	C5コ	C5コ	C5コ	C5コ	C5コ
C6コ	C6コ	C6コ	C6コ	C6コ	C6コ	C6コ
C7コ	C7コ	C7コ	C7コ	C7コ	C7コ	C7コ
C8コ	C8コ	C8コ	C8コ	C8コ	C8コ	C8コ
C9コ	C9コ	C9コ	C9コ	C9コ	C9コ	C9コ

◎マーク欄には正しくマークすること。
　マークを間違えたときは、消しゴム
　（プラスチック製に限る。）であとか
　たのないようにきれいに消すこと。

（記入例）
〔良い例〕
〔悪い例〕

◎生年月日の年月日に1ケタの数
があるときは、十位のケタの0に
もマークすること。

（記入例）　　昭和9年8月1日
マークする数字→09 08 01

生 年 月 日				
（年号）	明治	大正	昭和	平成
	年		月	日
	C0コ	C0コ	C0コ	C0コ
	C1コ	C1コ	C1コ	C1コ
	C2コ	C2コ	C2コ	C2コ
	C3コ	C3コ	C3コ	C3コ
	C4コ		C4コ	C4コ
	C5コ		C5コ	C5コ
	C6コ		C6コ	C6コ
	C7コ		C7コ	C7コ
	C8コ		C8コ	C8コ
	C9コ		C9コ	C9コ

問 題		答 1 2 3 4 5
法	第1問	
	第2問	
	第3問	
	第4問	
	第5問	
	第6問	
	第7問	
	第8問	
規	第9問	
	第10問	
	第11問	
	第12問	
無	第1問	
線	第2問	
	第3問	
工	第4問	
	第5問	
学	第6問	

問 題		答 1 2 3 4 5
	第7問	
	第8問	
	第9問	
	第10問	
無	第11問	
	第12問	
線	第13問	
	第14問	
	第15問	
	第16問	
工	第17問	
	第18問	
	第19問	
学	第20問	
	第21問	
	第22問	
	第23問	
	第24問	

◎ 答案用紙は折り曲げたり、巻いたり、汚したりしないこと。

● 答案用紙

無線工学

　第一級陸上特殊無線技士「無線工学」の問題を解くワンポイント・アドバイスです。抵抗やコンデンサ、コイル、半導体などの基礎的な項目については省略し、とくに重要な科目であるデジタルやマイクロ波、そして多重通信、マイクロ波の電波伝搬などに関するものをまとめました。

■　デジタル化

　デジタル化とは、音声などの連続したアナログ信号波形の振幅を一定の周期でパルス化することである。これを標本化という。

　アナログ信号を標本化するには、標本化定理により扱う周波数の2倍の周波数で標本化すればよいとされていて、このあと標本化された信号を量子化→符号化してデジタルに変換される。

　量子化とは、標本化されたパルスの振幅を何段階かの決まったレベルの振幅に近似させることで、符号化とは量子化されたパルス列を1パルスごとに振幅値を2進符号に変換することである。

■　多重通信とマイクロ波

　多重通信とは単一の伝送路に異なる多くの情報を同時に伝送する方法であり、これにはマイクロ波と呼ばれる高い周波数帯（3〜30〔GHz〕）が用いられている。

　多重通信は、次のような分野で使用されている。
・宇宙無線通信
・電気通信業務用回線
・テレビ放送の中継回線

テレビ中継に活躍する衛星通信用中継車

・各種データの伝送回線

　この多重通信には多くの伝送路を設ける必要があるため、占有周波数帯幅が広くとれるマイクロ波が使用される。マイクロ波の特徴として、次のようなものが挙げられる。

・周波数が高くなるに従って小型のアンテナで済むので、高利得アンテナの設計が容易になり、送信機の出力が小さくてもよい
・周波数が高くなるに従って小型・高利得、そして指向性の鋭いアンテナが使用でき、同一周波数を使っても混信が生じないので周波数が有効利用できる
・直進性が高く、フェージングが生じにくい
・自然雑音及び人工雑音が少ないので信号対雑音比（S/N）がよい
・周波数が高いので多重度を大きくすることができる
・占有周波数帯幅が広くとれるので高品質の伝送ができる

■　マイクロ波に使用される発振・増幅素子

　マイクロ波の発振や増幅には特殊な素子が使われるが、主なものは次のとおりである。

・発振：小信号の発振にはトンネルダイオード、ガンダイオードなどが、大電力用としてはマグネトロンが使用されている
・増幅：小信号の増幅にはガリウムヒ素 FET など、大電力用としては進行波管（TWT）が使用されている

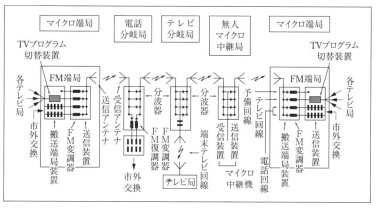

マイクロ回線の構成の一例

見通しのよい山頂に設置されているマイクロ波の中継用回線のアンテナ例

■　多重通信に使用される方式

　単一伝送路に多くの情報を伝送するデジタル通信には、次の変調方式などが使用されている。

・時分割多重方式：TDM (Time Division Multiplex) と呼ばれ、多数のデジタル信号をパルス状にして多重化し、一つの高速のデジタル信号にして時間的に分割して伝送する方式である。パルス符号を使用するので周波数分割方式と比較すると、同じ周波数帯幅ではチャネル数は少なくなる

・周波数分割多重方式：FDM (Frequency Division Multiplex) と呼ばれ、異なる搬送波の周波数で振幅変調して、複数の周波数帯域を割り当てる方式である。この方式では、SS-FM方式やSS-PM方式が使用されている

・SS-FM方式：搬送端局装置でSSB変調された副搬送波の多重信号で送信機の主搬送波を周波数変調 (FM) する方式

・SS-PM方式：搬送端局装置でSSB変調された副搬送波の多重信号で送信機の主搬送波を位相変調 (PM) する方式

・パルス符号変調方式：PCM (Pulse Code Modulation) と呼ばれ、音声などのアナログ信号を標本化、量子化によって2進符号化したデジタル信号に変換 (PCM符号化) する方式

・パケット通信方式：パケット (Packet) とは小包のことで、送信データを一定の長さに分割し、それぞれに宛先などの制御のための情報を付けたもので

ある。受信側では、その情報を基に、元の信号に復元する
・FDMA：Frequency Division Multiple Access の略で周波数分割多元接続
・TDMA：Time Division Multiple Access の略で時分割多元接続
・CDMA：Code Division Multiple Access の略で符号分割多元接続
・SCPC：Single Channel Per Carrier の略でFDMAの一つ。周波数分割を
　伝送する各チャネルのそれぞれに一つのキャリア（搬送波）を割り当てる方式

■　多重通信に使用される中継方式

　中継方式には各種あるが、主に使用されているのは、次のとおりである。
・非再生（ヘテロダイン）中継方式：受信したマイクロ波の周波数を増幅しやす
　い中間周波数に変換して増幅して、再びマイクロ波に変換して送信する
・再生（検波）中継方式：中継機で受信波を復調して元の信号に戻した後、再び
　変調を行って再発射する
・直接中継方式：受信したマイクロ波をそのまま増幅するもの
・無給電中継方式：受信アンテナと送信アンテナを直結したものや金属反射板
　を利用して、増幅装置などを必要としないもの

■　衛星通信

　現在の通信衛星のほとんどは、赤道上空およそ36,000kmにある静止軌道
に打ち上げられている静止衛星である。この静止衛星は軌道上に3個を等間隔
で配置（たとえば、インテルサット衛星は太平洋上、インド洋上、大西洋上）す
ることで、ほぼ世界中をカバーすることができる。
　通信衛星の主な特徴を挙げると、次のようになる。
・地球表面からおよそ36,000km（地球の中心からは、およそ42,000km）
　の赤道上空に配置される静止衛星である
・通信衛星を見通せる位置から通信できるので広域性を有し、同時に多数の情
　報の通信ができる
・マイクロ波が使用されるので周波数帯域幅が広くとれ、映像の伝送のほか多
　チャネルの音声、情報チャネルが確保できる
・多元接続ができる
・衛星通信は中継方式であるので地球から衛星への通信路（アップリンクとい
　う）、衛星から地球への通信路（ダウンリンクという）の2系統の周波数を必
　要とする。衛星からの電波は微弱なのでダウンリンクの周波数は、アップリ

ンクより減衰の少ない低い周波数が使用される

・太陽と地球、そして衛星が一直線になったとき衛星が地球の陰に入ってしまうので太陽の光が衛星の太陽電池（ソーラーパネル）に当たらなくなり、充電の機能が低下する。このことを食という

・衛星からの電波は微弱であるため、地上の設備には低雑音の高利得増幅器、そしてゲイン（利得）の高いアンテナが必要となる

・静止衛星を安定させるための方式には、コマの原理を応用したスピン方式とピッチング、ヨーイング、そしてローリングを制御する3軸安定方式がある

■ 通信衛星

現在運用されている通信衛星で主なものには、次のものがある。

・VSAT：Very Small Aperture Terminal の略で、超小型地球局システムと呼ばれている。このシステムは音声、各種データ、映像などの多くの情報に対応した衛星通信システムである

・インテルサット（INTELSAT）：International Telecommunication Satellite Organization の略で、赤道上空に打ち上げられた静止軌道の通信衛星で、軌道上に等間隔に設置された3個の衛星で全世界をカバーする

・インマルサット（IMMARSAT）：International Mobile Satellite Organization の略で、赤道上空の静止軌道に設置された衛星により全世界をカバーし、陸上及び海上から使用することができる

これら通信衛星にはマイクロ波の 2.6/2.5〔GHz〕、6/4〔GHz〕、14/12

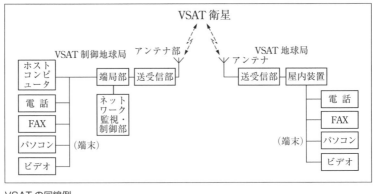

VSAT の回線例

〔GHz〕帯が割り当てられており、アップリンクは高い周波数を、信号の弱いダウンリンクには損失の少ない低い周波数が使用されている。

■ マイクロ波通信に使用されるアンテナ

マイクロ波を使用した通信には、高利得のアンテナが使用されている。主な種類としては、次のものがある。
- 八木・宇田アンテナ（八木アンテナ）
- コーナレフレクタアンテナ
- 電磁ホーン
- ホーンレフレクタアンテナ
- スロットアレーアンテナ
- パラボラアンテナ
- オフセットパラボラアンテナ
- カセグレンアンテナ

なお、波長の短いマイクロ波の伝送には損失の少ない導波管が使用される。

■ レーダー

レーダーにはパルスレーダーとCWレーダーがあり、次のような特徴がある。
- パルスレーダー：船舶や航空機の位置を知る、移動物体の位置を知るために使用され、このレーダーでは送信と受信は同時に行われない
- CWレーダー：移動物体の速度測定に使用され、このレーダーでは送信と受信が同時に行われる。ドプラレーダーの一種である

なお、レーダーの性能には最小探知距離、最大探知距離、方位分解能、距離分解能があり、発射する電波のパルスの幅や繰り返し周波数などが大きく影響している。

■ VHF帯以上の電波伝搬

周波数の高い（波長の短い）電波は、地表波は大地による減衰が増加して伝搬距離は短くなる。また、上空に発射された電波は電離層を突き抜けるため反射波を生じない。この理由から、VHF帯以上の電波は直接波を利用した見通し距離内の通信となる。

また、マイクロ波のように波長が短い電波では、とくに建物や山岳、そして雨や雪、大気などの影響を受けやすく、そのために異常伝搬が生じる。

多重通信の概念
の問題

問題1　重要度 ★★★★★　　1回目 2回目 3回目

次の記述は、多重通信方式について述べたものである。　　内に入れるべき字句の正しい組合せを下の番号から選べ。なお、同じ記号の　　内には、同じ字句が入るものとする。

(1) 複数のチャネルを周波数別に並べて、一つの伝送路上で同時に伝送する方式を　A　通信方式という。

(2) 各チャネルが伝送路を占有する時間を少しずつずらして、順次伝送する方式を　B　通信方式という。この方式では、一般に送信側と受信側の　C　のため、送信信号パルス列に　C　パルスが加えられる。

	A	B	C
1	CDM	TDM	変換
2	CDM	PPM	同期
3	CDM	PPM	変換
4	FDM	PPM	変換
5	FDM	TDM	同期

> **ポイント** FDM＝Frequency Division Multiplex、周波数分割多重。TDM＝Time Division Multiplex、時分割多重。TDMでは送信側と受信側の「同期」を必要とする。
>
> **正答** 5

問題2　重要度 ★★★★★　　1回目 2回目 3回目

次の記述は、多重通信方式について述べたものである。　　内に入れるべき字句の正しい組合せを下の番号から選べ。なお、同じ記号の　　内には、同じ字句が入るものとする。

(1) 各チャネルが伝送路を占有する時間を少しずつずらして、順次伝送する方式を　A　通信方式という。この方式では、一般に送信側と受信側の　B　のため、送信信号パルス列に　B　パルスが加えられる。

(2) PCM 方式による多重の中継回線等では、電話の音声信号 1 チャネル当たりの基本の伝送速度が 64〔kbps〕のとき、□C□チャネルで基本の伝送速度が約 1.54〔Mbps〕になる。

	A	B	C
1	TDM	同期	24
2	TDM	変換	12
3	CDM	変換	24
4	FDM	同期	24
5	FDM	変換	12

ポイント TDM＝Time Division Multiplex、時分割多重。TDM では送信側と受信側の「同期」を必要とする。1.54〔Mbps〕は 1540〔kbps〕であるから、1540÷64≒24 となる。 **正答** 1

問題3 重要度 ★★★★★ 　 1回目 2回目 3回目

次の記述は、多重通信方式について述べたものである。□□内に入れるべき字句の正しい組合せを下の番号から選べ。ただし、同じ記号の□□内には、同じ字句が入るものとする。

(1) 各チャネルのパルス列が重なり合わないようにずらして配列した多重信号のパルス群で搬送波を変調する方式を□A□通信方式という。この方式では一般に、送信側と受信側の□B□のため、送信信号パルス列の先頭に□B□パルスが加えられる。

(2) PCM 方式による多重の中継回線等では、一般に電話音声信号 1 チャネル当たりの基本の伝送速度は 64〔kbps〕であり、24 チャネルで約□C□になる。

	A	B	C
1	TDM	変換	0.77〔Mbps〕
2	TDM	同期	1.54〔Mbps〕
3	CDM	変換	1.54〔Mbps〕
4	FDM	同期	1.54〔Mbps〕
5	FDM	変換	0.77〔Mbps〕

ポイント TDM＝Time Division Multiplex、時分割多重。TDM では送信側と受信側の「同期」を必要とする。伝送速度＝64×24＝1536≒1540〔kbps〕＝1.54〔Mbps〕。 **正答** 2

次の記述は、周波数分割多重通信方式及び時分割多重通信方式の特徴について述べたものである。このうち正しいものを下の番号から選べ。

1　時分割多重通信方式は、周波数分割多重通信方式に比べ、回路構成が複雑なため、LSI 等の集積回路の利用に適さない。
2　周波数分割多重通信方式は、多重化のために帯域フィルタを必要としない。
3　時分割多重通信方式は、多段中継において信号が補正されないため、周波数分割多重通信方式に比べ、雑音、ひずみ等の伝送品質の劣化が多い。
4　周波数分割多重通信方式は、時分割多重通信方式に比べ、アクセス局数が多いと中継器の利用効率が悪くなる。

ポイント　周波数分割多重では占有周波数帯幅が広くなるので、時分割多重に比べるとアクセス局数が少なくなり、多くなると中継器の利用効率が悪くなる。

正答　4

次の記述は、符号分割多重（CDM）通信方式について述べたものである。このうち誤っているものを下の番号から選べ。

1　多重化される各デジタル信号の周波数帯幅よりはるかに広い周波数帯幅が必要である。
2　スペクトル拡散変調された各デジタル信号は、広い周波数帯域内を符号分割多重信号として伝送される。
3　秘話性が高い通信方式である。
4　各デジタル信号は、個別の拡散符号によってスペクトル拡散変調される。
5　フェージングや混信妨害による影響が大きいので、信号対雑音比（S/N）を1よりも十分大きくして復調する必要がある。

ポイント　CDM では、スペクトル拡散されるのでフェージングや混信妨害の影響が「小さい」。

正答　5

多重通信の概念

問題6　重要度 ★★★★★　　1回目 2回目 3回目

次の記述は、直接拡散 (DS) を用いた符号分割多重 (CDM) 伝送方式について述べたものである。このうち誤っているものを下の番号から選べ。

1　秘話性が高い伝送方式である。
2　多重化される各デジタル信号の周波数帯幅よりはるかに広い周波数帯幅が必要である。
3　フェージングや干渉波の影響を比較的受けやすい。
4　スペクトル拡散変調された各デジタル信号は、広い周波数帯域内を符号分割多重信号として伝送される。
5　各デジタル信号は、個別の拡散符号によってスペクトル拡散変調される。

ポイント 直接拡散を用いた CDM は、拡散符号でスペクトル拡散変調され、広い帯域幅となるが、フェージングや干渉波の影響を受け「にくい」。

正答 3

問題7　重要度 ★★★★★　　1回目 2回目 3回目

次の記述は、直接拡散 (DS) を用いた符号分割多重 (CDM) 伝送方式について述べたものである。　　　内に入れるべき字句の正しい組合せを下の番号から選べ。

CDM 伝送方式は、多重化される各デジタル信号の周波数帯幅より、はるかに　A　周波数帯域を多数の信号で共用するもので、各信号は　B　拡散符号でスペクトル拡散変調される。この伝送方式は、フェージングや干渉波の影響を比較的受け　C　。

	A	B	C
1	狭い	異なる	やすい
2	狭い	同一の	にくい
3	広い	同一の	やすい
4	広い	同一の	にくい
5	広い	異なる	にくい

ポイント 拡散符号を利用するので、周波数帯域幅は「広く」、各信号は「異なる」拡散符号でスペクトル拡散変調される。フェージング等の影響を受け「にくい」。

正答 5

次の記述は、直接拡散（DS）を用いた符号分割多重（CDM）伝送方式の一般的な特徴について述べたものである。◻◻◻内に入れるべき字句の正しい組合せを下の番号から選べ。

(1) CDM伝送方式は、送信側で用いた擬似雑音符号と　A　符号でしか復調できないため　B　が高い。

(2) この伝送方式は、受信時に混入した狭帯域の妨害波は受信側で拡散されるので、狭帯域の妨害波に　C　。

	A	B	C
1	同じ	冗長性	弱い
2	同じ	秘話性	強い
3	異なる	秘話性	弱い
4	異なる	冗長性	強い

ポイント CDMは、送信側で用いた擬似雑音符号と「同じ」符号でしか復調できないため「秘話性」が高く、狭帯域の妨害波に「強い」。　　**正答** 2

次の記述は、直接拡散（DS）を用いた符号分割多重（CDM）伝送方式の一般的な特徴について述べたものである。このうち誤っているものを下の番号から選べ。

1　送信側で用いた擬似雑音符号と同じ符号でしか復調できないため秘話性が高い。

2　受信時に混入した狭帯域の妨害波は受信側で拡散されるので、狭帯域の妨害波に弱い。

3　拡散符号により、情報を広帯域に一様に拡散し電力スペクトル密度の低い雑音状にすることで、通信していることの秘匿性も高い。

4　拡散変調では、送信する音声やデータなどの情報をそれらが本来有する周波数帯域よりもはるかに広い帯域に広げる。

ポイント 拡散された符号は帯域が広いので、狭帯域の妨害波に「強い」。
正答 2

多重通信の概念

問題 10　重要度 ★★★★★　　　1回目 2回目 3回目

次の記述は、衛星通信に用いられる周波数分割多元接続（FDMA）方式について述べたものである。□□内に入れるべき字句の正しい組合せを下の番号から選べ。

(1) FDMA 方式は、隣接する通信路間の干渉を避けるために　A　を設けて、周波数帯域が互いに重ならないように分割し、　B　に割り当てる方式である。

(2) 音声信号又はデータ信号の各チャネルごとに、個別の搬送波を割り当てる方式を、　C　方式という。

	A	B	C
1	ガードバンド	人工衛星局	DSI
2	ガードバンド	各地球局	SCPC
3	ガードバンド	各地球局	DSI
4	ガードタイム	各地球局	SCPC
5	ガードタイム	人工衛星局	DSI

ポイント FDMA 方式は、周波数帯域が重ならないようにするために「ガードバンド」を設け、「各地球局」に割り当てる方式である。SCPC とは Single Channel Per Carrier の略で、各チャネルごとに搬送波を割り当てる方式。　**正答** 2

問題 11　重要度 ★★★☆☆　　　1回目 2回目 3回目

次の記述は、直交周波数分割多元接続（OFDMA）について述べたものである。□□内に入れるべき字句の正しい組合せを下の番号から選べ。

(1) OFDMA は、　A　の技術を利用したものであり、サブキャリアを複数のユーザーが共有し、割り当てて使用することにより、効率的な通信を実現することができる。

(2) また、ある程度、周波数を離したサブキャリアをセットとして用いることによって、送信側の増幅器でサブキャリア間の　B　を起こし難くできる。

(3) OFDMA は、一般的に 3.9 世代と呼ばれる携帯電話の通信規格である　C　の下り回線などで利用されている。

	A	B	C
1	CDM	相互変調	CDMA
2	CDM	拡散変調	WiMAX
3	OFDM	拡散変調	CDMA
4	OFDM	相互変調	LTE

問題12　重要度 ★★★☆☆　　　　　1回目 2回目 3回目

次の記述は、直交周波数分割多元接続（OFDMA）について述べたものである。このうち誤っているものを下の番号から選べ。

1　FDD（周波数分割複信）に適用することができるが、TDD（時分割複信）には適用することができない。
2　サブキャリアを複数のユーザーが共有し、割り当てて使用することにより、効率的な通信を実現することができる。
3　ある程度、周波数を離したサブキャリアをセットとして用いることによって、送信側の増幅器でサブキャリア間の相互変調を起こし難くできる。
4　WiMAX（直交周波数分割多元接続方式広帯域移動無線アクセスシステム）で利用されている。

多重通信の概念

問題13　重要度 ★★★☆☆　　1回目 2回目 3回目

図は、PCM多重通信方式の原理的な構成例を示したものである。□□□内に入れるべき字句の正しい組合せを下の番号から選べ。

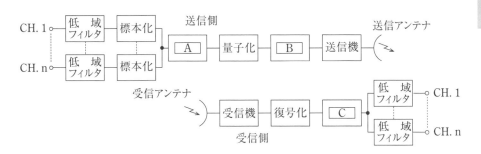

	A	B	C
1	圧縮器	符号化	伸張器
2	圧縮器	伸張器	移相器
3	圧縮器	符号化	移相器
4	変調器	伸張器	移相器
5	変調器	符号化	伸張器

ポイント PCMでは複数の標本化したデジタル信号を「圧縮器」を通して量子化・「符号化」して送信し、受信側では復号化したのち「伸張器」で元の信号に戻す。A～Cの位置が異なる問いも出題されている。

正答　1

問題14　重要度 ★☆☆☆☆　　1回目 2回目 3回目

次の記述は、図に示す原理的な構成によるPCM（パルス符号変調）方式における標本化について述べたものである。□□□内に入れるべき字句の正しい組合せを下の番号から選べ。ただし、アナログ入力信号（原信号）の最低周波数をf_1〔Hz〕、最高周波数をf_2〔Hz〕とする。

(1) 標本化で用いる信号の標本化周波数は、シャノンの標本化定理から□A□〔Hz〕以上が必要である。

(2) アナログ入力信号（原信号）に標本化周波数の1/2倍を超える成分があると、□B□が生じる。

	A	B
1	$2f_2$	折り返し雑音
2	$2f_2$	分配雑音
3	f_1+f_2	折り返し雑音
4	f_1+f_2	分配雑音

ポイント 標本化定理＝$2f_S$（ここでは、最高周波数のf_2）は覚えておく。標本化周波数が低いと、「折り返し雑音」が生じてしまう。

正 答 1

問題15 重要度 ★★★★★　　1回目　2回目　3回目

次の記述は、図に示す原理的な構成による PCM（パルス符号変調）方式における量子化について述べたものである。□内に入れるべき字句の正しい組合せを下の番号から選べ。ただし、量子化信号とは量子化された信号をいう。

(1) 量子化誤差とは、アナログ入力信号（原信号）の値と、量子化信号の値の　A　をいう。

(2) 量子化誤差は、量子化のステップの大きさが大きいほど　B　なる。

	A	B
1	差	大きく
2	差	小さく
3	和	大きく
4	和	小さく

ポイント 量子化誤差とは、アナログ入力信号と量子化信号の値の「差」をいう。量子化するとその波形は階段状になるので、量子化するステップが大きいほど量子化誤差は「大きく」なる。

正 答 1

多重通信の概念

問題16　重要度 ★★★★★　1回目 2回目 3回目

次の記述は、デジタル通信方式の特徴について述べたものである。このうち誤っているものを下の番号から選べ。

1　アナログ通信方式に比べて、他のルートからの電波の干渉を受けやすい。
2　フェージングや雑音レベルに比べて一定レベル以上の信号パルスであれば、伝送路上の再生中継器によって、元の伝送信号と同様の信号パルスが作られる。
3　再生中継器のタイミング部では、信号パルスと同期したパルスが作られる。
4　デジタル通信方式では、音声、影像、データ等の異なる情報でも、同一の伝送設備が利用できる。
5　デジタル通信方式の装置は、論理回路の部分が多く、LSI化することが容易である。

ポイント デジタル通信方式は符号化されているので、アナログ通信方式に比べて他のルート（回線）からの電波の干渉を「受けにくい」。　**正答** 1

問題17　重要度 ★★★★★　1回目 2回目 3回目

次の記述は、マイクロ波通信において、アナログ通信方式と比べたときのデジタル通信方式の一般的な特徴について述べたものである。このうち誤っているものを下の番号から選べ。

1　他のルートからの干渉等の雑音による影響を受けにくい。
2　装置の小型化や送信出力を低減することができる。
3　端局装置に多数のろ波器（フィルタ）を必要とするため、チャネル当たりの価格が高くなる。
4　LSI等の論理回路による構成が容易である。
5　伝送路で雑音が加わっても、一定レベル以下ならば、多段中継をしても良好な品質が確保できる。

ポイント アナログ通信方式では多くのフィルタを必要とするが、デジタル通信方式では必要としないので、端局装置が「安上がりになる」。　**正答** 3

問題18　重要度 ★★★★★　　　1回目 2回目 3回目

次の記述は、マイクロ波を用いた多重通信において、アナログ通信方式と比べたときのデジタル通信方式の一般的な特徴について述べたものである。このうち誤っているものを下の番号から選べ。

1　LSI等の論理回路による構成が容易である。
2　多段中継の場合、再生中継により雑音及びひずみが累積する。
3　端局装置に多数のろ波器（フィルタ）を必要としないので、チャネル当たりの価格が安くなる。
4　フェージングによって、波形ひずみや符号誤りが生ずることがある。

ポイント 多重通信では信号の劣化が少ないので、多段中継においても雑音及びひずみが累積「されにくい」。　　　　**正答** 2

問題19　重要度 ★★★★★　　　1回目 2回目 3回目

次の記述は、マイクロ波を用いた多重通信におけるデジタル方式について述べたものである。このうち誤っているものを下の番号から選べ。

1　一定時間でより多くの情報を伝達するため多値変調を用いる。
2　通信回線を多重化する方法の一つに時分割多重方式がある。
3　送信機の変調方式には、主にASKが用いられる。
4　デジタル方式では、再生中継方式が多く用いられている。

ポイント デジタル変調には、主に「PSK（Phase Shift Keying）」方式が使用される。　　　　**正答** 3

問題20　重要度 ★★★★★　　　1回目 2回目 3回目

次の記述は、マイクロ波通信におけるデジタル方式について述べたものである。□□□内に入れるべき字句の正しい組合せを下の番号から選べ。

(1) 通信回線の多重化には、主に□A□多重方式が用いられる。
(2) 送信機の変調方式には、主にPSK又は□B□が用いられる。
(3) デジタル方式特有の雑音として、□C□雑音がある。

	A	B	C
1	時分割	ASK	フリッカ
2	時分割	QAM	量子化
3	周波数分割	ASK	量子化
4	周波数分割	QAM	量子化
5	周波数分割	ASK	フリッカ

ポイント 通信回線の多重化は「時分割」多重方式が主流である。「QAM」とは Quadrature Amplitude Modulation の略で、直交振幅変調と呼ばれ16QAM や256QAMといった多値のものまである。また、デジタル方式特有の雑音として「量子化」雑音がある。 **正答** **2**

問題21 **重要度 ★★★★★** 1回目 2回目 3回目

次の記述は、デジタル通信方式の特徴について述べたものである。□□□内に入れるべき字句の正しい組合せを下の番号から選べ。

(1) アナログ通信方式の装置に比べて、デジタル通信方式の装置は、論理回路の部分が多く、□A□化することが容易である。

(2) アナログ通信方式に比べて、他の回線からの電波の干渉を受け□B□。

(3) 伝送路上の中継器では、信号波形を整形して、元の伝送信号と同様の信号パルスを作り出す□C□中継が行われる。

	A	B	C
1	LC回路	やすい	ビデオ
2	LC回路	にくい	再生
3	LSI	やすい	再生
4	LSI	にくい	再生
5	LSI	やすい	ビデオ

ポイント 論理回路が多いので「LSI（高集積回路）」化することは容易であり、デジタルはアナログに比べて他回線からの電波の干渉は受け「にくい」。波形がくずれても、元の信号に「再生」して中継される。 **正答** **4**

次の記述は、アナログ信号をデジタル伝送する場合における伝送品質について述べたものである。□□□内に入れるべき字句の正しい組合せを下の番号から選べ。

(1) 伝送品質とは、ある情報を伝送したとき、その情報がどの程度　A　伝わったかということを評価するための尺度である。例えば、電話における雑音の量や、データ伝送における　B　がこれに相当する。

(2) デジタル伝送における伝送品質は、連続するアナログ信号を離散的な信号で表す際に生ずる　C　雑音や、送られてきたパルスを再生し、中継する際に生ずるパルスの誤りなどによって影響を受ける。

	A	B	C
1	正確に	誤り率	量子化
2	正確に	標本化	標本化
3	正確に	誤り率	標本化
4	迅速に	標本化	量子化
5	迅速に	誤り率	標本化

ポイント Aの項の「正確に」に対して、Bの項は「誤り率」が対応する。デジタル符号化するときのエラーの「量子化」雑音となる。　　　　　　　正答　1

次の記述は、デジタル伝送方式における標本化定理について述べたものである。□□□内に入れるべき字句の正しい組合せを下の番号から選べ。

(1) 入力信号が周波数 f_0〔Hz〕よりも　A　周波数を含まない信号（理想的に帯域制限された信号）であるとき、繰返し周波数が　B　のパルス列で標本化を行えば、そのパルス列から原信号（入力信号）を再生できる。

(2) この場合、標本点の間隔は　C　〔s〕であり、この間隔をナイキスト間隔という。

	A	B	C
1	低い	$0.5f_0$	$2/f_0$
2	低い	$2f_0$	$1/(2f_0)$
3	低い	$0.5f_0$	$1/(2f_0)$
4	高い	$2f_0$	$1/(2f_0)$
5	高い	$0.5f_0$	$2/f_0$

ポイント f_0 より「高い」周波数を含まない信号のとき、繰返し周波数が「$2f_0$」のパルス列で標本化を行うと原信号を再生でき、標本点の間隔は「$1/(2f_0)$」〔s〕である。

正 答 **4**

問題24 重要度 ★★★★★　　1回目 2回目 3回目

次の記述は、デジタル伝送方式における標本化定理について述べたものである。□□□内に入れるべき字句の正しい組合せを下の番号から選べ。

(1) 入力信号が周波数 f_0〔Hz〕よりも高い周波数を含まない信号（理想的に帯域制限された信号）であるとき、繰返し周波数が□A□〔Hz〕のパルス列で標本化を行えば、標本化されたパルス列から原信号（入力信号）を□B□できる。

(2) この場合、標本点の間隔は□C□〔s〕であり、この間隔をナイキスト間隔という。

	A	B	C
1	$2f_0$	拡散	$2/f_0$
2	$2f_0$	再生	$1/(2f_0)$
3	$2f_0$	再生	$2/f_0$
4	$0.5f_0$	再生	$1/(2f_0)$
5	$0.5f_0$	拡散	$2/f_0$

ポイント 標本化定理により、入力信号周波数 f_0 の「2倍」の周波数（$=2f_0$）で標本化すれば、標本化された信号から原信号を「再生」することができる。標本点の間隔は「$1/(2f_0)$」〔s〕である。

正 答 **2**

問題25 重要度 ★★★★★　　1回目 2回目 3回目

次の記述は、デジタル伝送方式における標本化定理について述べたものである。□□□内に入れるべき字句の正しい組合せを下の番号から選べ。

(1) 入力信号が周波数 f_0〔Hz〕よりも高い周波数を□A□信号（理想的に帯域制限された信号）であるとき、繰返し周波数が□B□〔Hz〕のパルス列で標本化を行えば、そのパルス列から原信号（入力信号）を再生できる。

(2) この場合、標本点の間隔は $1/(2f_0)$〔s〕であり、この間隔をナイキスト間隔という。通常これより□C□間隔で標本化を行う。

	A	B	C
1	含む	$2f_0$	長い
2	含む	$0.5f_0$	短い
3	含まない	$2f_0$	短い
4	含まない	$0.5f_0$	短い
5	含まない	$2f_0$	長い

> **ポイント** 入力信号が周波数 f_0 よりも高い周波数を「含まない」信号のとき、「2倍」の周波数（$=2f_0$）で標本化すればよく、標本点の間隔は元の周波数より「短い」間隔で行う。　**正答** 3

問題26　重要度 ★★☆☆☆　　1回目 2回目 3回目

次の記述は、マイクロ波の特徴について述べたものである。このうち正しいものを下の番号から選べ。

1　占有周波数帯幅を比較的広く取れるので、通話路数の多い多重通信回線の設定が容易である。
2　超短波（VHF）帯の電波に比較して、地形や建物などの影響が少ない。
3　給電線に平行二線式線路が使用できるので、装置が簡単になる。
4　光の性質に似ているので、水中での通信が可能である。
5　対流圏散乱による 100〔km〕以上の通信はできない。

> **ポイント** マイクロ波では周波数が高く、占有周波数帯幅が広く取れるので多チャネル（多重）の通信回線が得られる。　**正答** 1

問題27　重要度 ★★★★★　　1回目 2回目 3回目

次の記述は、マイクロ波（SHF）帯の電波による通信の一般的な特徴等について述べたものである。このうち誤っているものを下の番号から選べ。

1　電離層伝搬による見通し外の遠距離通信は、困難である。
2　周波数が高くなるほど、アンテナを小型化できる。
3　中継局において、送受信アンテナを同一場所に設置できるので、建設、保守が容易である。
4　超短波（VHF）帯の電波に比較して、地形や建物などの影響が少ない。

5 アンテナの指向性を鋭くできるので、他の無線回線との混信を避けることが比較的容易である。

> **ポイント** マイクロ波は、超短波帯の電波と比べると、地形や建物などの影響が「多い」。
>
> **正 答** **4**

問題28 重要度 ★★★★☆　　　　1回目 2回目 3回目

次の記述は、マイクロ波 (SHF) 帯の電波による通信の一般的な特徴等について述べたものである。このうち誤っているものを下の番号から選べ。

1 VHF帯の電波と比較して、自然雑音及び人工雑音の影響が少なく、また、地形や降雨の影響を受けにくい。
2 周波数が高くなるほど、アンテナを小型化できる。
3 占有周波数帯幅を比較的広く取れるので、通話路数の多い多重通信回路の設定が容易である。
4 電離層伝搬による見通し外の遠距離通信は、困難である。
5 アンテナの指向性を鋭くできるので、他の無線回線との混信を避けることが比較的容易である。

> **ポイント** マイクロ波では波長が短いので、地形や降雨の影響を著しく「受ける」。
>
> **正 答** **1**

問題29 重要度 ★★★★★　　　　1回目 2回目 3回目

次の記述は、マイクロ波 (SHF) 帯の電波を利用する通信回線又は装置の一般的な特徴について述べたものである。このうち正しいものを下の番号から選べ。

1 低い周波数帯よりも必要とする周波数帯域幅が広くとれるため、多重回線の多重度を大きくすることができる。
2 周波数が高くなるほど、雨による減衰が小さくなり、大容量の通信回線を安定に維持することが容易になる。
3 アンテナの大きさが同じとき、周波数が高いほどアンテナ利得は小さくなる。
4 自然雑音及び人工雑音の影響が大きく、良好な信号対雑音比 (S/N) の通信回線を構成することができない。

問題30 重要度 ★★★☆☆

1回目 2回目 3回目

次の記述は、マイクロ波（SHF）帯の電波を利用する通信回線又は装置の一般的な特徴について述べたものである。このうち誤っているものを下の番号から選べ。

1　周波数が高くなるほど、雪や雨による減衰が大きくなり、大容量の多重回線を安定に維持することが難しくなる。

2　周波数が高くなるほど、アンテナが小型になり、大きなアンテナ利得を得ることが困難である。

3　周波数帯域幅が広く取れるため、映像信号のような広帯域の信号も伝送できる。

4　自然雑音及び人工雑音の影響が少なく、良好な信号対雑音比（S/N）の通信回線を構成することができる。

問題31 重要度 ★★★★★

1回目 2回目 3回目

次の記述は、マイクロ波（SHF）帯の電波を利用する通信回線又は装置の一般的な特徴について述べたものである。　　内に入れるべき字句の正しい組合せを下の番号から選べ。

(1) 周波数が　A　なるほど、雪や雨による減衰が大きくなり、大容量の通信回線を安定に維持することが難しくなる。

(2) 自然雑音及び人工雑音の影響が少なく、良好な信号対雑音比（S/N）の通信回線を構成することができる。

(3) 必要とする周波数帯域幅が　B　取れるため、多重回線の多重度を大きくすることができる。

(4) 周波数が高くなるほど、アンテナが　C　になり、また、大きなアンテナ利得を得ることが容易である。

	A	B	C
1	高く	広く	小型
2	高く	狭く	大型

3　低く　　　広く　　　大型
4　低く　　　狭く　　　小型

> **ポイント** 周波数が「高く」なるほど周波数帯域幅が「広く」取れ、またアンテナは「小型」で高利得のものを利用することができる。　　**正答**　1

問題32　重要度 ★★★☆☆　　　　1回目 2回目 3回目

次の記述は、対地静止衛星について述べたものである。このうち誤っているものを下の番号から選べ。

1　対地静止衛星は地球の自転の方向と同一方向に周回している。
2　静止衛星が地球を一周する公転周期は地球の自転周期と等しい。
3　対地静止衛星の軌道は、赤道上空にあり、地球の中心からの距離が約36,000〔km〕のだ円軌道である。
4　南極及び北極周辺の高緯度地域を除き、全世界を静止衛星のサービスエリアに含むためには、最少3個の衛星が必要である。

> **ポイント** 対地静止衛星の軌道高度は、地表からおよそ36,000〔km〕であり、地球の中心からはおよそ「42,000〔km〕」で、軌道はだ円軌道ではなく「円軌道」である。「地表」と「中心」を勘違いしないこと。　　**正答**　3

問題33　重要度 ★★★★☆　　　　1回目 2回目 3回目

次の記述は、静止衛星通信の特徴について述べたものである。このうち誤っているものを下の番号から選べ。

1　衛星の中継器は、多数の局で共同使用でき、多元接続方式に適している。
2　静止衛星は、赤道上空36,000〔km〕の軌道上にある。
3　往路及び復路の両方の通信経路が静止衛星を経由する電話回線においては、送話者が送話を行ってからそれに対する受話者からの応答を受け取るまでに、約0.25秒の遅延があるため、通話の不自然性が生ずることがある。
4　通信衛星の電源には太陽電池を使用するため、太陽電池が発電しない衛星食の時期に備えて、蓄電池などを搭載する必要がある。

問題34 重要度 ★☆☆☆☆ 1回目 2回目 3回目

次の記述は、静止衛星通信について述べたものである。[___]内に入れるべき字句の正しい組合せを下の番号から選べ。

(1) FDMA方式及びTDMA方式などを用いて衛星に搭載している中継器の回線を分割し、多数の地球局が同時に使用することを[_A_]接続という。

(2) 静止衛星は、赤道上空約36,000〔km〕の軌道上にあり、地球を一周する時間が地球の自転周期と一致しており、地球の自転の方向と[_B_]方向に周回している。

(3) 静止衛星は、春分及び秋分の頃の夜間に地球の影に入るため、その間は衛星に搭載した[_C_]で電力を供給する。

	A	B	C
1	従続	反対	蓄電池
2	従続	同一	太陽電池
3	多元	反対	太陽電池
4	多元	同一	蓄電池

問題35 重要度 ★★★☆☆ 1回目 2回目 3回目

次の記述は、対地静止衛星について述べたものである。このうち誤っているものを下の番号から選べ。

1 対地静止衛星の軌道は、赤道上空にある円軌道である。

2 春分及び秋分を中心とした一定の期間には、衛星の電源に用いられる太陽電池の発電ができなくなる時間帯が生ずる。

3 対地静止衛星が地球を一周する周期は、地球の公転周期と等しい。

4 対地静止衛星は地球の自転の方向と同一方向に周回している。

> **ポイント** 対地静止衛星は地球の「自転」周期と等しく、公転周期ではない。

正答 3

問題36　重要度 ★★★★★ 　1回目 2回目 3回目

次の記述は、対地静止衛星による通信について述べたものである。 ____ 内に入れるべき字句の正しい組合せを下の番号から選べ。

(1) FDMA 及び TDMA などの ___A___ 方式は、衛星に搭載する中継装置の回線を分割し、多数の地球局が共用するために用いられる。
(2) FDMA 方式は、 ___B___ を分割して各地球局に回線を割り当てる。
(3) 伝送コスト及び伝送品質は、送信地球局と受信地球局間の距離への依存性が極めて ___C___ 。

	A	B	C
1	再生中継	時間	低い
2	再生中継	周波数	高い
3	多元接続	時間	低い
4	多元接続	周波数	低い
5	多元接続	時間	高い

> **ポイント** 多数の地球局で共用＝「多元接続」という。FDMA＝Frequency Division Multiplex Accese、「周波数」分割多重方式。伝送コスト・品質は、送信地球局と受信地球局間の距離への依存性が極めて「低い」。　**正答** 4

問題37　重要度 ★★★★★ 　1回目 2回目 3回目

次の記述は、対地静止衛星による通信について述べたものである。 ____ 内に入れるべき字句の正しい組合せを下の番号から選べ。

(1) 衛星に搭載する中継装置の回線を分割し、多数の地球局が共用するため、FDMA、TDMA などの ___A___ 方式が用いられる。
(2) TDMA 方式は、 ___B___ を分割して各地球局に回線を割り当てる。
(3) 10〔GHz〕以上の電波を使用する衛星通信は、 ___C___ による信号の減衰を受けやすい。

	A	B	C
1	再生中継	時間	降雨

2	再生中継	周波数	電離層シンチレーション
3	多元接続	時間	降雨
4	多元接続	周波数	降雨
5	多元接続	時間	電離層シンチレーション

> **ポイント** 多数の地球局で共用＝「多元接続」という。TDMA＝Time Division Multiple Access、時分割多重方式といい、「時間」を分割して各地球局に回線を割り当てる。マイクロ波である 10〔GHz〕以上の電波は波長が短いので「降雨」による信号の減衰を受けやすい。
>
> **正答** **3**

問題38　重要度 ★★☆☆☆　　1回目 2回目 3回目

次の記述は、対地静止衛星による通信について述べたものである。____内に入れるべき字句の正しい組合せを下の番号から選べ。ただし、同じ記号の____内には、同じ字句が入るものとする。

(1) FDMA 及び TDMA などの多元接続方式は、衛星に搭載する中継装置の回線を分割し、多数の ___A___ が共用するために用いられる。

(2) FDMA 方式は、___B___ を分割して各 ___A___ に回線を割り当てる。

(3) 静止衛星は、赤道上空約 36,000 キロメートルの軌道上にあるため、一中継当たり ___C___ 秒程度の伝搬遅延時間がある。

	A	B	C
1	宇宙局	周波数	0.24
2	宇宙局	時間	0.96
3	地球局	周波数	0.96
4	地球局	時間	0.96
5	地球局	周波数	0.24

> **ポイント** 多元接続＝多数の「地球局」で共用。FDMA＝Frequency Division Multiplex Accese、「周波数」分割多重方式。伝搬遅延時間は距離を電波の速度 $(3 \times 10^8$〔m/s〕) で割り、往復分であるからこの数値を 2 倍すれば求められる。よって、$\{(36000 \times 10^3) \div (3 \times 10^8)\} \times 2 = 0.24$〔秒〕となる。
>
> **正答** **5**

多重通信の概念

問題39　重要度 ★★★★☆　　1回目 2回目 3回目

次の記述は、対地静止衛星を用いた衛星通信の特徴について述べたものである。□□□内に入れるべき字句の正しい組合せを下の番号から選べ。

(1) 静止衛星から地表に到来する電波は極めて微弱であるため、静止衛星による衛星通信は、春分と秋分のころに、地球局の受信アンテナビームの見通し線上から到来する □ A □ の影響を受けることがある。

(2) 10〔GHz〕以上の電波を使用する衛星通信は、□ B □ による信号の減衰を受けやすい。

	A	B
1	太陽雑音	降雨
2	空電雑音	降雨
3	太陽雑音	電離層シンチレーション
4	空電雑音	電離層シンチレーション

> **ポイント** 春分と秋分は太陽の位置によって生じ、「太陽雑音」の影響を受ける。また、10〔GHz〕以上のマイクロウェーブと呼ばれる高い周波数では、「降雨」による信号の減衰を受けやすくなる。　　**正 答** 1

問題40　重要度 ★★★★★　　1回目 2回目 3回目

次の記述は、対地静止衛星を利用する通信について述べたものである。□□□内に入れるべき字句の正しい組合せを下の番号から選べ。

(1) 衛星の中継器を複数の地球局が共用して通信を行う多元接続方式のうち、周波数帯を分割して各地球局に回線を割り当てる方式を □ A □ 方式という。

(2) 宇宙局を経由する電波により、同時に多地点で受信が可能である同報通信を、容易に行うことが □ B □ 。

(3) 静止衛星軌道の赤道上空に、最低 □ C □ の通信衛星を配置すれば、ほぼ我が国全体をサービスエリアとする通信網が構成できる。

	A	B	C
1	TDMA	できる	1個
2	TDMA	できない	3個
3	FDMA	できる	1個
4	FDMA	できない	2個
5	FDMA	できる	3個

問題41	重要度 ★★★★☆	1回目 2回目 3回目

次の記述は、対地静止衛星を利用する通信の特徴について述べたものである。□□□内に入れるべき字句の正しい組合せを下の番号から選べ。

(1) 往路及び復路の両方の通信経路が静止衛星を経由する電話回線においては、送話者が送話を行ってからそれに対する受話者からの応答を受け取るまでに、約　A　の遅延があるため、通話の不自然性が生ずることがある。

(2) 静止衛星は、　B　の頃の夜間に地球の影に入るため、その間は衛星に搭載した蓄電池で電力を供給する。

(3) 衛星の中継器は多数の局で共同使用でき、　C　に適している。

	A	B	C
1	0.25 秒	春分及び秋分	再生中継方式
2	0.5 秒	春分及び秋分	多元接続方式
3	0.25 秒	夏至及び冬至	多元接続方式
4	0.5 秒	夏至及び冬至	再生中継方式

ポイント 片道に約0.25秒かかるので往復では２倍の「約0.5秒」がかかる。静止衛星の食は「春分及び秋分」に発生する。多数の局で共同使用＝「多元接続方式」である。

正　答　2

問題42	重要度 ★★☆☆☆	1回目 2回目 3回目

次の記述は、対地静止衛星を利用する通信の特徴について述べたものである。□□□内に入れるべき字句の正しい組合せを下の番号から選べ。

(1) 衛星と地球局間の距離が37,500kmの場合、往路及び復路の両方の通信経路が静止衛星を経由する電話回線においては、送話者が送話を行ってからそれに対する受話者からの応答を受け取るまでに、電波の伝搬による遅延が約　A　あるため、通話の不自然性が生じることがある。

(2) 静止衛星は、 B の頃の夜間に地球の影に入るため、その間は衛星に搭載した蓄電池で電力を供給する。

(3) C 個の通信衛星を赤道上空に等間隔に配置することにより、極地域を除く地球上のほとんどの地域をカバーする通信網が構成できる。

	A	B	C
1	0.5 秒	夏至及び冬至	2
2	0.5 秒	春分及び秋分	3
3	0.1 秒	春分及び秋分	2
4	0.1 秒	夏至及び冬至	3

ポイント 片道に約0.25秒かかるので往復では2倍の「約0.5秒」がかかる。静止衛星の食は「春分及び秋分」に発生する。「3」個の通信衛星(静止衛星)で地球のほとんどの地域を常時カバーできる。　　　**正答** 2

問題43 重要度 ★★★★☆ 　　1回目 2回目 3回目

次の記述は、対地静止衛星を用いた衛星通信の特徴について述べたものである。 内に入れるべき字句の正しい組合せを下の番号から選べ。

(1) 静止衛星の A は、赤道上空にあり、静止衛星が地球を一周する公転周期は、地球の自転周期と等しく、また、静止衛星は地球の自転の方向と B 方向に周回している。

(2) 静止衛星から地表に到来する電波は極めて微弱であるため、静止衛星による衛星通信は、春分と秋分のころに、地球局の受信アンテナビームの見通し線上から到来する C の影響を受けることがある。

	A	B	C
1	円軌道	同一	太陽雑音
2	円軌道	逆	空電雑音
3	極軌道	逆	太陽雑音
4	極軌道	同一	空電雑音

ポイント 静止衛星の軌道は「円軌道」で赤道上空にあり地球の自転方向と「同一」方向に周回している。また、秋分と春分のころに「太陽雑音」の影響を受けることがある。　　　**正答** 1

次の記述は、対地静止衛星を利用する通信について述べたものである。このうち誤っているものを下の番号から選べ。

1　衛星通信を行うための周波数の組合せは、ダウンリンク用とアップリンク用の2波が必要である。

2　電波が、地球上から通信衛星を経由して再び地球上に戻ってくるのに約0.25秒を要する。

3　VSAT制御地球局には大口径のカセグレンアンテナが用いられ、VSAT地球局には小型のオフセットパラボラアンテナを用いることが多い。

4　衛星通信に10〔GHz〕以上の電波を使用する場合は、大気圏の降雨による減衰が少ないので、信号の劣化も少ない。

5　3個の通信衛星を赤道上空に等間隔に配置することにより、極地域を除く地球上のほとんどの地域をカバーする通信網が構成できる。

ポイント マイクロ波である10〔GHz〕の電波は波長が短いので降雨による「減衰が多く、信号の劣化も多い」。　　**正答** 4

次の記述は、対地静止衛星を用いた衛星通信の特徴について述べたものである。このうち誤っているものを下の番号から選べ。

1　衛星の中継器は、多数の局で共同使用でき、多元接続方式に適している。

2　衛星回線の占有周波数帯幅は、通常、地上通信の場合に比べて狭い。

3　地上通信ではカバーしにくいような山間部や離島及び船舶・航空機との通信に適している。

4　通信衛星の電源には太陽電池を使用するため、太陽電池が作用しない衛星食の時期に備えて、蓄電池などを搭載する必要がある。

ポイント 衛星通信回線ではマイクロ波が使われるので、占有周波数帯幅は「広く」取れる。　　**正答** 2

問題46　重要度 ★★★★★　　1回目 2回目 3回目

次の記述は、対地静止衛星を用いた衛星通信の特徴について述べたものである。
□□□内に入れるべき字句の正しい組合せを下の番号から選べ。

(1) 衛星通信に用いる 10〔GHz〕より高い周波数の電波は、それ以下の周波数に比べて対流圏伝搬における降雨減衰などによる影響が　A　。
(2) 衛星の中継器は多数の局で共同使用でき、　B　に適している。
(3) 衛星通信は、山間部や離島及び船舶・航空機との通信に　C　。

	A	B	C
1	小さい	再生中継方式	適している
2	小さい	多元接続方式	適さない
3	大きい	再生中継方式	適さない
4	大きい	多元接続方式	適している

ポイント マイクロ波である 10〔GHz〕の電波は波長が短いので降雨による減衰の影響が「大きい」。多数の局で共同使用＝「多元接続」という。カバー範囲が広いので、山間部や離島、そして洋上の船舶や航空機との通信に「適している」。

正答 4

問題47　重要度 ★★★☆☆　　1回目 2回目 3回目

次の記述は、対地静止衛星を用いた衛星通信の特徴について述べたものである。
□□□内に入れるべき字句の正しい組合せを下の番号から選べ。

(1) 静止衛星では、多元接続が可能であるため、放送や　A　を容易に行うことができる。
(2) 静止衛星から地表に到来する電波は極めて微弱であるため、静止衛星による通信は、春分と秋分のころに、地球局の受信アンテナビームの見通し線上から到来する　B　の影響を受けることがある。
(3) 10〔GHz〕以上の電波を使用する衛星通信は、　C　による信号の減衰を受けやすい。

	A	B	C
1	高速通信	空電雑音	降雨
2	高速通信	太陽雑音	フェージング
3	同報通信	空電雑音	フェージング
4	同報通信	太陽雑音	フェージング
5	同報通信	太陽雑音	降雨

問題48　重要度 ★★★☆☆　　1回目 2回目 3回目

次の記述は、通信衛星について述べたものである。◯◯内に入れるべき字句の正しい組合せを下の番号から選べ。なお、同じ記号の◯◯内には、同じ字句が入るものとする。

(1) 赤道上空約 ◯A◯ 〔km〕の円軌道に打ち上げられた ◯B◯ 衛星は、地球の自転と同期して周回しているが、その周期は約24時間である。

(2) (1)の円軌道に等間隔に最少 ◯C◯ 個の ◯B◯ 衛星を配置すれば、極地域を除く地球の大部分の地域を常時カバーする通信網が構成できる。

	A	B	C
1	20,200	静止	4
2	20,200	極軌道	3
3	36,000	静止	3
4	36,000	極軌道	4
5	42,000	静止	4

問題49　重要度 ★★★☆☆　　1回目 2回目 3回目

次の記述は、衛星通信の接続方式について述べたものである。このうち誤っているものを下の番号から選べ。

1　デマンドアサイメント（Demand-assignment）は、通信の呼が発生する度に衛星回線を設定する。
2　TDMA方式は、隣接する通話路の干渉を避けるため、各地球局の周波数帯域がお互いに重なり合わないように、ガードバンドを設けている。
3　MCPCは、複数のチャネルを一つの搬送周波数に割り当てる。
4　SCPCは、一つのチャネルを一つの搬送周波数に割り当てる。
5　CDMA方式は、FDMA方式に比べて、秘話性に富んでいる。

> **ポイント** TDMA では時間分割なのでガードバンドを設ける必要はないが、その代わり「ガードタイム」を設ける必要がある。TDMA＝Time Division Multiplex Accese、時分割多重方式。　**正答** 2

問題50　重要度 ★★★☆☆　　1回目 2回目 3回目

次の記述は、衛星通信の接続方式について述べたものである。このうち正しいものを下の番号から選べ。

1　プリアサイメント（Pre-assignment）は、通信の呼が発生する度に衛星回線を設定する。
2　FDMA方式は、時間を分割してチャネルを割り当てる。
3　FDMA方式における衛星中継器の電力効率は、地球局のアクセス数が増加しても変わらない。
4　TDMA方式は、一つの搬送周波数に対して、1チャネル（SCPC）を割り当てる。
5　TDMA方式では、各地球局からの信号が、衛星上で互いに重なり合わないように、ガードタイムを設けている。

> **ポイント** TDMA では時間分割なのでガードバンドを設ける必要はないが、その代わりガードタイムを設ける必要がある。　**正答** 5

問題51　重要度 ★☆☆☆☆　　1回目 2回目 3回目

次の記述は、衛星通信の接続方式について述べたものである。このうち誤っているものを下の番号から選べ。

1　FDMA方式は、各地球局に対して、使用する周波数帯域を割り当てる方式である。
2　FDMA方式では、各地球局が相互に干渉しないように、ガードバンドを設ける。
3　TDMA方式は、各地球局に対して、使用する時間を割り当てる方式である。
4　TDMA方式では、各地球局が使用する時間が重ならないように、ガードタイムを設ける。
5　CDMA方式は、各地球局に対して使用するスペクトル拡散のためのスタッフパルス符号を割り当てる方式である。

問題 52　重要度 ★★★★★　　　1回目　2回目　3回目

次の記述は、衛星通信の接続方式について述べたものである。□□□内に入れるべき字句の正しい組合せを下の番号から選べ。

(1) TDMA 方式は、各地球局に対して使用する□ A □を割り当てる方式である。
(2) FDMA 方式は、各地球局に対して使用する□ B □を割り当てる方式である。
(3) CDMA 方式は、各地球局に対しスペクトル拡散のために使用する□ C □を割り当てる方式である。

	A	B	C
1	通信衛星	周波数帯域	PN 符号
2	通信衛星	ガードタイム	ガードバンド
3	時間	周波数帯域	ガードバンド
4	時間	ガードタイム	ガードバンド
5	時間	周波数帯域	PN 符号

問題 53　重要度 ★★★☆☆　　　1回目　2回目　3回目

次の記述は、衛星通信に使用されている周波数について述べたものである。□□□内に入れるべき字句の正しい組合せを下の番号から選べ。

(1) 衛星通信では、送信地球局から衛星へのアップリンク用の周波数と衛星から受信地球局へのダウンリンク用の周波数が対で用いられる。例えば C バンドでは、□ A □が用いられている。
(2) 衛星から到来する電波は微弱なため、ダウンリンクの周波数は、□ B □の少ないことが望ましく、このため、アップリンクよりも□ C □周波数が用いられる。

	A	B	C
1	6/4〔GHz〕帯	伝搬損失	低い
2	6/4〔GHz〕帯	定在波比	高い

3　14/12〔GHz〕帯　　伝搬損失　　高い
4　14/12〔GHz〕帯　　定在波比　　低い

ポイント Cバンドでは、「6/4〔GHz〕帯」が用いられている。周波数が低いほうが「伝搬損失」が少ないので、ダウンリンクの周波数はアップリンクより損失が少ない「低い」周波数が使用される。　　**正答** 1

問題54　重要度 ★★★★★　　1回目 2回目 3回目

次の記述は、衛星通信に用いられる地球局用アンテナ系に要求される特性について述べたものである。このうち誤っているものを下の番号から選べ。

1　衛星から到来する微弱な電波が受信できるよう、アンテナ利得が高いこと。
2　アンテナ系より発生する雑音温度が高いこと。
3　直線偏波や円偏波の偏波識別度が高いこと。
4　サイドローブは、メインビームよりできるだけ低い（小さい）こと。
5　給電回路の偏波変換器など立体回路各素子の特性は、広帯域性を有すること。

ポイント 微弱電波を受信するアンテナより発生する雑音温度は、できるだけ「低い」ことが要求される。　　**正答** 2

基礎理論
の問題

問題 1　重要度 ★★★☆☆　　　　1回目　2回目　3回目

図に示す回路において、端子 ab 間の合成抵抗の値が 20〔Ω〕であるとき、抵抗 R_1 の値として、正しいものを下の番号から選べ。ただし、$R_2=54$〔Ω〕、$R_3=18$〔Ω〕、$R_4=6$〔Ω〕、$R_5=4$〔Ω〕、$R_6=6$〔Ω〕、$R_7=2$〔Ω〕とする。

1　22〔Ω〕

2　25〔Ω〕

3　30〔Ω〕

4　35〔Ω〕

5　40〔Ω〕

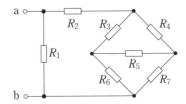

ポイント $R_3:R_4=R_6:R_7$ よりブリッジ回路は平衡しているので、R_5 は無視することができる。

R_3、R_4、R_6、R_7 の合成抵抗は、

$$\frac{(R_3+R_6)\times(R_4+R_7)}{(R_3+R_6)+(R_4+R_7)}=\frac{(18+6)\times(6+2)}{(18+6)+(6+2)}$$

$$=\frac{24\times8}{24+8}=\frac{192}{32}=6\,〔Ω〕$$

R_2 と 6〔Ω〕の合成抵抗は直列接続なので、

$R_2+6=54+6=60$〔Ω〕

したがって、ab 間の合成抵抗が 20〔Ω〕なので、

$$20=\frac{R_1\times60}{R_1+60}\qquad 20R_1+1200=60R_1\qquad 40R_1=1200$$

$R_1=30$〔Ω〕

となる。

正答　3

問題 2　重要度 ★★★☆☆　　　　　　　　1回目 2回目 3回目

図に示す回路において、端子 ab 間の合成抵抗の値として、正しいものを下の番号から選べ。ただし、$R_1=75$〔Ω〕、$R_2=38$〔Ω〕、$R_3=4$〔Ω〕、$R_4=6$〔Ω〕、$R_5=4$〔Ω〕、$R_6=16$〔Ω〕、$R_7=24$〔Ω〕とする。

1　12〔Ω〕
2　24〔Ω〕
3　30〔Ω〕
4　36〔Ω〕
5　42〔Ω〕

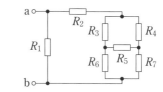

ポイント $R_3:R_4=R_6:R_7$ よりブリッジ回路は平衡しているので、R_5 は無視することができる。問題 1 の図と同じブリッジ回路である。

R_3、R_4、R_6、R_7 の合成抵抗は、

$$\frac{(R_3+R_6)\times(R_4+R_7)}{(R_3+R_6)+(R_4+R_7)}=\frac{(4+16)\times(6+24)}{(4+16)+(6+24)}$$

$$=\frac{20\times30}{20+30}=\frac{600}{50}=12〔Ω〕$$

R_2 と 12〔Ω〕の合成抵抗は直列接続なので、

$$R_2+12=38+12=50〔Ω〕$$

R_1 と 50〔Ω〕の合成抵抗（端子 ab 間の合成抵抗）は並列接続なので、

$$\frac{R_1\times50}{R_1+50}=\frac{75\times50}{75+50}$$

$$=\frac{3750}{125}=30〔Ω〕$$

となる。

正 答　**3**

図に示す回路において、端子 ab 間の合成抵抗の値を 16〔Ω〕とするための抵抗 R の値として、正しいものを下の番号から選べ。

1　16〔Ω〕
2　20〔Ω〕
3　40〔Ω〕
4　64〔Ω〕
5　80〔Ω〕

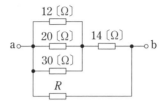

ポイント 12〔Ω〕、20〔Ω〕、30〔Ω〕の合成抵抗 R_X は、

$$\frac{1}{R_X}=\frac{1}{12}+\frac{1}{20}+\frac{1}{30}=\frac{5+3+2}{60}=\frac{10}{60}=\frac{1}{6}$$

よって、$R_X=6$〔Ω〕

R_X と 14〔Ω〕の合成抵抗は直列接続なので、

$R_X+14=6+14=20$〔Ω〕

したがって、ab 間の合成抵抗を 16〔Ω〕にするには、

$$16=\frac{20\times R}{20+R} \qquad 320+16R=20R \qquad 4R=320$$

$R=80$〔Ω〕

となる。

正答 5

図に示す抵抗 $R=50$〔Ω〕で作られた回路において、端子 ab 間の合成抵抗の値として、正しいものを下の番号から選べ。

1　　50〔Ω〕
2　　75〔Ω〕
3　100〔Ω〕
4　125〔Ω〕
5　150〔Ω〕

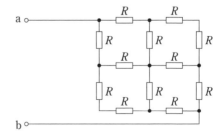

ポイント 設問の回路を図1のように書き換え、破線内の合成抵抗を R_T とすると、端子 ab 間の合成抵抗 R_{ab} は、R_T が並列接続されていると考えることができる。R_T を書き換えると、図2のようになるので、

$$R_T = R + \frac{2R \times 2R}{2R + 2R} + R$$

$$= R + \frac{4R^2}{4R} + R = 3R \qquad \cdots\cdots (1)$$

よって、端子 ab 間の抵抗 R_{ab} は、R_T が並列接続されているので、

$$R_{ab} = \frac{3R \times 3R}{3R + 3R}$$

$$= \frac{9R^2}{6R} = \frac{3R}{2} \qquad \cdots\cdots (2)$$

(2) 式に $R = 50$ 〔Ω〕を代入して R_{ab} を求めると、

$$R_{ab} = \frac{3R}{2}$$

$$= \frac{3}{2} \times 50 = 75 \text{〔Ω〕}$$

となる。

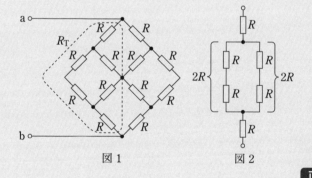

図 1　　　　図 2

正　答　2

基礎理論

図に示す抵抗 $R=75$〔Ω〕で作られた回路において、端子 ab 間の合成抵抗の値として、正しいものを下の番号から選べ。

1　300〔Ω〕
2　150〔Ω〕
3　110〔Ω〕
4　　75〔Ω〕
5　　50〔Ω〕

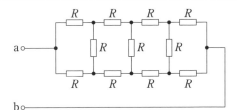

ポイント 設問の回路に図1のように電圧 V を加えると、すべての抵抗が R であるので、c 点と d 点の電圧が同じ、e 点と f 点の電圧が同じ、g 点と h 点の電圧が同じになる。したがって、縦に配置されている 3 本の抵抗 R は取り払うことができるので、図 2 の回路のようになる。

よって、端子 ab 間の抵抗 R_{ab} は、

$$R_{ab} = \frac{4R \times 4R}{4R + 4R} = \frac{16R^2}{8R} = 2R \qquad \cdots\cdots (1)$$

(1) 式に $R=75$〔Ω〕を代入して R_{ab} を求めると、

$$R_{ab} = 2R = 2 \times 75 = 150 \text{〔Ω〕}$$

となる。

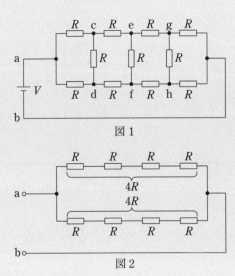

図 1

図 2

正 答　2

問題6 重要度 ★★★★★ 　　1回目 2回目 3回目

図に示す回路の端子 ab 間の合成静電容量の値として、正しいものを下の番号から選べ。

1　10〔μF〕
2　12〔μF〕
3　15〔μF〕
4　18〔μF〕
5　20〔μF〕

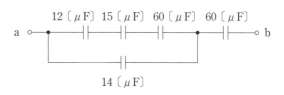

ポイント 12〔μF〕、15〔μF〕、左側の60〔μF〕の合成静電容量 C_S は直列接続なので、

$$C_S = \cfrac{1}{\cfrac{1}{12} + \cfrac{1}{15} + \cfrac{1}{60}}$$

$$= \cfrac{1}{\cfrac{5+4+1}{60}} = \cfrac{1}{\cfrac{10}{60}} = \frac{60}{10} = 6 \,〔μF〕$$

$C_S = 6$〔μF〕と 14〔μF〕の合成静電容量 C_P は並列接続なので、

$C_P = 6 + 14 = 20$〔μF〕

よって、端子 ab 間の合成静電容量 C_{ab} は $C_P = 20$〔μF〕と右側の 60〔μF〕の直列接続なので、

$$C_{ab} = \cfrac{1}{\cfrac{1}{20} + \cfrac{1}{60}}$$

$$= \cfrac{1}{\cfrac{3+1}{60}} = \cfrac{1}{\cfrac{4}{60}} = \frac{60}{4} = 15 \,〔μF〕$$

となる。　　　　　　　　　　　　　　　　　　　　　　　　**正 答** 　**3**

図に示す回路において、R_1 を流れる I_1 が0.24〔A〕のとき、ab 間に流れる電流 I_2 は0〔A〕であった。R_3 に流れる電流 I_3 の値として、正しいものを下の番号から選べ。ただし、$R_1=90$〔Ω〕、$R_2=60$〔Ω〕、$R_3=60$〔Ω〕、$R_4=40$〔Ω〕、$R_5=120$〔Ω〕とする。

1　0.24〔A〕

2　0.30〔A〕

3　0.36〔A〕

4　0.54〔A〕

5　0.60〔A〕

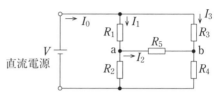

ポイント $R_1 : R_3 = R_2 : R_4$ よりブリッジ回路は平衡しているので、R_5 には電流が流れない。R_1 の両端の電圧 V_1 は、

$$V_1 = I_1 \times R_1 = 0.24 \times 90 = 21.6 \text{〔V〕}$$

$I_2 = 0$〔A〕より、a 点と b 点の電圧は等しくなるので、R_3 の両端の電圧 V_3 は、

$$V_1 = V_3 = 21.6 \text{〔V〕}$$

となる。したがって、

$$I_3 = \frac{V_3}{R_3} = \frac{21.6}{60} = 0.36 \text{〔A〕} \quad \text{となる。}$$

正 答　3

図に示す抵抗 R_1、R_2、R_3 及び R_4〔Ω〕からなる回路において、抵抗 R_2 及び R_4 に流れる電流 I_2 及び I_4 の大きさの値の組合せとして、正しいものを下の番号から選べ。ただし、回路の各部には図の矢印で示す方向と大きさの値の電流が流れているものとする。

	I_2	I_4
1	1〔A〕	2〔A〕
2	2〔A〕	4〔A〕
3	2〔A〕	6〔A〕
4	6〔A〕	2〔A〕
5	6〔A〕	4〔A〕

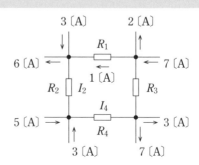

ポイント 図1のように、回路の接続点に流れ込む電流と流れ出す電流の和は0になる。これをキルヒホッフの第1法則（電流則）という。ただし、接続点に流れ込む方向をプラス、流れ出す方向をマイナスとする。

図1では、次式が成立する。

$$I_1 + I_2 - I_3 - I_4 = 0 \qquad \cdots\cdots (1)$$

(1) 式より、

$$I_1 + I_2 = I_3 + I_4 \qquad \cdots\cdots (2)$$

(2) 式は、接続点に流れ込む電流の総和と流れ出す電流の総和が等しいことを表している。図2の接続点 A から流れ出す電流が6〔A〕であるので、電流 I_2 の方向は図2のようになる。

$$1 + 3 + I_2 = 6 \quad より、$$

$$I_2 = 2 \text{〔A〕} \quad となる。$$

次に、図2の接続点 B に流れ込む電流は 5 + 3 = 8〔A〕となるので、流れ出す電流は、

$$I_2 + I_4 = 2 + I_4 \text{〔A〕}$$

となる。

よって、8 = 2 + I_4　より、$I_4 = 6$〔A〕

となる。

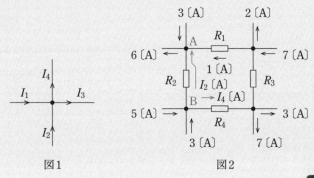

図1

図2

正答 3

問題9　重要度 ★★★★★　1回目 2回目 3回目

図に示す回路において、端子 ab 間に直流電圧を加えたところ、端子 cd 間に10.8〔V〕の電圧が現れた。12〔Ω〕の抵抗に流れる電流 I_{12} の値として、正しいものを下の番号から選べ。

1　0.2〔A〕
2　0.4〔A〕
3　0.6〔A〕
4　0.8〔A〕
5　1.2〔A〕

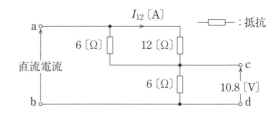

ポイント cd 間の抵抗（6〔Ω〕）に流れる電流 I_{cd} は、

$$I_{cd} = \frac{10.8}{6} = 1.8 \text{〔A〕}$$

ac 間の合成抵抗 R_{ac} は並列接続なので、

$$R_{ac} = \frac{6 \times 12}{6+12} = \frac{72}{18} = 4 \text{〔Ω〕}$$

R_{ac} に流れる電流は、I_{cd} と同じ（＝1.8〔A〕）なので、R_{ac} の両端の電圧 V_{ac} は、

$$V_{ac} = 1.8 \times 4 = 7.2 \text{〔V〕}$$

したがって、

$$I_{12} = \frac{7.2}{12} = 0.6 \text{〔A〕} \quad \text{となる。}$$

正答 3

問題10　重要度 ★★★★★　1回目 2回目 3回目

図に示す回路において、端子 ab 間に直流電圧を加えたところ、8〔Ω〕の抵抗に 2.5〔A〕の電流が流れた。端子 ab 間に加えた電圧の値として、正しいものを下の番号から選べ。

1　18〔V〕
2　23〔V〕
3　36〔V〕
4　46〔V〕
5　54〔V〕

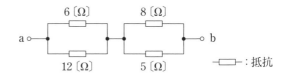

ポイント 8〔Ω〕の抵抗の両端の電圧は、

$$8 \times 2.5 = 20 〔V〕 \quad\quad \cdots\cdots (1)$$

となり、5〔Ω〕の抵抗の両端の電圧も20〔V〕となる。よって、5〔Ω〕の抵抗
に流れる電流は、

$$\frac{20}{5} = 4 〔A〕 \quad\quad \cdots\cdots (2)$$

となる。

これより、8〔Ω〕と5〔Ω〕の並列抵抗に流れる電流は、

$$2.5 + 4 = 6.5 〔A〕$$

となり、6〔Ω〕と12〔Ω〕の並列抵抗に流れる電流も6.5〔A〕となる。

6〔Ω〕と12〔Ω〕の並列合成抵抗は、

$$\frac{6 \times 12}{6 + 12} = \frac{72}{18} = 4 〔Ω〕 \quad\quad \cdots\cdots (3)$$

となり、4〔Ω〕の合成抵抗にも6.5〔A〕の電流が流れるので、6〔Ω〕と12〔Ω〕
の並列抵抗の両端の電圧は、

$$4 \times 6.5 = 26 〔V〕 \quad\quad \cdots\cdots (4)$$

となる。

したがって、端子ab間に加えた電圧の値は、(4)式と(1)式の和なので、

$$26 + 20 = 46 〔V〕$$

となる。

正答 **4**

問題11 重要度 ★★★★☆ | 1回目 | 2回目 | 3回目 |

図に示す回路において、6〔Ω〕の抵抗に0.5〔A〕の電流が流れたとき、端子
ab間に加えられた電圧の値として、正しいものを下の番号から選べ。

1 6〔V〕
2 8〔V〕
3 9〔V〕
4 12〔V〕
5 15〔V〕

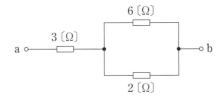

ポイント 6〔Ω〕の抵抗の両端の電圧は、

$$6×0.5=3〔V〕$$

となり、2〔Ω〕の抵抗の両端の電圧も3〔V〕となる。よって、2〔Ω〕の抵抗に流れる電流は、

$$\frac{3}{2}=1.5〔A〕$$

となる。

したがって、全回路に流れる電流は、

$$0.5+1.5=2〔A〕$$

3〔Ω〕の抵抗の両端の電圧は、

$$3×2=6〔V〕$$

なので、ab間の電圧は、

$$6+3=9〔V〕$$

となる。

| 正 答 | **3** |

問題12　重要度 ★★★★★　　　　　　| 1回目 | 2回目 | 3回目 |

図に示す回路において、端子 ab 間に 12〔V〕の電圧を加えたとき、端子 cd 間に現れる電圧の値として、正しいものを下の番号から選べ。

1　3〔V〕

2　6〔V〕

3　8〔V〕

4　9〔V〕

5　12〔V〕

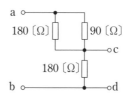

> **ポイント** ab 間の合成抵抗は、
>
> $$\frac{180 \times 90}{180 + 90} + 180 = \frac{16200}{270} + 180 = 60 + 180 = 240 \, \text{〔}\Omega\text{〕}$$
>
> なので、ab 間の電流は、
>
> $$\frac{12}{240} = 0.05 \, \text{〔A〕}$$
>
> したがって、cd 間の電圧は、
>
> $$0.05 \times 180 = 9 \, \text{〔V〕}$$
>
> となる。
>
> **正 答** 4

問題13 重要度 ★★★★☆

1回目 2回目 3回目

図に示す直流ブリッジ回路が平衡状態にあるとき、抵抗 R_X〔Ω〕の両端の電圧 V_X の値として、正しいものを下の番号から選べ。

1　8.0〔V〕
2　7.2〔V〕
3　6.0〔V〕
4　4.0〔V〕
5　1.5〔V〕

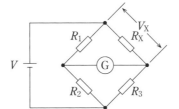

直流電源電圧：$V = 12$〔V〕
抵抗：$R_1 = 300$〔Ω〕
　　　$R_2 = 200$〔Ω〕
　　　$R_3 = 800$〔Ω〕
G：検流計

> **ポイント** 条件より、ブリッジ回路が平衡しているので、
>
> $$R_1 R_3 = R_2 R_X$$
>
> となる。よって、R_X は、
>
> $$R_X = \frac{R_1 \times R_3}{R_2} = \frac{300 \times 800}{200} = \frac{240000}{200} = 1200 \, \text{〔}\Omega\text{〕}$$
>
> R_X と R_3 の合成抵抗に流れる電流は、
>
> $$\frac{12}{1200 + 800} = \frac{12}{2000} = 0.006 \, \text{〔A〕}$$
>
> したがって、R_X の両端の電圧は V_X は、
>
> $$V_X = 0.006 \times 1200 = 7.2 \, \text{〔V〕}$$
>
> となる。
>
> **正 答** 2

問題14　重要度 ★★★★★　　1回目 2回目 3回目

図に示す回路において、24〔Ω〕の抵抗の消費電力の値として、正しいものを下の番号から選べ。

1　　6〔W〕
2　　9〔W〕
3　12〔W〕
4　18〔W〕
5　48〔W〕

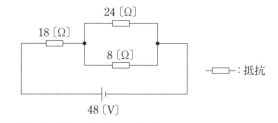

:抵抗

ポイント 24〔Ω〕と8〔Ω〕の合成抵抗 R_X は並列接続なので、

$$R_X = \frac{24 \times 8}{24 + 8} = \frac{192}{32} = 6\,(\Omega)$$

回路全体の合成抵抗は、$18 + R_X = 18 + 6 = 24\,(\Omega)$

なので、回路に流れる電流は、$\frac{48}{24} = 2\,(A)$

よって、R_X に加わる電圧は、$2 \times 6 = 12\,(V)$

したがって、24〔Ω〕の抵抗の消費電力は、

消費電力＝電圧×電流＝電圧×（電圧／抵抗）＝（電圧）²／抵抗

で求めることができるので、

$$\frac{12^2}{24} = \frac{144}{24} = 6\,(W)$$

となる。

正答　1

問題15　重要度 ★★★★★　　1回目 2回目 3回目

図に示す回路において、4〔Ω〕の抵抗に流れる電流の値として、正しいものを下の番号から選べ。

1　1.0〔A〕
2　1.5〔A〕
3　2.0〔A〕
4　2.5〔A〕
5　3.0〔A〕

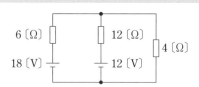

ポイント

$$6\,[\Omega]\quad \uparrow I_1 \quad I_2 \uparrow\quad 12\,[\Omega]\qquad \downarrow I_3$$
$$18\,[V]\qquad\qquad 12\,[V]\qquad 4\,[\Omega]$$

図のように、6〔Ω〕の抵抗に電流 I_1、12〔Ω〕の抵抗に I_2、4〔Ω〕の抵抗に $I_3\,(=I_1+I_2)$ が流れたとすると、キルヒホッフの法則により、次式が成立する。

$$6I_1+4\,(I_1+I_2)=18 \qquad\qquad\qquad \cdots\cdots(1)$$

$$12I_2+4\,(I_1+I_2)=12 \qquad\qquad\qquad \cdots\cdots(2)$$

(1) 式から (2) 式を引くと、

$$6I_1-12I_2=6 \qquad I_1-2I_2=1 \qquad I_1=2I_2+1 \qquad \cdots\cdots(3)$$

(3) 式を (1) 式に代入すると、

$$6\,(2I_2+1)+4\,(2I_2+1+I_2)=18 \qquad 24I_2+10=18$$

$$I_2=\frac{18-10}{24}=\frac{8}{24}=\frac{1}{3}\,[A] \qquad\qquad\qquad \cdots\cdots(4)$$

(4) 式を (3) 式に代入すると、

$$I_1=2I_2+1=2\times\frac{1}{3}+1=\frac{2}{3}+\frac{3}{3}=\frac{5}{3}\,[A]$$

したがって、

$$I_3=I_1+I_2=\frac{5}{3}+\frac{1}{3}=\frac{6}{3}=2\,[A] \quad となる。$$

【別解】ミルマンの定理

ミルマンの定理を使って解いてみる。ミルマンの定理は、電圧源ではなく「電流源」として捉える。$R_1=6\,[\Omega]$、$R_2=12\,[\Omega]$、$R_3=4\,[\Omega]$、$E_1=18\,[V]$、$E_2=12\,[V]$ とすれば、R_3 に生じる電圧 $E_3\,[V]$ は、次式で表すことができる。

$$E_3=\frac{\dfrac{E_1}{R_1}+\dfrac{E_2}{R_2}}{\dfrac{1}{R_1}+\dfrac{1}{R_2}+\dfrac{1}{R_3}}=\frac{\dfrac{18}{6}+\dfrac{12}{12}}{\dfrac{1}{6}+\dfrac{1}{12}+\dfrac{1}{4}}=\frac{\dfrac{48}{12}}{\dfrac{6}{12}}=\frac{48}{6}=8\,[V]$$

したがって、R_3 に流れる電流 I_3 は、

$$I_3=\frac{E_3}{R_3}=\frac{8}{4}=2\,[A] \quad となる。$$

このようにミルマンの定理を応用すると、複雑な連立方程式をたてなくても分数計算で正答が得られる。

正答 **3**

図に示す回路において、4〔Ω〕の抵抗に流れる電流の値として、正しいものを下の番号から選べ。

1　1.7〔A〕
2　2.1〔A〕
3　3.0〔A〕
4　4.0〔A〕
5　5.7〔A〕

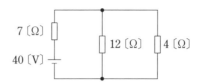

ポイント 12〔Ω〕と4〔Ω〕の合成抵抗は並列接続なので、

$$\frac{12 \times 4}{12 + 4} = \frac{48}{16} = 3 \text{〔Ω〕}$$

回路全体の合成抵抗は、

$$7 + 3 = 10 \text{〔Ω〕}$$

なので、回路を流れる電流は、

$$\frac{40}{10} = 4 \text{〔A〕}$$

電流は、12〔Ω〕と4〔Ω〕の抵抗の逆比例の3:1に分かれるので、それぞれ1〔A〕と3〔A〕に分流する。

正答 3

図に示す抵抗 R_1、R_2 及び R_3 の回路において、R_1 の両端の電圧が 60〔V〕であるとき、R_3 を流れる電流 I_3 の値として、正しいものを下の番号から選べ。

1　0.5〔A〕
2　1.0〔A〕
3　1.5〔A〕
4　2.0〔A〕
5　2.5〔A〕

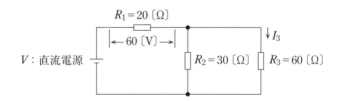

ポイント R_1 に流れる電流 I_1 は、

$$I_1 = \frac{60}{20} = 3 \,[\text{A}]$$

R_2 と R_3 の抵抗の比が 1：2 なので、電流の分流比は 2：1 となる。

よって、R_3 に流れる電流 I_3 は、

$$I_3 = \frac{1}{3} \times 3 = 1 \,[\text{A}]$$

となる。

正答 2

基礎理論

問題18　重要度 ★★★★★　　　1回目 2回目 3回目

図に示す抵抗 R_1、R_2、R_3 及び R_4 の回路において、R_1 の両端の電圧が 80 〔V〕であるとき、R_4 を流れる電流 I_4 の値として、正しいものを下の番号から選べ。

1　6.0〔A〕
2　5.4〔A〕
3　4.8〔A〕
4　3.2〔A〕
5　2.4〔A〕

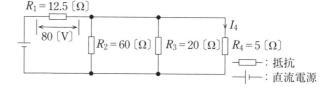

ポイント 抵抗 R_2 と抵抗 R_3 の並列合成抵抗を R_5 とすると、

$$R_5 = \frac{R_2 \times R_3}{R_2 + R_3} = \frac{60 \times 20}{60 + 20} = \frac{1200}{80} = 15 \,[\Omega]$$

R_1 に流れる電流を I_1 とすると、

$$I_1 = \frac{80}{R_1} = \frac{80}{12.5} = 6.4 \,[\text{A}]$$

したがって、R_4 に流れる電流 I_4 の値は、

$$I_4 = I_1 \times \frac{R_5}{R_5 + R_4} = 6.4 \times \frac{15}{15 + 5}$$

$$= 6.4 \times \frac{15}{20} = 6.4 \times \frac{3}{4} = 4.8 \,[\text{A}]$$

となる。

正答 3

図に示す回路において、抵抗 R_0 〔Ω〕に流れる電流 I_0 が 1.2 〔A〕、抵抗 R_2 に流れる電流 I_2 が 0.3 〔A〕であった。このとき R_2 の値として、正しいものを下の番号から選べ。ただし、抵抗 R_1 及び R_3 をそれぞれ 90 〔Ω〕及び 45 〔Ω〕とする。

1　20 〔Ω〕
2　40 〔Ω〕
3　60 〔Ω〕
4　90 〔Ω〕
5　120 〔Ω〕

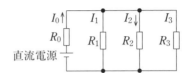

ポイント 抵抗 R_2 〔Ω〕の両端の電圧を V_0 〔V〕とすると、

$$V_0 = I_2 R_2 = 0.3 R_2 \qquad\qquad \cdots\cdots (1)$$

抵抗 R_1 〔Ω〕に流れる電流を I_1 〔A〕、抵抗 R_3 〔Ω〕に流れる電流を I_3 〔A〕とすると、

$$I_0 = I_1 + I_2 + I_3 = \frac{V_0}{R_1} + \frac{V_0}{R_2} + \frac{V_0}{R_3} \qquad\qquad \cdots\cdots (2)$$

(2) 式に、$I_0 = 1.2$ 〔A〕、$R_1 = 90$ 〔Ω〕、$R_3 = 45$ 〔Ω〕、$V_0 = 0.3 R_2$ 〔V〕を代入すると、

$$1.2 = \frac{0.3 R_2}{90} + \frac{0.3 R_2}{R_2} + \frac{0.3 R_2}{45}$$

両辺に 90 を掛けると、

$$108 = 0.3 R_2 + 27 + 0.6 R_2 \qquad\qquad \cdots\cdots (3)$$

(3) 式より、

$$0.3 R_2 + 0.6 R_2 = 108 - 27 \qquad\qquad \cdots\cdots (4)$$

(4) 式より、

$$0.9 R_2 = 81 \qquad 9 R_2 = 810 \quad なので、$$

$$R_2 = \frac{810}{9} = 90 〔Ω〕$$

となる。

正答 4

問題20　重要度 ★★★★☆　　1回目 2回目 3回目

図に示すように、起電力 E が 100 [V] で内部抵抗が r の電源に、負荷抵抗 R_L を接続したとき、R_L から取り出しうる電力の最大値（有能電力）が 10 [W] であった。このときの R_L の値として、正しいものを下の番号から選べ。

1　　50 [Ω]
2　　100 [Ω]
3　　125 [Ω]
4　　250 [Ω]
5　　500 [Ω]

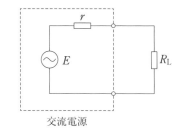

交流電源

ポイント 最大電力を取り出せる条件は $r=R_L$ のときである。電力 P は、

$$P=I^2 \times R_L = \left(\frac{E}{r+R_L}\right)^2 \times R_L = \left(\frac{E}{2R_L}\right)^2 \times R_L$$

となるので、

$$10 = \left(\frac{100}{2R_L}\right)^2 \times R_L$$

$$10 = \frac{10000}{4R_L{}^2} \times R_L$$

$$10 = \frac{10000}{4R_L}$$

$$4R_L = 1000$$

よって、

$$R_L = 250 \text{ [Ω]}$$

となる。

正　答　4

問題21　重要度 ★★★★★　　1回目 2回目 3回目

図に示すように、内部抵抗 r が 500 [Ω] の交流電源に負荷抵抗 R_L を接続したとき、R_L から取り出しうる電力の最大値（有能電力）として、正しいものを下の番号から選べ。ただし、交流電源の起電力 E は 100 [V] とする。

基礎理論

1   5〔W〕
2   10〔W〕
3   15〔W〕
4   25〔W〕
5   50〔W〕

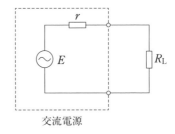

交流電源

ポイント 最大電力を取り出せる条件は $r=R_L$ のときである。電力 P は、

$$P=I^2 \times R_L = \left(\frac{E}{r+R_L}\right)^2 \times R_L = \left(\frac{100}{(500+500)}\right)^2 \times 500$$

$$=\frac{10000}{1000000} \times 500 = 5 〔W〕$$

となる。

正答 1

問題22   重要度 ★★★☆☆   1回目 2回目 3回目

図に示す抵抗 R_1、R_2 及び R_3 の回路において、R_3 を流れる電流 I_3 が 3〔A〕であるとき、直流電源電圧 V の値として、正しいものを下の番号から選べ。

1   120〔V〕
2   150〔V〕
3   180〔V〕
4   210〔V〕
5   240〔V〕

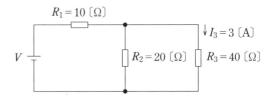

ポイント R_3 の両端の電圧 V_3 は、

$$V_3 = I_3 \times R_3 = 3 \times 40 = 120 〔V〕$$

R_2 に流れる電流 I_2 は、

$$I_2 = \frac{V_3}{R_2} = \frac{120}{20} = 6 〔A〕$$

よって、R_1 には、3+6=9〔A〕の電流が流れるので R_1 の両端の電圧 V_1 は、

$$V_1 = 9 \times 10 = 90 〔V〕$$

したがって、直流電源電圧 V は、

$$V = 120 + 90 = 210 〔V〕 \quad となる。$$

正答 4

問題23 重要度 ★★★★★ 1回目 2回目 3回目

図に示す抵抗 R_1、R_2、R_3 及び R_4 の回路において、R_4 を流れる電流 I_4 が2.5 〔A〕であるとき、直流電源電圧 V の値として、正しいものを下の番号から選べ。

1   60〔V〕
2   75〔V〕
3   90〔V〕
4   105〔V〕
5   120〔V〕

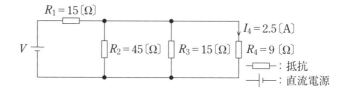

- : 抵抗
-|⊢ : 直流電源

基礎理論

ポイント R_4 の両端の電圧 V_4 は、

$$V_4 = I_4 \times R_4 = 2.5 \times 9 = 22.5 \,〔V〕$$

R_3 に流れる電流 I_3 は、

$$I_3 = \frac{V_4}{R_3} = \frac{22.5}{15} = 1.5 \,〔A〕$$

R_2 に流れる電流 I_2 は、

$$I_2 = \frac{V_4}{R_2} = \frac{22.5}{45} = 0.5 \,〔A〕$$

よって、R_1 に流れる電流 I_1 は、

$$I_1 = I_2 + I_3 + I_4$$
$$= 0.5 + 1.5 + 2.5 = 4.5 \,〔A〕$$

R_1 の両端の電圧 V_1 は、

$$V_1 = I_1 R_1 = 4.5 \times 15 = 67.5 \,〔V〕$$

したがって、

$$V = V_1 + V_4$$
$$= 67.5 + 22.5 = 90 \,〔V〕$$

となる。

正 答 **3**

図に示す *RL* 直列回路において消費される電力の値が 300 〔W〕であった。このときのコイル X_L のリアクタンスの値として、正しいものを下の番号から選べ。ただし、抵抗 *R* の値は 12 〔Ω〕であり、電源電圧は実効値 100 〔V〕の正弦波交流とする。

1　　5 〔Ω〕
2　　8 〔Ω〕
3　　16 〔Ω〕
4　　24 〔Ω〕
5　　30 〔Ω〕

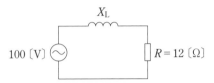

ポイント 電力を *P*、電流を *I*、抵抗を *R* とすると、$P = I^2 R$ より、回路に流れる電流 *I* を求めると、

$$300 = I^2 \times 12 \qquad I^2 = 25 \qquad I = 5 〔A〕$$

となる。電源電圧を *E*、コイルのリアクタンスを X_L とすると、

$$E = I \times \sqrt{R^2 + X_L^2}$$

の式が成立する。よって、

$$100 = 5 \times \sqrt{12^2 + X_L^2} \qquad 20 = \sqrt{144 + X_L^2}$$
$$400 = 144 + X_L^2 \qquad X_L^2 = 400 - 144 = 256 \qquad X_L = 16 〔Ω〕$$

となる。

正答 3

図に示す回路において、抵抗 *R* の両端の電圧の値として、最も近いものを下の番号から選べ。

1　　45 〔V〕
2　　60 〔V〕
3　　65 〔V〕
4　　75 〔V〕
5　　90 〔V〕

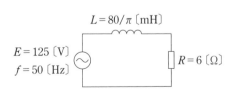

ポイント コイルのリアクタンス X_L は、

$$X_L = 2\pi f L = 2\pi \times 50 \times \frac{80}{\pi} \times 10^{-3} = 8000 \times 10^{-3} = 8 \, (\Omega)$$

回路のインピーダンス Z は、

$$Z = \sqrt{R^2 + X_L^2} = \sqrt{6^2 + 8^2} = \sqrt{36 + 64} = \sqrt{100} = 10 \, (\Omega)$$

流れる電流 I は、

$$I = \frac{E}{Z} = \frac{125}{10} = 12.5 \, (A)$$

したがって、抵抗 R の両端の電圧 V は、

$$V = I \times R = 12.5 \times 6 = 75 \, (V)$$

となる。

正 答 4

問題26 重要度 ★★★★★ 　1回目 2回目 3回目

図に示す RC 直列回路において消費される電力の値が 240 〔W〕であった。このときのコンデンサ X_C のリアクタンスの値として、正しいものを下の番号から選べ。ただし、抵抗 R の値は 15 〔Ω〕であり、電源電圧は実効値 100 〔V〕の正弦波交流とする。

1　5 〔Ω〕
2　10 〔Ω〕
3　15 〔Ω〕
4　20 〔Ω〕
5　25 〔Ω〕

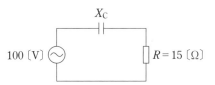

ポイント 電力を P、電流を I、抵抗を R とすると、$P = I^2 R$ より、回路に流れる電流 I を求めると、

$$240 = I^2 \times 15 \qquad I^2 = 16 \qquad I = 4 \, (A)$$

となる。電源電圧を E、コンデンサのリアクタンスを X_C とすると、

$$E = I \times \sqrt{R^2 + X_C^2}$$

の式が成立する。よって、

$$100 = 4 \times \sqrt{15^2 + X_C^2} \qquad 25 = \sqrt{225 + X_C^2} \qquad 625 = 225 + X_C^2$$

$$X_C^2 = 625 - 225 = 400 \qquad X_C = 20 \, (\Omega)$$

となる。

正 答 4

図に示す回路において、抵抗 R の両端の電圧の値として、最も近いものを下の番号から選べ。

1　45〔V〕
2　60〔V〕
3　70〔V〕
4　80〔V〕
5　95〔V〕

$E = 100$〔V〕
$f = 50$〔Hz〕

$C = 1,250/\pi$〔μF〕
$R = 6$〔Ω〕

ポイント コンデンサのリアクタンス X_C は、

$$X_C = \frac{1}{2\pi f C} = \frac{1}{2\pi \times 50 \times \dfrac{1250}{\pi} \times 10^{-6}}$$

$$= \frac{1}{125000 \times 10^{-6}} = \frac{10^6}{125000} = 8 \,〔\Omega〕$$

回路のインピーダンス Z は、

$$Z = \sqrt{R^2 + X_C{}^2} = \sqrt{6^2 + 8^2} = \sqrt{36 + 64} = \sqrt{100} = 10 \,〔\Omega〕$$

流れる電流 I は、

$$I = \frac{E}{Z} = \frac{100}{10} = 10 \,〔A〕$$

したがって、抵抗 R の両端の電圧 V は、

$$V = I \times R = 10 \times 6 = 60 \,〔V〕 \quad となる。$$

正答 2

問題28 重要度 ★★★★★　　1回目 2回目 3回目

図に示す回路において、交流電源電圧が 150〔V〕、抵抗 R が 20〔Ω〕、コンデンサのリアクタンス X_C が 8〔Ω〕及びコイルのリアクタンス X_L が 23〔Ω〕である。この回路に流れる電流の大きさの値として、正しいものを下の番号から選べ。

1　2.5〔A〕
2　4.0〔A〕
3　5.2〔A〕
4　6.0〔A〕
5　8.0〔A〕

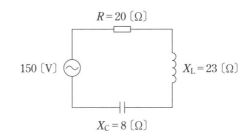

$R = 20$〔Ω〕

150〔V〕

$X_L = 23$〔Ω〕

$X_C = 8$〔Ω〕

ポイント 回路のインピーダンス Z は、

$$Z=\sqrt{R^2+(X_L-X_C)^2}$$
$$=\sqrt{20^2+(23-8)^2}$$
$$=\sqrt{20^2+15^2}=\sqrt{400+225}$$
$$=\sqrt{625}=25 〔Ω〕$$

したがって、流れる電流 I は、

$$I=\frac{V}{Z}=\frac{150}{Z}=\frac{150}{25}=6〔A〕$$

となる。

正答 4

基礎理論

問題29 重要度 ★★★★☆　　1回目 2回目 3回目

図に示す直列共振回路において、R の両端の電圧 V_R 及び X_C の両端の電圧 V_{XC} の大きさの値の組合せとして、正しいものを下の番号から選べ。ただし、回路は、共振状態にあるものとする。

	V_R	V_{XC}
1	25〔V〕	200〔V〕
2	25〔V〕	40〔V〕
3	100〔V〕	200〔V〕
4	100〔V〕	40〔V〕

V：交流電源電圧
R：抵抗
X_C：容量リアクタンス
X_L：誘導リアクタンス

$R=20$〔Ω〕　X_C　$X_L=40$〔Ω〕
$\leftarrow V_R \rightarrow \leftarrow V_{XC} \rightarrow$
$V=100$〔V〕

ポイント 題意より回路は共振状態にあるので、$X_C=X_L=40$〔Ω〕となる。また、回路に流れる I は、

$$I=\frac{V}{R}=\frac{100}{20}=5〔A〕$$

したがって、

$$V_R=I×R=5×20=100〔V〕$$
$$V_{XC}=I×X_C=5×40=200〔V〕$$

となる。

正答 3

問題30 重要度 ★★★★☆ 　　　　　　1回目 2回目 3回目

図に示す並列共振回路において、交流電源から流れる電流 I 及び X_C に流れる電流 I_{XC} の大きさの値の組合せとして、正しいものを下の番号から選べ。ただし、回路は、共振状態にあるものとする。

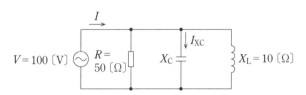

	I	I_{XC}
1	2〔A〕	5〔A〕
2	2〔A〕	10〔A〕
3	22〔A〕	5〔A〕
4	22〔A〕	10〔A〕

V：交流電源電圧　　X_C：容量リアクタンス
R：抵抗　　　　　　X_L：誘導リアクタンス

ポイント 題意より回路は共振状態にあるので、$X_C = X_L = 10$〔Ω〕となる。また、回路に流れる I は、

$$I = \frac{V}{R} = \frac{100}{50} = 2 \text{〔A〕}$$

X_C に流れる電流 I_{XC} は、

$$I_{XC} = \frac{V}{X_C} = \frac{100}{10} = 10 \text{〔A〕} \quad \text{となる。}$$

正答 2

問題31 重要度 ★☆☆☆☆ 　　　　　　1回目 2回目 3回目

図に示す回路において、スイッチ S_1 のみを閉じたときの全電流と、スイッチ S_2 のみを閉じたときの全電流がともに 5〔A〕であった。スイッチ S_1 と S_2 の両方を閉じたときの全電流及びコイル L のリアクタンス X_L の値の組合せとして、正しいものを下の番号から選べ。ただし、抵抗 R は 20〔Ω〕、コンデンサ C のリアクタンス X_C は 15〔Ω〕とし、電源電圧 E は 60〔V〕とする。

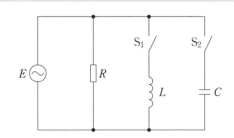

	全電流	X_L
1	3〔A〕	10〔Ω〕
2	3〔A〕	15〔Ω〕
3	5〔A〕	15〔Ω〕
4	5〔A〕	10〔Ω〕
5	8〔A〕	10〔Ω〕

> **ポイント** S_1 のみを閉じたときと S_2 のみを閉じたときに回路に流れる電流は、ともに 5〔A〕なので、この回路は共振状態にある。よって、
>
> $$X_L = X_C = 15 \text{〔}\Omega\text{〕}$$
>
> となり、インピーダンスは抵抗 R だけとなるので、S_1 と S_2 を閉じたときの電流は、
>
> $$\frac{E}{R} = \frac{60}{20} = 3 \text{〔A〕}$$
>
> となる。
>
> **正答** 　2

問題32　重要度 ★★★★★　　　1回目 2回目 3回目

図に示す回路において、スイッチ S_1 のみを閉じたときの電流 I とスイッチ S_2 のみを閉じたときの電流 I は、ともに 5〔A〕であった。また、スイッチ S_1 と S_2 の両方を閉じたときの電流 I は、3〔A〕であった。抵抗 R 及びコンデンサ C のリアクタンス X_C の値の組合せとして、正しいものを下の番号から選べ。ただし、電源電圧 E は 120〔V〕とする。

	R	X_C
1	40〔Ω〕	15〔Ω〕
2	40〔Ω〕	30〔Ω〕
3	40〔Ω〕	40〔Ω〕
4	80〔Ω〕	15〔Ω〕
5	80〔Ω〕	20〔Ω〕

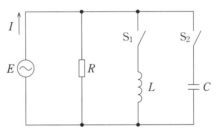

L：コイル

ポイント S_1 のみを閉じたときと S_2 のみを閉じたときに回路に流れる電流は、ともに 5〔A〕なので、この回路は共振状態にある。よって、

$$X_L = X_C$$

となり、インピーダンスは抵抗 R だけとなるので、S_1 と S_2 を閉じたときの抵抗 R は、

$$R = \frac{E}{I} = \frac{120}{3} = 40 〔Ω〕$$

S_2 を閉じたとき回路に流れる電流 I_2 は、抵抗に流れる電流を I_R、コンデンサに流れる電流を I_C とすると、

$$I_2{}^2 = I_R{}^2 + I_C{}^2$$
$$5^2 = 3^2 + I_C{}^2$$
$$I_C{}^2 = 25 - 9 = 16$$
$$I_C = 4 〔A〕$$

したがって、X_C は、

$$X_C = \frac{E}{I_C} = \frac{120}{4} = 30 〔Ω〕$$

となる。

正 答 2

問題33 重要度 ★★★★★ 　　　　　1回目 2回目 3回目

図に示す回路において、スイッチ S_1 のみを閉じたときの電流 I とスイッチ S_2 のみを閉じたときの電流 I は、ともに 5〔A〕であった。また、スイッチ S_1 と S_2 の両方を閉じたときの電流 I は、4〔A〕であった。抵抗 R 及びコイル L のリアクタンス X_L の値の組合せとして、正しいものを下の番号から選べ。ただし、電源電圧 E は 240〔V〕とする。

	R	X_L
1	30〔Ω〕	20〔Ω〕
2	30〔Ω〕	40〔Ω〕
3	30〔Ω〕	80〔Ω〕
4	60〔Ω〕	40〔Ω〕
5	60〔Ω〕	80〔Ω〕

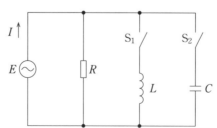

C：コンデンサ

ポイント S_1 のみを閉じたときと S_2 のみを閉じたときに回路に流れる電流は、ともに 5〔A〕なので、この回路は共振状態にある。よって、

$$X_L = X_C$$

となり、インピーダンスは抵抗 R だけとなるので、S_1 と S_2 を閉じたときの抵抗 R は、

$$R = \frac{E}{I} = \frac{240}{4} = 60 〔\Omega〕$$

S_1 を閉じたとき回路に流れる電流 I_1 は、抵抗に流れる電流を I_R、コイルに流れる電流を I_L とすると、

$$I_1{}^2 = I_R{}^2 + I_L{}^2$$
$$5^2 = 4^2 + I_L{}^2$$
$$I_L{}^2 = 25 - 16 = 9$$
$$I_L = 3 〔A〕$$

したがって、X_L は、

$$X_L = \frac{E}{I_L} = \frac{240}{3} = 80 〔\Omega〕$$

となる。

正 答 5

問題34 重要度 ★★★★☆　　　1回目 2回目 3回目

次の記述は、図に示す直列共振回路について述べたものである。　　内に入れるべき字句の正しい組合せを下の番号から選べ。

(1) この回路のインピーダンス $\dot{Z}$〔Ω〕は、角周波数を ω〔rad/s〕とすれば、次式で表される。

$$\dot{Z} = R + j\left(\omega L - \frac{1}{\omega C}\right)$$

(2) この式において、ω を変化させた場合、$\omega L = \frac{1}{\omega C}$ のとき、回路のリアクタンス分は A であり、インピーダンス $\dot{Z}$ の大きさは B となる。したがって、このときの回路電流 $\dot{I}$ の大きさは C となる。

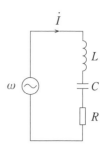

	A	B	C
1	零	最大	最小
2	零	最大	最大
3	零	最小	最大
4	無限大	最小	最大
5	無限大	最大	最小

ポイント 直列共振回路では、回路が共振したときに L と C のリアクタンスは相殺されて「零」となり、インピーダンスは抵抗分だけとなるので、インピーダンスは「最小」、流れる電流は「最大」になる。並列共振回路と勘違いしないこと。(2) の「$\omega L = (1/\omega C)$」、「リアクタンス」が空欄の問いもある。 正答 3

問題35 重要度 ★★★★☆ 　　1回目 2回目 3回目

次の記述は、図1及び図2に示す共振回路について述べたものである。このうち誤っているものを下の番号から選べ。ただし、ω_0〔rad/s〕は共振角周波数とする。

1 図1の共振時の回路の合成インピーダンスは、R_1 である。

2 図1の共振回路の Q（尖鋭度）は $Q = \dfrac{1}{\omega_0 C R_1}$ である。

3 図2の共振回路の Q（尖鋭度）は $Q = \dfrac{\omega_0 L}{R_2}$ である。

4 図1及び図2の共振角周波数 ω_0 は $\omega_0 = \dfrac{1}{\sqrt{LC}}$ である。

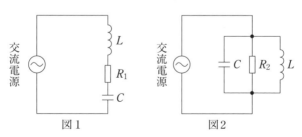

図1　　　　　図2

R_1, R_2：抵抗〔Ω〕　L：インダクタンス〔H〕　C：静電容量〔F〕

ポイント 直列共振回路の Q と並列共振回路の Q の求め方に注意。図2は並列共振回路なので、Q は $Q=$「$R_2/(\omega_0 L)$」となり、選択肢3は誤り。直列共振回路の $Q=(\omega_0 L)/R_1=1/(\omega_0 CR_1)$、並列共振回路の $Q=R_2/(\omega_0 L)=\omega_0 CR_2$ である。

正答 3

問題36 重要度 ★★★★★

1回目 2回目 3回目

次の図は、フィルタの周波数対減衰量の特性の概略を示したものである。このうち帯域フィルタ（BPF）の特性の概略図として、正しいものを下の番号から選べ。

1
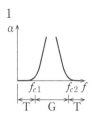

2
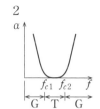

3
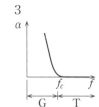

4
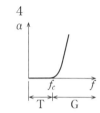

α：減衰量　f：周波数　f_c, f_{c1}, f_{c2}：遮断周波数　G：減衰域　T：通過域

ポイント 帯域フィルタ（BPF）の特性は、ある幅の周波数（ f_{c1} と f_{c2} ）の成分を通過させる。図のTが通過域なので、選択肢2が正答となる。

正答 2

問題37 重要度 ★★★★★

1回目 2回目 3回目

次の図は、フィルタの周波数対減衰量の特性の概略を示したものである。このうち低域フィルタ（LPF）の特性の概略図として、正しいものを下の番号から選べ。

1
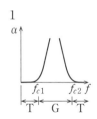

2
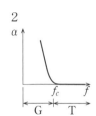

3
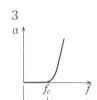

4
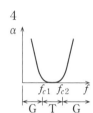

α：減衰量　f：周波数　f_c, f_{c1}, f_{c2}：遮断周波数　G：減衰域　T：通過域

問題 38　重要度 ★★★★★　　1回目 2回目 3回目

図に示す断面を持つ同軸ケーブルの特性インピーダンス Z を表す式として、正しいものを下の番号から選べ。ただし、絶縁体の比誘電率は 1 とする。また、同軸ケーブルは使用波長に比べ十分に長く、無限長線路とみなすことができるものとする。

1　$Z = 138 \log_{10} \dfrac{d}{D}$ 〔Ω〕

2　$Z = 138 \log_{10} \dfrac{D}{d}$ 〔Ω〕

3　$Z = 138 \log_{10} \dfrac{2D}{d}$ 〔Ω〕

4　$Z = 138 \log_{10} \dfrac{D}{2d}$ 〔Ω〕

5　$Z = 138 \log_{10} \dfrac{d+D}{D-d}$ 〔Ω〕

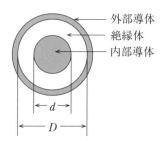

外部導体
絶縁体
内部導体

d：内部導体の外径〔mm〕
D：内部導体の内径〔mm〕

問題 39　重要度 ★★★★★　　1回目 2回目 3回目

図に示す断面を持つ同軸ケーブルの特性インピーダンス Z を表す式として、正しいものを下の番号から選べ。ただし、絶縁体の比誘電率は ε_S とする。また、同軸ケーブルは使用波長に比べ十分に長く、無限長線路とみなすことができるものとする。

基礎理論

1 $\quad Z = \dfrac{138}{\sqrt{\varepsilon_s}} \log_{10} \dfrac{2D}{d}$ 〔Ω〕

2 $\quad Z = \dfrac{138}{\sqrt{\varepsilon_s}} \log_{10} \dfrac{D}{d}$ 〔Ω〕

3 $\quad Z = \dfrac{138}{\sqrt{\varepsilon_s}} \log_{10} \dfrac{D}{2d}$ 〔Ω〕

4 $\quad Z = \dfrac{138}{\sqrt{\varepsilon_s}} \log_{10} \dfrac{d}{D}$ 〔Ω〕

5 $\quad Z = \dfrac{138}{\sqrt{d}} \log_{10} \dfrac{D}{\varepsilon_s}$ 〔Ω〕

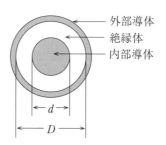

外部導体
絶縁体
内部導体

d：内部導体の外径〔mm〕
D：内部導体の内径〔mm〕

ポイント 選択肢 2 の式において、$\varepsilon_s = 1$ として出題されることがあり、この場合は $138 \log_{10}(D/d)$ で表される。「138」と「D/d」がキーワード。

正答 2

問題40 重要度 ★★★★★　　　1回目 2回目 3回目

図に示す π 形抵抗減衰器の減衰量 L の値として、最も近いものを下の番号から選べ。ただし、減衰量 L は、減衰器の入力電力を P_1、入力電圧を V_1、出力電力を P_2、出力電圧を V_2、入力抵抗及び負荷抵抗を R_L とすると、次式で表されるものとする。また、常用対数は表の値とする。

$$L = 10 \log_{10}(P_1/P_2) = 10 \log_{10}\{(V_1{}^2/R_L)/(V_2{}^2/R_L)\} \text{〔dB〕}$$

1　3〔dB〕
2　6〔dB〕
3　9〔dB〕
4　14〔dB〕
5　20〔dB〕

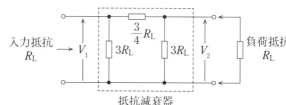

入力抵抗 R_L → V_1　$3R_L$　$\dfrac{3}{4}R_L$　$3R_L$　V_2　負荷抵抗 R_L

抵抗減衰器

x	$\log_{10}x$
2	0.30
3	0.48
4	0.60
5	0.70

問題の回路を図のように考える。

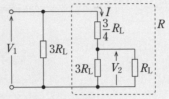

破線部分の $3R_L$ と R_L の並列合成抵抗は、

$$\frac{3R_L \times R_L}{3R_L + R_L} = \frac{3R_L{}^2}{4R_L} = \frac{3R_L}{4} \qquad \cdots\cdots (1)$$

破線部分の全抵抗を R とすると、

$$R = \frac{3R_L}{4} + \frac{3R_L}{4} = \frac{6R_L}{4} = \frac{3R_L}{2} \qquad \cdots\cdots (2)$$

破線部分の抵抗 $\dfrac{3R_L}{4}$ に流れる電流を I とすると、

$$I = \frac{V_1}{R} = \frac{V_1}{\dfrac{3R_L}{2}} = \frac{2V_1}{3R_L} \qquad \cdots\cdots (3)$$

負荷抵抗 R_L の両端の電圧 V_2 は、(3) 式の電流 I と (1) 式の抵抗の積で求めることができるので、

$$V_2 = I \times \frac{3R_L}{4} = \frac{2V_1}{3R_L} \times \frac{3R_L}{4} = \frac{V_1}{2} \qquad \cdots\cdots (4)$$

(4) 式より、$\dfrac{V_1}{V_2} = 2$ $\qquad \cdots\cdots (5)$

(5) 式を与式に代入すると、

$$L = 10\log_{10}(P_1/P_2) = 10\log_{10}\{(V_1{}^2/R_L)/(V_2{}^2/R_L)\}$$
$$= 10\log_{10}(V_1/V_2)^2 = 20\log_{10}(V_1/V_2)$$
$$= 20\log_{10}2 = 20 \times 0.3 = 6 \ (dB)$$

となる。

正答 2

問題41　重要度 ★★★★☆

1回目 2回目 3回目

図に示すT形抵抗減衰器の減衰量 L の値として、最も近いものを下の番号から選べ。ただし、減衰量 L は、減衰器の入力電力を P_1、入力電圧を V_1、出力電力を P_2、出力電圧を V_2 とすると、次式で表されるものとする。また、$\log_{10}2 = 0.3$ とする。

$$L = 10 \log_{10}(P_1/P_2) = 10 \log_{10}\{(V_1{}^2/R_L) / (V_2{}^2/R_L)\} \; \text{(dB)}$$

1 3〔dB〕

2 6〔dB〕

3 9〔dB〕

4 14〔dB〕

5 20〔dB〕

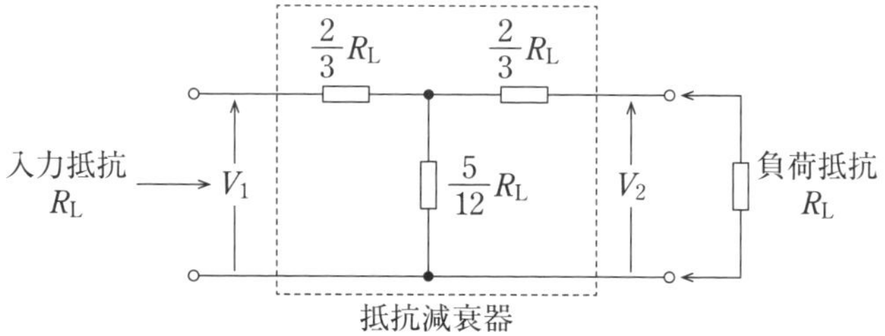

入力抵抗 R_L → V_1

$\frac{2}{3}R_L$ $\frac{2}{3}R_L$

$\frac{5}{12}R_L$

V_2

負荷抵抗 R_L

抵抗減衰器

ポイント 右側の三つの抵抗 $((5/12)R_L$、$(2/3)R_L$、$R_L)$ の合成抵抗 R_X は、

$$\frac{1}{R_X} = \frac{12}{5R_L} + \frac{1}{\frac{2}{3}R_L + R_L} = \frac{12}{5R_L} + \frac{1}{\frac{2R_L + 3R_L}{3}}$$

$$= \frac{12}{5R_L} + \frac{3}{5R_L} = \frac{15}{5R_L} = \frac{3}{R_L} \quad \text{より、} R_X = \frac{R_L}{3}$$

回路全体の全抵抗を R とすると、$R = \dfrac{2R_L}{3} + R_X = \dfrac{2R_L}{3} + \dfrac{R_L}{3} = R_L$

回路全体を流れる電流を I_T とすると、$I_T = \dfrac{V_1}{R} = \dfrac{V_1}{R_L}$

下図の a 点の電圧 V は、$V = V_1 - I_T \times \dfrac{2R_L}{3} = V_1 - \dfrac{V_1}{R_L} \times \dfrac{2R_L}{3}$

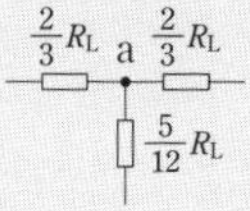

$\frac{2}{3}R_L$ a $\frac{2}{3}R_L$

$\frac{5}{12}R_L$

$$= V_1 - \frac{2V_1}{3} = \frac{3V_1}{3} - \frac{2V_1}{3} = \frac{V_1}{3} \qquad \cdots\cdots (1)$$

負荷抵抗 R_L に流れる電流を I とすると、(1) 式より、

$$I = \frac{V}{\frac{2R_L}{3} + R_L} = \frac{\frac{V_1}{3}}{\frac{5R_L}{3}} = \frac{V_1}{3} \times \frac{3}{5R_L} = \frac{V_1}{5R_L} \qquad \cdots\cdots (2)$$

負荷抵抗 R_L にかかる電圧 V_2 は、(2) 式より、

$$V_2 = IR_L = \frac{V_1}{5R_L} \times R_L = \frac{V_1}{5} \quad \text{より、} \frac{V_1}{V_2} = 5 \qquad \cdots\cdots (3)$$

(3) 式を与式に代入すると、

$$L = 10 \log_{10}(P_1/P_2) = 10 \log_{10}\{(V_1{}^2/R_L)/(V_2{}^2/R_L)\}$$

$$= 10 \log_{10}(V_1/V_2)^2 = 20 \log_{10}(V_1/V_2) = 20 \log_{10}5 = 20 \log_{10}\frac{10}{2}$$

$$= 20(\log_{10}10 - \log_{10}2) = 20(1 - 0.3) = 14 \; \text{〔dB〕}$$

正答 **4**

図に示す方形導波管の TE_{10} 波の遮断周波数の値として、正しいものを下の番号から選べ。

1 2.58〔GHz〕
2 3.0 〔GHz〕
3 3.75〔GHz〕
4 5.17〔GHz〕
5 8.3 〔GHz〕

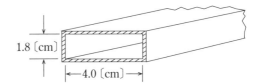

1.8〔cm〕

4.0〔cm〕

ポイント 遮断波長 λ_C は、導波管の長辺を a〔cm〕とすると、

$$\lambda_C = 2a = 2 \times 4 = 8 \text{〔cm〕}$$

遮断周波数 f_C は、

$$f_C = \frac{3 \times 10^8}{\lambda_C} = \frac{3 \times 10^8}{8 \times 10^{-2}} = 3.75 \times 10^9 \text{〔Hz〕} = 3.75 \text{〔GHz〕}$$

となる。

正答 3

図に示す方形導波管の TE_{10} 波の遮断周波数が 5〔GHz〕のとき、長辺の長さ a の値として、最も近いものを下の番号から選べ。

1 3〔cm〕
2 4〔cm〕
3 5〔cm〕
4 6〔cm〕
5 7〔cm〕

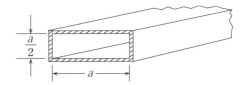

$\frac{a}{2}$

a

ポイント 遮断周波数を f_C とすると、遮断波長 λ_C は、

$$5 \times 10^9 = \frac{3 \times 10^8}{\lambda_C} \qquad \lambda_C = \frac{3 \times 10^8}{5 \times 10^9}$$

$$\lambda_C = 0.6 \times 10^{-1} \text{〔m〕} = 6 \text{〔cm〕}$$

導波管の長辺を a とすると、$\lambda_C = 2a$ より、

$$6 = 2a$$

よって、$a = 3$〔cm〕 となる。

正答 1

問題 44　重要度 ★★★★★　　1回目 2回目 3回目

図に示す方形導波管の TE₁₀ 波の遮断波長の値として、正しいものを下の番号
から選べ。

1　3.2〔cm〕
2　5.0〔cm〕
3　6.8〔cm〕
4　10.0〔cm〕
5　13.6〔cm〕

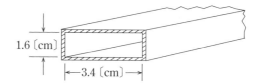

1.6〔cm〕

3.4〔cm〕

ポイント 遮断波長 λ_C は、導波管の長辺を a〔cm〕とすると、

$$\lambda_C = 2a = 2 \times 3.4 = 6.8 \text{〔cm〕}$$

となる。　　**正答　3**

問題 45　重要度 ★★★★★

図中の斜線で示す導波管窓（スリット）素子の働きに対応する等価回路として、
正しいものを下の番号から選べ。ただし、電磁波は TE₁₀ モードとする。

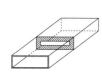

1

2

3

4

ポイント この導波管の窓（スリット）は横方向（容量性）と縦方向（誘導性）の組
合せなので、並列にコンデンサとコイルの入る回路として働く。　**正答　2**

問題 46　重要度 ★★★★★

図中の斜線で示す導波管窓（スリット）素子の働きに対応する等価回路として、
正しいものを下の番号から選べ。ただし、電磁波は TE₁₀ モードとする。

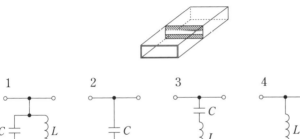

| 1 | 2 | 3 | 4 |

L：インダクタンス〔H〕
C：静電容量〔F〕

ポイント この導波管の窓（スリット）は横方向なので、並列にコンデンサが入る回路として働く。

正答 2

問題47 重要度 ★★★★★   1回目 2回目 3回目

図に示す等価回路に対応する働きを有する、斜線で示された導波管窓（スリット）素子として、正しいものを下の番号から選べ。ただし、電磁波は TE_{10} モードとする。

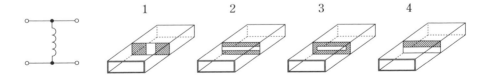

| 1 | 2 | 3 | 4 |

ポイント 誘導性（インダクタンス）が並列に入る回路として働く。スリットの向きは縦方向なので、選択肢1となる。

正答 1

問題48 重要度 ★★★★★   1回目 2回目 3回目

次の記述は、図に示すマジックTについて述べたものである。このうち誤っているものを下の番号から選べ。ただし電磁波は TE_{10} モードとする。

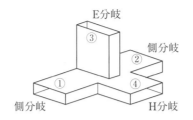

1 TE_{10} 波を④（H 分岐）から入力すると、①と②（側分岐）に同位相で等分された TE_{10} 波が伝搬する。

2 ④（H 分岐）から入力した TE_{10} 波は、③（E 分岐）へも伝搬する。

3 TE_{10} 波を③（E 分岐）から入力すると、①と②（側分岐）に逆位相で等分された TE_{10} 波が伝搬する。

4 マジック T は、インピーダンス測定回路や受信機の平衡形周波数変換器などに用いられる。

ポイント ③に電波を入力すると①と②には伝搬されるが、④には伝搬されない。また④に電波を入力すると①と②には伝搬されるが、③には伝搬「されない」。

正 答 **2**

問題49 重要度 ★★★★★   1回目 2回目 3回目

次の記述は、図に示す T 形分岐回路について述べたものである。このうち誤っているものを下の番号から選べ。ただし、電磁波は TE_{10} モードとする。

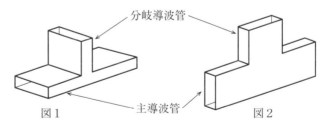

1 図 1 において、TE_{10} 波が分岐導波管から入力されると、主導波管の左右に等しい大きさで伝送される。

2 図 1 において、TE_{10} 波が分岐導波管から入力されると、主導波管の左右の出力は同位相となる。

3 図 2 に示す T 形分岐回路は、分岐導波管が主導波管の磁界 H と平行面内にある。

4 図 2 に示す T 形分岐回路は、H 面分岐又は並列分岐という。

基礎理論

問題50　重要度 ★★★★★

次の記述は、半導体について述べたものである。このうち正しいものを下の番号から選べ。

1　点接触ダイオードは、マイクロ波の周波数混合器や検波器には利用できない。
2　Ｎ形半導体の多数キャリアは、正孔である。
3　Ｐ形半導体の多数キャリアは、電子である。
4　Si、Ge（シリコン、ゲルマニウム）等の単結晶半導体を不純物半導体という。
5　ＰＮ接合ダイオードは、電流がＰ形半導体からＮ形半導体へ一方向に流れる整流特性を有する。

問題51　重要度 ★★★★★

次の記述は、半導体について述べたものである。このうち誤っているものを下の番号から選べ。

1　点接触ダイオードは、マイクロ波の周波数混合器や検波器に使用される。
2　Ｎ形半導体の多数キャリアは、電子である。
3　Ｐ形半導体の多数キャリアは、正孔である。
4　不純物を含まない Si、Ge（シリコン、ゲルマニウム）等の単結晶半導体を真性半導体という。
5　ＰＮ接合ダイオードは、電流がＮ形半導体からＰ形半導体へ一方向に流れる整流特性を有する。

問題 52　重要度 ★★★★★　　1回目 2回目 3回目

次の記述は、半導体素子の一般的な働き、用途などについて述べたものである。
このうち誤っているものを下の番号から選べ。

1　ツェナーダイオードは、順方向電圧を加えたときの定電圧特性を利用する素子として用いられる。
2　バラクタダイオードは、逆方向バイアスを与え、このバイアス電圧を変化させると、等価的に可変静電容量として動作する特性を利用する素子として用いられる。
3　ホトダイオードは、光を電気信号に変換する素子として用いられる。
4　発光ダイオード（LED）は、順方向電流が流れたときに発光する性質を利用する素子として用いられる。
5　トンネルダイオードは、その順方向の電圧−電流特性にトンネル効果による負性抵抗特性を持っており、応答特性が速いことを利用して、マイクロ波からミリ波帯の発振に用いることができる。

ポイント ツェナーダイオードは、「逆方向」電圧を加えたときの定電圧特性を利用する素子として用いられる。　　　　**正 答**　1

問題 53　重要度 ★★★★★　　1回目 2回目 3回目

次の記述は、半導体素子の一般的な働き又は用途について述べたものである。
□□□内に入れるべき字句の正しい組合せを下の番号から選べ。

(1) バラクタダイオードは、　A　として用いられる。
(2) ツェナーダイオードは、主に　B　電圧を加えたときの定電圧特性を利用する。
(3) トンネルダイオードは、その　C　の電圧−電流特性にトンネル効果による負性抵抗特性を持っており、応答特性が速いことを利用して、マイクロ波からミリ波帯の発振に用いることができる。

	A	B	C
1	可変静電容量素子	順方向	逆方向
2	可変静電容量素子	逆方向	順方向
3	可変抵抗素子	順方向	順方向
4	可変抵抗素子	逆方向	逆方向
5	可変抵抗素子	順方向	逆方向

バラクタダイオードは「可変静電容量素子」として用いられ、周波数逓倍器などに使用される。ツェナーダイオードは「逆方向」、トンネルダイオードは「順方向」と覚える。 正答 2

問題54 重要度 ★★★★★　　　1回目 2回目 3回目

次の記述は、トンネルダイオードについて述べたものである。□□□内に入れるべき字句の正しい組合せを下の番号から選べ。

(1) トンネルダイオードは、不純物の濃度が他のダイオードに比べていずれも □ A □ P形半導体とN形半導体を接合した半導体素子で、江崎ダイオードともいわれている。

(2) トンネルダイオードは、その □ B □ の電圧－電流特性に □ C □ 特性を持っており、応答特性が速いことを利用して、マイクロ波からミリ波帯の発振に用いることができる。

	A	B	C
1	低い	逆方向	負性抵抗
2	低い	順方向	電子雪崩
3	高い	逆方向	電子雪崩
4	高い	順方向	負性抵抗

トンネルダイオードは不純物の濃度が「高い」半導体で「順方向」の電圧－電流特性の「負性抵抗」領域で発振する。「負性」とは、電圧を加えていくとある電圧のときに電流が減る現象である。発明者の江崎玲於奈氏の名前から別名「江崎ダイオード」ともいう。 正答 4

問題55 重要度 ★★★★★　　　1回目 2回目 3回目

次の記述は、あるダイオードの動作原理及び特徴について述べたものである。この記述に該当するダイオードの名称を下の番号から選べ。

ダイオードに逆方向電圧を加え次第に大きくすると、ある電圧以上において電子なだれ現象が起こる。この現象による負性抵抗特性を利用してマイクロ波を発生させることができる。他のダイオードに比べやや雑音が大きいが高出力が得られる。

1	インパットダイオード	2	ガンダイオード
3	バラクタダイオード	4	トンネルダイオード

5 ピンダイオード

> **ポイント** 電子なだれ現象を利用してマイクロ波領域での発振素子は「インパット
> ダイオード」である。　　　　　　　　　　　　　　　　　　　**正 答** 　**1**

基礎理論

問題56 　重要度 ★★★★★ 　　　　　　　1回目 2回目 3回目

次の記述は、インパットダイオードについて述べたものである。□□□内に入
れるべき字句の正しい組合せを下の番号から選べ。ただし、□□□内の同じ記
号は、同じ字句を示す。

(1) インパットダイオードは、逆方向電圧を加えて徐々にその値を増加させ、ある電
圧以上にすると、電界によって　A　現象を起こし、電流が急激に　B　する。
(2) このような半導体接合面における　A　現象とキャリア走行時間効果を利用す
ると負性抵抗特性を得ることができ、主にマイクロ波帯の　C　に利用されて
いる。

	A	B	C
1	トンネル効果	増加	検波
2	トンネル効果	減少	発振
3	電子雪崩	増加	発振
4	電子雪崩	減少	検波

> **ポイント** インパットダイオードは、トンネルダイオードと同じように「電子雪崩」
> により負性抵抗領域を持ち、電流が急激に「増加」し、マイクロ波帯の「発振」に
> 利用される。　　　　　　　　　　　　　　　　　　　　　　**正 答** 　**3**

問題57 　重要度 ★★★★★ 　　　　　　　1回目 2回目 3回目

次の記述は、バラクタダイオードについて述べたものである。□□□内に入れ
るべき字句の正しい組合せを下の番号から選べ。

バラクタダイオードは、　A　バイアスを与えこのバイアス電圧を変化させる
と、等価的に　B　として動作する特性を利用する素子である。

	A	B
1	順方向	可変静電容量
2	順方向	可変インダクタンス

3 逆方向　　可変静電容量
4 逆方向　　可変インダクタンス

問題58　重要度 ★★★★★　　　　1回目 2回目 3回目

次の記述は、バラクタダイオードについて述べたものである。このうち正しいものを下の番号から選べ。

1 一定値以上の逆方向電圧が加わると、電界によって電子がなだれ現象を起こし、電流が急激に増加する特性を利用する。
2 逆方向バイアスを与え、このバイアス電圧を変化させると、等価的に可変静電容量として働く。
3 GaAs（ガリウムヒ素）などの化合物半導体で構成され、バイアス電圧を加えるとマイクロ波の発振を起こす。
4 逆方向バイアスを与え、このバイアス電圧を変化させると、等価的に可変インダクタンスとして働く。

問題59　重要度 ★★★★★　　　　1回目 2回目 3回目

次の記述は、ガンダイオードについて述べたものである。このうち正しいものを下の番号から選べ。

1 一定値以上の逆方向電圧が加わると、電界によって電子がなだれ現象を起こし、電流が急激に増加する特性を利用する。
2 逆方向バイアスを与え、このバイアス電圧を変化させると、等価的に可変静電容量として働く。
3 GaAs（ガリウムヒ素）などの化合物半導体で構成され、バイアス電圧を加えるとマイクロ波の発振を起こす。
4 逆方向バイアスを与え、このバイアス電圧を変化させると、等価的に可変インダクタンスとして働く。

ポイント ガンダイオードは負性抵抗を利用して、マイクロ波領域の高い周波数を発振する。

正 答 3

問題60　重要度 ★★★★★　1回目 2回目 3回目

次の記述は、ガンダイオードについて述べたものである。□□□内に入れるべき字句の正しい組合せを下の番号から選べ。

ガンダイオードは、GaAs等の半導体結晶が示す□A□を利用し、□B□の発振に用いられる。このダイオードは、レーダー受信機などの□C□に使用されている。

	A	B	C
1	電子なだれ現象	マイクロ波	中間周波増幅器
2	電子なだれ現象	VHF 帯	中間周波増幅器
3	電子なだれ現象	マイクロ波	局部発振器
4	負性抵抗特性	マイクロ波	局部発振器
5	負性抵抗特性	VHF 帯	局部発振器

ポイント ガンダイオードは「負性抵抗特性」領域を持つダイオードで、「マイクロ波」領域の発振器として使用され、レーダー受信機などの「局部発振器」に使用される。

正 答 4

問題61　重要度 ★★★★★　1回目 2回目 3回目

次の記述は、あるダイオードの特徴とその用途について述べたものである。この記述に該当するダイオードの名称として、正しいものを下の番号から選べ。

ヒ素やインジウムのような不純物の濃度が普通のシリコンダイオードの場合より高く、逆方向電圧を上げていくとある電圧で急に大電流が流れるようになって、それ以上逆方向電圧を上げることができなくなる特性を有しており、電源回路等に広く用いられている。

1　ピンダイオード
2　ツェナーダイオード
3　サイリスタ
4　ガンダイオード
5　バラクタダイオード

基礎理論

ポイント 「ツェナーダイオード」は、電圧の安定化回路に使用される。「ツェナー」は、ツェナー効果の発見者の名前。 **正答** **2**

問題 62 重要度 ★★☆☆☆

1回目 2回目 3回目

次の記述は、図に示すMOS形FETについて述べたものである。[　　]内に入れるべき字句の正しい組合せを下の番号から選べ。

(1) Nチャネル MOS 形 FET の図記号は、[A]である。
(2) MOS 形 FET は接合形 FET に比べ、入力インピーダンスが[B]。

	A	B
1	図1	高い
2	図1	低い
3	図2	低い
4	図2	高い

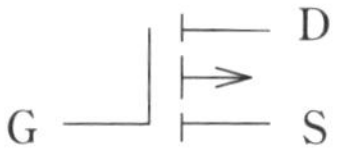

図1

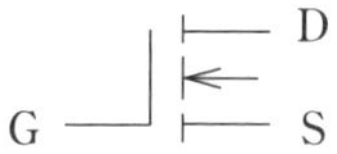

図2

ポイント 矢印が内側に向いているものは「Nチャネル」、外側に向いているものは「P形」である。MOS形FETは入力インピーダンスが「高い」。 **正答** **4**

問題 63 重要度 ★★★☆☆

1回目 2回目 3回目

次の記述は、図に示すFETについて述べたものである。[　　]内に入れるべき字句の正しい組合せを下の番号から選べ。

(1) 図1は、[A]チャネル MOS 形 FET の図記号である。
(2) 図2は、MOS 形 FET ([B]形) の図記号である。

	A	B
1	P	デプレッション
2	P	エンハンスメント
3	N	エンハンスメント
4	N	デプレッション

図1

図2

ポイント 矢印が内側に向いていれば「N」形 (Nチャネル)、外側に向いていれば「P形」(Pチャネル)。D-S間の破線が三つのものを「エンハンスメント」形という。 **正答** **3**

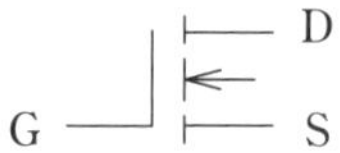

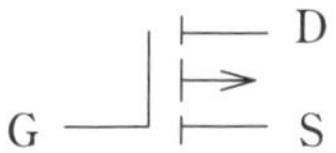

問題 64　重要度 ★★★★★　　　　1回目 2回目 3回目

次の記述は、図に示す FET について述べたものである。□□□内に入れるべき字句の正しい組合せを下の番号から選べ。

(1) 図1は、□A□ FET の図記号である。
(2) 図2は、□B□ FET の図記号である。

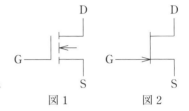

図 1　　図 2

	A	B
1	Pチャネル接合形	Pチャネル MOS 形
2	Pチャネル MOS 形	Pチャネル接合形
3	Nチャネル接合形	Nチャネル MOS 形
4	Nチャネル MOS 形	Nチャネル接合形

ポイント 図1は「MOS形」、図2は「接合形」である。接合形ゲートの矢印（→）が内側を向いているものは「Nチャネル」である。　　正 答　**4**

問題 65　重要度 ★★★★★　　　　1回目 2回目 3回目

次の記述は、接合形トランジスタと比べたときの電界効果トランジスタ（FET）の一般的な特徴について述べたものである。□□□内に入れるべき字句の正しい組合せを下の番号から選べ。

(1) チャネルを流れる電流は、□A□キャリアからなる。
(2) 入力インピーダンスは、極めて□B□。
(3) 雑音は、□C□。

	A	B	C
1	多数	低い	大きい
2	多数	高い	小さい
3	少数	高い	大きい
4	少数	低い	小さい

ポイント チャネルの電流は、「多数」キャリアからなる。FET の一般的な特性は入力インピーダンスが「高く」、雑音は「小さい」。　　正 答　**2**

基礎理論

次の記述は、図に示す原理的な内部構造の接合形電界効果トランジスタ（FET）について述べたものである。□□内に入れるべき字句の正しい組合せを下の番号から選べ。

(1) チャネルは、□A□である。

(2) 一般に、電池を用いてD-S間に電圧を加えるとき、□B□の電圧を加えて用いる。

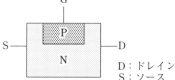

	A	B
1	Nチャネル	Dに「負(−)」、Sに「正(+)」
2	Nチャネル	Dに「正(+)」、Sに「負(−)」
3	Pチャネル	Dに「負(−)」、Sに「正(+)」
4	Pチャネル	Dに「正(+)」、Sに「負(−)」

D：ドレイン
S：ソース
G：ゲート
P：P形半導体
N：N形半導体

ポイント　ゲートGがP形のもので、ソースSとドレインD間のチャネル（この図では「N形」）の移動する電子を制御する。「ドレインDには正（＋）、ソースSには負（−）」の電圧を加える。　**正答** 2

次の記述は、図に示す原理的な構造の電子管について述べたものである。□□内に入れるべき字句の正しい組合せを下の番号から選べ。

(1) 名称は、□A□である。

(2) 主な働きは、マイクロ波の□B□である。

	A	B
1	マグネトロン	発振
2	マグネトロン	増幅
3	進行波管	発振
4	進行波管	増幅

結合回路　コイルら旋　結合回路　コレクタ

電子銃　導波管　電子流　導波管

ポイント ら旋状の電極があるものは「進行波管」で、マイクロ波の「増幅」に使用される。　**正答** 4

問題68 重要度 ★★★★★   1回目 2回目 3回目

次の記述は、図に示す原理的な構造の電子管について述べたものである。 内に入れるべき字句の正しい組合せを下の番号から選べ。

(1) 名称は、 A である。

(2) 高周波電界と電子流との相互作用による B 、密度変調過程でのエネルギーの授受によりマイクロ波の増幅を行う。

	A	B
1	クライストロン	混変調
2	クライストロン	速度変調
3	進行波管	混変調
4	進行波管	速度変調

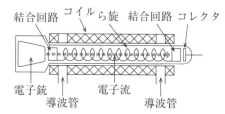

ポイント ら旋状の電極があるものは「進行波管」で、電磁波と電子流の相互作用の「速度変調」により、マイクロ波を増幅する電子管である。 **正答** 4

問題69 重要度 ★★★★★   1回目 2回目 3回目

次の記述は、図に示す原理的な構造の電子管について述べたものである。 内に入れるべき字句の正しい組合せを下の番号から選べ。

(1) 名称は、 A である。

(2) 高周波電界と電子流との相互作用によりマイクロ波の増幅を行う。また、空洞共振器が B ので、広帯域の信号の増幅が可能である。

	A	B
1	クライストロン	ない
2	クライストロン	ある
3	進行波管	ない
4	進行波管	ある

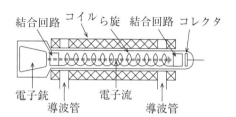

ポイント ら旋状の電極があるものは「進行波管」で、空洞共振器が「ない」ので、広帯域の増幅が可能である。 **正答** 3

基礎理論

図は、マグネトロンの原理的構造例を示したものである。□□内に入れるべき名称の正しい組合せを下の番号から選べ。

	A	B	C
1	ヘリックス	陰極	陽極
2	ヘリックス	陽極	陰極
3	空洞共振器	陰極	陽極
4	空洞共振器	陽極	陰極

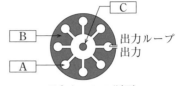

マグネトロンの断面

ポイント Bの黒い電極は「陽極」である。多くの空洞構造（「空洞共振器」）を持っていて、この空洞が共振器として動作する。中心にある電極は「陰極」。

正答 4

次の記述は、図に示すマグネトロンの特徴について述べたものである。□□内に入れるべき字句の正しい組合せを下の番号から選べ。ただし、同じ記号の□□内には、同じ字句が入るものとする。

(1) マグネトロンは、小型、堅牢で取扱いが簡単であり、大電力用パルス発振器として、主に □A□ 帯で使用されている。

(2) 一般的には発振周波数を可変にすることは □B□ であり、また振幅変調、周波数変調を行うことも □B□ である。

	A	B
1	VHF 波	容易
2	VHF 波	困難
3	マイクロ波	容易
4	マイクロ波	困難

マグネトロンの断面

ポイント マグネトロンは「マイクロ波」領域の発振管として使用されている。周波数を可変したり、変調を掛けることが「困難」な特性があるのでもっぱらレーダーなどに利用されている。

正答 4

問題 72　重要度 ★★★★★　　1回目 2回目 3回目

次の記述は、図に示す原理的な構造の電子管について述べたものである。□□□内に入れるべき字句の正しい組合せを下の番号から選べ。

(1) 名称は、□ A □である。
(2) 主な働きは、レーダーなどで使用されるマイクロ波の□ B □である。

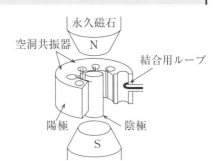

永久磁石
空洞共振器
N
結合用ループ
陽極　陰極
S

	A	B
1	マグネトロン	発振
2	マグネトロン	増幅
3	進行波管	発振
4	進行波管	増幅

ポイント　永久磁石があることからこの電子管は「マグネトロン」であり、マイクロ波の「発振」に使用される。　正答　1

基礎理論

問題 73　重要度 ★★★★★　　1回目 2回目 3回目

次の記述は、マグネトロンについて述べたものである。このうち誤っているものを下の番号から選べ。

1　パルスレーダーなどの大電力のパルス発振器に適する。
2　電子流を制御するため強力な磁界を加えている。
3　陰極と陽極の間に電子流を制御する電極（グリッド）がある。
4　一般に発振周波数を可変にすることはできない。
5　マイクロ波を発振させる電子管の一種である。

ポイント　マグネトロンの構造は陰極と空洞共振器、そして陽極から成り、制御する電極（グリッド）は「ない」。問題 71、72 の図を参照。　正答　3

問題 74　重要度 ★★★★★　　1回目 2回目 3回目

次の記述は、マグネトロンについて述べたものである。このうち正しいものを下の番号から選べ。

1　陰極と陽極の間に電子流を制御する電極（グリッド）がある。

2 パルス発振器として、低周波から高周波まで幅広く用いられる電子管である。

3 陰極と陽極をとりまく空洞共振器をもつ陽極で構成された電子管である。

4 小電力のFM送信機に適した電子管である。

5 小型・軽量で発振周波数を容易に変化することができる。

ポイント マグネトロンの構造は陰極と空洞共振器、そして陽極から成っている。問題71、72の図を参照。 **正答** 3

問題75 重要度 ★★★☆☆ 　 1回目 2回目 3回目

増幅器の入力端の入力信号電圧 V_i〔V〕に対する出力端の出力信号電圧 V_o〔V〕の比 (V_o/V_i) による電圧利得が G〔dB〕のとき、入力信号電力に対する出力信号電力の比による電力利得として正しいものを下の番号から選べ。ただし、増幅器の入力抵抗 R_i〔Ω〕と出力端に接続される負荷抵抗 R_o〔Ω〕は等しい $(R_i = R_o)$ ものとする。

1 $G+3$〔dB〕

2 $G+2$〔dB〕

3 G 　〔dB〕

4 $G-3$〔dB〕

5 $G-2$〔dB〕

ポイント 入力電力 P_i は $V_i{}^2/R_i$、出力電力 P_o は $V_o{}^2/R_o$ で、題意より $R_i = R_o$ なので電力利得は（電圧利得）^{2} とわかる。これを dB 表示にすると $10\log_{10}$（電圧利得）$^2 = 20\log_{10}$（電圧利得）、すなわち、電圧利得を dB 表示した「G」となる。 **正答** 3

問題76 重要度 ★★★★★ 　 1回目 2回目 3回目

電力利得が 26〔dB〕の増幅器の出力電力の値が 16〔W〕であった。入力電力の値として最も近いものを下の番号から選べ。ただし、$\log_{10}2 ≒ 0.3$ とする。

1 15〔mW〕　　2 25〔mW〕　　3 32〔mW〕

4 40〔mW〕　　5 64〔mW〕

ポイント 電力利得 26〔dB〕の真数を G とすると、

$$26〔dB〕= 20 + 3 + 3$$
$$= 10\log_{10}10^2 + 10\log_{10}2 + 10\log_{10}2$$
$$= 10\log_{10}(10^2 \times 2 \times 2) = 10\log_{10}400$$
$$= 10\log_{10}G$$

より、$G = 400$

したがって、入力電力 P_i は、出力電力を P_o とすると、

$$P_i = \frac{P_o}{G} = \frac{16}{400} = 0.04 = 40 \times 10^{-3}〔W〕= 40〔mW〕$$

となる。

参考：$10\log_{10}100 = 10\log_{10}10^2 = 2 \times 10 \times 1 = 20$　　注：$\log_{10}10 = 1$
　　　$10\log_{10}2 ≒ 10 \times 0.3 = 3$

正答　4

基礎理論

問題 77　重要度 ★★★★★　　1回目 2回目 3回目

電力利得が 18〔dB〕の増幅器の出力電力の値が 3.2〔W〕のとき、入力電力の値として最も近いものを下の番号から選べ。ただし、$\log_{10}2 ≒ 0.3$ とする。

1　1,000〔mW〕　　　2　500〔mW〕　　　3　250〔mW〕
4　100〔mW〕　　　5　50〔mW〕

ポイント 電力利得 18〔dB〕の真数を G とすると、

$$18〔dB〕= 3 + 3 + 3 + 3 + 3 + 3$$
$$= 10\log_{10}2 + 10\log_{10}2 + 10\log_{10}2 + 10\log_{10}2$$
$$+ 10\log_{10}2 + 10\log_{10}2$$
$$= 10\log_{10}(2 \times 2 \times 2 \times 2 \times 2 \times 2) = 10\log_{10}64$$
$$= 10\log_{10}G$$

より、$G = 64$

したがって、入力電力 P_i は、出力電力を P_o とすると、

$$P_i = \frac{P_o}{G} = \frac{3.2}{64} = 0.05 = 50 \times 10^{-3}〔W〕= 50〔mW〕$$

となる。

正答　5

電力利得が 26〔dB〕の増幅器に 32〔mW〕の入力電力を加えたとき、出力電力の値として、最も近いものを下の番号から選べ。ただし、$\log_{10}2 \fallingdotseq 0.3$ とする。

1	58〔mW〕	2	125〔mW〕	3	640〔mW〕
4	832〔mW〕	5	12.8〔W〕			

> **ポイント** 電力利得 26〔dB〕の真数を G とすると、
>
> $$26〔dB〕= 20 + 3 + 3$$
> $$= 10\log_{10}10^2 + 10\log_{10}2 + 10\log_{10}2$$
> $$= 10\log_{10}(10^2 \times 2 \times 2) = 10\log_{10}400$$
> $$= 10\log_{10}G$$
>
> より、$G = 400$
>
> 　したがって、入力電力 P_0 は、出力電力を P_i とすると、
>
> $$P_0 = P_i \times G = 32 \times 10^{-3} \times 400 = 12800 \times 10^{-3} = 12.8〔W〕$$
>
> となる。
> 　　　　　　　　　　　　　　　　　　　　　　**正答** 5

次の記述は、デシベル表示について述べたものである。このうち誤っているものを下の番号から選べ。ただし、$\log_{10}2$ の値を 0.3 とする。

1　電圧比で最大値から 6〔dB〕下がったところのレベルは、最大値の 1/2 である。

2　出力電力が入力電力の 500 倍になる増幅回路の利得は 20〔dB〕である。

3　1〔μV〕を 0〔dB〕としたとき、1〔mV〕の電圧は 60〔dB〕である。

4　1〔μV/m〕を 0〔dB〕としたとき、0.5〔mV/m〕の電界強度は 54〔dB〕である。

5　1〔mW〕を 0〔dB〕としたとき、1〔W〕の電力は 30〔dB〕である。

> **ポイント** $10\log_{10}500 = 10\log_{10}(5 \times 100) = 10(\log_{10}5 + \log_{10}100)$
> $$= 10\log_{10}5 + 10\log_{10}10^2 = 10\log_{10}5 + 20$$
>
> となり、選択肢 2 は「20」〔dB〕に「ならない」。$\log_{10}5$ の計算をしなくても正答が得られる。
> 　　　　　　　　　　　　　　　　　　　　　　**正答** 2

問題 80 重要度 ★★★★★

次の記述は、デシベル表示について述べたものである。このうち正しいものを下の番号から選べ。ただし、$\log_{10}2$ の値を 0.3 とする。

1 出力電力が入力電力の 400 倍になる増幅回路の利得は 20〔dB〕である。

2 電圧比で最大値から 6〔dB〕下がったところのレベルは、最大値の $1/\sqrt{2}$ である。

3 1〔mW〕を 0〔dB〕としたとき、1〔W〕の電力は 100〔dB〕である。

4 1〔μV/m〕を 0〔dB〕としたとき、5〔mV/m〕の電界強度は 50〔dB〕である。

5 1〔μV〕を 0〔dB〕としたとき、1〔V〕の電圧は 120〔dB〕である。

ポイント 1〔μV〕＝1×10^{-6}〔V〕であるから、1〔V〕は 1000000 倍になる。
選択肢 5 は $20\log_{10}1000000 = 20\log_{10}10^6 = 120$〔dB〕 **正答** 5

問題 81 重要度 ★★★★★

図に示す負帰還増幅回路例の電圧増幅度の値として、最も近いものを下の番号から選べ。ただし、帰還をかけないときの電圧増幅度 A を 150、帰還率 β を 0.2 とする。

1   3.5
2   4.8
3   7.0
4   10.5
5   30.0

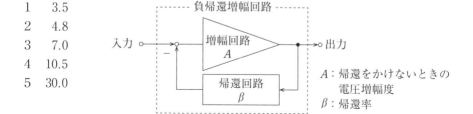

A：帰還をかけないときの
　　電圧増幅度
β：帰還率

ポイント 帰還をかけないときの電圧増幅度を A、帰還率を β とすると、帰還をかけたときの電圧増幅度 A_f は、

$$A_f = \frac{A}{1+A\beta} = \frac{150}{1+(150\times0.2)} = \frac{150}{1+30} = \frac{150}{31} \fallingdotseq 4.8$$

となる。 **正答** 2

図に示す理想的な演算増幅器 (オペアンプ) を使用した反転増幅回路の電圧利得の値として、最も近いものを下の番号から選べ。ただし、図の増幅回路の電圧増幅度 A_v (真数) は、次式で表されるものとする。また、$\log_{10} 2 = 0.3$ とする。

$$|A_v| = R_2 / R_1$$

1　　6 [dB]

2　14 [dB]

3　18 [dB]

4　24 [dB]

5　28 [dB]

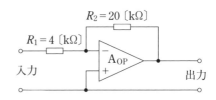

$R_2 = 20$ [kΩ]

$R_1 = 4$ [kΩ]

A_{OP}

入力　　　　　　　　　　　　　　出力

A_{OP}：演算増幅器　　⟼：抵抗

ポイント 題意より、

$$|A_v| = \frac{R_2}{R_1} = \frac{20 \times 10^3}{4 \times 10^3} = 5$$

dB (デシベル) 表示にすると、

$$20 \log_{10} A_v = 20 \log_{10} 5 = 20 \log_{10} \frac{10}{2} = 20 \left(\log_{10} 10 - \log_{10} 2 \right)$$

$$= 20 (1 - 0.3) = 20 \times 0.7 = 14 \ [\text{dB}]$$

となる。

正答 2

次の記述は、演算増幅器 (オペアンプ) の理想的特性について述べたものである。このうち誤っているものを下の番号から選べ。

1　電圧利得が無限大である。

2　入力インピーダンスが無限大である。

3　出力インピーダンスが無限大である。

4　周波数帯域幅が無限大である。

5　オフセット電圧及びオフセット電流がともに零である。

基礎理論

> ポイント オペアンプ（演算増幅器）の入力インピーダンスは非常に高いが、出力インピーダンスは「非常に低い特性」を持っている。また、理想的には電圧利得や周波数帯域は無限大がよい。
>
> 正 答 3

問題84　重要度 ★★★★★　　　1回目 2回目 3回目

次の記述は、通常用いられる演算増幅器（オペアンプ）の特性について述べたものである。このうち誤っているものを下の番号から選べ。

1 電圧利得が非常に大きい。
2 2つの入力端子間の電圧は常にほぼ0である。
3 入力インピーダンスが非常に大きい。
4 2つの入力端子間の電流は常にほぼ0である。
5 増幅器として用いるとき、通常出力端子から同相入力（＋）端子に、帰還をかけて使用する。

> ポイント オペアンプを増幅器として使用するときは、「逆相入力（－）端子」に帰還をかける。
>
> 正 答 5

問題85　重要度 ★★★★☆　　　1回目 2回目 3回目

図は、送信機等に用いられる位相同期ループ（PLL）を用いた周波数シンセサイザ発振回路の原理的構成例を示したものである。□□□内に入れるべき名称の正しい組合せを下の番号から選べ。

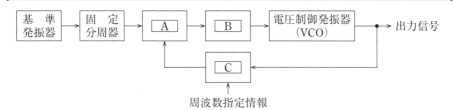

	A	B	C
1	位相比較器	高域フィルタ（HPF）	周波数逓倍器
2	振幅制限器	高域フィルタ（HPF）	可変分周器
3	位相比較器	帯域フィルタ（BPF）	周波数逓倍器
4	振幅制限器	低域フィルタ（LPF）	位相比較器
5	位相比較器	低域フィルタ（LPF）	可変分周器

Aは固定分周器とCの「可変分周器」からの信号を比較する「位相比較器」である。Bは「低域フィルタ（LPF）」で制御電圧を得て、次段の電圧制御発振器の周波数を調整して、安定した出力信号を取り出す。「電圧制御発振器」が空欄の問いもある。 正答 5

問題86 重要度 ★☆☆☆☆　　　1回目 2回目 3回目

次の記述は、雑音に関する用語について述べたものである。このうち誤っているものを下の番号から選べ。

1　ガウス雑音とは、瞬時振幅の分布が正規分布となる不規則な雑音をいう。
2　三角雑音とは、FM方式の復調器出力に生ずる、高い周波数領域ほど雑音出力が大きく、周波数対雑音振幅特性の図形がほぼ三角形になる雑音をいう。
3　ショットノイズ（散弾雑音）は、真空管やトランジスタなどに流れる電流に含まれ、広い周波数帯域内に一様に分布する雑音をいう。
4　白色雑音とは、周波数スペクトルが、ある特定の周波数領域で高いピークを示す雑音をいう。
5　雑音温度とは、抵抗体内の電子の熱運動による雑音量から導かれる温度をいう。

白色雑音は「ホワイトノイズ」と呼ばれ、「低い周波数から高い周波数の領域にわたる」雑音をいう。 正答 4

問題87 重要度 ★☆☆☆☆　　　1回目 2回目 3回目

次の記述は、雑音指数について述べたものである。このうち正しいものを下の番号から選べ。

1　連続して存在する雑音の一定時間内の平均的レベルをいう。
2　雑音の電力がある温度の抵抗体が発生する熱雑音の電力に等しいとき、その抵抗体の温度をいう。
3　低雑音増幅回路の入力に許容される雑音の程度を示す値をいう。
4　自然雑音、人工雑音などで空間に放射されている電波雑音の平均強度をいう。
5　増幅回路や四端子網において、入力の信号対雑音比 $(S/N)_{IN}$ を出力の信号対雑音比 $(S/N)_{OUT}$ で割った値 $(S/N)_{IN}/(S/N)_{OUT}$ をいう。

ポイント 入力の信号対雑音比 $(S/N)_{IN}$ を出力の $(S/N)_{OUT}$ で割ったものが雑音指数である。

正 答 5

基礎理論

問題88 重要度 ★★★★★　　　1回目 2回目 3回目

図に示すように各パルスの幅が 5〔μs〕、間隔が 15〔μs〕のとき、パルスの繰り返し周波数 f 及び衝撃係数 (デューティファクタ) D の値の組合せとして、正しいものを下の番号から選べ。

	f	D
1	20〔kHz〕	5.0
2	40〔kHz〕	0.25
3	40〔kHz〕	0.5
4	50〔kHz〕	0.25
5	50〔kHz〕	0.5

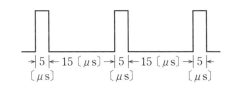

ポイント パルスの幅を t_1、パルスの間隔を t_2 とすると、パルスの繰り返し周波数 f は、

$$f=\frac{1}{t_1+t_2}=\frac{1}{(5\times10^{-6})+(15\times10^{-6})}=\frac{1}{20}\times10^6$$
$$=0.05\times10^6=50\times10^3〔Hz〕=50〔kHz〕$$

衝撃係数 D は、

$$D=\frac{t_1}{t_1+t_2}=\frac{5\times10^{-6}}{(5\times10^{-6})+(15\times10^{-6})}=\frac{5}{20}=0.25$$

となる。

正 答 4

問題89 重要度 ★★★★★　　　1回目 2回目 3回目

図に示すようにパルスの幅が 5〔μs〕のとき、パルスの周期 T 及び衝撃係数 (デューティファクタ) D の値の組合せとして、正しいものを下の番号から選べ。ただし、パルスの繰返し周波数は 40〔kHz〕とする。

	T	D
1	10〔μs〕	0.4
2	20〔μs〕	0.2
3	20〔μs〕	0.4
4	25〔μs〕	0.4
5	25〔μs〕	0.2

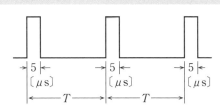

問題90 　重要度 ★★☆☆☆ 　　1回目 2回目 3回目

次の記述は、自由空間における電波（平面波）の伝搬について述べたものである。
□□□内に入れるべき字句の正しい組合せを下の番号から選べ。ただし、電波
の伝搬速度を v [m/s]、周波数を f [Hz]、波長を λ [m] とし、自由空間の誘電
率を ε_0 [F/m]、透磁率を μ_0 [H/m] とする。

(1) v は f と λ で表すと、$v = \boxed{\text{A}}$ [m/s] で表され、その値は約 3×10^8 [m/s] である。

(2) v を ε_0 と μ_0 で表すと、$v = \boxed{\text{B}}$ [m/s] となる。

(3) 自由空間の固有インピーダンスは、磁界強度を H [A/m]、電界強度を E [V/m] とすると、$\boxed{\text{C}}$ [Ω] で表される。

	A	B	C
1	$f\lambda$	$1/\sqrt{\varepsilon_0 \mu_0}$	E/H
2	f/λ	$1/(\varepsilon_0 \mu_0)$	E/H
3	$f\lambda$	$1/(\varepsilon_0 \mu_0)$	E/H
4	f/λ	$1/(\varepsilon_0 \mu_0)$	H/E
5	$f\lambda$	$1/\sqrt{\varepsilon_0 \mu_0}$	H/E

問題91　重要度 ★★★★★　　　1回目 2回目 3回目

次の記述は、自由空間における電波（平面波）の伝搬について述べたものである。
□□□内に入れるべき字句の正しい組合せを下の番号から選べ。ただし、電波
の伝搬速度を v〔m/s〕、自由空間の誘電率を ε_0〔F/m〕、透磁率を μ_0〔H/m〕
とする。

(1) 電波は、互いに □ A □ 電界 E と磁界 H から成り立っている。

(2) v を ε_0 と μ_0 で表すと、$v =$ □ B □〔m/s〕となる。

(3) 自由空間の固有インピーダンスは、磁界強度を H〔A/m〕、電界強度を E〔V/m〕
とすると、□ C □〔Ω〕で表される。

	A	B	C
1	直交する	$1/\sqrt{\varepsilon_0\mu_0}$	E/H
2	直交する	$1/(\varepsilon_0\mu_0)$	H/E
3	直交する	$1/\sqrt{\varepsilon_0\mu_0}$	H/E
4	平行な	$1/(\varepsilon_0\mu_0)$	E/H
5	平行な	$1/(\varepsilon_0\mu_0)$	H/E

ポイント 電波は、互いに「直交する」電界 E と磁界 H から成り立っている。v を
誘電率 ε_0〔F/m〕、透磁率 μ_0〔H/m〕で表すと、$v =$「$1/\sqrt{\varepsilon_0\mu_0}$」〔m/s〕とな
る。固有インピーダンス Z を磁界強度 H〔A/m〕、電界強度 E〔V/m〕で表すと、
$Z =$「E/H」〔Ω〕となる。　　　　　　　　　　　　　**正 答**　1

基礎理論

多重変調方式
の問題

次の記述は、アナログ信号波で周期パルス列を変調する方式について述べたものである。□□□に入れるべき字句の正しい組合せを下の番号から選べ。

(1) 信号波の振幅で、周期パルス列の各パルスの振幅を変化させる変調方式を、□ A □という。

(2) 信号波の振幅で、周期パルス列の各パルスの時間的な位置を変化させる変調方式を、□ B □という。

(3) 信号波の振幅で、周期パルス列の各パルスの幅を変化させる変調方式を、□ C □という。

	A	B	C
1	PWM	PFM	PWM
2	PWM	PFM	PNM
3	PAM	PPM	PWM
4	PAM	PPM	PNM
5	PAM	PFM	PNM

ポイント　「PAM」は Pulse Amplitude Modulation の略で、パルス振幅変調、「PPM」は Pulse Phase Modulation の略で、パルス位相変調、「PWM」は Pulse Width Modulation の略で、パルス幅変調のこと。　　**正答**　**3**

次の記述は、PSK について述べたものである。このうち誤っているものを下の番号から選べ。

1　2相 PSK（BPSK）では、"0"、"1" の2値符号に対して搬送波の位相に π〔rad〕の位相差がある。

2　8相 PSK では、2相 PSK（BPSK）に比べ、一つのシンボルで8倍の情報量を伝送できる。

3 4相PSK（QPSK）は、搬送波の位相が互いにπ/2〔rad〕異なる二つの2相PSK（BPSK）変調器を並列に用いて実現できる。

4 π/4シフト4相PSK（π/4シフトQPSK）では、隣り合うシンボル間に移行するときの信号空間軌跡が原点を通ることがなく、包絡線の急激な変動を防ぐことができる。

5 4相PSK（QPSK）では、1シンボルの一つの信号点が表す情報は、"00"、"01"、"10"及び"11"のいずれかである。

> **ポイント** 2相では位相が二つで1ビットの伝送であるが、8相では八つであるので、（2×2×2＝8＝2³）となり、3ビットの伝送である。1シンボルで伝送できる情報量は「3倍」である。　　　**正答** **2**

問題3 **重要度 ★★★★★** 　1回目 2回目 3回目

次の記述は、PSKについて述べたものである。このうち正しいものを下の番号から選べ。

1 4相PSK（QPSK）は、16個の位相点をとり得る変調方式である。

2 4相PSK（QPSK）では、1シンボルの一つの信号点が表す情報は、"00"、"01"、"10"及び"11"のいずれかとなる。

3 π/4シフト4相PSK（π/4シフトQPSK）では、隣り合うシンボル間に移行するときの信号空間軌跡が必ず原点を通るため、包絡線の急激な変動を防ぐことができる。

4 2相PSK（BPSK）では、"0"、"1"の2値符号に対して搬送波の位相にπ/2〔rad〕の位相差がある。

5 8相PSKでは、2相PSK（BPSK）に比べ、一つのシンボルで4倍の情報量を伝送できる。

> **ポイント** 4相PSK＝QPSK（Quadrature Phase Shift Keying）であり、また、Quadratureは4を表し、1シンボルは四つの情報（00、01、10、11）のいずれかとなる。　　　**正答** **2**

問題4 　重要度 ★★★★★ 　　　　　　1回目 2回目 3回目

次の記述は、PSK について述べたものである。このうち正しいものを下の番号から選べ。

1　2相PSK（BPSK）は、8相PSK に比べ、同じ搬送波電力対雑音電力比（C/N）のとき、符号誤り率が小さい。

2　8相PSK では、2相PSK（BPSK）に比べ、一つのシンボルで4倍の情報量を伝送できる。

3　2相PSK（BPSK）では、"0"、"1"の2値符号に対して、搬送波の位相にπ/2〔rad〕の位相差がある。

4　4相PSK では、1シンボル（一つの信号点）が表す情報は、"00" 又は "11" のいずれかとなる。

> **ポイント** C/N が同じとき、2相PSK は8相PSK に比べ符号誤り率が小さくなる。
> **正答** 1

問題5 　重要度 ★★★☆☆ 　　　　　　1回目 2回目 3回目

次の記述は、多相PSK について述べたものである。このうち誤っているものを下の番号から選べ。

1　2相PSK（BPSK）では、"0"、"1"の2値符号に対して搬送波の位相にπ〔rad〕の位相差がある。

2　4相PSK（QPSK）では、1シンボル（一つの信号点）が表す情報は、"00"、"01"、"10" 又は "11" のいずれか一つに対応する。

3　8相PSK は、2相PSK に比べ、同じ周波数帯域で約3倍の情報量を伝送できる。

4　4相PSK は、二つの2相PSK 変調器を直交関係になるように組み合わせることにより得られる。

5　2相PSK、4相PSK 及び8相PSK の信号対雑音比（S/N）が等しいとき、符号誤り率が最も小さいのは8相PSK である。

> **ポイント** 符号誤り率は、相数が少ないほど小さいので、最も小さいのは「2相」PSK である。
> **正答** 5

問題6　重要度 ★★★☆☆　　1回目 2回目 3回目

次の記述は、多相PSKについて述べたものである。このうち正しいものを下の番号から選べ。

1　2相PSK（BPSK）では、"0"、"1"の2値符号に対して搬送波の位相に$\pi/2$〔rad〕の位相差がある。

2　2相PSKは、4相PSKに比べ、同じ信号対雑音比（S/N）のとき符号誤り率が大きい。

3　4相PSK（QPSK）では、4値符号に対して、搬送波の位相に$\pi/4$〔rad〕の位相差がある。

4　4相PSKでは、1シンボル（一つの信号点）が表す情報は、"00"又は"11"のいずれかとなる。

5　8相PSKは、2相PSKに比べ、同じ周波数帯域で約3倍の情報量を伝送できる。

ポイント 2相PSKに比べ4相PSKでは2倍、8相PSKでは3倍、16相では4倍の情報量を伝送することができる。　　**正答** 5

問題7　重要度 ★★★★★　　1回目 2回目 3回目

一般的なパルス符号変調（PCM）における量子化についての記述として、正しいものを下の番号から選べ。

1　アナログ信号を一定の時間間隔で抽出し、それぞれの振幅をもつパルス波形列にする。

2　一定数のパルス列に余分なパルス列を付加して、伝送時のビット誤り制御信号にする。

3　アナログ信号を標本化パルスで切り取ったときの振幅を、何段階かに分けた不連続の近似値に置き換える。

4　何段階かの定まったレベルの振幅をもつパルス列を、1パルスごとに2進符号に変換する。

ポイント アナログ信号は標本化されたあと、信号の大きさと近似値に置き換えられる。これを量子化といい、一般に「信号の重み（大きさ）付け」などと表現する。　　**正答** 3

次の記述は、PCM通信方式における量子化などについて述べたものである。◯◯内に入れるべき字句の正しい組合せを下の番号から選べ。

(1) 直線量子化では、どの信号レベルに対しても同じステップ幅で量子化される。このとき、量子化雑音電力 N は、信号電力 S の大小に関係なく一定である。

　したがって、入力信号電力が小さいときは、信号に対して量子化雑音が相対的に ◯A◯ なる。

(2) 信号の大きさにかかわらず S/N をできるだけ一定にするため、送信側において ◯B◯ を用い、受信側において ◯C◯ を用いる方法がある。

	A	B	C
1	大きく	圧縮器	伸張器
2	大きく	乗算器	伸張器
3	小さく	伸張器	識別器
4	小さく	乗算器	圧縮器
5	小さく	圧縮器	識別器

ポイント 入力信号電力が小さいときは、信号に対して雑音が相対的に「大きく」なる。S/N を一定にするため、送信側で「圧縮器」、受信側で「伸張器」を用いる方法がある。

正答 1

次の記述は、PCM通信方式における量子化などについて述べたものである。◯◯内に入れるべき字句の正しい組合せを下の番号から選べ。

(1) 直線量子化では、どの信号レベルに対しても同じステップ幅で量子化される。このとき、量子化雑音電力 N の大きさは、信号電力 S の大きさに ◯A◯。

　したがって、入力信号電力が小さいときは、信号に対して量子化雑音が相対的に大きくなる。

(2) 信号の大きさにかかわらず S/N をできるだけ一定にするため、送信側において ◯B◯ を用い、受信側において ◯C◯ を用いる方法がある。

	A	B	C
1	比例する	圧縮器	識別器
2	比例する	乗算器	伸張器
3	関係しない	圧縮器	伸張器

4　関係しない　　　伸張器　　　識別器
5　関係しない　　　乗算器　　　圧縮器

> **ポイント** 量子化雑音はステップ幅で決まるので信号電力の大きさに「関係しない」。S/N を一定にするため、送信側で「圧縮器」、受信側で「伸張器」を用いる方法がある。　**正答　3**

問題10　重要度 ★☆☆☆☆　　　1回目 2回目 3回目

次の記述は、アナログ信号をデジタル信号に変換するときの量子化について述べたものである。□内に入れるべき字句の正しい組合せを下の番号から選べ。

(1) 量子化とは、アナログ信号を□A□して取り出した振幅を、所定の幅ごとの領域に区切り、それぞれの領域を□B□の代表値で近似することをいう。

(2) 量子化雑音は、振幅を区切る領域の幅が□C□ほど少ない。

	A	B	C
1	符号化	1個	小さい
2	符号化	2個	大きい
3	標本化	1個	大きい
4	標本化	2個	大きい
5	標本化	1個	小さい

> **ポイント** 量子化とは、アナログ信号を「標本化」して振幅を所定の幅ごとに区切り「1個」の代表値で近似する。量子化雑音は領域の幅が「小さく」なれば、それに比例して少なくなる。　**正答　5**

問題11　重要度 ★★★☆☆　　　1回目 2回目 3回目

一般的なパルス符号変調（PCM）における標本化についての記述として、正しいものを下の番号から選べ。

1　定数のパルス列に幾つかの余分なパルスを付加して、伝送時のビット誤り制御信号にする。

2　アナログ信号の振幅を一定の時間間隔で抽出し、それぞれに対応した振幅を持つパルス波形列にする。

3　何段階かの定まった振幅値を持つパルス列について、1パルスごとに振幅値を

多重変調方式

2進符号に変換する。
4　アナログ信号より抽出したそれぞれのパルスの振幅を、何段階かの定まった
レベルの振幅に近似する。

> **ポイント** 標本化とは、アナログ信号の振幅を一定の時間間隔で抽出して、それら
> に対応した振幅を持つパルス（デジタル）波形列にすることである。　**正答**　**2**

問題12　重要度 ★★★☆☆　　　　　　　　1回目 2回目 3回目

次の記述は、パルス符号変調（PCM）における符号化について述べたものであ
る。このうち正しいものを下の番号から選べ。

1　音声などの連続したアナログ信号の振幅を一定の時間間隔で抽出し、それぞ
れの振幅に対応したパルス列とする。
2　アナログ信号から抽出したそれぞれのパルス振幅を、何段階かの定まったレ
ベルの振幅に変換する。
3　一定数のパルス列にいくつかの余分なパルスを付加して、伝送時のビット誤
り制御信号にする。
4　量子化されたパルス列の1パルスごとにその振幅値を2進符号に変換する。

> **ポイント** 「符号化」は2進符号に変換することである。選択肢1、2はそれぞ
> れ「標本化」、「量子化」の説明、選択肢3は「ビット誤り制御信号」の説明で
> ある。　　　　　　　　　　　　　　　　　　　　　　　　　　**正答**　**4**

問題13　重要度 ★★★★★　　　　　　　　1回目 2回目 3回目

次の記述は、一般的なデジタル伝送における伝送誤りについて述べたものであ
る。このうち誤っているものを下の番号から選べ。ただし、信号空間ダイアグラ
ム上の信号点が変動し、受信側において隣接する信号点と誤って判断する現象
をシンボル誤りといい、シンボル誤りが発生する確率をシンボル誤り率という。

1　シンボル誤りが発生する確率であるシンボル誤り率は、信号点間の距離に依
存する。
2　搬送波電力（平均電力）が等しい16相PSK（16PSK）と16値QAM（16QAM）
の信号点間の距離を比較すると、16相PSKの方が短い。
3　搬送波電力（平均電力）が等しい16相PSK（16PSK）と16値QAM（16QAM）

のシンボル誤り率を比較すると、16 相 PSK の方が小さくなる。

4　伝送路や受信機内部で発生する雑音及びフェージングは、シンボル誤り率を増加させる要因となる。

> **ポイント**　シンボル誤り率は、16QAM＜16PSK＜16ASK で、選択肢 3 は誤りである。　　　　　　　　　　　　　　　　　　　**正答**　3

問題 14　重要度 ★★★★★　　　　　　　　　1回目 2回目 3回目

次の記述は、一般的なデジタル伝送における伝送誤りについて述べたものである。□□□内に入れるべき字句の正しい組合せを下の番号から選べ。ただし、信号空間ダイアグラム上の信号点が変動し、受信側において隣接する信号点と誤って判断する現象をシンボル誤りといい、シンボル誤りが発生する確率をシンボル誤り率という。

(1) 例えば、16 相 PSK (16PSK) と 16 値 QAM (16QAM) を比較すると、両方式の搬送波電力 (平均電力) が同じ場合、16 値 QAM の方が信号点間の距離が　A　、シンボル誤り率が小さくなる。したがって一般に、多値変調では QAM が利用されている。

(2) また、雑音やフェージングなどの影響によってシンボル誤りが生じた場合、データの誤り (ビット誤り) を最小にするために、信号空間ダイアグラムの縦横に隣接するシンボル同士が 1 ビットしか異ならないように　B　に基づいてデータを割り当てる方法がある。

	A	B
1	長く	グレイ符号
2	長く	ハミング符号
3	短く	グレイ符号
4	短く	ハミング符号

> **ポイント**　16PSK より 16QAM の方が信号点間の距離は「長い」。グレイ符号 (グレイコード) は、126、127 ページの問題 34 の図を参照。　**正答**　1

問題 15　重要度 ★★★★★　　　　　　　　　1回目 2回目 3回目

次の記述は、デジタル伝送における符号誤り率について述べたものである。□□□内に入れるべき字句の正しい組合せを下の番号から選べ。

(1) 符号列を伝送したときの符号誤り率は、誤って受信される符号数の全符号数に対する割合をいい、符号列に ☐A☐ を用いたときの符号誤り率をビット誤り率という。

(2) 符号列に n 値符号を用いたとき、同じ信号対雑音比（S/N）では、n の値が大きいほど符号誤り率が ☐B☐ なる。

	A	B
1	2 値符号	小さく
2	2 値符号	大きく
3	4 値符号	小さく
4	4 値符号	大きく

> **ポイント** 符号誤り率は 1 ビット＝「2 値」。同じ S/N では符号列の n 値符号の n が大きいほど不利で、符号誤り率は「大きく」なる。　　**正答** 2

問題 16　重要度 ★★☆☆☆　　　1回目 2回目 3回目

次の記述は、デジタル信号の無線伝送における符号誤り率の改善方法について述べたものである。このうち誤っているものを下の番号から選べ。

1　予想される誤り発生の対策に適合した誤り制御符号を使用する。

2　振幅及び周波数特性を補償するため、復調器の前に自動等価器を設ける。

3　PSK 方式や FSK 方式の復調に、同期検波ではなく遅延検波を採用する。

4　空間的に離れて置かれた二つの受信アンテナからの受信信号を利用するスペースダイバーシティ方式を採用する。

> **ポイント** 符号誤り率改善のための復調回路は、「遅延検波」でなく「同期検波」を採用する。　　**正答** 3

問題 17　重要度 ★★★★☆　　　1回目 2回目 3回目

次の記述は、音声信号をデジタル伝送する場合の高能率符号化方式について述べたものである。このうち誤っているものを下の番号から選べ。

1　高能率符号化方式には、量子化ステップの一様な直線量子化が採用される。

2　高能率符号化を実現するために、音声信号の持つ様々な冗長性を利用する。

3　従来の電話音声の PCM 方式（ビットレート：64kbit/s）に近い伝送品質を、

より低いビットレートで伝送できる。

4　従来の電話音声の PCM 方式と同じビットレートで、音声のより高い周波数まで良好な伝送品質が得られる。

> **ポイント** 高能率符号化方式は、伝送路を効率的に利用するために、直線量子化でなく「非直線量子化」が採用される。
>
> **正　答**　1

問題18　重要度 ★★★★★　　　　1回目 2回目 3回目

次の記述は、デジタル伝送における符号誤り率について述べたものである。□□内に入れるべき字句の正しい組合せを下の番号から選べ。

(1)　符号誤り率とは、情報伝送中に生ずる平均的な誤りの発生割合を表すもので、その値が ┌─A─┐ ほど高品質な伝送ができる。

(2)　伝送路や受信機内部で発生する熱雑音は、符号誤り率を増加させる要因の一つであり、伝送データ系列に対して不規則に誤りを与える。この誤りを ┌─B─┐ 誤りという。

```
    A          B
1   大きい      バースト
2   大きい      ランダム
3   小さい      バースト
4   小さい      ランダム
```

> **ポイント** 符号誤り率が「小さい」＝高品質、不規則に誤りを与える＝「ランダム」。
>
> **正　答**　4

問題19　重要度 ★★★★★　　　　1回目 2回目 3回目

次の記述は、デジタル伝送におけるビット誤り等について述べたものである。このうち正しいものを下の番号から選べ。ただし、図に QPSK (4PSK) の信号空間ダイアグラムを示す。

1　QPSK において、2ビットのデータを各シンボルに割り当てる方法が自然2進符号に基づく場合は、縦横に隣接するシンボル間で誤りが生じたとき、常に2ビットの誤りとなる。

2　QPSK において、2ビットのデータを各シンボルに割り当てる方法がグレイ符

号に基づく場合は、縦横に隣接するシンボル間で誤りが生じたとき、1ビット誤る場合と2ビット誤る場合がある。

3　1,000ビットの信号を伝送して、1ビットの誤りがあった場合、ビット誤り率は、10^{-4}である。

4　QPSKにおいて、2ビットのデータを各シンボルに割り当てる方法がグレイ符号に基づく場合と自然2進符号に基づく場合とで比べたとき、グレイ符号に基づく場合の方がビット誤り率を小さくできる。

直交軸 Q

同相軸 I

ポイント　選択肢1〜3を正しくすると、次のようになる。

1　QPSKにおいて、2ビットのデータを各シンボルに割り当てる方法が自然2進符号に基づく場合は、縦横に隣接するシンボル間で誤りが生じたとき、「1ビット誤る場合と2ビット誤る場合がある」。

2　QPSKにおいて、2ビットのデータを各シンボルに割り当てる方法がグレイ符号に基づく場合は、縦横に隣接するシンボル間で誤りが生じたとき、「常に1ビットの誤りとなる」。

3　1,000ビットの信号を伝送して、1ビットの誤りがあった場合、ビット誤り率は、「10^{-3}」である。

正答　4

問題20　重要度 ★★★★★　　　1回目 2回目 3回目

次の記述は、デジタル伝送におけるビット誤り等について述べたものである。このうち誤っているものを下の番号から選べ。ただし、図にQPSK（4PSK）の信号空間ダイアグラムを示す。

1　1,000,000ビットの信号を伝送して、1ビットの誤りがあった場合、ビット誤り率は、10^{-6}である。

2　QPSKにおいて、2ビットのデータを各シンボルに割り当てる方法がグレイ符号に基づく場合と自然2進符号に基づく場合とで比べたとき、グレイ符号に基づく場合の方がビット誤り率を小さくできる。

3　QPSK において、2 ビットのデータを各シンボルに割り当てる方法がグレイ符号に基づく場合は、縦横に隣接するシンボル間で誤りが生じたとき、常に 1 ビットの誤りですむ。

4　QPSK において、2 ビットのデータを各シンボルに割り当てる方法が自然 2 進符号に基づく場合は、縦横に隣接するシンボル間で誤りが生じたとき、常に 2 ビットの誤りとなる。

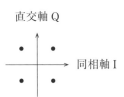

ポイント　QPSK において、2 ビットのデータを各シンボルに割り当てる方法が自然 2 進符号に基づく場合は、縦横に隣接するシンボル間で誤りが生じたとき、「1 ビット誤る場合と 2 ビット誤る場合がある」。

正 答　4

多重変調方式

問題 21　重要度 ★★★★★　　1回目　2回目　3回目

デジタル無線通信において、7 ビットで表される文字 (符号) に誤り訂正符号として 1 ビットのパリティビットを付加し、1 分間に最大 18,000 文字を伝送するために必要な通信速度の値として、正しいものを下の番号から選べ。

1　2,100〔bps〕
2　2,400〔bps〕
3　126〔kbps〕
4　144〔kbps〕
5　8,640〔kbps〕

ポイント　7 ビットの符号に誤り訂正符号のパリティビットを 1 ビット加えると、符号の情報量 n は、7＋1＝8〔bit〕となる。

　1 分間 (＝60 秒間：t＝60) に文字数 c＝18000 を伝送するために必要な通信速度 N は、

$$N=\frac{nc}{t}=\frac{8\times18000}{60}=2400〔bps〕$$

となる。

正 答　2

デジタル無線通信において、通信速度4,800〔bps〕でノビットで表される文字（符号）に誤り検出のための符号として1ビットのパリティビットを付加して文字を伝送するとしたとき、1分間で伝送できる文字数の最大の値として、正しいものを下の番号から選べ。

1　24,000　　　2　32,000　　　3　36,000
4　42,000　　　5　56,000

ポイント 7ビットの符号に誤り訂正符号のパリティビットを1ビット加えると、符号の情報量 n は、$7+1=8$〔bit〕となる。

通信速度 N で1分間（＝60秒間：$t=60$）に伝送できる文字数 c は、

$$c=\frac{Nt}{n}=\frac{4800\times60}{8}=36000$$

となる。

正答 3

デジタル符号列「0101001」に対応する伝送波形が図に示す波形の場合、伝送符号形式の名称として、正しいものを下の番号から選べ。

1　AMI 符号
2　単極性 RZ 符号
3　単極性 NRZ 符号
4　両極（複極）性 RZ 符号
5　両極（複極）性 NRZ 符号

ポイント 基準レベルに対して＋と－の波形は「両極性 NRZ（Nonreturn to Zero）符号」である。

正答 5

問題 24　重要度 ★★★★★　　1回目 2回目 3回目

デジタル符号列「0101001」に対応する伝送波形が図に示す波形の場合、伝送符号形式の名称として、正しいものを下の番号から選べ。

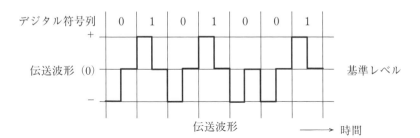

1　単極性 RZ 符号
2　単極性 NRZ 符号
3　両極（複極）性 RZ 符号
4　両極（複極）性 NRZ 符号
5　AMI 符号

ポイント 基準レベルに対して＋と－の波形で、途中で 0 電位に戻るものは「両極性 RZ (Return to Zero) 符号」である。　　正答 3

問題 25　重要度 ★★★☆☆　　1回目 2回目 3回目

次の記述は、デジタル変調のうち直交振幅変調（QAM）方式について述べたものである。このうち誤っているものを下の番号から選べ。

1　16QAM 方式は、16 個の信号点を持つ QAM 方式である。
2　16QAM 方式は、二つの直交した 4 値の ASK 波を 2 波合成して得ることができる。
3　256QAM 方式は、256 個の信号点を持つ QAM 方式であり、二つの直交した 16 値の ASK 波を 2 波合成して得ることができる。
4　256QAM 方式は、QPSK（4PSK）方式と比較すると、同程度の占有周波数帯幅で 8 倍の情報量を伝送できる。

ポイント 256QAM は、QPSK に比べると「4 倍」の情報量を持つ。　　正答 4

多重変調方式

121

問題26　重要度 ★★☆☆☆　　　1回目 2回目 3回目

次の記述は、デジタル変調のうち直交振幅変調（QAM）方式について述べたものである。このうち誤っているものを下の番号から選べ。

1　搬送波の振幅と位相の二つのパラメータを用いて、より多くの情報を効率良く伝送する方式である。

2　64QAM方式は、64個の信号点を持つQAM方式である。

3　64QAM方式は、二つの直交した8値のASK波を2波合成して得ることができる。

4　振幅方向にも情報を乗せているため、ノイズやフェージングの影響を受けにくい。

ポイント 振幅の変動を補正する等価器を持つので、ノイズやフェージングの影響は受け「やすい」。　　　**正答** 4

問題27　重要度 ★★☆☆☆　　　1回目 2回目 3回目

次の記述は、デジタル変調のうち直交振幅変調（QAM）方式について述べたものである。このうち誤っているものを下の番号から選べ。

1　16QAM方式は、16個の信号点を持つQAM方式である。

2　16QAM方式は、周波数が等しく位相が$\pi/2$〔rad〕異なる直交する2つの搬送波を、それぞれ4値のレベルを持つ信号で振幅変調し、それらを合成することにより得ることができる。

3　256QAM方式は、16QAM方式と比較すると、同程度の占有周波数帯幅で同一時間内に16倍の情報量を伝送できる。

4　搬送波の振幅と位相の二つのパラメータを用いて、より多くの情報を効率良く伝送する方式である。

ポイント 16QAMでは1シンボルに載せられる情報量は4ビット（16値）で、256QAMでは8ビット（256値）の伝送ができるので、（8ビット）/（4ビット）=「2倍」となり、16倍は誤り。　　　**正答** 3

問題 28　重要度 ★★★★★　　1回目 2回目 3回目

次の記述は、デジタル変調のうち直交振幅変調（QAM）方式について述べたものである。このうち誤っているものを下の番号から選べ。ただし、信号空間ダイアグラム上の信号点が変動して、受信側において隣接する信号点と誤って判断する現象をシンボル誤りとし、信号空間ダイアグラムにおける信号点の間の距離のうち、最も短いものを信号点間距離とする。

1　16QAM方式は、16個の信号点を持つQAM方式である。

2　QAM方式は、搬送波の振幅と位相の二つのパラメータを用いて、伝送する方式である。

3　64QAM方式は、16QAM方式と比較すると、一般に両方式の平均電力が同じ場合、信号点間距離が長くなるので、原理的に伝送路等におけるノイズやひずみによるシンボル誤りが起こりにくくなる。

4　256QAM方式は、16QAM方式と比較すると、同程度の占有周波数帯幅で同一時間内に2倍の情報量を伝送できる。

ポイント　64QAM方式は、16QAM方式と比較すると、一般に両方式の平均電力が同じ場合、信号点間距離が「短く」なるので、原理的に伝送路等におけるノイズやひずみによるシンボル誤りが起こり「やすく」なる。　　正答　3

問題 29　重要度 ★★★☆☆　　1回目 2回目 3回目

次の記述は、デジタル変調のうち直交振幅変調（QAM）方式について述べたものである。このうち誤っているものを下の番号から選べ。

1　16QAM方式は、16個の信号点を持つQAM方式である。

2　16QAM方式は、周波数が等しく位相がπ/2〔rad〕異なる直交する2つの搬送波を、それぞれ4値のレベルを持つ信号で振幅変調し、それらを合成することにより得ることができる。

3　QAM方式は、搬送波の振幅と位相の二つのパラメータを用いて、伝送する方式である。

4　64QAM方式は、16QAM方式と比較すると、同程度の占有周波数帯幅で同一時間内に4倍の情報量を伝送できる。

多重変調方式

問題30　重要度 ★☆☆☆☆ 1回目 2回目 3回目

次の記述は、直交振幅変調（QAM）方式について述べたものである。[____]内に入れるべき字句の正しい組合せを下の番号から選べ。

(1) 搬送波の振幅と[__A__]の二つのパラメータを用いて、より多くの情報を効率良く伝送する方式である。

(2) 64QAM方式は、二つの直交した（$\pi/2$〔rad〕の位相差のある）[__B__]の振幅偏移変調（ASK）波を合成して、64個の信号点を持つQAM波を得る方式である。QPSK（4PSK）方式と比較すると、同程度の占有周波数帯幅で[__C__]倍の情報量を伝送できるが、フェージング等の振幅の変動に対し、符号誤り率はQPSK方式より大きくなる。

	A	B	C
1	位相	16値	4
2	位相	8値	3
3	位相	16値	3
4	周波数	8値	3
5	周波数	16値	4

問題31　重要度 ★★★☆☆ 1回目 2回目 3回目

次の記述は、直交振幅変調（QAM）方式について述べたものである。[____]内に入れるべき字句の正しい組合せを下の番号から選べ。

(1) 16QAM方式は、二つの直交した（$\pi/2$〔rad〕の位相差のある）[__A__]値の振幅偏移変調（ASK）波を2波合成して、16個の信号点を持つQAM波を得る方式である。

(2) 256QAM方式は、同様に二つの直交した $\boxed{B}$ 値のASK波を2波合成して、256個の信号点を持つQAM波を得る方式であり、QPSK（4PSK）方式と比較すると、同程度の占有周波数帯幅で $\boxed{C}$ の情報量を伝送できる。

	A	B	C
1	4	16	4倍
2	4	32	8倍
3	4	16	16倍
4	8	32	8倍
5	8	16	4倍

> **ポイント** 16QAMは、4ASK（「4値」の振幅偏移変調波）を2波合成（$2^4=$16）したもので、256QAMは「16値」の2波合成である。情報量は256＝2^8と、4＝2^2（QPSKは4値）なので8/2＝「4倍」となる。　　**正答** 1

多重変調方式

問題32　重要度 ★★★☆☆　　1回目 2回目 3回目

次の記述は、16値直交振幅変調（16QAM）について述べたものである。□□□内に入れるべき字句の正しい組合せを下の番号から選べ。ただし、信号空間ダイアグラム上の信号点が変動し、受信側において隣接する信号点と誤って判断する現象をシンボル誤りといい、シンボル誤りが発生する確率をシンボル誤り率という。また、信号空間ダイアグラムにおける信号点の間の距離のうち、最も短いものを信号点間距離とする。

(1) 16QAMは、周波数が等しく位相が $\boxed{A}$ 〔rad〕異なる直交する2つの搬送波を、それぞれ $\boxed{B}$ のレベルを持つ信号で変調し、それらを合成することにより得られる。

(2) 16QAMを16相位相変調（16PSK）と比較すると、両方式の平均電力が同じ場合、一般に16QAMの方が信号点間距離が $\boxed{C}$ 、シンボル誤り率が小さくなる。

	A	B	C
1	$\pi/2$	4値	長く
2	$\pi/2$	4値	短く
3	$\pi/4$	8値	長く
4	$\pi/4$	8値	短く
5	$\pi/8$	8値	長く

| **問題33** | **重要度 ★★★☆☆** | | 1回目 | 2回目 | 3回目 |

次の記述は、16値直交振幅変調（16QAM）について述べたものである。
□□□内に入れるべき字句の正しい組合せを下の番号から選べ。

(1) 16QAM は、周波数が等しく位相が π/2〔rad〕異なる直交する 2 つの搬送波を、
それぞれ □A□ のレベルを持つ信号で変調し、それらを合成することにより得
られる。

(2) 一般的に、16QAM を 4 相位相変調（QPSK）と比較すると、16QAM の方が
周波数利用効率が □B□ 。また、16QAM は、振幅方向にも情報が含まれてい
るため、伝送路におけるノイズやフェージングなどの影響を □C□ 。

	A	B	C
1	4値	高い	受けやすい
2	4値	高い	受けにくい
3	4値	低い	受けにくい
4	16値	高い	受けやすい
5	16値	低い	受けにくい

| **問題34** | **重要度 ★★★★☆** | | 1回目 | 2回目 | 3回目 |

図は、グレイ符号（グレイコード）による 16QAM の信号空間ダイアグラム（信
号配置図）の一例である。□□□内に入れるべき 2 進符号の正しい組合せを下
の番号から選べ。

	A	B	C
1	0010	1111	1100
2	0010	1100	1111
3	1100	1111	0010
4	1100	0010	1111
5	1111	0010	1100

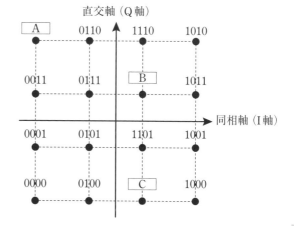

多重変調方式

ポイント 16QAM波は、二つの直交する4値の振幅変調波を加算することによって、4ビットの情報に対応して振幅と位相が定まる。配列から推定可能。左段の0000、0001、0011の左側二つはすべて00なので、Aの左二つを00と覚え、上段の0110、1110、1010の右側二つはすべて10なので、Aの右二つを10と覚えよう。同様に分割してみると、Bの左側二つは11、右側二つは11となる。Cの左側二つは11、右側二つは00と覚えよう。 **正 答** 1

問題35 重要度 ★★★★★

| 1回目 | 2回目 | 3回目 |

グレイ符号（グレイコード）によるQPSKの信号空間ダイアグラム（信号配置図）として正しいものを下の番号から選べ。ただし、I軸は同相軸、Q軸は直交軸を表す。

1
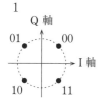

2
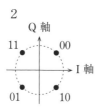

3
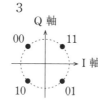

4
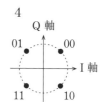

127

ポイント 2進数では 00、01、10、11 と始まるが、グレイ符号では 00、01、11、10 と始まる。00 から始まり、グレイ符号を反時計回りのアップ順で見ると、選択肢 4 となる。グレイ符号の変換は、列を右に 1 文字シフトして、元の列とビットごとの排他的論理和（異なれば 1、等しければ 0）で求められる。

正答 4

問題36 重要度 ★★★★☆ | 1回目 | 2回目 | 3回目 |

グレイ符号（グレイコード）による 8PSK の信号空間ダイアグラム（信号配置図）として正しいものを下の番号から選べ。ただし、I 軸は同相軸、Q 軸は直交軸を表す。

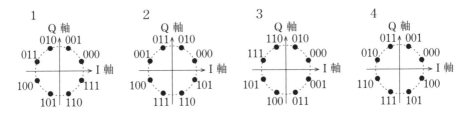

ポイント 2進数では 000、001、010、011 … と始まるが、グレイ符号では 000、001、011、010、110、111、101、100 のアップ順（反時計回り）になるので、選択肢 4 となる。

正答 4

問題37 重要度 ★★★★★ | 1回目 | 2回目 | 3回目 |

次の図は、同期検波による QPSK（4PSK）復調器の原理的構成例を示したものである。□□内に入れるべき字句の正しい組合せを下の番号から選べ。なお、同じ記号の□□内には、同じ字句が入るものとする。

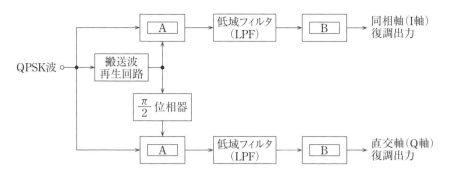

```
      A          B
1   乗算器      スケルチ回路
2   乗算器      識別器
3   リミッタ    スケルチ回路
4   リミッタ    識別器
5   π 移相器    スケルチ回路
```

多重変調方式

ポイント 同期検波の復調器では、搬送波出力の信号を0度と90度（π/2）の位相差に分け、それぞれを「乗算器」で所要周波数に変換する。I軸とQ軸出力は「識別器」で分離される。「π/2 位相器」が空欄の問いもある。　　**正 答**　**2**

問題38　重要度 ★★★★★　　　　1回目　2回目　3回目

図は、2相PSK（BPSK）信号に対して同期検波を適用した復調器の原理的構成例である。□□□内に入れるべき字句の正しい組合せを下の番号から選べ。

```
       A              B
1   π/2 移相器      クロック再生回路
2   π/2 移相器      搬送波再生回路
3   π/4 移相器      クロック再生回路
4   乗算器          クロック再生回路
5   乗算器          搬送波再生回路
```

問題39　重要度 ★★★★★　　　1回目 2回目 3回目

図は、2相PSK（BPSK）に対して遅延検波を適用した復調器の原理的構成例である。□□□内に入れるべき字句の正しい組合せを下の番号から選べ。

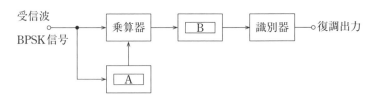

	A	B
1	1ビット遅延回路	高域フィルタ（HPF）
2	1ビット遅延回路	低域フィルタ（LPF）
3	搬送波再生回路	低域フィルタ（LPF）
4	搬送波再生回路	高域フィルタ（HPF）

問題40　重要度 ★★★★★　　　1回目 2回目 3回目

次の記述は、図に示すBPSK（2PSK）信号の復調回路の構成例について述べたものである。□□□内に入れるべき字句の正しい組合せを下の番号から選べ。

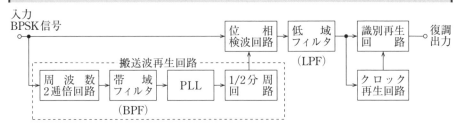

(1) この復調回路は、□ A □検波方式を用いている。

(2) 位相検波回路で入力の BPSK 信号と搬送波再生回路で再生した搬送波との掛け算を行い、低域フィルタ（LPF）、識別再生回路及びクロック再生回路によってデジタル信号を復調する。

(3) 搬送波再生回路は、周波数 2 逓倍回路、帯域フィルタ（BPF）、位相同期ループ（PLL）及び 1/2 分周回路で構成されており、入力の BPSK 信号の位相がデジタル信号に応じて π〔rad〕変化したとき、搬送波再生回路の帯域フィルタ（BPF）の出力の位相は、□ B □。

	A	B
1	同期	変わらない
2	同期	π〔rad〕変化する
3	遅延	変わらない
4	遅延	π /2〔rad〕変化する
5	遅延	π〔rad〕変化する

ポイント BPSK 信号の復調回路には、搬送波再生回路の不要な遅延検波方式と、搬送波再生回路が必要な「同期」検波方式がある。よって、この復調回路は「同期」検波方式である。この搬送波再生回路は逓倍法と呼ばれる搬送波再生回路で、周波数 2 逓倍回路は BPSK 信号が 0 であっても 1 であっても（位相が π〔rad〕変化しても）、周波数は 2 倍になるが、位相は「変わらない」回路である。(2) の「掛け算」が空欄の問いもある。 **正 答** 1

問題41 重要度 ★★★★★ 1回目 2回目 3回目

次の記述は、QPSK 等のデジタル変調方式におけるシンボルレートとビットレートとの原理的な関係について述べたものである。□□内に入れるべき字句の正しい組合せを下の番号から選べ。ただし、シンボルレートは、1 秒間に伝送するシンボル数（単位は〔sps〕）を表す。

(1) QPSK（4PSK）では、シンボルレートが 5.0〔Msps〕のとき、ビットレートは、□ A □〔Mbps〕である。

(2) 64QAM では、ビットレートが 48.0〔Mbps〕のとき、シンボルレートは、□ B □〔Msps〕である。

	A	B
1	10.0	8.0
2	10.0	6.0
3	2.5	6.0
4	2.5	9.0
5	5.0	8.0

ポイント QPSK（4PSK）の1シンボルは2ビット（2^2）であるので、シンボルレートが5〔Msps〕のとき、ビットレートは、5×2＝「10」〔Mbps〕。64QAMの1シンボルは6ビット（2^6）であるので、ビットレートが48〔Mbps〕のとき、シンボルレートは、48/6＝「8」〔Msps〕。 **正答** 1

問題42　重要度 ★★★★★　　　　　1回目 2回目 3回目

次の記述は、BPSK等のデジタル変調方式におけるシンボルレートとビットレートとの原理的な関係について述べたものである。◻︎◻︎◻︎内に入れるべき字句の正しい組合せを下の番号から選べ。ただし、シンボルレートは、1秒間に伝送するシンボル数（単位は〔sps〕）を表す。

(1) BPSK（2PSK）では、シンボルレートが5.0〔Msps〕のとき、ビットレートは、◻︎A◻︎〔Mbps〕である。

(2) 16QAMでは、ビットレートが32.0〔Mbps〕のとき、シンボルレートは、◻︎B◻︎〔Msps〕である。

	A	B
1	5.0	8.0
2	5.0	2.0
3	2.5	4.0
4	10.0	4.0
5	10.0	8.0

ポイント BPSK（2PSK）の1シンボルは1ビット（2^1）であるので、シンボルレートが5〔Msps〕のとき、ビットレートは、5×1＝「5」〔Mbps〕。16QAMの1シンボルは4ビット（2^4）であるので、ビットレートが32〔Mbps〕のとき、シンボルレートは、32/4＝「8」〔Msps〕。 **正答** 1

問題 43 重要度 ★★★★★ 1回目 2回目 3回目

標本化定理において、音声信号を標本化するとき、忠実に再現することが原理的に可能な音声信号の最高周波数として、正しいものを下の番号から選べ。ただし、標本化周波数を 8〔kHz〕とする。

1 4〔kHz〕
2 6〔kHz〕
3 8〔kHz〕
4 16〔kHz〕
5 20〔kHz〕

ポイント 標本化定理により入力信号の周波数の 2 倍の周波数で標本化すれば、標本化された信号から原信号を再生できる。よって、原信号 = 標本化周波数 ÷ 2 で求めることができる。したがって、8 ÷ 2 = 4〔kHz〕となる。 **正答** 1

問題 44 重要度 ★★★☆☆ 1回目 2回目 3回目

標本化定理において、周波数帯域が 300〔Hz〕から 3.4〔kHz〕までのアナログ信号を標本化して、忠実に再現することが原理的に可能な標本化周波数の下限の値として、正しいものを下の番号から選べ。

1 3.1〔kHz〕 2 3.4〔kHz〕 3 6.8〔kHz〕
4 8.0〔kHz〕 5 9.3〔kHz〕

ポイント アナログ信号を標本化する場合、標本化定理によりアナログ信号の最高周波数の 2 倍でよいので、3.4〔kHz〕×2=6.8〔kHz〕となる。 **正答** 3

問題 45 重要度 ★★★★★ 1回目 2回目 3回目

伝送速度 48〔Mbps〕の PCM 伝送回線において、1 チャネル当たり 96〔kbps〕のデータを時分割多重により伝送するとき、伝送可能な最大チャネル数として、最も近いものを下の番号から選べ。

1 200 2 500 3 800 4 1,200 5 5,000

問題46 重要度 ★★★★★ 1回目 2回目 3回目

次の記述は、図に示すパルス符号変調（PCM）方式を用いた伝送系の原理的な構成例について述べたものである。□□□内に入れるべき字句の正しい組合せを下の番号から選べ。

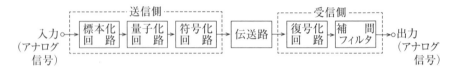

(1) 標本化とは、一定の時間間隔で入力のアナログ信号の振幅を取り出すことをいい、入力のアナログ信号を標本化したときの標本化回路の出力は、パルス振幅変調（PAM）波である。

(2) 振幅を所定の幅ごとの領域に区切ってそれぞれの領域を1個の代表値で表し、標本化によって取り出したアナログ信号の振幅を、その代表値で近似することを ┌─A─┐ という。

(3) 復号化回路で復号した出力からアナログ信号を復調するために用いる補間フィルタには、┌─B─┐ が用いられる。

	A	B
1	量子化	高域フィルタ（HPF）
2	量子化	低域フィルタ（LPF）
3	符号化	高域フィルタ（HPF）
4	符号化	低域フィルタ（LPF）

ポイント 「量子化」は、標本化されたアナログ信号を段階的にある値に近似させることである。復号化回路で復号した信号から高調波成分を削除するため、「低域フィルタ」が使用される。 **正 答** 2

問題 47　重要度 ★★★☆☆　　1回目 2回目 3回目

次の記述は、図に示すパルス符号変調（PCM）方式を用いた伝送系の原理的な構成例について述べたものである。☐☐内に入れるべき字句の正しい組合せを下の番号から選べ。

(1) 標本化とは、一定の時間間隔で入力のアナログ信号の振幅を取り出すことをいい、入力のアナログ信号を標本化したときの標本化回路の出力は、☐A☐波である。

(2) 振幅を所定の幅ごとの領域に区切ってそれぞれの領域を1個の代表値で表し、標本化によって取り出したアナログ信号の振幅を、その代表値で近似することを量子化といい、量子化ステップの数が☐B☐ほど量子化雑音は小さくなる。

	A	B
1	パルス振幅変調（PAM）	少ない
2	パルス位相変調（PPM）	少ない
3	パルス振幅変調（PAM）	多い
4	パルス位相変調（PPM）	多い

ポイント 入力のアナログ信号を標本化したときの標本化回路の出力は「パルス振幅変調」波である。量子化ステップの数が「多い」ほど量子化雑音は小さくなる。　**正答** 3

問題 48　重要度 ★★★★★　　1回目 2回目 3回目

PCM多重通信方式の送信設備において、小振幅の信号に対する量子化雑音の影響を軽減するために用いられるものを下の番号から選べ。

1　AGC回路　　　2　負帰還増幅器　　　3　AFC回路
4　伸長器　　　　5　対数圧縮器

ポイント PCM多重でアナログ信号を量子化するときに発生する量子化雑音は、「対数圧縮器」で軽減する。　**正答** 5

多重変調方式

135

問題 49　重要度 ★★☆☆☆　1回目 2回目 3回目

次の記述は、PCM 多重通信方式において、送信端局装置に対数圧縮器が用いられる理由について述べたものである。このうち正しいものを下の番号から選べ。

1　小振幅の信号に対する量子化雑音の影響を軽減する。
2　占有周波数帯幅を広くする。
3　パルス衝撃係数を小さくする。
4　デジタル信号の同期化と容易にする。
5　標本化されたパルス波形を整形する。

> **ポイント** 対数圧縮器は、アナログ信号をデジタル化するときに生じる量子化雑音を軽減するために用いる。　　　　　　　　　　　**正答** 1

問題 50　重要度 ★★★★★　1回目 2回目 3回目

次の記述は、直交周波数分割多重方式 (OFDM) について述べたものである。このうち誤っているものを下の番号から選べ。

1　高速のビット列を多数のキャリアを用いて周波数軸上で分割して伝送することで、キャリア1本当たりのシンボルレートを高くしている。
2　OFDM を用いると、マルチパスによる遅延波の影響を受けにくい。
3　周波数の直交技術が重要な役割を果たしている。
4　ガードインターバルは、遅延波によって生ずる符号間干渉を軽減するために付加される。
5　各キャリアを分割してユーザが利用でき、必要なチャネル相当分を周波数軸上に多重化できる。

> **ポイント** 直交周波数分割多重は、ある一定の帯域内における搬送波の配置密度を高め、キャリア1本当たりのシンボルレートを「低く」している。地上波デジタル放送は OFDM である。　　　　　　　　　　**正答** 1

問題 51　重要度 ★★☆☆☆　1回目 2回目 3回目

次の記述は、直交周波数分割多重 (OFDM) 伝送方式について述べたものである。このうち誤っているものを下の番号から選べ。

1　高速のビット列を多数のキャリアを用いて周波数軸上で分割して伝送するこ

とで、キャリア1本当たりのシンボルレートを低くできる。
2　各キャリアを分割してユーザが利用でき、必要なチャネル相当分を周波数軸上に多重化できる。
3　キャリアの直交技術が重要な役割を果たしている。
4　ガードインターバルは、遅延波によって生ずる符号間干渉を軽減するために付加される。
5　OFDM伝送方式を用いると、一般に単一キャリアのみを用いた伝送方式に比べマルチパスによる遅延波の影響を受け易い。

> **ポイント** OFDM伝送方式は、複数の副搬送波を使用し情報信号のビットストリームは各副搬送波に分散されるので、シンボルレートが副搬送波の数だけ遅くなり、マルチパスによる遅延波の影響を受け「にくい」。　**正答　5**

問題52　重要度 ★★★★☆　　1回目 2回目 3回目

直交周波数分割多重（OFDM）伝送方式に関する記述として、誤っているものを下の番号から選べ。

1　高速のビット列を多数のキャリアを用いて周波数軸上で分割して伝送する方式である。
2　各キャリアの直交性を厳密に保つ必要はない。また、正確に同期をとる必要がない。
3　シンボル期間長が長いことに加えてガードインターバルの付加により、遅延波によって生ずる符号間干渉を軽減できる。
4　ガードインターバルは、送信側で付加される。
5　OFDM伝送方式を用いると、シングルキャリアをデジタル変調した場合に比べて伝送速度はそのままでシンボル期間長を長くできる。

> **ポイント** 副搬送波がお互いに「直交」していないと、受信側の復調処理において情報信号を復調することができなくなる。　**正答　2**

問題53　重要度 ★★★☆☆　　1回目 2回目 3回目

次の記述は、直交周波数分割多重（OFDM）伝送方式について述べたものである。このうち誤っているものを下の番号から選べ。ただし、OFDM伝送方式で用いる多数のキャリアをサブキャリアという。

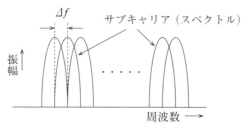

サブキャリア間のスペクトルの関係を示す略図

1 単一キャリアのみを用いた伝送方式に比べて、OFDM 伝送方式では高速の
  ビット列を多数のサブキャリアを用いて周波数軸上で分割して伝送することで、
  サブキャリア 1 本当たりのシンボルレートを高くできる。

2 ガードインターバルは、遅延波によって生ずる符号間干渉を軽減するために
  付加される。

3 各サブキャリアを分割してユーザが利用でき、必要なチャネル相当分を周波
  数軸上に多重化できる。

4 図に示すサブキャリアの周波数間隔 Δf は、有効シンボル期間長（変調シンボ
  ル長）T_S の逆数と等しく（$\Delta f = 1/T_S$）なっている。

5 OFDM 伝送方式を用いると、一般に単一キャリアのみを用いた伝送方式に比
  べマルチパスによる遅延波の影響を受け難い。

ポイント 単一キャリアのみを用いた伝送方式に比べて、OFDM 伝送方式では、
サブキャリア 1 本当たりのシンボルレートを「低く」できる。　　　正答　1

問題 54　　重要度 ★★★★★　　　　　　　　　　1回目 2回目 3回目

次の記述は、直交周波数分割多重（OFDM）伝送方式について述べたものであ
る。このうち誤っているものを下の番号から選べ。ただし、OFDM 伝送方式で
用いる多数のキャリアをサブキャリアという。

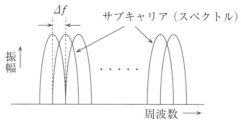

サブキャリア間のスペクトルの関係を示す略図

1 高速のビット列を多数のサブキャリアを用いて周波数軸上で分割して伝送する方式である。
2 図に示すサブキャリア間の周波数間隔 Δf は、有効シンボル期間長（変調シンボル長） T_S の逆数と等しく（ $\Delta f = 1/T_S$ ）なっている。
3 ガードインターバルは、遅延波によって生ずる符号間干渉を軽減するために付加される。
4 OFDM 伝送方式を用いると、シングルキャリアをデジタル変調した場合に比べて伝送速度はそのままでシンボル期間長を短くできる。
5 ガードインターバルは、送信側で付加される。

> **ポイント** OFDM 伝送方式は、シングルキャリアをデジタル変調した場合に比べて伝送速度はそのままでシンボル期間長を「長く」できる。　　**正 答** 4

問題 55　重要度 ★★★★★　　1回目 2回目 3回目

次の記述は、直交周波数分割多重（OFDM）伝送方式について述べたものである。□□□内に入れるべき字句の正しい組合せを下の番号から選べ。

(1) OFDM 伝送方式では、高速の伝送データを複数の □A□ なデータ列に分割し、複数のサブキャリアを用いて並列伝送を行う。
(2) また、ガードインターバルを挿入することにより、マルチパスの遅延時間がガードインターバル長の □B□ であれば、遅延波の干渉を効率よく回避できる。
(3) OFDM は、一般的に 3.9 世代移動通信システムと呼ばれる携帯電話の通信規格である □C□ の下り回線などで利用されている。

	A	B	C
1	低速	範囲内	LTE
2	低速	範囲外	スペクトル拡散（SS）通信
3	より高速	範囲内	スペクトル拡散（SS）通信
4	より高速	範囲外	LTE

> **ポイント** OFDM 伝送方式では、高速の伝送データを複数の「低速」なデータ列に分割し、複数のサブキャリアを用いて並列伝送を行う。遅延時間がガードインターバル長の「範囲内」であれば、遅延波の干渉を効率よく回避できる。この方式は、3.9 世代と呼ばれる「LTE」の下り回線などで利用されている。(2) の「ガードインターバル」が空欄の問いもある。　　**正 答** 1

次の記述は、無線LANや携帯電話などに用いられている直交周波数分割多重（OFDM）伝送方式について述べたものである。￣￣￣内に入れるべき字句の正しい組合せを下の番号から選べ。

(1) OFDM伝送方式では、高速の伝送データを複数の低速なデータ列に分割し、複数のサブキャリアを用いて並列伝送を行うことにより、単一キャリアのみを用いて送る方式に比べ伝送シンボルの継続時間が　A　なり、遅延波の影響を軽減できる。

(2) また、ガードインターバルを挿入することにより、マルチパスによる1つ前のシンボルの遅延波が希望波に重なっても、マルチパスの遅延時間がガードインターバル長の　B　であれば、　C　を除去することができ、遅延波の干渉を効率よく回避できる。

	A	B	C
1	短く	範囲内	シンボル間干渉
2	短く	範囲外	電離層伝搬の影響
3	短く	範囲内	電離層伝搬の影響
4	長く	範囲内	シンボル間干渉
5	長く	範囲外	シンボル間干渉

ポイント OFDM伝送方式は、単一キャリアのみを用いて送る方式に比べ伝送シンボルの継続時間が「長く」なり、遅延波の影響を軽減できる。遅延時間がガードインターバル長の「範囲内」であれば、「シンボル間干渉」を除去することができ、遅延波の干渉を効率よく回避できる。(1)の「遅延波」、(2)の「ガードインターバル」が空欄の問いもある。　　　正答　4

直交周波数分割多重（OFDM）において、有効シンボル期間長（変調シンボル長）が50〔μs〕のとき、図に示すサブキャリアの周波数間隔Δfの値として、正しいものを下の番号から選べ。

1　　5〔kHz〕
2　　10〔kHz〕
3　　15〔kHz〕
4　　20〔kHz〕
5　　30〔kHz〕

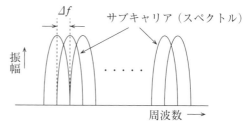

サブキャリア間のスペクトルの関係を示す略図

> **ポイント** 有効シンボル期間長を $T_S=50$〔μs〕$=50\times10^{-6}$〔s〕とすると、サブキャリアの周波数間隔 Δf は、
>
> $$\Delta f=\frac{1}{T_S}=\frac{1}{50\times10^{-6}}=0.02\times10^6=20\times10^3 \text{〔Hz〕}=20 \text{〔kHz〕}$$
>
> となる。
>
> **正 答**　4

多重変調方式

問題58　重要度 ★★★★☆ 　　1回目 2回目 3回目

直交周波数分割多重（OFDM）において、図に示すサブキャリアの周波数間隔 Δf が 25〔kHz〕のときの有効シンボル期間長（変調シンボル長）の値として、正しいものを下の番号から選べ。

1　　15〔μs〕
2　　30〔μs〕
3　　40〔μs〕
4　　50〔μs〕
5　　60〔μs〕

サブキャリア間のスペクトルの関係を示す略図

> **ポイント** サブキャリアの周波数間隔を $\Delta f=25$〔kHz〕$=25\times10^3$〔Hz〕とすると、有効シンボル期間長 T_S は、
>
> $$T_S=\frac{1}{\Delta f}=\frac{1}{25\times10^3}=0.04\times10^{-3}=40\times10^{-6}\text{〔s〕}=40\text{〔}\mu\text{s〕}$$
>
> となる。
>
> **正 答**　3

直交周波数分割多重（OFDM）伝送方式において原理的に伝送可能な情報の伝送速度（ビットレート）の最大値として、最も近いものを下の番号から選べ。ただし、情報を伝送するサブキャリアの変調方式を 64QAM、サブキャリアの個数を 1,000 個及びシンボル期間長を 1〔ms〕とする。また、ガードインターバル、情報の誤り訂正などの冗長な信号は付加されていないものとする。

1　　3〔Mbps〕
2　　6〔Mbps〕
3　　8〔Mbps〕
4　12〔Mbps〕
5　64〔Mbps〕

ポイント　64QAM は 6 ビット（64＝2^6）、サブキャリアが 1000 個なので、1〔ms〕間の伝送量は 6000 ビットになる。よって、1〔s〕間の伝送速度は、

6000×1000＝6000000＝6×10^6〔bps〕＝6〔Mbps〕

となる。

正 答　2

無線送受信装置
の問題

問題 1　重要度 ★★★☆☆　　　1回目　2回目　3回目

FM 送信機において、最高変調周波数が 15〔kHz〕で変調指数が 4 のときの占有周波数帯幅の値として、最も近いものを下の番号から選べ。

1　　75〔kHz〕　　　2　　90〔kHz〕　　　3　　120〔kHz〕
4　　150〔kHz〕　　　5　　180〔kHz〕

> **ポイント** 占有周波数帯幅＝2×最高変調周波数×(変調指数 +1) で求めることができるので、
>
> 　　　$2×15×(4+1)=30×5=150$〔kHz〕
>
> となる。　　　　　　　　　　　　　　　　　　　　　　**正 答**　**4**

問題 2　重要度 ★☆☆☆☆　　　1回目　2回目　3回目

FM 送信機において、最高変調周波数が 15〔kHz〕で占有周波数帯幅が 180〔kHz〕のときの変調指数の値として、最も近いものを下の番号から選べ。

1　3　　　　　2　4　　　　　3　5　　　　　4　7　　　　　5　10

> **ポイント** 変調指数 ＝ {占有周波数帯幅 /(2×最高変調周波数)}－1 で求めることができるので、
>
> 　　　$\{180/(2×15)\}-1=6-1=5$
>
> となる。　　　　　　　　　　　　　　　　　　　　　　**正 答**　**3**

問題 3　重要度 ★★☆☆☆　　　1回目　2回目　3回目

次の記述は、FM (F3E) 受信機に用いられる回路について述べたものである。
□□□内に入れるべき字句の正しい組合せを下の番号から選べ。

143

(1) 復調には、周波数変化を振幅変化に変換する □ A □ が用いられる。

(2) 入力信号が一定のレベル以下になったときに生ずる大きな雑音を抑圧するため、□ B □ 回路が用いられる。

(3) 送信側で強調された高い周波数成分を減衰させるとともに、高い周波数成分の雑音も減衰させ、周波数特性と信号対雑音比（S/N）を改善するため、□ C □ 回路が用いられる。

	A	B	C
1	振幅制限器	スケルチ	ディエンファシス
2	振幅制限器	IDC	プレエンファシス
3	周波数弁別器	スケルチ	プレエンファシス
4	周波数弁別器	IDC	プレエンファシス
5	周波数弁別器	スケルチ	ディエンファシス

ポイント 「周波数弁別器」は、周波数の変化を振幅の変化に変換する。雑音を抑圧するのは「スケルチ」回路。S/N を改善するために「ディエンファシス」回路が使用される。

正答 5

問題4 重要度 ★★★★★ 1回目 2回目 3回目

次の記述は、FM（F3E）受信機に用いられる回路について述べたものである。□□□内に入れるべき字句の正しい組合せを下の番号から選べ。

(1) 伝搬する途中でのレベル変動や雑音、混信などによる振幅の変動を除去するため、□ A □ が用いられる。

(2) 入力信号が一定のレベル □ B □ になったときに生ずる大きな雑音を抑圧するため、スケルチ回路が用いられる。

(3) 周波数の変化を振幅の変化に変換するため、周波数弁別器を □ C □ として用いている。

	A	B	C
1	振幅制限器	以下	復調器
2	振幅制限器	以上	変調器
3	振幅制限器	以下	変調器
4	平衡変調器	以上	変調器
5	平衡変調器	以下	復調器

ポイント 「振幅制限器」では AM 成分による雑音を除去する。スケルチは入力信号が一定レベル「以下」のとき、動作する。周波数弁別器は FM の「復調器」である。

正答 1

問題5　重要度 ★★★★★　　　1回目 2回目 3回目

図に示す構成のスーパヘテロダイン受信機において、受信電波の周波数が 156.7〔MHz〕のとき、影像周波数の値として、正しいものを下の番号から選べ。ただし、中間周波数は 10.7〔MHz〕とし、局部発振器の発振周波数は受信周波数より低いものとする。

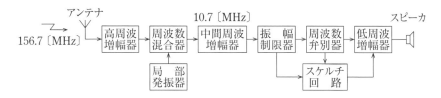

1　135.3〔MHz〕
2　136.8〔MHz〕
3　146.0〔MHz〕
4　147.5〔MHz〕
5　155.2〔MHz〕

ポイント 影像周波数 f_U は、中間周波数を f_I、受信周波数を f_R、局部発振周波数を f_L とすると、題意より $f_R > f_L$ なので、
$$f_U = f_R - (2 \times f_I) = 156.7 - (2 \times 10.7) = 156.7 - 21.4$$
$$= 135.3 〔MHz〕$$
となる。

正答 1

問題6　重要度 ★★★★★　　　1回目 2回目 3回目

次の記述は、位相同期ループ（PLL）を用いた周波数変調（FM）波の復調について述べたものである。このうち誤っているものを下の番号から選べ。ただし、図は原理的構成例を示す。

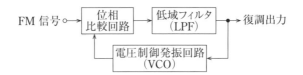

1 PLLが入力のFM信号にロックしているとき電圧制御発振回路（VCO）の発振周波数は、このFM信号の瞬時周波数に追随する。

2 位相比較回路は、入力のFM信号と電圧制御発振回路（VCO）の出力信号との位相の遅れ又は進みを検出する。

3 入力のFM信号の周波数が一定でPLLがロックしたとき、電圧制御発振回路（VCO）を制御する低域フィルタ（LPF）からの出力電圧は交流になる。

4 入力のFM信号の周波数が変化し、これに従って位相が変化すると、低域フィルタ（LPF）からの出力電圧は、その位相の変化に追随して変化するので復調出力が得られる。

5 復調出力の直線性は、電圧制御発振回路（VCO）の電圧－周波数変換特性などに依存する。

> **ポイント** VCOを制御するLPFからの出力電圧は「一定」になる。次の問題の選択肢3を参照。図の「位相比較回路」と「低域フィルタ（LPF）」が空欄の問いもある。
>
> **正答** 3

問題7　重要度 ★★★★★　　　　1回目 2回目 3回目

次の記述は、図に示す位相同期ループ（PLL）を用いた周波数変調（FM）波の復調について述べたものである。このうち誤っているものを下の番号から選べ。

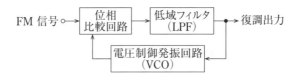

1 PLLが入力のFM信号にロックしているとき電圧制御発振回路（VCO）の発振周波数は、このFM信号の瞬時周波数に追随する。

2 位相比較回路は、入力のFM信号と電圧制御発振回路（VCO）の出力信号との位相の遅れ又は進みを検出する。

3 入力のFM信号の周波数が一定でPLLがロックしたとき、電圧制御発振回路

（VCO）を制御する低域フィルタ（LPF）からの出力電圧は一定になる。

4　入力の FM 信号の周波数が変化し、これに従って位相が変化すると、低域フィルタ（LPF）からの出力電圧は、入力の FM 信号の位相の変化に関係なく自由に変化する。

5　復調出力の直線性は、電圧制御発振回路（VCO）の電圧－周波数変換特性などに依存する。

ポイント 低域フィルタからの出力電圧は、その位相の変化に追随して変化するので「復調出力」が得られる。　　　　　　　　　　　　　**正答** 　**4**

問題 8　　重要度 ★★★★★　　　　　　　　1回目　2回目　3回目

図は、位相同期ループ（PLL）を用いた周波数変調（FM）波の復調器の原理的構成例である。▢内に入れるべき名称の正しい組合せを下の番号から選べ。

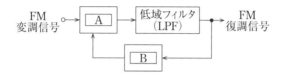

	A	B
1	位相比較器	水晶発振器
2	位相比較器	電圧制御発振器
3	圧縮器	電圧制御発振器
4	圧縮器	水晶発振器

ポイント FM 波の復調は「電圧制御発振器」の信号と FM 変調信号を「位相比較器」に入れて行う。　　　　　　　　　　　　　**正答** 　**2**

問題 9　　重要度 ★★★★★　　　　　　　　1回目　2回目　3回目

次の図は、PLL を用いた原理的な周波数変調（FM）波の復調器の構成を示したものである。このうち正しいものを下の番号から選べ。ただし、PC は位相比較器、LPF は低域フィルタ（LPF）、VCO は電圧制御発振器を表す。また、S_{FM} は FM 変調信号、S_{AD} は FM 復調信号を表す。

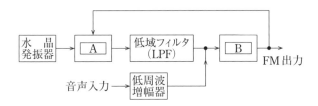

1	2	3	4	5

VCO（電圧制御発振器）で発振した周波数を PC（位相比較器）で位相差を検出する。

3

問題10　重要度 ★★★☆☆ 　　1回目 2回目 3回目

図は PLL による直接 FM（F3E）方式の変調器の原理的な構成図を示したものである。□□□内に入れるべき字句の正しい組合せを下の番号から選べ。

水晶発振器 → □ A □ → 低域フィルタ（LPF）→ □ B □ → FM出力

音声入力 → 低周波増幅器

	A	B
1	位相比較器（PC）	緩衝増幅器
2	周波数逓倍器	緩衝増幅器
3	位相比較器（PC）	周波数弁別器
4	周波数逓倍器	電圧制御発振器（VCO）
5	位相比較器（PC）	電圧制御発振器（VCO）

「電圧制御発振器」で発振した周波数を基準発振器の周波数と「位相比較器」で検出し、正確な周波数を得て、これに音声などの信号により直接 FM 波を発生させる。

5

問題11　重要度 ★★★★☆ 　　1回目 2回目 3回目

図は PLL による直接 FM（F3E）方式の変調器の原理的な構成図を示したものである。□□□内に入れるべき字句の正しい組合せを下の番号から選べ。

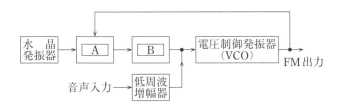

	A	B
1	周波数逓倍器	高域フィルタ（HPF）
2	周波数逓倍器	帯域フィルタ（BPF）
3	周波数逓倍器	低域フィルタ（LPF）
4	位相比較器（PC）	高域フィルタ（HPF）
5	位相比較器（PC）	低域フィルタ（LPF）

> **ポイント** 「低域フィルタ」は、「位相比較器」からのリプル成分を除去し、交流成分のないきれいな波形に整形する。　　　**正 答** 5

問題12　重要度 ★★★★★　　1回目 2回目 3回目

次の記述は、図に示す FM（F3E）送信機の発振部などに用いられる PLL 発振回路（PLL 周波数シンセサイザ）の原理的な構成例について述べたものである。　□□□内に入れるべき字句の正しい組合せを下の番号から選べ。なお、同じ記号の□□□内には、同じ字句が入るものとする。

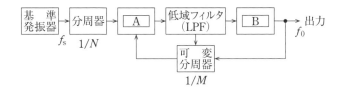

(1) 分周器と可変分周器の出力は、　A　に入力される。

(2) 低域フィルタ（LPF）の出力は、　B　に入力される。

(3) 基準発振器の出力の周波数 f_s を 3.2〔MHz〕、分周器の分周比 $1/N$ を $1/128$、可変分周器の分周比 $1/M$ を $1/6,000$ としたとき、出力の周波数 f_0 は、　C　〔MHz〕になる。

	A	B	C
1	平衡変調器	電圧制御発振器（VCO）	150
2	平衡変調器	トーン発振器	170
3	位相比較器	電圧制御発振器（VCO）	150
4	位相比較器	電圧制御発振器（VCO）	170
5	位相比較器	トーン発振器	170

ポイント 分周器と可変分周器の出力は「位相比較器」に入力され、低域フィルタの出力は「電圧制御発振器」に出力される。$f_0 = (M/N) \times f_S$ なので、$f_0 = (6000/128) \times 3.2 = \lceil 150 \rfloor$〔MHz〕。

正答 3

問題13 重要度 ★★★☆☆　　1回目 2回目 3回目

図に示す位相同期ループ（PLL）を用いた周波数シンセサイザの原理的な構成例において、出力の周波数 F_0 の値として、正しいものを下の番号から選べ。ただし、水晶発振器の出力周波数 F_x の値を 10〔MHz〕、固定分周器 1 の分周比について N_1 の値を 5、固定分周器 2 の分周比について N_2 の値を 2、可変分周器の分周比について N_p の値を 38 とし、PLL は、位相比較（検波）器に加わる二つの入力の周波数及び位相が等しくなるように動作するものとする。

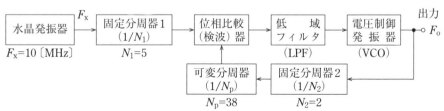

1　152〔MHz〕
2　380〔MHz〕
3　456〔MHz〕
4　760〔MHz〕
5　912〔MHz〕

ポイント 水晶発振器の出力周波数 $F_X=10$ 〔MHz〕を固定分周器１で分周した後の周波数を f_A とすると、

$$f_A = \frac{F_X}{N_1} = \frac{10}{5} = 2 \text{〔MHz〕} \qquad \cdots\cdots (1)$$

出力周波数 F_0 を固定分周器２と可変分周器で分周した後の周波数を f_B とすると、

$$f_B = \frac{F_0}{N_2 N_D} = \frac{F_0}{2 \times 38} = \frac{F_0}{76} \text{〔MHz〕} \qquad \cdots\cdots (2)$$

$f_A = f_B$ であるので、(1) 式＝(2) 式を計算すればよい。よって、

$$2 = \frac{F_0}{76} \qquad \cdots\cdots (3)$$

(3) 式より、$F_0 = 2 \times 76 = 152$ 〔MHz〕

となる。

正 答 1

問題14 重要度 ★★★★★   1回目 2回目 3回目

次の記述は、受信機で発生する混信の一現象について述べたものである。該当する現象を下の番号から選べ。

一つの希望波信号を受信しているときに、二以上の強力な妨害波が到来し、それが、受信機の非直線性により、受信機内部に希望波信号周波数又は受信機の中間周波数と等しい周波数を発生させ、希望波信号の受信を妨害する現象。

1　感度抑圧効果
2　ハウリング
3　相互変調
4　寄生振動

ポイント 「相互変調」は、二以上の強力な妨害波によって生じる受信障害である。

正 答 3

問題15 重要度 ★★★★★   1回目 2回目 3回目

受信機で発生する相互変調による混信についての記述として、正しいものを下の番号から選べ。

1　希望波信号を受信しているときに、妨害波のために受信機の感度が抑圧される現象。
2　一つの希望波信号を受信しているときに、二以上の強力な妨害波が到来し、それが、受信機の非直線性により、受信機内部に希望波信号周波数又は受信機の中間周波数と等しい周波数を発生させ、希望波信号の受信を妨害する現象。
3　増幅回路及び音響系を含む回路が、不要な帰還のため発振して、可聴音を発生すること。
4　増幅回路の配線等に存在するインダクタンスや静電容量により増幅回路が発振回路を形成し、妨害波を発振すること。

ポイント 受信機内部で発生する相互変調は、二以上の強力な電波を受信したときに、受信機の非直線性によって発生する障害である。　　　　正答 2

問題16　重要度 ★★★★★　　　　1回目 2回目 3回目

次の記述は、スーパヘテロダイン受信機において生じることがある混信妨害について述べたものである。このうち誤っているものを下の番号から選べ。

1　相互変調及び混変調による混信妨害は、高周波増幅器などが入出力特性の直線範囲で動作するときに生じる。
2　相互変調及び混変調による混信妨害は、受信機の入力レベルを下げることにより軽減できる。
3　近接周波数による混信妨害は、妨害波の周波数が受信周波数に近接しているときに生じる。
4　影像周波数による混信妨害は、高周波増幅器の選択度を向上させることにより軽減できる。

ポイント 相互変調及び混変調による混信妨害は、高周波増幅器などが入出力特性の「非直線」範囲で動作するときに生じる。　　　　正答 1

問題17　重要度 ★★☆☆☆　　　　1回目 2回目 3回目

次の記述は、デジタル無線通信における誤り制御について述べたものである。□□□内に入れるべき字句の正しい組合せを下の番号から選べ。

(1) デジタル無線通信における誤り制御には、誤りを受信側で検出した場合、送信側へ再送を要求するARQという方法と、再送することなく受信側で誤りを訂正する ☐A☐ という方法などがある。

(2) ARQは、一般に伝送遅延が ☐B☐ 場合に使用される。

	A	B
1	AGC	ある程度許容される
2	AGC	ほとんど許容されない
3	FEC	ある程度許容される
4	FEC	ほとんど許容されない
5	AFC	ほとんど許容されない

ポイント デジタル無線通信における誤り制御には、ARQと「FEC」などがある。ARQは伝送遅延が「ある程度許容される」場合に使用される。　**正答** 3

問題18 **重要度 ★★★★★**　　1回目 2回目 3回目

次の記述は、デジタル無線通信における誤り制御について述べたものである。☐☐内に入れるべき字句の正しい組合せを下の番号から選べ。

(1) デジタル無線通信における誤り制御には、誤りを受信側で検出した場合、送信側へ再送を要求する ☐A☐ という方法と、再送を要求することなく受信側で誤りを訂正するFECという方法などがある。

(2) 伝送遅延がほとんど許容されない場合は、一般に ☐B☐ が使用される。

	A	B
1	ARQ	ARQ
2	ARQ	FEC
3	AGC	ARQ
4	AGC	AFC
5	AFC	AGC

ポイント 「ARQ」とはAutomatic Repeat reQuestの略で、自動再送制御。「FEC」とはForward Error Correctionの略で、前方誤り訂正。パケット損失は、冗長パケットから復元するので伝送遅延がほとんどない。　**正答** 2

次の記述は、デジタル無線回線における伝送特性の補償について述べたものである。□内に入れるべき字句の正しい組合せを下の番号から選べ。ただし、□内の同じ記号は、同じ字句を示す。

伝送中に生ずる信号の振幅や位相の□A□を補償する回路を等化器と呼ぶ。フェージングなどのように□A□が時間的に変化する場合は、その変化に応じて補償する□B□等化器が用いられるが、これは周波数領域の等化器と時間領域の等化器に大別され、周波数領域の等化器の代表的なものに□C□等化器がある。

	A	B	C
1	減衰	自動	トランスバーサル
2	減衰	遅延	可変共振形
3	ひずみ	自動	可変共振形
4	ひずみ	遅延	トランスバーサル

ポイント 等化器は信号の振幅や位相の「ひずみ」を補償し、「自動」等化器や「可変共振形」等化器などがある。　　　　　**正答** 3

次の記述は、デジタル無線回線における伝送特性の補償について述べたものである。□内に入れるべき字句の正しい組合せを下の番号から選べ。

伝送中に生ずる信号の□A□や位相のひずみを補償する回路を等化器という。フェージングなどのようにひずみが時間的に変化する場合は、その変化に応じて補償する自動等化器が用いられるが、これは□B□領域の等化器と時間領域の等化器に大別され、時間領域自動等化器としては、□C□自動等化器が一般的である。

	A	B	C
1	振幅	アンテナ	可変共振形
2	振幅	周波数	トランスバーサル
3	周波数	アンテナ	トランスバーサル
4	周波数	周波数	可変共振形

問題21　重要度 ★★★★★　　　　1回目 2回目 3回目

次の記述は、デジタル無線通信の伝送路で発生する誤り及びその対策の一例について述べたものである。□□□内に入れるべき字句の正しい組合せを下の番号から選べ。

(1) デジタル無線通信で生ずる誤りには、ランダム誤りとバースト誤りがある。ランダム誤りは、　A　に発生する誤りであり、主として受信機の熱雑音などによって引き起こされる。バースト誤りは、一般にマルチパスフェージングなどにより引き起こされる。

(2) バースト誤りの対策の一つとして、送信する符号の順序を入れ換える　B　を行い、受信側で　C　により元の順序に戻すことによりバースト誤りの影響を軽減する方法がある。

	A	B	C
1	集中的	インターリーブ	デインターリーブ
2	集中的	デインターリーブ	インターリーブ
3	統計的に独立	インターリーブ	デインターリーブ
4	統計的に独立	デインターリーブ	インターリーブ

問題22　重要度 ★★★★★　　　　1回目 2回目 3回目

次の記述は、デジタル無線通信における同期検波について述べたものである。このうち誤っているものを下の番号から選べ。

1　同期検波は、受信した信号から再生した基準搬送波を使用して検波を行う。

2　同期検波は、低域フィルタ（LPF）を使用する。

無線送受信装置

3 　同期検波は、PSK 通信方式で使用できない。
4 　同期検波は、一般に遅延検波より符号誤り率特性が優れている。

> **ポイント** 同期検波は、PSK 通信方式で使用「される」。PSK とは、Phase Shift
> Keying の略である。　　　　　　　　　　　　　　　　　　**正 答**　**3**

問題 23　重要度 ★★★★★　　　　　　　1回目 2回目 3回目

次の記述は、デジタル無線通信における遅延検波について述べたものである。
このうち誤っているものを下の番号から選べ。

1 　遅延検波は、受信した信号の1シンボル（タイムスロット）前の信号を基準位
　相信号として検波を行う。
2 　遅延検波は、一般に同期検波より符号誤り率特性が優れている。
3 　遅延検波は、PSK 通信方式で使用できる。
4 　遅延検波は、搬送波再生回路が不要である。

> **ポイント** 遅延検波は、搬送波再生回路が必要でなく、受信側の負担が少ないが、
> 一般に同期検波より符号誤り率特性が「劣っている」。　　　　**正 答**　**2**

問題 24　重要度 ★★★★★　　　　　　　1回目 2回目 3回目

次の記述は、デジタル無線通信に用いられる一つの回路（装置）について述べた
ものである。該当する回路の一般的な名称として適切なものを下の番号から選べ。

　周波数選択性フェージングなどによる伝送特性の劣化は、波形ひずみとなって
現れて符号誤り率が大きくなる原因となるため、伝送中に生ずる受信信号の振幅
や位相のひずみをその変化に応じて補償する回路が用いられる。この回路は、周
波数領域で補償する回路と時間領域で補償する回路に大別される。

1 　符号器　　　2 　等化器　　　3 　導波器　　　4 　分波器

> **ポイント** 伝送中に生じる受信信号の振幅やひずみを補償する回路が「等化器」で
> ある。　　　　　　　　　　　　　　　　　　　　　　　　　　**正 答**　**2**

問題 25　重要度 ★★★★★　　1回目 2回目 3回目

次の記述は、デジタル無線回線における伝送特性の補償について述べたものである。□□□内に入れるべき字句の正しい組合せを下の番号から選べ。

(1) 周波数選択性フェージングなどによる伝送特性の劣化は、受信信号の符号誤り率が　A　なる原因となる。

(2) このため、伝送中に生ずる受信信号の振幅や位相のひずみをその変化に応じて補償する回路（装置）が用いられる。この回路は、周波数領域で補償する回路と時間領域で補償する回路に大別される。この回路は、一般的に　B　と呼ばれる。

	A	B
1	小さく	等化器
2	小さく	分波器
3	大きく	等化器
4	大きく	分波器

ポイント 伝送特性が劣化すれば復調しづらくなるので、受信信号の符号誤り率は「大きく」なる。ひずみを補償する回路＝「等化器」である。　**正答** 3

問題 26　重要度 ★★★☆☆　　1回目 2回目 3回目

次の記述は、デジタル無線通信方式におけるフェージング対策用の等化器について述べたものである。このうち誤っているものを下の番号から選べ。

1　等化器は、伝送路の伝送特性と逆の特性をつくり補償を行うことにより、ビット誤り率特性の改善を行うものである。

2　フェージングなどのようにひずみが時間的に変化する場合は、その変化に応じて補償する自動等化器が用いられる。

3　時間領域自動等化器の代表的なものは、可変共振形自動等化器である。

4　トランスバーサル等化器は、符号間干渉が最小となるように1ビットずつの遅延回路を縦続接続して各出力を重み付けして合成する。

5　周波数領域自動等化器は、周波数領域において等化器の特性をフェージングによる伝送路の伝達関数の逆特性となるように等化するものであり、復調前の段階で振幅及び遅延周波数特性を補償する。

ポイント 可変共振形自動等化器は周波数領域自動等化器に使用され、時間領域形自動等化器には、「トランスバーサル自動等化器」が使用される。　**正答** 3

図に示す送信設備の終段部の構成において、1〔W〕の入力電力を加えて、電力増幅器及びアンテナ整合器を通した出力を50〔W〕とするとき、電力増幅器の利得として、正しいものを下の番号から選べ。ただし、アンテナ整合器の挿入損失を1〔dB〕とし、$\log_{10}2 = 0.3$とする。

1　18〔dB〕
2　21〔dB〕
3　24〔dB〕
4　27〔dB〕
5　30〔dB〕

入力 1〔W〕 → 電力増幅器 → アンテナ整合器 → アンテナ 50〔W〕

ポイント 入力電力が1〔W〕、出力電力が50〔W〕なので増幅度は50〔倍〕となる。dB表示すると、

$$10\log_{10}50 = 10\log_{10}\frac{100}{2} = 10\,(\log_{10}100 - \log_{10}2)$$
$$= 10\,(\log_{10}10^2 - \log_{10}2) = 10\,(2\log_{10}10 - \log_{10}2)$$
$$= 10\,(2 \times 1 - 0.3) = 10 \times 1.7 = 17\,〔dB〕$$

アンテナ整合器の挿入損失が1〔dB〕なので、電力増幅器の利得は、

$$17 + 1 = 18\,〔dB〕$$

となる。

正答　1

2段に縦続接続された増幅器の総合の雑音指数の値（真数）として、最も近いものを下の番号から選べ。ただし、初段の増幅器の雑音指数を6〔dB〕、電力利得を10〔dB〕とし、次段の増幅器の雑音指数を13〔dB〕とする。また$\log_{10}2 ≒ 0.3$とする。

1　29.0
2　20.3
3　8.3
4　5.9
5　4.0

ポイント 初段の雑音指数 F_1 の 6〔dB〕を真数にすると、$F_1 \fallingdotseq 4$、初段の電力利得 G_1 の 10〔dB〕を真数にすると、$G_1 \fallingdotseq 10$、次段の雑音指数 F_2 の 13〔dB〕を真数にすると、$F_2 \fallingdotseq 20$ となるので、総合雑音指数 F（真数）は、

$$F = F_1 + \frac{F_2 - 1}{G_1} = 4 + \frac{20 - 1}{10} = 5.9$$

となる。

〔dB〕を真数に直して計算することに注意。 **正答** 4

問題29 重要度 ★★★★★ 　　1回目 2回目 3回目

2 段に縦続接続された増幅器の総合の等価雑音温度の値として、最も近いものを下の番号から選べ。ただし、初段の増幅器の等価雑音温度を 250〔K〕、電力利得を 6〔dB〕、次段の増幅器の等価雑音温度を 480〔K〕とする。また、$\log_{10} 2 \fallingdotseq 0.3$ とする。

1　330〔K〕
2　370〔K〕
3　400〔K〕
4　430〔K〕
5　490〔K〕

ポイント 初段の等価雑音温度を T_1、初段の電力利得を G_1、次段の等価雑音温度を T_2 とすると、総合等価雑音温度 T は、次式で求めることができる。

$$T = T_1 + \left(\frac{T_2}{G_1}\right) \qquad \cdots\cdots (1)$$

初段の電力利得 6〔dB〕の真数 G_1 は、

$$6〔dB〕= 10 \log_{10} G_1 \qquad \text{両辺を 10 で割ると、} \qquad 0.6 = \log_{10} G_1$$
$$G_1 = 10^{0.6} = 10^{(0.3+0.3)} = 10^{0.3} \times 10^{0.3} = 2 \times 2 = 4$$

となる。したがって、題意の数値を (1) 式に代入すれば、

$$T = T_1 + \left(\frac{T_2}{G_1}\right) = 250 + \left(\frac{480}{4}\right) = 250 + 120 = 370〔K〕$$

となる。 **正答** 2

1回目 2回目 3回目

問題30　重要度 ★★★★★

受信機の内部で発生した雑音を入力端に換算した等価雑音温度 T_e 〔K〕は、雑音指数を NF（真数）、周囲温度を T_0 〔K〕とすると、$T_e = T_0 (NF-1)$ 〔K〕で表すことができる。雑音指数を 9 〔dB〕、周囲温度を 17 〔℃〕とすると、このときの T_e の値として、最も近いものを下の番号から選べ。ただし、$\log_{10} 2 \fallingdotseq 0.3$ とする。

1　　136〔K〕
2　　879〔K〕
3　2,030〔K〕
4　2,320〔K〕

ポイント 等価雑音温度を T_e、周囲温度を T_0 とすると、受信機の雑音指数 NF は、次式で求めることができる。ただし T_e と T_0 は絶対温度の値である。

$$NF = 1 + \frac{T_e}{T_0} \qquad\qquad \cdots\cdots (1)$$

(1) 式を変形すると、

$$T_e = T_0 (NF - 1) \qquad\qquad \cdots\cdots (2)$$

NF はデシベルの値であるから真数に変換すると、

$$9 〔dB〕 = 3 \times 3 = 3 \times 10 \times 0.3 = 3 \times 10 \log_{10} 2 = 10 \log_{10} 2^3$$

$2^3 = 8$ であるから、NF の真数は 8 になる。

$T_0 = 17$ 〔℃〕をケルビン〔K〕で表すには、273 を加える。題意の数値を (2) 式に代入すると、

$$T_e = (273 + 17) \times (8 - 1) = 290 \times 7 = 2030 〔K〕$$

となる。

正答 3

問題31　重要度 ★★★★★

1回目 2回目 3回目

受信機の雑音指数（NF）は、受信機の内部で発生した雑音を入力端に換算した等価雑音温度を T_e 〔K〕、周囲温度を T_0 〔K〕とすると、$NF = 1 + T_e/T_0$ で表すことができる。T_e が 879 〔K〕、周囲温度が 20 〔℃〕とすると、このときの NF の値として、最も近いものを下の番号から選べ。ただし、$\log_{10} 2 \fallingdotseq 0.3$ とする。

1　3〔dB〕　　2　4〔dB〕　　3　6〔dB〕　　4　45〔dB〕

ポイント 等価雑音温度を T_e、周囲温度を T_0 とすると、受信機の雑音指数 NF は、次式で求めることができる。ただし T_e と T_0 は絶対温度の値である。

$$NF = 1 + \frac{T_e}{T_0} \qquad \cdots\cdots (1)$$

$T_0 = 20$ 〔℃〕をケルビン〔K〕で表すには、273 を加える。題意の数値を (1) 式に代入すると、

$$NF = 1 + \frac{T_e}{T_0} = 1 + \frac{879}{273+20} = 1 + \frac{879}{293} = 1 + 3 = 4$$

この値は真数であるからデシベルの値に変換すると、

$$10 \log_{10} 4 = 10 \log_{10} 2^2 = 2 \times 10 \times 0.3 = 6 \text{〔dB〕}$$

となる。　**正答** 3

問題32　重要度 ★★★★★　　1回目 2回目 3回目

受信機の雑音指数が 6 〔dB〕、等価雑音帯域幅が 10 〔MHz〕及び周囲温度が 17 〔℃〕のとき、この受信機の雑音出力を入力に換算した等価雑音電力の値として、最も近いものを下の番号から選べ。ただし、ボルツマン定数は 1.38×10^{-23} 〔J/K〕とする。

1　9.4×10^{-15} 〔W〕　　2　1.4×10^{-14} 〔W〕　　3　8.0×10^{-14} 〔W〕
4　1.6×10^{-13} 〔W〕　　5　2.4×10^{-13} 〔W〕

ポイント 受信機の雑音指数を F、絶対温度を T 〔K〕、ボルツマン定数を k、等価雑音帯域幅を B とすると、入力換算した等価雑音電力 N_i 〔W〕は、次式で求めることができる。

$$N_i = kTBF \qquad \cdots\cdots (1)$$

ただし、273＋周囲温度〔℃〕＝絶対温度 T 〔K〕とする。

$F = 6$ 〔dB〕を真数で表すと、

$$6 = 10 \log_{10} F \quad \text{両辺を 10 で割ると、} \quad 0.6 = \log_{10} F$$
$$F = 10^{0.6} = 10^{(0.3+0.3)} = 10^{0.3} \times 10^{0.3} = 2 \times 2 = 4$$

題意の数値を (1) 式に代入すると、

$$N_i = 1.38 \times 10^{-23} \times (273+17) \times 10 \times 10^6 \times 4$$
$$= 1.38 \times 290 \times 4 \times 10^{-16}$$
$$\fallingdotseq 1600 \times 10^{-16} = 1.6 \times 10^{-13} \text{〔W〕} \quad \text{となる。}$$

正答 4

受信機の雑音指数が6〔dB〕、周囲温度が17〔℃〕及び受信機の雑音出力を入力に換算した等価雑音電力の値が $1.6×10^{-13}$〔W〕のとき、この受信機の等価雑音帯域幅の値として、最も近いものを下の番号から選べ。ただし、ボルツマン定数は $1.38×10^{-23}$〔J/K〕とする。

1 6〔MHz〕　　　2 10〔MHz〕　　　3 20〔MHz〕
4 60〔MHz〕　　　5 114〔MHz〕

ポイント 受信機の雑音指数を F、絶対温度を T〔K〕、ボルツマン定数を k、等価雑音帯域幅を B とすると、入力換算した等価雑音電力 N_i〔W〕は、次式で求めることができる。

$$N_i = kTBF \qquad\qquad ……(1)$$

ただし、273＋周囲温度〔℃〕＝絶対温度 T〔K〕とする。

$F=6$〔dB〕を真数で表すと、

$6 = 10\log_{10}F$ 　　両辺を10で割ると、　　 $0.6 = \log_{10}F$

$F = 10^{0.6} = 10^{(0.3+0.3)} = 10^{0.3} × 10^{0.3} = 2×2 = 4$

(1)式を変形して、等価雑音帯域幅 B を求めると、

$$B = \frac{N_i}{kTF} = \frac{1.6×10^{-13}}{1.38×10^{-23}×(273+17)×4}$$

$$= \frac{1.6×10^{-13}×10^{23}}{1.38×290×4} ≒ \frac{1.6×10^{10}}{1600} = \frac{16000×10^6}{1600}$$

$$= 10×10^6 \text{〔Hz〕} = 10 \text{〔MHz〕} \quad となる。$$

正答 2

次の記述は、ダイバーシティ方式について述べたものである。このうち誤っているものを下の番号から選べ。

1　電波の到来方向が異なるとフェージングの影響が異なることを利用したダイバーシティ方式を、角度ダイバーシティ方式という。
2　ダイバーシティ方式は、互いに相関が小さい複数の受信信号を切り替えるか又は合成することで、フェージングによる信号出力の変動を軽減するための方法である。
3　垂直偏波と水平偏波のように直交する偏波のフェージングの影響が異なることを利用したダイバーシティ方式を、偏波ダイバーシティ方式という。

4　周波数によりフェージングの影響が異なることを利用して、二つの異なる周波数を用いるダイバーシティ方式を、周波数ダイバーシティ方式という。

5　2基以上のアンテナを空間的に離れた位置に設置して、それらの受信信号を切り替えるか又は合成するダイバーシティ方式を、時間ダイバーシティ方式という。

> **ポイント**　選択肢5は「時間」でなく、「スペース」ダイバーシティという。空間＝スペースと覚える。　　　　　　　　　　　　　　　**正答**　**5**

問題35　重要度 ★★★★★　　　1回目 2回目 3回目

次の記述は、ダイバーシティ方式について述べたものである。このうち誤っているものを下の番号から選べ。

1　2基以上の受信アンテナを空間的に離れた位置に設置して、それらの受信信号を切り替えるか又は合成するダイバーシティ方式は、スペースダイバーシティ方式といわれる。

2　周波数によりフェージングの影響が異なることを利用して、二つの異なる周波数を用いるダイバーシティ方式は、周波数ダイバーシティ方式といわれる。

3　垂直偏波と水平偏波のように直交する偏波のフェージングの影響が異なることを利用したダイバーシティ方式は、偏波ダイバーシティ方式といわれる。

4　電波の変調方式が異なるとフェージングの影響が異なることを利用したダイバーシティ方式は、角度ダイバーシティ方式といわれる。

> **ポイント**　「電波の変調方式」でなく、「電波の到来方向」が異なることを利用した方式を角度ダイバーシティという。　　　　　　　**正答**　**4**

問題36　重要度 ★★★★★　　　1回目 2回目 3回目

次の記述は、ダイバーシティ方式について述べたものである。このうち誤っているものを下の番号から選べ。

1　ダイバーシティ方式は、同時に回線品質が劣化する確率が大きい複数の通信系を設定して、その受信信号を切り替えるか又は合成することで、フェージングによる信号出力の変動を軽減するための方法である。

2　垂直偏波と水平偏波のように直交する偏波のフェージングの影響が異なることを利用したダイバーシティ方式を、偏波ダイバーシティ方式という。

3　周波数によりフェージングの影響が異なることを利用して、二つの異なる周波数を用いるダイバーシティ方式を、周波数ダイバーシティ方式という。

4　2基以上のアンテナを空間的に離れた位置に設置して、それらの受信信号を切り替えるか又は合成するダイバーシティ方式を、スペースダイバーシティ方式という。

> **ポイント** ダイバーシティ方式は、同時に回線品質が劣化する確率が「小さい」複数の通信系を設定して、フェージングの影響を軽減する方式である。
>
> **正答** 1

問題37　重要度 ★★★★★　　　1回目 2回目 3回目

次の記述は、ダイバーシティ受信方式について述べたものである。このうち誤っているものを下の番号から選べ。

1　スペースダイバーシティによる受信信号をベースバンド帯で切り替える場合には、受信機は1台で済む。

2　マイクロ波のダイバーシティ受信方式は、一般的に、中間周波数帯がベースバンド帯で、信号の合成又は切替えを行う。

3　ダイバーシティ受信方式は、互いに相関が小さい複数の受信信号を合成又は切替えを行うことにより、フェージングによる信号出力の変動を軽減するためのものである。

4　2以上の受信アンテナを空間的に離れた位置に設置して、それらの受信信号を合成し又は切り替える方式を、スペースダイバーシティという。

5　周波数によりフェージングの影響が異なるのを利用して、二つの異なる周波数による受信ダイバーシティ方式を、周波数ダイバーシティという。

> **ポイント** スペースダイバーシティには複数本のアンテナを異なる位置に配置して、そのアンテナからの受信信号を合成するので、「複数」の受信機が必要となる。
>
> **正答** 1

問題38　重要度 ★★★★☆　　　1回目 2回目 3回目

次の記述は、ダイバーシティ受信方式について述べたものである。このうち正しいものを下の番号から選べ。

1 ダイバーシティ受信は、互いに相関が小さい複数の受信信号を切り替えるか又は合成することで、空電による信号出力の変動を軽減するための方式である。

2 2以上の受信アンテナを空間的に離れた位置に設置して、それらの受信信号を切り替えるか又は合成する方式を、スペースダイバーシティという。

3 スペースダイバーシティ方式により受信信号をベースバンド帯で切り替えるものは、受信機が1台で済む。

4 マイクロ波で用いられるダイバーシティ受信方式では、複数の受信空中線からの信号を合成して、1台の受信機の入力とする方式のみである。

5 周波数によりフェージングの影響が異なるのを利用して、2つの異なる周波数による受信ダイバーシティ方式を、偏波ダイバーシティという。

ポイント スペースダイバーシティは空間ダイバーシティとも呼ばれる。

正 答 2

問題39　重要度 ★★★★★　1回目 2回目 3回目

次の記述は、マイクロ波通信等におけるダイバーシティ方式について述べたものである。□□□内に入れるべき字句の正しい組合せを下の番号から選べ。

(1) ダイバーシティ方式とは、同時に回線品質が劣化する確率が小さい二つ以上の通信系を設定して、それぞれの通信系の出力を選択又は合成することにより □ A □ の影響を軽減するものである。

(2) 十分に遠く離した二つ以上の伝送路を設定し、これを切り替えて使用する方法は □ B □ ダイバーシティ方式といわれる。

(3) 二つの受信アンテナを空間的に離すことにより二つの伝送路を構成し、この出力を合成又は選択する方法は □ C □ ダイバーシティ方式といわれる。

	A	B	C
1	内部雑音	ルート	スペース
2	内部雑音	周波数	偏波
3	フェージング	ルート	スペース
4	フェージング	周波数	偏波

ポイント ダイバーシティ方式は、「フェージング」（伝搬経路で電波が変化すること）を軽減させるためのもの。伝送路＝「ルート」、空間＝「スペース」と覚える。

正 答 3

次の記述は、マイクロ波通信等におけるダイバーシチ方式について述べたものである。□□□内に入れるべき字句の正しい組合せを下の番号から選べ。

(1) ダイバーシチ方式とは、同時に回線品質が劣化する確率が □A□ 二つ以上の通信系の出力を合成又は選択することにより □B□ の影響を軽減するものである。

(2) 二つの受信アンテナを空間的に離すことにより二つの伝送路を構成し、この出力を合成又は選択する方法を □C□ ダイバーシチ方式という。

	A	B	C
1	大きい	フェージング	スペース
2	大きい	内部雑音	周波数
3	小さい	内部雑音	スペース
4	小さい	内部雑音	周波数
5	小さい	フェージング	スペース

ポイント 回線品質の劣化の「小さい」複数の通信系を利用する。スペース (Space) は空間を意味し、空間ダイバーシチ方式のこと。空間＝「スペース」。すなわち、複数のアンテナを空間的に離して設置することで、異なる伝搬経路とし、「フェージング」の影響を軽減する方式である。　正答 5

次の記述は、マイクロ波通信等におけるダイバーシチ方式について述べたものである。□□□内に入れるべき字句の正しい組合せを下の番号から選べ。

(1) ダイバーシチ方式とは、同時に回線品質が劣化する確率が □A□ 二つ以上の通信系を設定して、それぞれの通信系の出力を選択又は合成することにより □B□ の影響を軽減するものである。

(2) 10〔GHz〕を超える周波数帯では、降雨による電波の減衰の影響を比較的大きく受けるため、十分に遠く離した二つ以上の伝送路を設定し、これを □C□ 使用することにより、回線品質を安定させる方法をルートダイバーシチ方式という。

	A	B	C
1	大きい	フェージング	切り替えて
2	大きい	内部雑音	合成して
3	小さい	内部雑音	切り替えて
4	小さい	内部雑音	合成して
5	小さい	フェージング	切り替えて

ポイント ダイバーシチとは電波伝搬上で生じる「フェージング」の影響を軽減するための方式で、多くの方式がある。通常、マイクロ波通信では回線品質の劣化の「小さい」複数の通信系を利用する。二つ以上の伝送路を設定し、これを「切り替えて」使用して品質を安定させる方法をルートダイバシチ方式という。

正 答 5

問題42 重要度 ★★★★☆ 　　1回目 2回目 3回目

次の記述は、地球局を構成する装置について述べたものである。□□内に入れるべき字句の正しい組合せを下の番号から選べ。

(1) 衛星通信における伝送距離は、地上マイクロ波方式に比べて極めて長くなるため、地球局装置には、アンテナ利得の増大、送信出力の増大及び受信雑音温度の □ A □ などが必要であり、受信装置の低雑音増幅器にはHEMT（High Electron Mobility Transistor）などが用いられている。

(2) 衛星通信用アンテナとして用いられているカセグレンアンテナの一般的な特徴は、パラボラアンテナと異なり、一次放射器が □ B □ 側にあるので、□ C □ の長さが短くてすむため損失が少なく、かつ、側面、背面への漏れ電波が少ない。

	A	B	C
1	低減	副反射器	副反射器の支持柱
2	低減	主反射器	給電用導波管
3	低減	副反射器	給電用導波管
4	増大	副反射器	副反射器の支持柱
5	増大	主反射器	給電用導波管

ポイント 受信雑音温度は「低い」ほうが良く、カセグレンアンテナの一次放射器は「主反射器」側にあるので「給電用導波管」を短くできる。

正 答 2

無線送受信装置

図は、地球局の送受信装置の構成例を示したものである。□□□内に入れるべき字句の正しい組合せを下の番号から選べ。なお、同じ記号の□□□内には、同じ字句が入るものとする。

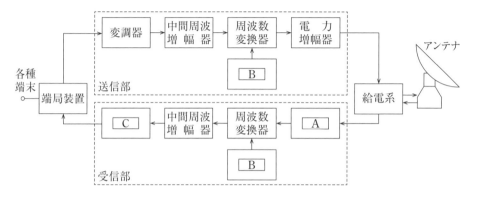

	A	B	C
1	低周波増幅器	局部発振器	復調器
2	低周波増幅器	局部発振器	高周波増幅器
3	低周波増幅器	ビデオ増幅器	高周波増幅器
4	低雑音増幅器	局部発振器	復調器
5	低雑音増幅器	ビデオ増幅器	高周波増幅器

ポイント Aは微弱な信号を増幅する「低雑音増幅器」、Bは「局部発振器」、Cは「復調器」が入る。図の文字の位置が異なる問いも出題されている。

正答 4

次の記述は、地球局を構成する装置について述べたものである。□□□内に入れるべき字句の正しい組合せを下の番号から選べ。

(1) 衛星通信における伝送距離は、地上マイクロ波方式に比べて極めて長くなるため、地球局装置には、□A□の増大、送信出力の増大及び受信雑音温度の低減等が必要である。

(2) 地球局受信装置の□B□増幅器には、パラメトリック増幅器などが用いられてきたが、固体電子技術の進展により、GaAs FET 増幅器が多く用いられている。

(3) 衛星通信用アンテナとしては、給電損失が少なく、側面、背面への漏れが少な
　　いなどの理由から、□C□アンテナが一般的に用いられている。

	A	B	C
1	アンテナ利得	低雑音	カセグレン
2	アンテナ利得	中間周波	スロット
3	アンテナ利得	低雑音	スロット
4	アンテナの実効長	中間周波	スロット
5	アンテナの実効長	低雑音	カセグレン

> **ポイント** 「アンテナ利得」はできるだけ大きいのものが要求されるので、放物面
> に対向した副放射器を持つ「カセグレンアンテナ」が使用される。また「低雑音」
> 増幅器には GaAs FET を用いる。　　　　　　　　　　　　　**正 答** 　**1**

問題45　重要度 ★★★★★　　　　　　　1回目 2回目 3回目

次の記述は、地球局を構成する装置について述べたものである。□□□内に入
れるべき字句の正しい組合せを下の番号から選べ。

(1) 衛星通信における伝送距離は、地上マイクロ波方式に比べて極めて長くなるた
　　め、地球局装置には、アンテナ利得の増大、送信出力の増大及び受信雑音温度
　　の□A□等が必要である。
(2) 地球局受信装置の低雑音増幅器には、以前はパラメトリック増幅器などが用い
　　られてきたが、固体電子技術の進展により、□B□増幅器が多く用いられている。
(3) 衛星通信用アンテナとしては、□C□が小さく、側面、背面への漏れが少ない
　　などの理由から、カセグレンアンテナが一般的に用いられている。

	A	B	C
1	増大	バイポーラトランジスタ	信号対雑音比
2	増大	GaAs FET	給電損失
3	低減	バイポーラトランジスタ	給電損失
4	低減	GaAs FET	給電損失
5	低減	バイポーラトランジスタ	信号対雑音比

無線送受信装置

ポイント 地球局装置には受信雑音温度の「低減」等が必要である。「GaAs FET」とはガリウム砒素電界効果トランジスタで、マイクロ波領域の低雑音増幅素子として使用される。カセグレンアンテナは、放物面に対して副放射器を持つ構造のアンテナで、「給電損失」が小さく、受信雑音温度は低いほうがよい。

正 答 4

中継方式
の問題

問題1　重要度 ★★☆☆☆　　　1回目 2回目 3回目

次の記述は、デジタルマイクロ波多重回線の中継方式について述べたものである。□□□内に入れるべき字句の正しい組合せを下の番号から選べ。

(1) 図に示す中継方式の名称は、□A□中継方式である。

(2) 図に示す中継方式は、復調した信号から元の符号パルスを再生した後、再度変調して送信するため、波形ひずみ等が累積□B□。

	A	B
1	直接	される
2	直接	されない
3	再生	される
4	再生	されない

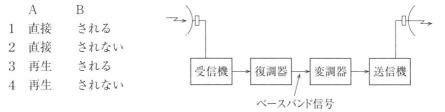

受信機 → 復調器 → 変調器 → 送信機

ベースバンド信号

> **ポイント** 受信信号を復調した後、再変調するのは「再生」中継方式であり、デジタルの復調→再変調なので、波形ひずみ等が累積「されない」。　　**正 答**　**4**

問題2　重要度 ★★★★☆　　　1回目 2回目 3回目

次の記述は、一般的なマイクロ波多重回線の中継方式について述べたものである。□□□内に入れるべき字句の正しい組合せを下の番号から選べ。

(1) □A□（ヘテロダイン中継）方式は、送られてきた電波を受信してその周波数を中間周波数に変換して増幅した後、再度周波数変換を行い、これを所定レベルまで電力増幅して送信する方式であり、復調及び変調は行わない。

(2) 再生中継方式は、復調した信号から元の符号パルスを再生した後、再度変調して送信するため、波形ひずみ等が□B□。

	A	B
1	無給電中継	累積されない
2	無給電中継	累積される

3　非再生中継（ヘテロダイン）　　累積される
4　非再生中継（ヘテロダイン）　　累積されない

> **ポイント** 中間周波数に変換することを「非再生中継」方式といい、ヘテロダイン中継方式ともいう。再生中継方式はデジタルの復調→再変調なので、波形ひずみ等が「累積されない」。
>
> **正　答**　4

問題3　重要度 ★★★★☆　　　　　　　　1回目 2回目 3回目

次の記述は、一般的なマイクロ波多重回線の中継方式について述べたものである。□□□内に入れるべき字句の正しい組合せを下の番号から選べ。

(1) 直接中継方式は、受信波を□A□送信する方式である。

(2) 再生中継方式は、復調した信号から元の符号パルスを再生した後、再度変調して送信するため、波形ひずみ等が累積□B□。

	A	B
1	中間周波数に変換して	されない
2	中間周波数に変換して	される
3	マイクロ波のまま増幅して	されない
4	マイクロ波のまま増幅して	される

> **ポイント** 「マイクロ波のまま」＝直接。再生中継方式は復調して再度変調するので、波形ひずみ等が累積「されない」。
>
> **正　答**　3

問題4　重要度 ★★★☆☆　　　　　　　　1回目 2回目 3回目

次の記述は、マイクロ波（SHF）多重無線回線の中継方式について述べたものである。□□□内に入れるべき字句の正しい組合せを下の番号から選べ。

(1) 受信したマイクロ波を中間周波数に変換し、増幅した後、再びマイクロ波に変換して送信する方式を□A□中継方式という。

(2) 受信したマイクロ波を復調し、信号の等化増幅及び同期の取り直し等を行った後、変調して再びマイクロ波で送信する方式を□B□中継方式といい、□C□通信に多く使用されている。

	A	B	C
1	非再生（ヘテロダイン）	直接	アナログ
2	非再生（ヘテロダイン）	再生	デジタル
3	非再生（ヘテロダイン）	再生	アナログ
4	再生	直接	アナログ
5	再生	直接	デジタル

ポイント 中間周波数に変換することを「非再生（ヘテロダイン）」中継方式という。「再生」中継方式は、信号の等化増幅及び同期の取り直しを行うので「デジタル」通信に多く使用される。　　**正 答**　**2**

問題5　重要度 ★★☆☆☆　　1回目 2回目 3回目

次の記述は、マイクロ波多重無線回線の中継方式について述べたものである。□□□内に入れるべき字句の正しい組合せを下の番号から選べ。

(1) 図は、□A□中継方式の構成例である。

(2) アナログ伝送回線において、この中継方式は、中継ごとに変復調が繰り返されることにより、伝送特性が劣化□B□。

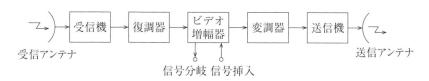

受信アンテナ　　　　　　　　　　　　　　　　　　　送信アンテナ

信号分岐 信号挿入

	A	B
1	検波（再生）	しない
2	検波（再生）	する
3	直接	する
4	ヘテロダイン	する
5	ヘテロダイン	しない

ポイント 「検波（再生）」中継方式は、中継ごとに変調と復調が繰り返されるので伝送特性が劣化「する」。　　**正 答**　**2**

中継方式

次の記述は、マイクロ波多重無線回線の中継方式について述べたものである。
□□□内に入れるべき字句の正しい組合せを下の番号から選べ。ただし、
□□□内の同じ記号は、同じ字句を示す。

(1) 図は、□A□中継方式の構成例である。

(2) この中継方式は、受信マイクロ波をいったん□B□に変換し、□C□により規定のレベルまで増幅した後、再び送信マイクロ波に変換、増幅して送信する方式である。

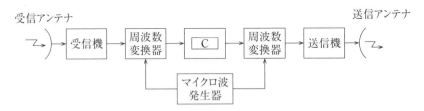

	A	B	C
1	ヘテロダイン	ビデオ周波数	ビデオ増幅器
2	ヘテロダイン	中間周波数	中間周波増幅器
3	検波（再生）	ビデオ周波数	中間周波増幅器
4	検波（再生）	中間周波数	ビデオ増幅器
5	検波（再生）	ビデオ周波数	ビデオ増幅器

ポイント 「ヘテロダイン」中継方式は、受信マイクロ波をいったん「中間周波数」に変換し、「中間周波増幅器」により規定のレベルまで増幅する。　**正答** 2

次の記述は、マイクロ波（SHF）多重無線回線の中継方式について述べたものである。□□□内に入れるべき字句の正しい組合せを下の番号から選べ。

(1) 受信したマイクロ波を中間周波数又はビデオ周波数に変換しないで、マイクロ波のまま所定の送信電力レベルに増幅して送信する方法を□A□中継方式という。この方式は、広帯域特性に□B□いる。

(2) 受信したマイクロ波を復調し、信号の等化増幅及び同期の取り直し等を行った後、変調して再びマイクロ波で送信する方式を□C□中継方式という。

	A	B	C
1	無給電	優れて	再生
2	無給電	劣って	非再生（ヘテロダイン）
3	直接	優れて	非再生（ヘテロダイン）
4	直接	劣って	非再生（ヘテロダイン）
5	直接	優れて	再生

> **ポイント** 中間周波数又はビデオ周波数に変換しないでマイクロ波をそのまま送信する方法を「直接」中継方式といい、広域帯特性に「優れて」いて、この方式は中継装置の構成が簡単である。また、等化増幅及び同期の取り直しの後に再び送信する方法を「再生」中継方式という。　　**正 答** 5

問題8　重要度 ★★★★★　　1回目　2回目　3回目

次の記述は、地上系マイクロ波（SHF）多重通信の無線中継方式の一つである反射板を用いた無給電中継方式について述べたものである。このうち誤っているものを下の番号から選べ。

1　中継による電力損失は、反射板の大きさが大きいほど少ない。
2　中継による電力損失は、電波の到来方向が反射板に直角に近いほど少ない。
3　反射板の大きさが一定のとき、その利得は波長が長くなるほど大きくなる。
4　見通し外の2地点が比較的近距離の場合に利用され、反射板を用いて電波を目的の方向へ送出する。

> **ポイント** 波長が長くなると周波数は低くなるので、利得は「小さく」なる。
> 　　**正 答** 3

問題9　重要度 ★★★★★　　1回目　2回目　3回目

次の記述は、地上系マイクロ波（SHF）多重通信の無線中継方式の一つである反射板を用いた無給電中継方式において、伝搬損失を少なくする方法について述べたものである。このうち誤っているものを下の番号から選べ。

1　中継区間距離は、できるだけ短くする。
2　電力損失を少なくするため、反射板の大きさはできるだけ小さくする。
3　反射板を二枚使用するときは、反射板の位置を互いに近づける。

中継方式

4　反射板に対する電波の入射角度を小さくして、入射方向を反射板の反射面と直角に近づける。

> **ポイント** 電力損失を少なくするため、反射板の大きさはできるだけ「大きく」する。
>
> **正 答** 2

問題 10　重要度 ★★☆☆☆　　1回目 2回目 3回目

次の記述は、地上系マイクロ波（SHF）多重通信の無線中継方式の一つである反射板を用いた無給電中継方式において、伝搬損失を少なくする方法について述べたものである。このうち誤っているものを下の番号から選べ。

1　反射板の面積をできるだけ大きくする。
2　反射板に対する電波の入射角度を小さくして、入射方向を反射板の反射面と直角に近づける。
3　反射板を二枚使用する場合は、反射板の位置を互いに近づける。
4　中継区間距離をできるだけ長くする。

> **ポイント** 中継区間距離が長くなれば、その間に生じる伝搬損失が大きくなるので、できるだけ「短く」する。
>
> **正 答** 4

問題 11　重要度 ★★★☆☆　　1回目 2回目 3回目

次の記述は、無線中継方式の一つである無給電中継方式について述べたものである。このうち誤っているものを下の番号から選べ。

1　中継による電力損失は、中継区間が短いほど少ない。
2　中継による電力損失は、反射板の大きさが大きいほど少ない。
3　中継による電力損失は、電波の到来方向が反射板に直角に近いほど少ない。
4　反射板の大きさが一定のとき、その利得は波長が短くなるほど大きくなる。
5　見通し外の2地点が比較的近距離の場合に利用され、硬質プラスチックによる反射板を用いて電波を目的の方向へ送出する。

> **ポイント** 無給電中継方式に使用される反射板には「金属板」や「金属網」が使用される。プラスチックは電波を反射しない。
>
> **正 答** 5

問題 12　重要度 ★★☆☆☆　　1回目 2回目 3回目

次の記述は、無線中継方式の一つである無給電中継方式について述べたものである。◯◯◯内に入れるべき字句の正しい組合せを下の番号から選べ。

(1) 見通し外の2地点が比較的近距離の場合に利用され、金属板や金属網による反射板を用いて電波を目的の方向へ送出する方式で、反射板の大きさが一定のとき、その利得は波長が ◯A◯ なるほど大きくなる。

(2) 中継による電力損失は、中継区間が短いほど少なく、反射板の大きさが大きいほど ◯B◯ 。また、電波の到来方向が反射板に直角に近いほど ◯C◯ 。

	A	B	C
1	長く	多い	多い
2	長く	少ない	少ない
3	短く	多い	多い
4	短く	少ない	多い
5	短く	少ない	少ない

ポイント 反射板の大きさが一定のとき、利得は波長が「短く」なるほど大きくなる。電波の波長に対して反射板が大きければ（反射板に対して波長が短ければ）電力損失は「少なく」なり、電波の到来方向が反射板に対して直角（90度）に近いほど、電力損失は「少なく」なる。　**正答　5**

問題 13　重要度 ★★★☆☆　　1回目 2回目 3回目

次の記述は、マイクロ波多重通信回線における予備方式について述べたものである。◯◯◯内に入れるべき字句の正しい組合せを下の番号から選べ。

マイクロ波多重通信回線は、通常、障害等による回線断や伝送品質の劣化を救済したり、試験や修理中に回線が維持できるよう、予備装置が備えられている。この予備装置の配置方式の一つである ◯A◯ 予備方式は、通信回線を構成する現用の各装置ごとに予備装置を用意し、障害発生時に予備装置に切り替える方式であり、切り替え箇所が多くなる等の理由により、現用システム数が比較的 ◯B◯ 場合に用いられる。

	A	B
1	システム	少ない
2	システム	多い

中継方式

3　セット　　　少ない
4　セット　　　多い
5　ルート　　　多い

問題14　重要度 ★★★☆☆　　　1回目 2回目 3回目

次の記述は、マイクロ波多重通信回線に用いられるヘテロダイン中継方式の特徴について述べたものである。このうち誤っているものを下の番号から選べ。

1　周波数変換が中継ごとに行われるので、スプリアス発射を伴いやすい。
2　変調及び復調が中継ごとに繰り返されないので、アナログ信号では変調及び復調ひずみの累積がない。
3　中継の途中の段階で通話群の一部を、分岐又は挿入することは困難である。
4　回線障害発生の場合の予備装置への切替えは困難である。
5　中間周波数をそろえておけば、異なるマイクロ波周波数を用いる方式間の相互接続が容易である。

問題15　重要度 ★★★★★　　　1回目 2回目 3回目

地上系マイクロ波（SHF）の多重通信回線におけるヘテロダイン（非再生）中継方式についての記述として、正しいものを下の番号から選べ。

1　中継局において、受信したマイクロ波を固体増幅器等でそのまま増幅して送信する方式である。
2　中継局において、受信したマイクロ波を中間周波数に変換して増幅し、再びマイクロ波に変換して送信する方式である。
3　中継局において、受信したマイクロ波をいったん復調して信号の波形を整え、また同期を取り直してから再び変調して送信する方式である。
4　反射板等で電波の方向を変えることで中継を行い、中継用の電力を必要とし

ない中継方式である。

> **ポイント** 復調しないで（非再生）、受信した周波数をヘテロダイン（中間周波数に変換）し、再びマイクロ波に変換して送信する。　**正 答**　**2**

問題 16　重要度 ★★★★★　　1回目 2回目 3回目

次の記述は、マイクロ波のデジタル多重通信回線における再生中継方式について述べたものである。このうち正しいものを下の番号から選べ。

1　中継局において、受信したマイクロ波をいったん復調して信号の波形を整え、また同期を取り直してから再び変調して送信する方式である。
2　上り回線中継器と下り回線中継器の送信周波数が同一周波数の場合、相互の干渉を除去するための方式である。
3　中継局において、受信したマイクロ波を中間周波数に変換して増幅し、再びマイクロ波に変換して送信する方式である。
4　中継局において、受信したマイクロ波を固体増幅器等でそのまま増幅して送信する方式である。

> **ポイント** 受信信号をいったん復調し、信号波形を整形するなどして再び変調する方式を再生中継方式という。　**正 答**　**1**

問題 17　重要度 ★★★★☆　　1回目 2回目 3回目

次の記述は、無線中継方式について述べたものである。この記述に該当する中継方式の名称として、正しいものを下の番号から選べ。

「デジタル多重通信回線の中継局において、受信波をいったん復調してパルスを整形し、同期を取り直して再び変調して送信する中継方式」
1　多元接続中継方式　　　2　直接中継方式
3　ヘテロダイン中継方式　4　再生中継方式
5　無給電中継方式

> **ポイント** 受信波をいったん復調し、パルスを整形して同期を取り直すので「再生中継方式」という。　**正 答**　**4**

中継方式

問題18 重要度 ★★★★☆   1回目 2回目 3回目

次の記述は、地上系マイクロ波（SHF）多重通信における一つの中継方式について述べたものである。該当する中継方式の名称として、正しいものを下の番号から選べ。

中継局において、受信したマイクロ波を中間周波数に変換して増幅し、再びマイクロ波に変換して送信する方式

1　2周波中継方式　　　　2　無給電中継方式　　　　3　直接中継方式
4　再生中継方式　　　　5　非再生（ヘテロダイン）中継方式

> **ポイント** 「中間周波に変換＝ヘテロダイン」であり、音声に復調していないので「非再生中継方式」である。
>
> 　　　　　　　　　　　　　　　　　　　　　　　　　　**正答** 5

問題19 重要度 ★★★★★   1回目 2回目 3回目

次の記述は、図に示すマイクロ波（SHF）通信における2周波中継方式の一般的な送信及び受信の周波数配置について述べたものである。このうち正しいものを下の番号から選べ。

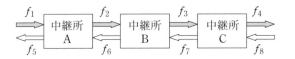

1　中継所Aの受信周波数 f_1 と中継所Bの受信周波数 f_7 は、同じ周波数である。
2　中継所Aの送信周波数 f_2 と中継所Cの送信周波数 f_4 は、同じ周波数である。
3　中継所Bの送信周波数 f_3 と中継所Aの送信周波数 f_5 は、同じ周波数である。
4　中継所Bの受信周波数 f_7 と中継所Cの受信周波数 f_8 は、同じ周波数である。

> **ポイント** f_2 と f_4 は、間に中継所Bがあるので同じ周波数であっても混信は生じない。
>
> 　　　　　　　　　　　　　　　　　　　　　　　　　　**正答** 2

問題20　重要度 ★★★☆☆　　1回目 2回目 3回目

次の記述は、マイクロ波（SHF）通信において生ずることのある干渉について述べたものである。このうち誤っているものを下の番号から選べ。

1　アンテナ相互間の結合による干渉を軽減するにはサイドローブの少ないアンテナを用いる。
2　ラジオダクトによるオーバーリーチ干渉を避けるには、中継ルートをジグザグに設定する。
3　干渉波は、干渉雑音とも呼ばれる。
4　干渉波は、信号波を強調するので信号対雑音比（S/N）が向上する。
5　送受信アンテナのサーキュレータの結合及び受信機のフィルタの特性により送受間干渉の度合いが異なる。

ポイント 電波同士による干渉が生じると混信問題などが発生するので S/N の向上どころか、かえって「悪化」してしまう。　　**正答** 4

問題21　重要度 ★★★★★　　1回目 2回目 3回目

次の記述は、マイクロ波（SHF）通信において生ずることのある干渉について述べたものである。このうち誤っているものを下の番号から選べ。

1　干渉波は、干渉雑音とも呼ばれる。
2　ラジオダクトによるオーバーリーチ干渉を避けるには、中継ルートを直線的に設定する。
3　アンテナ相互間の結合による干渉を軽減するには、サイドローブの少ないアンテナを用いる。
4　送受信アンテナのサーキュレータの結合及び受信機のフィルタ特性により、送受間干渉の度合いが異なる。
5　干渉波は、受信機で復調後雑音となり、信号対雑音比（S/N）が低下するので符号誤りに影響を与える。

ポイント オーバーリーチは、電波が目的とする通達距離を超えてしまうことである。したがって、中継ルートを直線的にすると混信が生じることになるので、直線的に「ならない」ように設定する。　　**正答** 2

中継方式

次の記述は、マイクロ波（SHF）通信において生ずることのある干渉について述べたものである。▢内に入れるべき字句の正しい組合せを下の番号から選べ。

(1) 無線中継所などにおいて、正規の伝搬経路以外から、目的の周波数又はその近傍の周波数の電波が受信されるために干渉を生ずることがある。干渉波があると　A　後の符号誤りに影響を与え、このとき生ずる雑音は干渉雑音とも呼ばれる。

(2) アンテナの指向特性に　B　があるため、中継所のアンテナどうしからのフロントバックからフロントサイド結合などによる干渉が生ずることがある。

(3) ラジオダクトの発生により、通常は影響を受けない見通し距離外の中継局から　C　干渉を生ずることがある。

	A	B	C
1	復調	主ビーム	ナイフエッジ
2	復調	サイドローブ	オーバーリーチ
3	復調	主ビーム	オーバーリーチ
4	変調	サイドローブ	オーバーリーチ
5	変調	主ビーム	ナイフエッジ

ポイント 干渉波があると「復調」後の符号誤りに影響を与えてしまう。「サイドローブ」はアンテナの指向性のうち、主方向の横に生じる特性のことで、別の中継所間で影響を及ぼし合う。オーバーリーチについては前問参照。

正答 2

次の記述は、地上系のマイクロ波（SHF）多重通信において生ずることのある干渉について述べたものである。▢内に入れるべき字句の正しい組合せを下の番号から選べ。

(1) 無線中継所などにおいて、正規の伝搬経路以外から、目的の周波数又はその近傍の周波数の電波が受信されるために干渉を生ずることがある。干渉は、　A　を劣化させる要因の一つになる。

(2) 中継所のアンテナどうしのフロントバックやフロントサイド結合などによる干渉を軽減するため、指向特性の　B　以外の角度で放射レベルが十分小さくな

るようなアンテナを用いる。

(3) ラジオダクトの発生により、通常は影響を受けない見通し距離外の中継局から□ C □による干渉を生ずることがある。

	A	B	C
1	回線品質	主ビーム	オーバーリーチ
2	回線品質	サイドローブ	ナイフエッジ
3	拡散率	主ビーム	ナイフエッジ
4	拡散率	主ビーム	オーバーリーチ
5	拡散率	サイドローブ	ナイフエッジ

ポイント 干渉が生じると「回線品質」を劣化させる。干渉を軽減するため、指向特性の「主ビーム」以外の角度で放射レベルが十分低くなるようなアンテナを用いる。 **正 答** 1

問題24　重要度 ★★★★★　　1回目 2回目 3回目

次の記述は、マイクロ波 (SHF) 多重通信回線における無人中継局の遠隔監視制御について述べたものである。□□□□内に入れるべき字句の正しい組合せを下の番号から選べ。

(1) 制御局から無人中継局の状況を常に把握し必要な制御を行うため、制御局と無人中継局との間に、信頼度の高い□ A □回線が必要である。

(2) 制御局が各無人中継局を順番に呼び出して、監視情報を取得する方式を□ B □方式という。

(3) 遠隔監視制御システムに用いられる表示符号及び制御符号等について、方形波を用いて、その幅や数又はそれらの組み合わせ等により符号を構成する方式を、□ C □方式という。

	A	B	C
1	連絡制御	ダイレクトレポーティング	パルス
2	連絡制御	ポーリング	パルス
3	連絡制御	ポーリング	トーン
4	打合せ電話	ダイレクトレポーティング	トーン
5	打合せ電話	ダイレクトレポーティング	パルス

ポイント 制御局と無人中継局との間に「連絡制御」回線が必要で、順次呼び出しを「ポーリング」という。方形波は「パルス」の一種である。 **正 答** 2

中継方式

衛星通信において、衛星中継器の回線（チャネル）を地球局に割り当てる方式のうちで、「1 搬送波ごとに 1 回線（チャネル）を割り当てる方式」の名称として、正しいものを下の番号から選べ。

1　デマンドアサイメント　　　2　プリアサイメント　　　3　SCPC
4　TDMA　　　　　　　　　　5　FDMA

ポイント 「SCPC」は Single Channel Per Carrier の略で、1 搬送波ごとに 1 チャネルを割り当てる方式である。　　　　　正答　3

衛星通信において、衛星中継器の回線（チャネル）を地球局に割り当てる方式のうちで、「呼の発生のたびに回線（チャネル）を設定し、通信が終了すると解消する割り当て方式」の名称として、正しいものを下の番号から選べ。

1　プリアサイメント　　　2　デマンドアサイメント　　　3　TDMA
4　FDMA　　　　　　　　5　SCPC

ポイント 「デマンドアサイメント」は Demand assignment のことで、要求されたときに割り当てるという意味である。　　　　　正答　2

次の記述は、衛星通信の特徴について述べたものである。このうち誤っているものを下の番号から選べ。

1　FDMA 方式では、衛星の中継器で多くの搬送波を共通増幅するため、中継器をできるだけ線形領域で動作させる必要がある。

2　TDMA 方式は、複数の地球局が同一の送信周波数を用いて、時間的に信号が重ならないように衛星の中継器を使用する。

3　TDMA 方式では、衛星の一つの中継器で一つの電波を増幅する場合、飽和領域付近で動作させることができ、中継器の送信電力を最大限利用できる。

4　衛星中継器の回線（チャネル）を地球局に割り当てる方式のうち、「呼の発生のたびに回線（チャネル）を設定し、通信が終了すると解消する割り当て方式」をプリアサイメントという。

> **ポイント** 呼の発生のたびに回線 (チャネル) を設定し、通信が終了すると解消する割り当て方式は「デマンドアサイメント」である。　**正 答**　4

問題28　重要度 ★★★★☆　　1回目 2回目 3回目

次の記述は、衛星通信に用いられる多元接続方式及び回線割当方式について述べたものである。☐☐☐内に入れるべき字句の正しい組合せを下の番号から選べ。

(1) 各地球局がデジタル変調された搬送波を用いて、通信衛星の中継器を時分割で使用する方式を TDMA 方式といい、断続する搬送波が互いに重なり合わないようにするため、☐A☐を設ける必要がある。

(2) 回線割当方式は大別して二つあり、このうち地球局にあらかじめ所定の衛星回線を割り当てておく方式を☐B☐方式という。

```
    A                B
1   ガードタイム     プリアサイメント
2   ガードタイム     デマンドアサイメント
3   ガードバンド     デマンドアサイメント
4   ガードバンド     プリアサイメント
```

> **ポイント** TDMA は Time Division Multiple Access の略で時分割多元接続方式のことで、「ガードタイム」を設ける必要がある。回線割当方式は大別してデマンドアサイメント方式とプリアサイメント方式があり、地球局にあらかじめ所定の衛星回線を割り当てておく方式を「プリアサイメント」方式という。
> **正 答**　1

問題29　重要度 ★★☆☆☆　　1回目 2回目 3回目

次の記述は、衛星通信に用いられる多元接続方式及び回線割当方式について述べたものである。☐☐☐内に入れるべき字句の正しい組合せを下の番号から選べ。

(1) 複数の地球局が、それぞれ別々の周波数の電波を、適切なガードバンドを設けて互いに周波数帯が重なり合わないようにして、送出する多元接続方式を☐A☐方式という。

(2) 回線割当方式は大別して二つあり、このうち地球局からの回線割当要求が発生するたびに回線を設定する方式を☐B☐方式という。

	A	B
1	FDMA	デマンドアサイメント
2	FDMA	プリアサイメント
3	TDMA	プリアサイメント
4	TDMA	デマンドアサイメント

ポイント 「FDMA」は Frequency Division Multiple Access の略で、周波数分割多元接続方式のことである。地球局からの回線割当て要求が発生するたびに回線を設定する方式を「デマンドアサイメント」方式という。　**正答** 1

問題30 **重要度 ★★★★★**　　　　　1回目 2回目 3回目

次の記述は、衛星通信に用いられる多元接続方式及び回線割当方式について述べたものである。□□内に入れるべき字句の正しい組合せを下の番号から選べ。

(1) 複数の地球局が、それぞれ別々の周波数の電波を、適切なガードバンドを設けて互いに周波数帯が重なり合わないようにして、送出する多元接続方式を □ A □ 方式といい、そのうち、1音声チャネルの伝送のために1搬送波を用いる方式を □ B □ 方式という。

(2) 回線割当方式は大別して二つあり、このうち地球局からの回線割当て要求が発生するたびに回線を設定する方式を □ C □ 方式という。

	A	B	C
1	FDMA	MCPC	プリアサイメント
2	FDMA	SCPC	デマンドアサイメント
3	TDMA	MCPC	プリアサイメント
4	TDMA	MCPC	デマンドアサイメント
5	TDMA	SCPC	デマンドアサイメント

ポイント 「FDMA」は Frequency Division Multiple Access の略で、周波数分割多元接続方式のことである。「SCPC」は Single Channel Per Carrier の略で、1音声チャネルの伝送のために1搬送波を用いる方式のことである。地球局からの回線割当て要求が発生するたびに回線を設定する方式を「デマンドアサイメント」方式という。　**正答** 2

問題31 重要度 ★★★★★　　　1回目 2回目 3回目

次の記述は、衛星通信に用いられる多元接続方式について述べたものである。
このうち誤っているものを下の番号から選べ。

1　多元接続には、複数の地球局が衛星の中継器の周波数帯域を分割して使用する FDMA 方式と、複数の地球局が同一の送信周波数を用いて、時間的に信号が重ならないように衛星の中継器を使用する TDMA 方式とがある。
2　FDMA 方式では、衛星の中継器で多くの搬送波を共通増幅するため、中継器を線形領域で動作させる必要がある。
3　TDMA 方式では、各地球局の送信信号バーストが、割り当てられた時間スロット内に収まるように、各地球局間の送信信号バーストの同期が必要である。
4　FDMA 方式は、アクセスする地球局数に無関係に中継器の伝送容量を効率的に利用できるため、地球局数の多い衛星ネットワークに適し、TDMA 方式は、アクセスする地球局数が増加するにつれて中継器の伝送容量が減少するため、地球局数の少ない衛星ネットワークに適する。
5　TDMA 方式では、衛星の中継器を飽和領域付近で動作させるので、中継器の送信電力及び周波数帯域を最大限利用できる。

ポイント FDMA は Frequency Division Multiple Access の略で、伝送容量を増すには広い周波数帯域が必要となるので「効率的ではない」。

正答 4

問題32 重要度 ★★★★★　　　1回目 2回目 3回目

次の記述は、通信衛星（対地静止衛星）に搭載される中継器（トランスポンダ）について述べたものである。このうち正しいものを下の番号から選べ。

1　中継器の主な機能の一つは、受信したダウンリンクの周波数をアップリンクの送信周波数に変換することである。
2　通信衛星が受信した微弱な信号は、低雑音増幅器で増幅された後、送信周波数に変換される。
3　一般に、通信衛星の送信周波数は、受信周波数より高い周波数が用いられる。
4　中継器の電力増幅器には、マグネトロンが用いられる。

ポイント 地上からの電波を通信衛星で受信し、低雑音増幅器で増幅して、別の（低い）送信周波数に変換して地上へ再送信される。　**正答** 2

中継方式

次の記述は、通信衛星（対地静止衛星）に搭載される中継器（トランスポンダ）について述べたものである。このうち誤っているものを下の番号から選べ。

1　中継器は、通常、低雑音増幅器、周波数変換器、電力増幅器などで構成される。
2　通信衛星が受信した微弱な信号は、低雑音増幅器で増幅された後、送信周波数に変換される。
3　中継器の電力増幅器には、主にマグネトロンが用いられている。
4　通信衛星の送信周波数は、一般に受信周波数より低い周波数が用いられる。

ポイント マグネトロンは周波数が固定されるので中継器の電力増幅器には使用されない。通信衛星の中継器の電力増幅器には「進行波管（TWT）」を使用する。

正答 3

次の記述は、衛星通信に用いられるVSATシステムについて述べたものである。このうち誤っているものを下の番号から選べ。

1　VSAT地球局（ユーザー局）に一般的に用いられるアンテナは、オフセットパラボラアンテナである。
2　VSATシステムは、14〔GHz〕帯と12〔GHz〕帯等のSHF帯の周波数が用いられている。
3　VSAT地球局（ユーザー局）は小型軽量の装置であるが、車両に搭載して走行中の通信に用いることはできない。
4　VSATシステムは、中継装置（トランスポンダ）を持つ宇宙局と複数のVSAT地球局（ユーザー局）のみで構成でき、回線制御及び監視機能を持つ制御地球局がなくてもよい。

ポイント VSATはVery Small Aperture Terminalの略で、回線等の制御地球局の制御を受けて運用される小型VSAT地球局である。中継装置を持つ宇宙局、「制御地球局（ハブ局）」、「複数のVSAT地球局（ユーザー局）」で構成される。

正答 4

問題 35　重要度 ★★★★★　　　1回目 2回目 3回目

次の記述は、衛星通信に用いられる VSAT システムについて述べたものである。このうち正しいものを下の番号から選べ。

1　VSAT システムは、一般に 1.6〔GHz〕帯と 1.5〔GHz〕帯の UHF 帯の周波数が用いられる。
2　VSAT システムは一般に、中継装置（トランスポンダ）を持つ宇宙局と多数の小型の地球局（ユーザー局）のみで構成される。
3　VSAT システムの回線の設定方法には、ポイント・ツウ・ポイント型、ポイント・ツウ・マルチポイント型及び双方向型がある。
4　VSAT 地球局（ユーザー局）は、小型軽量の装置であり、主に車両に搭載して走行中の通信に用いられている。
5　VSAT 地球局（ユーザー局）には、八木アンテナが用いられることが多い。

ポイント ポイント・ツウ・ポイントは A 点の局と B 点の 2 局間で通信することであり、ポイント・ツウ・マルチポイントは、A 点の 1 局に対して B 点、C 点…にある複数の相手局と通信することである。　　**正答** 3

問題 36　重要度 ★★★★★　　　1回目 2回目 3回目

次の記述は、符号分割多元接続（CDMA）において用いられるスペクトル拡散（SS）方式について述べたものである。このうち誤っているものを下の番号から選べ。

1　周波数拡散するために拡散符号系列が用いられる。
2　使用する帯域幅が広いため、通信の内容が第三者に漏えいしやすく、かつ、信号の存在が検知されやすい。
3　直接拡散（DS）変調方式及び周波数ホッピング（FH）変調方式などがある。
4　使用する帯域幅は広いが、妨害波や干渉波排除能力は著しく高い。
5　高精度の時間測定ができるため、距離の測定に適しており、全世界測位システム（GPS）などにも用いられている。

ポイント CDMA は Code Division Multiple Access の略で、信号をスペクトル拡散符号化するので「秘話性が高い」。　　**正答** 2

中継方式

次の記述は、符号分割多元接続 (CDMA) において用いられるスペクトル拡散 (SS) 通信方式について述べたものである。□□□内に入れるべき字句の正しい組合せを下の番号から選べ。

(1) この方式は、狭帯域信号を拡散符号によって広帯域信号に変換して伝送し、受信側で元の狭帯域信号に変換した後に復調するもので、□ A □に優れていることや、周波数利用効率も高いことから携帯電話などに用いられている。

(2) 占有周波数帯幅が、元の狭帯域信号に比べてどの程度の倍率になっているかを示す指標を、□ B □と呼んでいる。

(3) 一般に、占有周波数帯幅がかなり広くなるため、その信号の単位周波数当たりの電力密度は□ C □なる。

	A	B	C
1	秘匿性	圧縮率	大きく
2	秘匿性	拡散率	小さく
3	秘匿性	圧縮率	小さく
4	冗長性	拡散率	大きく
5	冗長性	圧縮率	小さく

ポイント CDMA は Code Division Multiple Access の略で、多元接続方式の一つであり、「秘匿性」に優れている。占有周波数帯幅が元の狭帯域信号に比べてどの程度の倍率になっているかを示す指標を「拡散率」という。拡散して占有周波数帯幅が広くなるので、電力密度は「小さく」なる。　**正 答**　**2**

次の記述は、符号分割多元接続 (CDMA) において用いられるスペクトラム拡散通信方式について述べたものである。□□□内に入れるべき字句の正しい組合せを下の番号から選べ。

(1) スペクトラム拡散方式には、周波数ホッピング方式、□ A □方式などがある。

(2) スペクトラム拡散方式の特徴は、周波数利用効率が高いこと、□ B □が優れていること及び対混信妨害の影響が小さいことなど優れた点もある反面、基地局と移動局間の□ C □によって発生する遠近問題も存在する。

	A	B	C
1	直接拡散	秘匿性	距離
2	直接拡散	冗長性	フェージング
3	直接拡散	冗長性	距離
4	広帯域	冗長性	フェージング
5	広帯域	秘匿性	距離

ポイント デジタル通信の一つであるスペクトラム拡散方式には周波数ホッピング方式、「直接拡散」方式などがある。特に「秘匿性（秘話性）」が優れているので、携帯電話の通信方式として使用される。また、基地局と移動局の間の「距離」によって生じる信号レベル差の問題がある。　　**正答** 1

問題39 重要度 ★★★★★　　1回目 2回目 3回目

次の記述は、直接拡散方式を用いるスペクトル拡散（SS）通信について述べたものである。□□□内に入れるべき字句の正しい組合せを下の番号から選べ。

(1) この方式は、狭帯域信号を□A□によって広帯域信号に変換して伝送し、受信側で元の狭帯域信号に変換した後に復調するもので、□B□に優れていることや、周波数利用効率も高いことから携帯電話などに用いられている。

(2) また、この方式では、受信の時混入した狭帯域の妨害波は受信側で拡散されるので、妨害波に□C□。

	A	B	C
1	拡散符号	秘匿性	強い
2	拡散符号	冗長性	弱い
3	拡散符号	秘匿性	弱い
4	単一正弦波	冗長性	弱い
5	単一正弦波	秘匿性	強い

ポイント 狭帯域信号を「拡散符号」によって広帯域信号に変換する。SS通信方式が携帯電話に使用されているのは「秘匿性」が高いからである。また、妨害波が拡散されるので妨害波に対して「強い」。　　**正答** 1

中継方式

問題 40　重要度 ★★★★★　　1回目 2回目 3回目

次の記述は、スペクトル拡散 (SS) 通信方式について述べたものである。
￼　　￼内に入れるべき字句の正しい組合せを下の番号から選べ。

(1) スペクトル拡散方式には、￼ A ￼方式、直接拡散方式などがある。

(2) 直接拡散方式を用いる符号分割多元接続 (CDMA) の特徴は、￼ B ￼が良いこと及び混信妨害の影響が小さいことなど優れた点がある。反面、基地局と移動局間の距離差などによって発生する遠近問題があり、この対策として￼ C ￼送信機の送信電力の制御がある。

	A	B	C
1	同時通話	冗長性	移動局側
2	同時通話	秘匿性	基地局側
3	周波数ホッピング	秘匿性	移動局側
4	周波数ホッピング	冗長性	基地局側
5	周波数ホッピング	秘匿性	基地局側

ポイント　「周波数ホッピング」は、非常に短い時間間隔 (0.1 秒程度) でチャネルを変えながらデータを送信する方式である。また、CDMA では信号を符号化するので「秘匿性」が良い。遠近問題は「移動局側」の送信電力の制御が有効である。(2) の「遠近問題」が空欄の問いもある。　　　　　**正 答**　**3**

問題 41　重要度 ★★★★★　　1回目 2回目 3回目

次の記述は、直接スペクトル拡散方式を用いた符号分割多元接続 (CDMA) について述べたものである。このうち誤っているものを下の番号から選べ。

1　拡散後の信号 (チャネル) の周波数帯域幅は、拡散前の信号の周波数帯域幅よりはるかに狭い。

2　擬似雑音 (PN) コードは、拡散符号として用いられる。

3　傍受されにくく秘話性が高い。

4　遠近問題の解決策として、送信電力制御という方法がある。

5　送信時に拡散された信号は、受信時に逆拡散されて復調される。

ポイント　拡散方式の周波数帯域幅は、拡散するのであるから元の信号は拡散前のものより「広く」なる。　　　　　**正 答**　**1**

問題42 重要度 ★★★★★　　　1回目 2回目 3回目

次の記述は、符号分割多元接続方式（CDMA）について述べたものである。このうち誤っているものを下の番号から選べ。

1　各信号（チャネル）は、ベースバンドの信号よりも広い周波数帯域幅が必要である。
2　拡散符号を用いるため傍受されにくく秘話性が高い。
3　拡散符号として、擬似雑音（PN）コード等が用いられる。
4　同一の周波数帯域幅内に複数のチャネルは混在できない。
5　信号強度が雑音レベルと同じ程度であっても、受信側では信号の再生が可能である。

ポイント CDMA方式では、各チャネルを周波数的、時間的にも分離せず、拡散符号の直交性を利用するので複数のチャネルは混在「できる」。　**正答** 4

問題43 重要度 ★★★★★　　　1回目 2回目 3回目

次の記述は、符号分割多元接続方式（CDMA）の特徴について述べたものである。このうち正しいものを下の番号から選べ。

1　各信号（チャネル）は必要とする周波数帯域幅が狭いため、一定の周波数帯域幅内に多数のチャネルを配列できる。
2　同一周波数帯域幅内には複数のチャネルは混在できない。
3　傍受されにくく秘話性が高い。
4　受信信号の復調時には、拡散符号を使用しない。
5　信号強度が雑音レベルと同じ程度になると、受信側では信号の再生が不可能となる。

ポイント CDMAで使用されるスペクトラム拡散方式は、拡散符号を用いるので特に秘匿性（秘話性）が高い。　**正答** 3

問題44 重要度 ★★★★★　　　1回目 2回目 3回目

次の記述は、符号分割多元接続方式（CDMA）を利用した携帯無線通信システムについて述べたものである。□□□内に入れるべき字句の正しい組合せを下の番号から選べ。

(1) ソフトハンドオーバは、すべての基地局のセル、セクタで ［ A ］ 周波数を使用することを利用して、移動局が複数の基地局と並行して通信を行うことで、セル ［ B ］ での短区間変動の影響を軽減し、通信品質を向上させる技術である。

(2) マルチパスによる遅延波を RAKE 受信と呼ばれる手法により分離し、遅延時間を合わせて ［ C ］ で合成することで受信電力の増加と安定化を図っている。

	A	B	C
1	同じ	境界	同位相
2	同じ	中央	逆位相
3	異なる	境界	逆位相
4	異なる	中央	同位相

ポイント CDMA では「同じ」周波数を使用している。また、遅延波同士を「同位相」で合成すると受信電力は増加する。(2) の「RAKE」が空欄の問いもある。

正 答 1

問題45　重要度 ★★★★★　　　1回目 2回目 3回目

次の記述は、符号分割多元接続方式 (CDMA) を利用した携帯無線通信システムの遠近問題について述べたものである。□□□内に入れるべき字句の正しい組合せを下の番号から選べ。

(1) ［ A ］ 周波数を複数の移動局が使用する CDMA では、遠くの移動局の弱い信号が基地局に近い移動局からの干渉雑音を強く受け、基地局で正常に受信できなくなる現象が起きる。これを遠近問題と呼んでいる。

(2) 遠近問題を解決するためには、受信電力が ［ B ］ 局で同一になるようにすべての ［ C ］ 局の送信電力を制御する必要がある。

	A	B	C
1	同じ	移動	基地
2	異なる	基地	移動
3	同じ	基地	移動
4	異なる	移動	基地

ポイント CDMA では「同じ」周波数を使用している。受信電力が「基地」局で同一になるように送信電力を制御するのは「移動」局である。

正 答 3

問題46　重要度 ★★★★☆　　1回目 2回目 3回目

衛星通信の時分割多元接続（TDMA）方式についての記述として、正しいものを下の番号から選べ。

1　隣接する通信路間の干渉を避けるため、ガードバンドを設けて多重通信を行う方式である。
2　中継局において、受信波をいったん復調してパルスを整形し、同期を取り直して再び変調して送信する方式である。
3　多数の局が同一の搬送周波数で一つの中継装置を用い、時間軸上で各局が送信すべき時間を分割して使用する方式である。
4　呼があったときに周波数が割り当てられ、一つのチャネルごとに一つの周波数を使用して多重通信を行う方式である。

> **ポイント** 時間を分割する方式を「時分割多元接続方式」といい、同一の搬送周波数を使用する。TDMAのこと。　　**正答** 3

問題47　重要度 ★★★★★　　1回目 2回目 3回目

次の記述は、衛星通信の多元接続の一方式について述べたものである。該当する方式を下の番号から選べ。

　各送信地球局は、同一の搬送周波数で、無線回線の信号が時間的に重ならないようにするため、自局に割り当てられた時間幅内に収まるよう自局の信号を分割して断続的に衛星に向け送出し、各受信地球局は、衛星からの信号を受信し、自局に割り当てられた時間幅内から自局向けの信号を抜き出す。

1　プリアサイメント
2　TDMA
3　CDMA
4　FDMA
5　SCPC

> **ポイント** 「TDMA」は Time Division Multiple Access の略で、「時分割」多元接続方式のこと。時間（Time）＝「TDMA」と覚えよう。　　**正答** 2

中継方式

レーダー
の問題

問題 1　重要度 ★★★☆☆　　　1回目 2回目 3回目

パルスレーダー送信機において、パルス幅が 0.5〔μs〕、パルス繰り返し周波数が 1〔kHz〕及び平均電力が 20〔W〕のときのせん頭電力の値として、正しいものを下の番号から選べ。

1　10〔kW〕　　　2　20〔kW〕　　　3　30〔kW〕
4　40〔kW〕　　　5　50〔kW〕

ポイント パルス幅を τ、パルス繰り返し周波数を f、平均電力を P_Y とすると、せん頭電力 P_X は、

$$P_X = \frac{P_Y}{\tau \times f} = \frac{20}{0.5 \times 10^{-6} \times 1 \times 10^3} = 40 \times 10^3 \text{〔W〕} = 40 \text{〔kW〕}$$

となる。　　　　　　　**正 答**　4

問題 2　重要度 ★★★★★　　　1回目 2回目 3回目

パルスレーダーにおいて、パルス波が発射されてから、物標による反射波が受信されるまでの時間が 80〔μs〕であった。このときの物標までの距離の値として、正しいものを下の番号から選べ。

1　5,800〔m〕　　　2　10,500〔m〕　　　3　12,000〔m〕
4　13,750〔m〕　　　5　14,250〔m〕

ポイント 反射波が受信されるまでの時間を t、電波の速度を $c = 3 \times 10^8$ とすると、物標までの距離 R は、

$$R = \frac{ct}{2} = \frac{3 \times 10^8 \times 80 \times 10^{-6}}{2} = 120 \times 10^2 = 12000 \text{〔m〕}$$

となる。　　　　　　　**正 答**　3

問題3　重要度 ★★★★★　1回目 2回目 3回目

パルスレーダー送信機において、パルス幅が 1〔μs〕のときの最小探知距離の値として、正しいものを下の番号から選べ。ただし、最小探知距離は、パルス幅のみによって決まるものとし、電波の伝搬速度を $3×10^8$〔m/s〕とする。

1　750〔m〕　　2　600〔m〕　　3　450〔m〕
4　300〔m〕　　5　150〔m〕

ポイント パルス幅をτ、電波の速度を $c=3×10^8$ とすると、最小探知距離 R は、

$$R=\frac{c\tau}{2}=\frac{3×10^8×1×10^{-6}}{2}=1.5×10^2=150〔m〕$$

となる。　　　　　　　　　　　　　　　　　　　　**正答** 5

問題4　重要度 ★★★★★　1回目 2回目 3回目

パルスレーダー送信機において、最小探知距離が 120〔m〕であった。このときのパルス幅の値として、正しいものを下の番号から選べ。ただし、最小探知距離は、パルス幅のみによって決まるものとし、電波の伝搬速度を $3×10^8$〔m/s〕とする。

1　1.6〔μs〕　　2　1.4〔μs〕　　3　1.2〔μs〕
4　1.0〔μs〕　　5　0.8〔μs〕

ポイント 最小探知距離を R、電波の速度を $c=3×10^8$ とすると、パルス幅τは、

$$\tau=\frac{2R}{c}=\frac{2×120}{3×10^8}=80×10^{-8}=0.8×10^{-6}〔s〕=0.8〔μs〕$$

となる。　　　　　　　　　　　　　　　　　　　　**正答** 5

問題5　重要度 ★★★★★　1回目 2回目 3回目

次の記述は、パルスレーダーの受信機に用いられる回路について述べたものである。該当する回路の名称を下の番号から選べ。

　この回路は、パルスレーダーの受信機において、雨や雪などからの反射波により物標からの反射信号の判別が困難になるのを防ぐため、検波後の出力信号を微分して物標を際立たせるために用いるものである。

レーダー

1   IAGC回路
2   FTC回路
3   AFC回路
4   STC回路

問題6　重要度 ★★★★★　　1回目 2回目 3回目

次の記述は、図に示すパルスレーダーの受信機に用いられる回路の構成例について述べたものである。　　内に入れるべき字句の正しい組合せを下の番号から選べ。ただし、　　内の同じ記号は、同じ字句を示す。

(1) 雨や雪による反射波によって、物標の判別が困難になったとき、　A　により、その影響を小さくする。

(2) 大きな物標からの連続した強い反射波があるとき、中間周波増幅器が飽和して、それに重なった微弱な信号が失われることがある。これを防ぐために、強い受信信号に対して速い応答速度を持たせた　B　により、中間周波増幅器の利得を制御する。

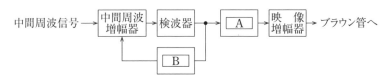

	A	B
1	FTC 回路	スケルチ回路
2	FTC 回路	IAGC 回路
3	STC 回路	AFC 回路
4	STC 回路	IAGC 回路
5	STC 回路	スケルチ回路

問題7　重要度 ★★★★★　1回目 2回目 3回目

次の記述は、図に示すパルスレーダーの受信機に用いられる回路の構成例について述べたものである。☐☐☐内に入れるべき字句の正しい組合せを下の番号から選べ。ただし、☐☐☐内の同じ記号は、同じ字句を示す。

(1) 大きな物標からの連続した強い反射波があるとき、中間周波増幅器が飽和して、それに重なった微弱な信号が失われることがある。これを防ぐために、強い受信信号に対して速い応答速度を持たせた ☐A☐ により、中間周波増幅器の利得を制御する。

(2) FTC回路は、☐B☐ の反射波によって、物標の判別が困難になったときに受信信号を微分して、ゆるやかな変化をする ☐B☐ からの反射波を小さくする。

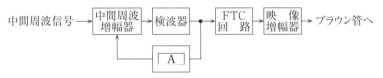

	A	B
1	IAGC 回路	海面
2	IAGC 回路	雨や雪
3	STC 回路	海面
2	STC 回路	雨や雪
5	AFC 回路	海面

ポイント「IAGC」回路は検波器から大きな出力があった場合、中間周波増幅器の増幅度を下げる動作をする。FTC回路は「雨や雪」からの反射波を小さくする。

正答 2

問題8　重要度 ★★★★★　1回目 2回目 3回目

次の記述は、パルスレーダーの受信機に用いられる回路について述べたものである。☐☐☐内に入れるべき字句の正しい組合せを下の番号から選べ。

(1) 近距離からの強い反射波があると、PPI表示の表示部の ☐A☐ 付近が明るくなり過ぎて、近くの物標が見えなくなる。このとき、☐B☐ 回路により近距離からの強い反射波に対しては感度を下げ、遠距離になるにつれて感度を上げて、近距離にある物標を探知しやすくすることができる。

レーダー

(2) 雨や雪などからの反射波によって、物標の識別が困難になることがある。このとき、 C 回路により検波後の出力を微分して、物標を際立たせることができる。

	A	B	C
1	外周	AFC	STC
2	外周	STC	FTC
3	中心	FTC	STC
4	中心	FTC	AFC
5	中心	STC	FTC

ポイント PPI 表示のブラウン管が明るくなり過ぎるのは「中心」部。「STC」で感度を調整する。「STC」は Sensitivity Time Control の略で、感度時調整回路または海面反射抑制回路。「FTC」は時間の短い時定数のことであるが、雨雪反射抑制回路と呼ばれ、物標を際立たせることができる。 　　正 答　5

問題9 　重要度 ★★★★★ 　　　　　1回目 2回目 3回目

次の記述は、パルスレーダーの受信機に用いられる回路について述べたものである。 ____ 内に入れるべき字句の正しい組合せを下の番号から選べ。

(1) 近距離からの強い反射波があると、PPI 表示の表示部の中心付近が明るくなり過ぎて、近くの物標が見えなくなる。このとき、STC 回路により近距離からの強い反射波に対しては感度を A 、遠距離になるにつれて感度を B て、近距離にある物標を探知しやすくすることができる。

(2) 雨や雪などからの反射波によって、物標の識別が困難になることがある。このとき、FTC 回路により検波後の出力を C して、物標を際立たせることができる。

	A	B	C
1	上げ（良くし）	下げ（悪くし）	反転
2	上げ（良くし）	下げ（悪くし）	積分
3	上げ（良くし）	下げ（悪くし）	微分
4	下げ（悪くし）	上げ（良くし）	積分
5	下げ（悪くし）	上げ（良くし）	微分

> **ポイント** 強い反射波があったときはSTC回路の感度を「下げ」、遠距離になるにつれ感度を「上げ」ると、近距離にある物標を探知しやすくなる。FTC回路は検波後の出力を「微分」して、雨や雪などからの反射波によって見づらい物標を際立たせる。
>
> **正 答** 5

問題 10　重要度 ★★★★★　　1回目　2回目　3回目

次の記述は、パルスレーダーの受信機に用いられるSTC回路について述べたものである。[____]内に入れるべき字句の正しい組合せを下の番号から選べ。

近距離からの強い反射波があると、受信機が飽和して、PPI表示の表示部の[__A__]付近の物標が見えなくなることがある。このため、近距離からの強い反射波に対しては感度を[__B__]STC回路が用いられ、近距離にある物標を探知しやすくしている。

	A	B
1	外周	上げる（良くする）
2	外周	下げる（悪くする）
3	中心	下げる（悪くする）
4	中心	上げる（良くする）

> **ポイント** PPIはPlan Position Indicatorの略で、平面図位置表示のこと。強い反射波があったときはSTC回路の感度を「下げて」、画面「中心」付近の物標を見やすくする。
>
> **正 答** 3

問題 11　重要度 ★★★☆☆　　1回目　2回目　3回目

次の記述は、パルスレーダーの受信機に用いられる回路について述べたものである。[____]内に入れるべき字句の正しい組合せを下の番号から選べ。ただし、同じ記号の[____]内には、同じ字句が入るものとする。

(1) 近距離からの強いエコーがあると、PPI表示のブラウン管の[__A__]付近が明るくなり過ぎて、近くの物標が見えなくなる。このため、近距離からの強いエコーに対しては感度を下げ、遠距離になるにつれて感度を上げる[__B__]回路が用いられ、近距離にある物標を探知しやすくしている。

(2) [__B__]を調整していくと、[__C__]反射の明るい部分は次第に暗くなるが、調整を行い過ぎると、ブイ、小舟などの必要な物標が消えて見えなくなる。

	A	B	C
1	外周	FTC	海面
2	外周	STC	雨雪
3	中心	FTC	海面
4	中心	STC	海面
5	中心	FTC	雨雪

> **ポイント** PPIはPlan Position Indicatorの略で、平面図位置表示のこと。強いエコーがあると、PPI表示のブラウン管の「中心」付近が明るくなり過ぎて、近くの物標が見えなくなる。「STC」はSensitivity Time Controlの略で、感度時調整回路または「海面」反射抑制回路と呼ばれる。　**正答** 4

問題12　重要度 ★★☆☆☆　　1回目 2回目 3回目

次の記述は、レーダーの表示方式について述べたものである。□□内に入れるべき字句の正しい組合せを下の番号から選べ。

　ブラウン管（CRT）の蛍光面の中心から外周に向かって掃引を行い、アンテナビームの回転に同期させて、受信信号をCRTの蛍光面に表示する。掃引の長さは□ A □を表し、レーダーの位置を中心に、受信信号が極座標形式の平面図形として表示される方式を□ B □スコープという。

	A	B
1	距離	PPI
2	距離	RHI
3	方位角	RHI
4	方位角	PPI

> **ポイント** 掃引（水平軸）の長さは「距離」を表す。「PPI」は、Plan Position Indicatorの略で、平面図位置表示のこと。　**正答** 1

問題13　重要度 ★★★★★　　1回目 2回目 3回目

次の記述は、パルスレーダーの最大探知距離を向上させる一般的な方法について述べたものである。このうち誤っているものを下の番号から選べ。

1　受信機の感度を良くする。
2　アンテナの利得を大きくする。
3　送信電力を大きくする。
4　送信パルスの幅を狭くし、パルス繰り返し周波数を高くする。
5　アンテナの海抜高又は地上高を高くする。

ポイント パルス幅を狭くすると、反射される電波のエネルギーが小さくなるので最大探知距離は短くなる。選択肢4を正しくすると、送信パルスの幅を「広く」し、パルス繰り返し周波数を「低く」する。　**正答** 4

問題14　重要度 ★★★☆☆　1回目 2回目 3回目

次の記述は、パルスレーダーの最大探知距離を向上させる一般的な方法について述べたものである。このうち誤っているものを下の番号から選べ。

1　アンテナの利得を大きくする。
2　送信パルスの幅を広くし、パルス繰り返し周波数を低くする。
3　送信電力を大きくする。
4　受信機の感度を良くする。
5　アンテナの海抜高又は地上高を低くする。

ポイント アンテナの高さを低くすると、電波は遠くに届かなくなるので、最大探知距離向上させるには、アンテナの海抜高又は地上高を「高く」する。　**正答** 5

問題15　重要度 ★★★☆☆　1回目 2回目 3回目

次の記述は、パルスレーダーの最大探知距離を向上させる方法について述べたものである。□内に入れるべき字句の正しい組合せを下の番号から選べ。

(1) アンテナの高さを □ A □ する。また、アンテナ利得を大きくする。
(2) 送信電力を □ B □ する。また、受信機の感度を良くする。
(3) パルス幅を □ C □ する。

	A	B	C
1	高く	小さく	狭く
2	高く	大きく	広く

3　高く　　大きく　　狭く
4　低く　　大きく　　広く
5　低く　　小さく　　狭く

最大探知距離を向上させるということは、できるだけ電波を遠くに飛ばすことであるからアンテナは「高く」、送信電力を「大きく」する。また、パルス幅を「広く」すると最大探知距離が延びる。　　　　**正答** 2

問題16　重要度 ★★★☆☆　　　　　1回目 2回目 3回目

次の記述は、パルスレーダーの最小探知距離について述べたものである。◯◯◯内に入れるべき字句の正しい組合せを下の番号から選べ。

(1) 最小探知距離は、主としてパルス幅に ◯A◯ する。
(2) したがって、受信機の帯域幅を ◯B◯ し、パルス幅を ◯C◯ するほど近距離の目標が探知できる。

　　A　　　　B　　　C
1　比例　　　広く　　狭く
2　比例　　　狭く　　広く
3　比例　　　広く　　広く
4　反比例　　狭く　　広く
5　反比例　　広く　　狭く

最小探知距離は近接している物標を探知できる最小の距離のこと。パルス幅に「比例」する。受信機の帯域幅を「広く」し、パルス幅を「狭く」するほど近距離の目標が探知できる。

参考：レーダーは電波を発射している間は受信できないので、アンテナからの目標までが近すぎると測定不能になる。　　　　**正答** 1

問題17　重要度 ★★☆☆☆　　　　　1回目 2回目 3回目

次の記述は、パルスレーダーの最大探知距離と最小探知距離について述べたものである。◯◯◯内に入れるべき字句の正しい組合せを下の番号から選べ。

(1) パルス幅を広くし、繰返し周波数を $\boxed{A}$ すると最大探知距離は大きくなる。
(2) アンテナ利得を大きくし、アンテナの高さを高くすると最大探知距離は大きくなるが、あまり高いとアンテナの $\boxed{B}$ が大きくなる。
(3) 最小探知距離は、主としてパルス幅に $\boxed{C}$ する。

	A	B	C
1	高く	放射抵抗	比例
2	高く	死角	反比例
3	低く	放射抵抗	比例
4	低く	死角	反比例
5	低く	死角	比例

ポイント 繰返し周波数を「低く」すると最大探知距離は大きくなる。また、アンテナを高くしすぎると「死角」が大きくなる。最小探知距離はパルス幅に「比例」する。　　　**正答 5**

問題18 重要度 ★★★☆☆　　1回目 2回目 3回目

次の記述は、パルスレーダーの性能を向上させる方法について述べたものである。このうち誤っているものを下の番号から選べ。

1 最小探知距離を向上させるため、パルス幅を広くする。
2 最大探知距離を向上させるため、アンテナ利得を大きくする。
3 最大探知距離を向上させるため、パルス幅を広くする。
4 方位分解能を向上させるため、アンテナの水平面内のビーム幅を狭くする。
5 距離分解能を向上させるため、ブラウン管面上の輝点を小さくする。

ポイント パルス幅を広くすると「最大探知距離」が向上する。選択肢1と3に注意。　　**正答 1**

問題19 重要度 ★☆☆☆☆　　1回目 2回目 3回目

次の記述は、パルスレーダーの距離分解能について述べたものである。このうち誤っているものを下の番号から選べ。

1 距離分解能は、パルス幅が広いほど良くなる。
2 同一方向で距離の差がパルス幅の1/2に相当する距離以下の二つの物体は、

識別が困難である。

3　ブラウン管面上の輝点の大きさも距離分解能に影響するので、輝点はできるだけ小さくする。

4　距離測定レンジは、できるだけ短いレンジを用いた方が良い。

> **ポイント** 距離分解能は、方位が同じで距離が異なる二つの物標を区別できる相互間の最短距離をいう。パルス幅が広いと二つの物標が重なってしまい判別「できなくなる」。
>
> **正答**　**1**

問題20　重要度 ★★★★☆　　　　　　1回目 2回目 3回目

次の記述は、一般的なパルスレーダーの距離分解能について述べたものである。□□□内に入れるべき字句の正しい組合せを下の番号から選べ。

(1) 距離分解能は、パルス幅が狭いほど　**A**　なる。

(2) 同一方向で距離の差がパルス幅の　**B**　に相当する距離より短い二つの物体は識別できない。

(3) 距離測定レンジは、できるだけ　**C**　レンジを用いた方が距離分解能が良くなる。

	A	B	C
1	悪く	2倍	短い
2	悪く	1/2	長い
3	良く	2倍	短い
4	良く	1/2	長い
5	良く	1/2	短い

> **ポイント** パルス幅が狭いほど小さな物標が判別しやすいので、距離分解能は「良く」なる。パルス幅の「1/2」に相当する距離以下の物体は、一つの像として表示されてしまう。また、距離測定レンジは「短い」方が誤差は少なくなり、距離分解能が良くなる。
>
> **正答**　**5**

問題21　重要度 ★★★★★　　　　　　1回目 2回目 3回目

次の記述は、パルスレーダーの方位分解能を向上させる一般的な方法について述べたものである。このうち正しいものを下の番号から選べ。

1　パルス繰り返し周波数を低くする。
2　送信パルス幅を広くする。
3　ブラウン管面上の輝点を大きくする。
4　アンテナの海抜高又は地上高を低くする。
5　アンテナの水平面内のビーム幅を狭くする。

> **ポイント** 方位分解能とは、同位置にある二つの物標を見分ける能力のことで、アンテナの水平面内のビーム幅が狭いほどよい。 **正答** 5

問題22　重要度 ★★★★★　　1回目 2回目 3回目

次の記述は、パルスレーダーの動作原理等について述べたものである。このうち誤っているものを下の番号から選べ。

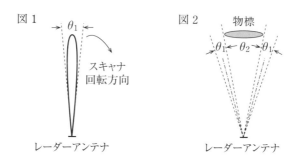

図1　　θ_1　　スキャナ回転方向　　レーダーアンテナ

図2　物標　$\theta_1 \leftarrow \theta_2 \rightarrow \theta_1$　レーダーアンテナ

1　図1は、レーダーアンテナの水平面内指向特性を表したものであるが、最大放射方向電力の半分の電力値になる角度 θ_1 をビーム幅という。
2　水平面内のビーム幅が狭い程、方位分解能は良くなる。
3　最小探知距離を短くするには、水平面内のビーム幅を狭くする。
4　図2に示す物標の観測において、アンテナからの電力放射をビーム幅 θ_1 とするとき、物標の表示は、映像拡大効果により、ほぼ $\theta_1 + \theta_2$ となる。
5　水平面内のビーム幅が広い程、方位測定誤差が大きくなる。

> **ポイント** パルス幅を広くすると「最大探知距離」が長くなり、狭くすると「最小探知距離」が短くなる。最小探知距離を短くするには、「パルス幅」を狭くする。電波の性質とアンテナの特性を混ぜ合わせた問題なので注意すること。
> **正答** 3

次の記述は、パルスレーダーのビーム幅と探知性能について述べたものである。　　内に入れるべき字句の正しい組合せを下の番号から選べ。

(1) 図1は、レーダーアンテナの水平面内指向特性を表したものであるが、最大放射方向電力の　A　の電力値になる幅（角度）θ_1 をビーム幅といい、この幅が狭い程、　B　分解能が良くなる。

(2) 図2に示す物標の観測において、アンテナからの電力放射のビーム幅 θ_1 とするとき、物標の表示は、映像拡大効果により、ほぼ　C　となる。

	A	B	C
1	1/2	方位	$\theta_1 + \theta_2$
2	1/2	距離	$\theta_1 - \theta_2$
3	1/2	距離	$\theta_1 + \theta_2$
4	$1/\sqrt{2}$	距離	$\theta_1 - \theta_2$
5	$1/\sqrt{2}$	方位	$\theta_1 + \theta_2$

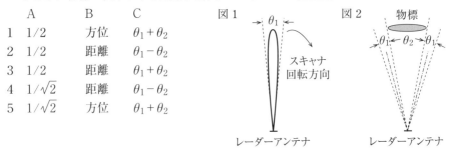

図1　スキャナ回転方向　レーダーアンテナ

図2　物標　レーダーアンテナ

ポイント アンテナの最大放射方向電力の「1/2」になる幅をビーム幅といい、ビーム幅が狭いほど「方位」分解能が良くなる。物標の表示は「$\theta_1 + \theta_2$」となる。

正答　1

次の記述は、パルスレーダーの性能について述べたものである。このうち誤っているものを下の番号から選べ。

1　最大探知距離は、送信電力を大きくし、受信機の感度を良くすると大きくなる。

2　最大探知距離は、アンテナ利得を大きくし、アンテナの高さを高くすると大きくなる。

3　最小探知距離は、主としてパルス幅に比例し、パルス幅を τ〔μs〕とすれば、約 $300\,\tau$〔m〕である。

4　方位分解能は、アンテナの水平面内のビーム幅でほぼ決まり、ビーム幅が狭いほど良くなる。

5　距離分解能は、同一方位にある二つの物標を識別できる能力を表し、パルス幅が狭いほど良くなる。

ポイント レーダーの反射波はレーダーと物標との往復の距離であるから、レーダーと物標間の最小探知距離は $300\tau/2=150\tau$ 〔m〕となるので、選択肢3は誤り。

正 答 3

問題25 重要度 ★★★★★ 1回目 2回目 3回目

次の記述は、パルスレーダーの性能について述べたものである。 ____内に入れるべき字句の正しい組合せを下の番号から選べ。

(1) パルス幅を広くし、繰返し周波数を ___A___ すると最大探知距離は大きくなる。
(2) 距離分解能は、同一方位にある二つの物標を識別できる能力を表し、パルス幅が ___B___ ほど良くなる。
(3) 最小探知距離は、主としてパルス幅に ___C___ する。

	A	B	C
1	高く	広い	比例
2	高く	狭い	反比例
3	低く	狭い	比例
4	低く	狭い	反比例
5	低く	広い	比例

ポイント 最大探知距離を大きくするにはパルス幅を広くし、繰返し周波数を「低く」する。距離分解能はパルス幅が「狭い」ほど良い。最小探知距離は、パルス幅に「比例」する。

正 答 3

問題26 重要度 ★★★★★ 1回目 2回目 3回目

次の記述は、気象観測用レーダーについて述べたものである。 ____内に入れるべき字句の正しい組合せを下の番号から選べ。

気象観測用レーダーの表示方式は、送受信アンテナを中心として物標の距離と方位を360度に表示した ___A___ 方式と、横軸を距離として縦軸に高さを表示した ___B___ 方式が用いられている。また、気象観測に不必要な山岳や建築物からの反射波のほとんどは、その強度が ___C___ ことを利用して除去することができる。

	A	B	C
1	PPI	RHI	変動している
2	PPI	RHI	変動しない

3　RHI　　　PPI　　　変動しない
4　RHI　　　PPI　　　変動している

問題27　　重要度 ★★★★★　　　　　　　　　　1回目 2回目 3回目

次の記述は、気象観測用レーダーについて述べたものである。このうち誤っているものを下の番号から選べ。

1　気象目標から反射される、受信電力強度の情報の処理に重点が置かれる。
2　表示方式には、PPI方式が適しており、RHI方式は用いられない。
3　反射波の受信電力強度から降水強度を求めるためには、理論式のほかに事前の現場観測データによる補正が必要である。
4　気象観測に不必要な山岳や建築物からの反射波のほとんどは、その強度が変動しないことを利用して除去することができる。
5　受信機において、広いダイナミックレンジが要求される場合は、通常、入出力特性が対数特性の増幅器を用いている。

問題28　　重要度 ★★★★★　　　　　　　　　　1回目 2回目 3回目

次の記述は、航空機や船舶等の探知を目的とした一般のパルスレーダーと、気象現象の観測を目的とした気象レーダーを比較して述べたものである。このうち誤っているものを下の番号から選べ。

1　気象レーダーの受信機は、一般のパルスレーダーより広いダイナミックレンジが要求されるため、対数特性の増幅を行っている。
2　気象レーダーの受信信号は、雨滴、雲粒、雪片などの集合体による後方散乱波である。
3　一般のパルスレーダーでは、物標の位置測定に重点が置かれるが、気象レー

ダーでは、気象目標（降雨域や降雪域等）から反射される受信電力強度の測定に
重点が置かれる。
4　通常、気象目標はレーダービーム幅より広いので、気象レーダーは一般のパ
ルスレーダーと比較して、遠距離になるほど受信電力の低下する割合が大きい。
5　気象レーダーでは、レーダービーム内の気象目標が風や気流により時々刻々
変化しているので、受信電力は平均値で求められるのが普通である。

ポイント 選択肢4は、気象レーダー特有のものでなくレーダー一般についての
事項である。　　　　　　　　　　　　　　　　　　　　　　　　**正答** 4

問題29 重要度 ★★★★★　　　　　1回目 2回目 3回目

次の記述は、ドップラー効果を利用したレーダーについて述べたものである。
□□□内に入れるべき字句の正しい組合せを下の番号から選べ。

(1) アンテナから発射された電波が移動している物体で反射されるとき、反射され
た電波の □ A □ が偏移する現象をドップラー効果という。
(2) 移動している物体が電波の発射源に近づいているときは、移動している物体か
ら反射された電波の周波数は、発射された電波の周波数より □ B □ なる。
(3) この効果を利用したレーダーでは、移動物体の速度測定や □ C □ に利用される。

	A	B	C
1	振幅	高く	海底の地形の測量
2	振幅	低く	竜巻や乱気流の発見や観測
3	周波数	高く	竜巻や乱気流の発見や観測
4	周波数	低く	竜巻や乱気流の発見や観測
5	周波数	低く	海底の地形の測量

ポイント ドップラー効果＝「周波数」が偏移。移動している物体の電波は、近づ
くときは周波数が「高く」なる。移動物体の速度測定や気象観測（「竜巻や乱気流
の発見や観測」）に利用する。　　　　　　　　　　　　　　　　　**正答** 3

レーダー

空中線及び給電線の問題

問題 1 　重要度 ★★★★★　　1回目 2回目 3回目

固有周波数 400〔MHz〕の半波長ダイポールアンテナの実効長の値として、最も近いものを下の番号から選べ。ただし、$\pi \fallingdotseq 3.14$ とする。

1　12.0〔cm〕　　　2　13.1〔cm〕　　　3　17.5〔cm〕
4　20.8〔cm〕　　　5　23.9〔cm〕

> **ポイント** 周波数を f〔MHz〕とすると、電波の波長 λ〔m〕は、
>
> $$\lambda = \frac{300}{f} = \frac{300}{400} = 0.75 \text{〔m〕}$$
>
> 半波長ダイポールアンテナの実効長 l は、
>
> $$l = \frac{\lambda}{\pi} \fallingdotseq \frac{0.75}{3.14} \fallingdotseq 0.239 = 23.9 \times 10^{-2} \text{〔m〕} = 23.9 \text{〔cm〕}$$
>
> となる。
>
> **正答** 5

問題 2 　重要度 ★★★★☆　　1回目 2回目 3回目

図に示す、周波数 150〔MHz〕用のブラウンアンテナの放射素子の長さ l の値として、最も近いものを下の番号から選べ。

1　0.30〔m〕

2　0.42〔m〕

3　0.50〔m〕

4　0.62〔m〕

5　0.70〔m〕

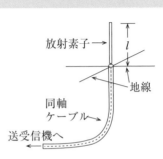

ポイント 周波数を f〔MHz〕とすると、電波の波長 λ〔m〕は、

$$\lambda = \frac{300}{f} = \frac{300}{150} = 2 \text{〔m〕}$$

ブラウンアンテナの放射素子の長さ l は、1/4 波長なので、

$$l = \frac{\lambda}{4} = \frac{2}{4} = 0.5 \text{〔m〕} \qquad \text{となる。}$$

正答 3

問題3 重要度 ★★★☆☆ 　　1回目 2回目 3回目

図に示す、周波数 65〔MHz〕用のスリーブアンテナの放射素子の長さの値として、最も近いものを下の番号から選べ。ただし、スリーブ部分は放射素子に含まない。

1　0.5〔m〕
2　1.2〔m〕
3　2.0〔m〕
4　2.8〔m〕
5　3.7〔m〕

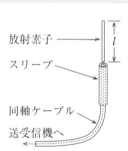

放射素子 ——→

スリーブ ——→

同軸ケーブル
送受信機へ

ポイント 周波数を f〔MHz〕とすると、電波の波長 λ〔m〕は、

$$\lambda = \frac{300}{f} = \frac{300}{65} \fallingdotseq 4.6 \text{〔m〕}$$

スリーブアンテナの放射素子の長さ l は 1/4 波長なので、

$$l = \frac{\lambda}{4} = \frac{4.6}{4} = 1.15 \fallingdotseq 1.2 \text{〔m〕} \qquad \text{となる。}$$

正答 2

問題4 重要度 ★★★★★ 　　1回目 2回目 3回目

絶対利得が 13〔dB〕のアンテナを半波長ダイポールアンテナに対する相対利得で表したときの値として、最も近いものを下の番号から選べ。ただし、アンテナの損失はないものとする。

1　9.21〔dB〕
2　10.85〔dB〕

3　11.96〔dB〕

4　14.04〔dB〕

5　15.15〔dB〕

アンテナの相対利得＝アンテナの絶対利得－2.15である。よって、

アンテナの相対利得＝13－2.15＝10.85〔dB〕

となる。　　　　　　　　　　　　　　　　　　　　　　　　正　答　　2

問題5　重要度 ★★★★☆　　　　　　　　　1回目 2回目 3回目

半波長ダイポールアンテナに対する相対利得が13.50〔dB〕のアンテナを絶対利得で表したときの値として、最も近いものを下の番号から選べ。ただし、アンテナの損失はないものとする。

1　11.35〔dB〕

2　12.46〔dB〕

3　14.54〔dB〕

4　15.65〔dB〕

5　17.29〔dB〕

アンテナの絶対利得＝アンテナの相対利得＋2.15である。よって、

アンテナの絶対利得＝13.5＋2.15＝15.65〔dB〕

となる。　　　　　　　　　　　　　　　　　　　　　　　　正　答　　4

問題6　重要度 ★★★★★　　　　　　　　　1回目 2回目 3回目

無線局の送信アンテナの絶対利得が37〔dB〕、送信アンテナに供給される電力が40〔W〕のとき、等価等方輻射電力（EIRP）の値として、最も近いものを下の番号から選べ。ただし、等価等方輻射電力 P_E〔W〕は、送信アンテナに供給される電力を P_T〔W〕、送信アンテナの絶対利得を G_T（真数）とすると、次式で表されるものとする。

また、1〔W〕を0〔dBW〕とし、$\log_{10}2=0.3$ とする。

$P_E=P_T×G_T$〔W〕

1　41〔dBW〕　　　　2　53〔dBW〕　　　　3　69〔dBW〕

4　77〔dBW〕　　　　5　83〔dBW〕

ポイント 供給電力 $P_T = 40$ 〔W〕を dB で表すと、

$$P_T = 10 \log_{10} 40 = 10 \log_{10}(2 \times 2 \times 10)$$
$$= 10 \log_{10} 2 + 10 \log_{10} 2 + 10 \log_{10} 10$$
$$= 10 \times 0.3 + 10 \times 0.3 + 10 \times 1 = 3 + 3 + 10 = 16 \text{〔dBW〕}$$

与式 $P_E = P_T \times G_T$（真数）を dB で表すと、式の掛け算は足し算で計算できるので、

$$P_E = P_T + G_T = 16 + 37 = 53 \text{〔dBW〕}$$

となる。

正 答 2

問題7 **重要度 ★★★★☆** 　　　　　1回目 2回目 3回目

次の記述は、図に示す素子の太さが同じ二線式折返し半波長ダイポールアンテナについて述べたものである。□□□内に入れるべき字句の正しい組合せを下の番号から選べ。

(1) 周波数特性は、同じ太さの素子の半波長ダイポールアンテナに比べてやや　A　特性を持つ。

(2) 入力インピーダンスは、半波長ダイポールアンテナの約　B　倍である。

(3) 指向特性は、半波長ダイポールアンテナと　C　。

	A	B	C
1	狭帯域	4	ほぼ同じである
2	狭帯域	2	大きく異なる
3	広帯域	3	ほぼ同じである
4	広帯域	4	ほぼ同じである
5	広帯域	2	大きく異なる

約 λ/2

λ：波長

ポイント 周波数特性は、半波長ダイポールアンテナに比べてやや「広帯域」特性である。入力インピーダンスは、半波長ダイポールアンテナの約 73〔Ω〕の約「4」倍で約 292〔Ω〕である。指向特性は、半波長ダイポールアンテナと「ほぼ同じである」。また、入力インピーダンスが高いので八木アンテナの「放射器」として用いられる。

正 答 4

図に示すように、放射素子を同軸ケーブルの中心導体に取付け、同軸ケーブルの外被導体を放射状の地線に接続した構造のアンテナの名称を、下の番号から選べ。

1　ブラウンアンテナ
2　ヘリカルホイップアンテナ
3　折返しダイポールアンテナ
4　スタックドアンテナ
5　ターンスタイルアンテナ

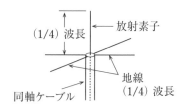

ポイント　λ/4 波長の放射素子に、λ/4 波長の地線が水平に出ている構造のアンテナを「ブラウンアンテナ」という。ブラウンアンテナはグランドプレーンアンテナともいう。VHF や UHF 帯の無指向性アンテナとして使用されている。

正答　1

問題9　重要度 ★★★★★　　1回目 2回目 3回目

次の記述は、図に示すアンテナについて述べたものである。このうち誤っているものを下の番号から選べ。ただし、波長をλ〔m〕とし、図1の各地線は、長さがλ/4であり、放射素子に対して直角に取り付けた構造の標準的なものとする。

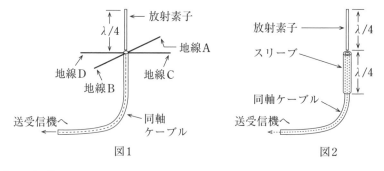

図1　　　　　　　　　　図2

1　図1の名称は、ブラウンアンテナ又はグランドプレーンアンテナという。
2　図1の地線 A と地線 B の電流は互いに逆方向に流れ、地線 C と地線 D も同様であるので、地線からの電波の放射は打ち消される。

3　図2の名称は、スリーブアンテナである。
4　図1及び図2のアンテナの放射抵抗は、共に約70〔Ω〕である。
5　図1及び図2のアンテナは、主に超短波（VHF）、極超短波（UHF）帯で使用される。

ポイント 図1のアンテナはブラウンアンテナ（グランドプレーンアンテナ）で放射抵抗は「約21〔Ω〕」、図2のアンテナはスリーブアンテナで放射抵抗は「約73〔Ω〕」である。　　**正答** 4

問題10　重要度 ★★★☆☆　　1回目 2回目 3回目

次の記述は、図に示す八木・宇田アンテナ（八木アンテナ）について述べたものである。このうち誤っているものを下の番号から選べ。

1　放射器の長さaは、ほぼ1/2波長である。
2　反射器は、放射器より少し長く、容量性のインピーダンスとして働く。
3　アンテナの周波数特性をより広帯域にするには、素子の直径を太くしたり、放射器を折り返したりする方法などがある。
4　導波器の数を増やすことによって、より利得を高くすることができる。
5　放射器と反射器の間隔lを1/4波長程度にして用いる。

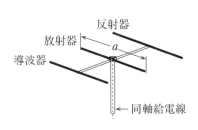

ポイント 反射器は、放射器より少し長く「誘導性」のインピーダンスとして働く。　　**正答** 2

問題11　重要度 ★★★☆☆　　1回目 2回目 3回目

次の記述は、図に示す八木・宇田アンテナ（八木アンテナ）について述べたものである。□□□内に入れるべき字句の正しい組合せを下の番号から選べ。

(1) 放射器の長さaは、ほぼ□A□波長である。
(2) 反射器は、放射器より少し長く、□B□のインピーダンスとして働く。
(3) アンテナの周波数特性をより広帯域にするには、素子の直径を□C□したり、

放射器を折り返したりする方法などがある。

	A	B	C
1	1/2	誘導性	太く
2	1/2	容量性	太く
3	1/4	誘導性	太く
4	1/4	容量性	細く
5	1/4	誘導性	細く

反射器
放射器
導波器
a
同軸給電線

> **ポイント** 八木アンテナの放射器の長さは、約「1/2」波長で、反射器は「誘導性」のインピーダンスとして働く。周波数特性を広帯域にするには、素子の直径を「太く」するなどの方法がある。最大放射方向は、放射器から見て導波器の方向に得られる。
>
> **正 答** 1

問題12　重要度 ★★★★★　　　　1回目 2回目 3回目

半波長ダイポールアンテナに 30〔W〕の電力を供給し送信したとき、最大放射方向にある受信点の電界強度が 20〔mV/m〕であった。同じ送信点から、八木・宇田アンテナ（八木アンテナ）に 15〔W〕の電力を供給し送信したとき、最大放射方向にある同じ距離の同じ受信点での電界強度が 40〔mV/m〕となった。八木・宇田アンテナ（八木アンテナ）の半波長ダイポールアンテナに対する相対利得の値として、最も近いものを下の番号から選べ。ただし、アンテナの損失はないものとする。また、$\log_{10} 2 \fallingdotseq 0.3$ とする。

1	4〔dB〕	2	6〔dB〕	3	9〔dB〕
4	12〔dB〕	5	15〔dB〕			

> **ポイント** 半波長ダイポールアンテナの供給電力を P_0〔W〕、電界強度を E_0〔mV/m〕とし、八木アンテナの供給電力を P〔W〕、電界強度を E〔mV/m〕とすると、指向性アンテナの利得 G〔dB〕は、
>
> $$G = 10 \log_{10} \left\{ \left(\frac{E}{E_0}\right)^2 \times \frac{P_0}{P} \right\} = 10 \log_{10} \left\{ \left(\frac{40}{20}\right)^2 \times \frac{30}{15} \right\}$$
>
> $$= 10 \log_{10} (2^2 \times 2) = 10 \log_{10} 2^3$$
>
> $$= 3 \times 10 \times 0.3 = 9 \text{〔dB〕}$$
>
> となる。
>
> **正 答** 3

問題13　重要度 ★★★★★　　1回目 2回目 3回目

半波長ダイポールアンテナに対する相対利得が6〔dB〕の八木・宇田アンテナ（八木アンテナ）から送信した最大放射方向にある受信点の電界強度は、同じ送信点から半波長ダイポールアンテナに48〔W〕の電力を供給し送信したときの、最大放射方向にある同じ受信点の電界強度と同じであった。このときの八木・宇田アンテナ（八木アンテナ）の供給電力の値として、最も近いものを下の番号から選べ。ただし、アンテナの損失はないものとする。また、$\log_{10}2 ≒ 0.3$とする。

1　10〔W〕
2　12〔W〕
3　15〔W〕
4　20〔W〕
5　25〔W〕

ポイント 半波長ダイポールアンテナの供給電力をP_0〔W〕、電界強度をE_0〔mV/m〕とし、八木アンテナの供給電力をP〔W〕、電界強度をE〔mV/m〕とすると、指向性アンテナの利得G〔dB〕は、次式で求めることができる。

$$G = 10\log_{10}\left\{\left(\frac{E}{E_0}\right)^2 \times \frac{P_0}{P}\right\} \text{〔dB〕} \quad \cdots\cdots(1)$$

題意より半波長ダイポールアンテナと八木アンテナの電界強度が同じであるから、$E/E_0 = 1$である。

(1) 式に題意の数値を代入すると、

$$6 = 10\log_{10}\left(1^2 \times \frac{48}{P}\right)$$

$$10^{0.6} = \frac{48}{P} \quad 10^{(0.3+0.3)} = \frac{48}{P}$$

$$10^{0.3} \times 10^{0.3} = 2 \times 2 = \frac{48}{P}$$

よって、$P = 48/4 = 12$〔W〕　となる。

正答　2

問題14　重要度 ★★★★★　　1回目 2回目 3回目

次の記述は、図に示す単一指向性アンテナの電界パターン例について述べたものである。このうち誤っているものを下の番号から選べ。

219

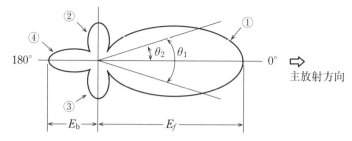

1　ビーム幅は、電界強度が最大値の$1/\sqrt{2}$になる二つの方向で挟まれた角度で表される。

2　このアンテナの半値角は、図のθ_2で表される。

3　図において、②、③、④は不要な放射であり、できるだけ少ない方がよい。

4　前後比は、E_f/E_bで表される。

5　④のことをバックローブともいう。

ポイント 指向性アンテナで重要な放射特性は、①のメインローブと呼ばれる主放射特性である。それ以外は不必要な特性である。アンテナの半値角は図の「θ_1」で表される。

正答 **2**

問題15 **重要度 ★★★★★**　　　　　　1回目 2回目 3回目

次の記述は、図に示す単一指向性アンテナの電界パターン例について述べたものである。□□□内に入れるべき字句の正しい組合せを下の番号から選べ。

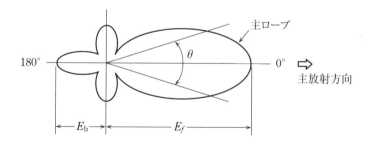

(1) 半値角は、主ローブの電界強度がその最大値の　A　になる二つの方向で挟まれた角度 θ で表される。

(2) θ は、　B　とも呼ばれる。

(3) 前後比は、　C　で表される。

220

	A	B	C
1	$1/\sqrt{2}$	ビーム幅	E_f/E_b
2	$1/\sqrt{2}$	放射効率	E_b/E_f
3	$1/\sqrt{2}$	ビーム幅	E_b/E_f
4	$1/2$	放射効率	E_b/E_f
5	$1/2$	ビーム幅	E_f/E_b

ポイント θは「ビーム幅」とも呼ばれ、前後比は「E_f/E_b」で表される。E_fは前方に放射される電圧、E_bは後方に放射される電圧で、この比を前後比（F/B）という。指向性アンテナの性能を表す数値として使われ、大きいほどよい。ビーム幅は、電界強度が最大値の「$1/\sqrt{2}$」になる二つの方向で挟まれた角度θで表される。 **正答** 1

問題16 重要度 ★★★★★　　1回目 2回目 3回目

次の記述は、陸上移動業務の基地局用アンテナについて述べたものである。□□□内に入れるべき字句の正しい組合せを下の番号から選べ。

サービスエリアが円形のような場合、基地局用アンテナには1/4波長の垂直素子と水平地線を持つ□A□や半波長ダイポールアンテナを多段に積み重ねた高利得の□B□等が用いられる。

	A	B
1	スリーブアンテナ	ブレードアンテナ
2	スリーブアンテナ	コリニアアレーアンテナ
3	ブラウンアンテナ	対数周期アンテナ
4	ブラウンアンテナ	コリニアアレーアンテナ
5	ブラウンアンテナ	ブレードアンテナ

ポイント サービスエリアが円形のような場合、「ブラウンアンテナ」や「コリニアアレーアンテナ」等が用いられる。ブラウンアンテナ及びコリニアアレーアンテナは無指向性（360度のどの方向に対しても電波を放射する）である。なお、水平面指向特性は「垂直偏波」である。 **正答** 4

問題 17　重要度 ★★★★☆　　1回目 2回目 3回目

次の記述は、垂直偏波で用いる一般的なコリニアアレーアンテナについて述べたものである。□□□内に入れるべき字句の正しい組合せを下の番号から選べ。

(1) 原理的に、放射素子として　A　アンテナを垂直方向の一直線上に等間隔に多段接続した構造のアンテナであり、隣り合う各放射素子を互いに同振幅、同位相の電流で励振する。

(2) 水平面内の指向性は、　B　である。

(3) コリニアアレーアンテナは、ブラウンアンテナに比べ、利得が　C　。

	A	B	C
1	1/4 波長垂直接地	8 字形特性	大きい
2	1/4 波長垂直接地	全方向性	小さい
3	垂直半波長ダイポール	全方向性	大きい
4	垂直半波長ダイポール	8 字形特性	小さい

ポイント　コリニアアレーアンテナは「垂直半波長ダイポール」アンテナを多段接続した構造のアンテナで、水平面内の指向性は「全方向性」である。ブラウンアンテナに比べ利得が「大きい」。(1) の「同位相」が空欄の問いもある。

正答　3

問題 18　重要度 ★★★★☆　　1回目 2回目 3回目

次の記述は、垂直偏波で用いる一般的なコリニアアレーアンテナについて述べたものである。このうち誤っているものを下の番号から選べ。

1　原理的に、放射素子として垂直半波長ダイポールアンテナを垂直方向の一直線上に等間隔に多段接続した構造のアンテナであり、隣り合う各放射素子を互いに同振幅、同位相の電流で励振する。

2　水平面内の指向性は、8 字形特性である。

3　コリニアアレーアンテナは、ブラウンアンテナに比べ、利得が大きい。

4　コリニアアレーアンテナは、極超短波（UHF）帯を利用する基地局などで用いられている。

ポイント　コリニアアレーアンテナの水平面内の指向性は「全方向性」である。

正答　2

問題19 重要度 ★★☆☆☆　　　　1回目 2回目 3回目

次の記述は、パラボラアンテナについて述べたものである。このうち誤っているものを下の番号から選べ。

1　パラボラアンテナは、放物面反射鏡とその焦点に置かれた放射器からなり、マイクロ波以上の周波数帯で用いられることが多い。
2　パラボラアンテナの主ビームの電力半値幅は、開口面の直径に比例し、波長に反比例する。
3　パラボラアンテナの利得は、開口面の面積に比例し、波長の2乗に反比例する。
4　オフセットパラボラアンテナは、放射器やその支持構造物による遮へいを避けるため、放射器を開口面の正面から外側にずらしたアンテナである。

> **ポイント** パラボラアンテナの主ビームの電力半値幅は、開口面の直径に「反比例」し、波長に「比例」する。　　　　**正答** 2

問題20 重要度 ★★★★★　　　　1回目 2回目 3回目

次の記述は、図に示す回転放物面を反射鏡として用いる円形パラボラアンテナについて述べたものである。このうち誤っているものを下の番号から選べ。

1　主ビームの電力半値幅の大きさは、開口面の直径 D と波長に比例する。
2　利得は、波長が短くなるほど大きくなる。
3　放射される電波は、ほぼ平面波である。
4　一次放射器などが鏡面の前方に置かれるため電波の通路を妨害し、電波が散乱してサイドローブが生じ、指向特性を悪化させる。
5　一次放射器は、回転放物面の反射鏡の焦点に置く。

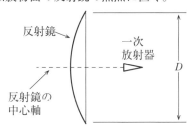

> **ポイント** 主ビームの電力半値幅の大きさは、開口面の直径 D に「反比例」し、波長に比例する。　　　　**正答** 1

次の記述は、パラボラアンテナについて述べたものである。□□内に入れるべき字句の正しい組合せを下の番号から選べ。

(1) 一次放射器から放射された球面波は、□A□反射鏡で平面波に変換されて外部へ放射される。

(2) 開口面が十分大きく、円形で、かつ、軸対称の形式は、高利得で前後比 (F/B) の良い□B□の放射特性を得ることができる。

(3) 開口面が円形のアンテナの利得は、反射鏡の開口面積に比例し、使用波長の2乗に□C□する。

	A	B	C
1	双曲面	ペンシルビーム	比例
2	双曲面	カージオイド	反比例
3	回転放物面	ペンシルビーム	反比例
4	回転放物面	カージオイド	反比例
5	回転放物面	ペンシルビーム	比例

ポイント 反射鏡は「回転放物面」の構造である。高利得で F/B の良い「ペンシルビーム」の放射特性を得ることができる。アンテナの利得は、使用波長の2乗に「反比例」する。ペンシルビームとは「細い鉛筆」のような指向特性のことで、パラボラアンテナは鋭い指向特性を持つアンテナである。　正答　3

次の記述は、パラボラアンテナについて述べたものである。□□内に入れるべき字句の正しい組合せを下の番号から選べ。

(1) 一次放射器から放射された電波は、回転放物面反射鏡で反射され□A□の電波となる。

(2) 一次放射器は、通常、反射板付きダイポールアンテナや□B□などが用いられる。また、UHF帯などの低い周波数で用いられる反射鏡は、金網や□C□などで作られることがある。

	A	B	C
1	球面波	電磁ホーン	金属格子
2	球面波	ホーンリフレクタアンテナ	誘電体
3	平面波	ホーンリフレクタアンテナ	金属格子

4　平面波　　ホーンリフレクタアンテナ　　誘電体
5　平面波　　電磁ホーン　　　　　　　　　金属格子

> **ポイント** パラボラアンテナから放射される電波は、一次放射器を水平にするか垂直にするかで偏波面が変わるが「平面波」である。反射板付きダイポールアンテナや「電磁ホーン」などが用いられる。UHF 帯では波長が長くなるので反射器が大きくなるため、金網や「金属格子」のものが使われる。　**正答** 5

問題23　重要度 ★★★★★　　1回目 2回目 3回目

12〔GHz〕の周波数の電波で使用する回転放物面の開口面積が 0.8〔m²〕で絶対利得が 40〔dB〕のパラボラアンテナの開口効率の値として、最も近いものを下の番号から選べ。

1　30〔%〕
2　40〔%〕
3　45〔%〕
4　55〔%〕
5　62〔%〕

> **ポイント** 周波数を f〔Hz〕とすると、電波の波長 λ〔m〕は、
>
> $$\lambda = \frac{3 \times 10^8}{f} = \frac{3 \times 10^8}{12 \times 10^9} = 0.25 \times 10^{-1} = 2.5 \times 10^{-2} \text{〔m〕}$$
>
> 40〔dB〕を真数 G に直すと、
>
> $$40 \text{〔dB〕} = 10 \log_{10} G = 10 \log_{10} 10^4 \quad よって、G = 10^4$$
>
> 開口面積を A、開口効率を η とすると、絶対利得 G は、
>
> $$G = \frac{4\pi}{\lambda^2} \eta A \qquad \cdots\cdots (1)$$
>
> (1) 式を変形して、開口効率 η を求めると、
>
> $$\eta = \frac{\lambda^2 G}{4\pi A} = \frac{(2.5 \times 10^{-2})^2 \times 10^4}{4\pi \times 0.8} \fallingdotseq \frac{6.25}{10} = 0.625 \fallingdotseq 62 \text{〔%〕}$$
>
> となる。　**正答** 5

周波数 6〔GHz〕で直径が 0.96〔m〕のパラボラアンテナの絶対利得の値（真数）として、最も近いものを下の番号から選べ。ただし、アンテナの開口効率を 0.6、$\pi = 3.14$ とする。

1　109
2　694
3　723
4　2,180
5　2,271

ポイント 波長 λ〔m〕、開口面積 S〔m²〕、開口効率 η のパラボラアンテナの利得 G（真数）は、

$$G = \frac{4\pi S}{\lambda^2}\eta \quad\quad\quad\quad \cdots\cdots (1)$$

6〔GHz〕の電波の波長 λ〔m〕は、電波の速度を c〔m/s〕、周波数を f〔Hz〕とすると、

$$\lambda = \frac{c}{f} = \frac{3\times 10^8}{6\times 10^9} = \frac{3}{60} = \frac{1}{20} \text{〔m〕}$$

開口面積 S〔m²〕は、半径が $r = 0.48$〔m〕なので、$S = \pi r^2 = \pi \times (0.48)^2$〔m²〕となる。

(1) 式に、$\lambda = 1/20$〔m〕、$S = \pi \times (0.48)^2$〔m²〕、$\eta = 0.6$ を代入すると、

$$G = \frac{4\pi S}{\lambda^2}\eta = \frac{4\pi \times \pi \times (0.48)^2}{(1/20)^2} \times 0.6$$

$$= (20)^2 \times 4\pi \times \pi \times (0.48)^2 \times 0.6$$

$$\fallingdotseq 400 \times 4 \times 3.14 \times 3.14 \times 0.23 \times 0.6$$

$$\fallingdotseq 2,177$$

となるので、選択肢 4 が最も近い。

正答 **4**

図は、マイクロ波アンテナの原理的な構成を示したものである。このアンテナの名称として、正しいものを下の番号から選べ。

1　オフセットパラボラアンテナ
2　カセグレンアンテナ
3　パスレングスアンテナ
4　ホーンリフレクタアンテナ
5　グレゴリアンアンテナ

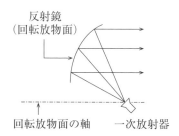

反射鏡
（回転放物面）

回転放物面の軸　　一次放射器

ポイント　一次放射器が、パラボラ面に対してオフセット（位置をずらす）されて
設置されているものを「オフセットパラボラアンテナ」という。　　**正答**　1

問題26　重要度 ★★★★★　　1回目 2回目 3回目

図は、マイクロ波アンテナの原理的な構成を示したものである。このアンテナ
の名称として、正しいものを下の番号から選べ。

1　グレゴリアンアンテナ
2　パスレングスアンテナ
3　ホーンリフレクタアンテナ
4　フェーズドアレーアンテナ
5　カセグレンアンテナ

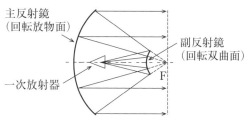

主反射鏡
（回転放物面）

副反射鏡
（回転双曲面）

一次放射器

F

F：回転放物面の焦点

ポイント　「カセグレンアンテナ」は、一次放射器からの電波を副反射鏡に当てて
反射させ、それを主反射鏡で放射するアンテナである。　　**正答**　5

問題27　重要度 ★★★★★　　1回目 2回目 3回目

次の記述は、図に示すカセグレンアンテナについて述べたものである。 □□□□
内に入れるべき字句の正しい組合せを下の番号から選べ。

(1) 回転放物面の主反射鏡、回転双曲面の副反射鏡及び一次放射器で構成されてい
る。副反射鏡の二つの焦点のうち、一方は主反射鏡の □ A □ と、他方は一次放
射器の励振点と一致している。

(2) 送信における主反射鏡は、　B　への
変換器として動作する。

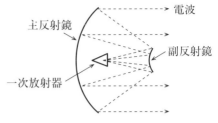

(3) 主放射方向と反対側のサイドローブが
少なく、かつ小さいので、衛星通信用
地球局のアンテナのように上空に向け
て用いる場合、　C　からの熱雑音の
影響を受けにくい。

	A	B	C
1	開口面	球面波から平面波	大地
2	開口面	球面波から平面波	自由空間
3	開口面	平面波から球面波	大地
4	焦点	平面波から球面波	自由空間
5	焦点	球面波から平面波	大地

> **ポイント** カセグレンアンテナは一次放射器の前に副放射鏡を置いて電波を2回
> 反射させる構造である。副反射鏡には二つの焦点があり、一方は主反射鏡の「焦
> 点」と一致し、他方は一次放射器の励振点と一致している。一次放射器からの「球
> 面波はそのまま副反射鏡で反射され、主反射鏡で平面波に変換」されて放射され
> る。「大地」からの熱雑音の影響を受けにくく、衛星通信用や電波望遠鏡用アン
> テナとして用いられる。　　　　　　　　　　　　　　　　　　　**正答** 5

問題28　重要度 ★★★★☆　　　　1回目 2回目 3回目

次のアンテナのうち、無線設備から放射されるマイクロ波 (SHF) 帯以上の妨
害波の電界強度を測定する際に用いられる代表的なアンテナとして、該当する
ものを下の番号から選べ。

1　逆L型アンテナ
2　スロットアレーアンテナ
3　ホーンアンテナ
4　カセグレンアンテナ
5　ブラウンアンテナ

> **ポイント** 電界強度の測定に使用されているアンテナにはループアンテナ、ダイ
> ポールアンテナや「ホーンアンテナ」がある。　　　　　　　　　**正答** 3

問題29 重要度 ★★★★★　1回目 2回目 3回目

次の記述は、衛星通信等に用いられるアンテナについて述べたものである。この記述に該当するアンテナの名称を下の番号から選べ。

「回転放物面を持つ主反射器の中心軸上にある放射器から放射された電波が、その軸上にある回転双曲線面を持つ副反射器で反射され、その反射波が主反射器で反射され、放射特性として前方に鋭い指向性を持つアンテナ」

1　ホーンリフレクタアンテナ
2　オフセットパラボラアンテナ
3　パスレングスアンテナ
4　グレゴリアンアンテナ
5　カセグレンアンテナ

> ポイント 「カセグレンアンテナ」は、一次放射器から放射された電波を副反射鏡でさらに反射させて、主反射鏡に向けて放射する構造で、高い効率が得られる。
>
> 正答　5

問題30 重要度 ★★★★★　1回目 2回目 3回目

次の記述は、衛星通信に用いられる反射鏡アンテナについて述べたものである。□□内に入れるべき字句の正しい組合せを下の番号から選べ。

(1) 衛星からの微弱な電波を受信するため、大きな開口面を持つ反射鏡アンテナが利用されるが、反射鏡が放物面のものをパラボラアンテナといい、このうち副反射器を用いるものに □ A □ アンテナがある。

(2) オフセットパラボラアンテナは、回転放物面の一部を反射鏡に用いて、一次放射器を回転放物面の □ B □ に相当する位置で、かつ、開口の外に設置したパラボラアンテナであり、一次放射器等により電波が乱されることがないため、□ C □ 特性が改善される。

	A	B	C
1	スロットアレー	焦点	サイドローブ
2	スロットアレー	重心	雑音
3	カセグレン	焦点	雑音
4	カセグレン	焦点	サイドローブ
5	カセグレン	重心	雑音

問題31 重要度 ★★★★☆ 　　　　1回目 2回目 3回目

次の記述は、衛星通信に用いられる反射鏡アンテナについて述べたものである。□□□内に入れるべき字句の正しい組合せを下の番号から選べ。

(1) 衛星からの微弱な電波を受信するため、大きな開口面を持つ反射鏡アンテナが利用されるが、反射鏡が放物面のものをパラボラアンテナといい、このうち副反射器を用いるものに □ A □ アンテナがある。

(2) 回転放物面を反射鏡に用いたパラボラアンテナは、高利得の □ B □ ビームアンテナであり、回転放物面の焦点に置かれた一次放射器から放射された球面波は反射鏡により波面が一様な平面波となり鋭い指向性が得られるもので、開口面積が □ C □ ほど前方に尖鋭な指向性が得られる。

	A	B	C
1	スロットアレー	ペンシル	大きい
2	スロットアレー	ファン	小さい
3	カセグレン	ペンシル	大きい
4	カセグレン	ファン	小さい
5	カセグレン	ペンシル	小さい

問題32 重要度 ★★★★☆ 　　　　1回目 2回目 3回目

次の記述は、衛星通信に用いられる反射鏡アンテナについて述べたものである。□□□内に入れるべき字句の正しい組合せを下の番号から選べ。

(1) 回転放物面を反射鏡に用いた円形パラボラアンテナは、一次放射器を □ A □ に置く。

(2) 回転放物面を反射鏡に用いた円形パラボラアンテナは、開口面積が □ B □ ほど前方に尖鋭な指向性が得られる。

(3) 主反射鏡に放物面を、副反射鏡に双曲面を用いるものに ⬚C⬚ がある。

	A	B	C
1	回転放物面の焦点	小さい	ホーンアンテナ
2	回転放物面の焦点	大きい	カセグレンアンテナ
3	回転放物面の焦点	小さい	カセグレンアンテナ
4	開口面の中心	大きい	カセグレンアンテナ
5	開口面の中心	小さい	ホーンアンテナ

ポイント 一次放射器を反射鏡の「回転放物面の焦点」に置き、開口面積が「大きい」ほど指向性が鋭い。「カセグレンアンテナ」は主・副の二つの反射鏡を用いる。

正答 2

問題33 重要度 ★★★★★ 　1回目 2回目 3回目

次の記述は、衛星通信に用いられる反射鏡アンテナについて述べたものである。このうち誤っているものを下の番号から選べ。

1 衛星からの微弱な電波を受信するため、大きな開口面を持つ反射鏡アンテナが利用される。
2 主反射鏡に放物面を、副反射鏡に双曲面を用いるものにカセグレンアンテナがある。
3 回転放物面を反射鏡に用いたパラボラアンテナは、高利得のファンビームのアンテナであり、回転放物面の焦点に置かれた一次放射器から放射された電波は、反射鏡により球面波となって放射される。
4 反射鏡の開口面積が大きいほど前方に尖鋭な指向性が得られる。

ポイント 回転放物面を反射鏡に用いたパラボラアンテナは、高利得の「ペンシル」ビームのアンテナであり、回転放物面の焦点に置かれた一次放射器から放射された電波は、反射鏡により「平面波」となって放射される。

正答 3

問題34 重要度 ★★★★★ 　1回目 2回目 3回目

図に示すように、半波長ダイポールアンテナの後方に、二つに折った金属板（又は網）の平面反射器を置き、目的方向への指向性を増加させたアンテナの名称を下の番号から選べ。

1 ターンスタイルアンテナ
2 垂直アレーアンテナ
3 コーナレフレクタアンテナ
4 ホーンレフレクタアンテナ
5 折返しダイポールアンテナ

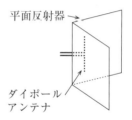

平面反射器

ダイポール
アンテナ

> **ポイント** 「コーナレフレクタアンテナ」は、ダイポールアンテナの後部に平面反射板を持った構造のアンテナである。
> **正 答** 3

問題35　重要度 ★★★★★　　　　1回目 2回目 3回目

次の記述は、図に示すアンテナの構造及び特徴について述べたものである。□□□内に入れるべき字句の正しい組合せを下の番号から選べ。ただし、波長をλ〔m〕とする。

(1) 半波長ダイポールアンテナに接近して、金属又は金網などの平面反射板を組み合わせたもので、名称は　A　アンテナである。

(2) このアンテナは、半波長ダイポールアンテナより利得が　B　、また、副放射ビーム（サイドローブ）が比較的少ない。

(3) 反射板の開き角が90度、S＝λ/2のとき、アンテナの指向特性は　C　になる。

	A	B	C
1	コーナレフレクタ	小さく	無指向性
2	コーナレフレクタ	大きく	単方向性
3	コーナレフレクタ	大きく	無指向性
4	ファン	大きく	無指向性
5	ファン	小さく	単方向性

反射板　　開き角

ダイポール
アンテナ

S：反射板の折目と
ダイポール
アンテナ間の長さ

> **ポイント** 「コーナレフレクタ」アンテナは、図でわかるように放射器のすぐ横に反射板があるので、サイドローブの少ないアンテナで、半波長ダイポールアンテナより利得が「大きく」、指向特性は「単方向性」になる。
> **正 答** 2

問題36 重要度 ★★★☆☆   1回目 2回目 3回目

次の記述は、図に示すコーナレフレクタアンテナの構造及び特徴について述べたものである。□□内に入れるべき字句の正しい組合せを下の番号から選べ。ただし、波長を λ〔m〕とする。

(1) 反射板の開き角が90度、S = □ A □ 程度のとき、副放射ビーム (サイドローブ) は最も少なく、指向特性は単一指向性である。

(2) また、半波長ダイポールアンテナと反射板を鏡面とする □ B □ の影像アンテナによる電界成分が合成され、半波長ダイポールアンテナに比べ利得が大きい。

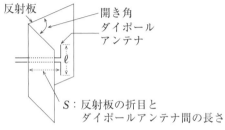

```
       A          B
1     λ/2        3個
2     λ          5個
3     λ/2        5個
4     λ          3個
5     3λ/2       5個
```

反射板
開き角：90度
半波長ダイポールアンテナ
S：反射板の折目と半波長ダイポールアンテナ間の長さ

ポイント Sは半波長の「λ/2」程度のときで、開き角が90度のとき、「3個」の影像アンテナを生じる。   **正 答** 1

問題37 重要度 ★★★★☆   1回目 2回目 3回目

次の記述は、図に示すアンテナの構造及び特徴について述べたものである。このうち誤っているものを下の番号から選べ。ただし、波長を λ〔m〕とする。

1 このアンテナの名称は、コーナレフレクタアンテナである。

2 一次放射器のダイポールアンテナの長さ ℓ は通常半波長である。

3 半波長ダイポールアンテナより利得が小さいが、副放射ビーム (サイドローブ) が比較的少ない。

4 反射板の開き角が変わると、利得及び指向特性が変わる。

5 図において、開き角が90度、S=λ/2のときのアンテナの指向特性は単方向性となる。

反射板
開き角
ダイポールアンテナ
ℓ
S：反射板の折目とダイポールアンテナ間の長さ

問題38 重要度 ★★★★★ 1回目 2回目 3回目

次の記述は、図に示すアンテナの構造及び特徴について述べたものである。このうち正しいものを下の番号から選べ。ただし、波長をλ〔m〕とする。

1　このアンテナの名称は、グレゴリアンアンテナである。
2　反射板の開き角が変わると、利得及び指向性が変化する。
3　半波長ダイポールアンテナに比べ、副放射ビーム（サイドローブ）が多い。
4　反射板の開き角が90度、$S=λ/2$のとき、アンテナの指向性は全方向性（無指向性）になる。
5　一次放射器のダイポールアンテナの長さ $ℓ$ は、通常$λ/4$である。

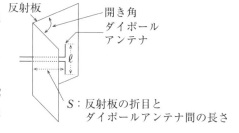

反射板
開き角
ダイポールアンテナ
$ℓ$
S：反射板の折目とダイポールアンテナ間の長さ

問題39 重要度 ★★★★★ 1回目 2回目 3回目

次の記述は、レーダーに用いられるスロット（スロットアレー）アンテナについて述べたものである。このうち誤っているものを下の番号から選べ。

1　スロットの数が多いほど、主ビーム幅は広い。
2　水平面内の指向性が鋭く、サイドローブも小さい。
3　形状が小さく、耐風圧性に優れている。
4　導波管の側面に複数の細長い溝を切った構造を持つ。
5　主ビームの方向は導波管の管軸にほぼ直角の方向である。

> **ポイント** スロットアレーアンテナは、スロットの数が多いほど水平面内の指向性が鋭く（主ビーム幅が「狭く」）、サイドローブの小さいアンテナとなる。
>
> **正 答** 1

問題40　重要度 ★★★★★　　1回目 2回目 3回目

次の記述は、図に示すスロットアレーアンテナについて述べたものである。□□□内に入れるべき字句の正しい組合せを下の番号から選べ。

(1) 方形導波管の側面に、　□ A □ ×λ_g（λ_g は管内波長）の間隔（D）ごとにスロットを切り、隣り合うスロットの傾斜を逆方向にする。通常、スロットの数は□ B □個程度である。

(2) 隣り合うスロットから放射される電界の垂直方向成分は□ C □となる。

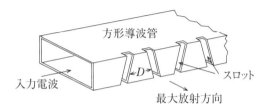

	A	B	C
1	1/4	4	同位相
2	1/4	数10から数100	逆位相
3	1/4	数10から数100	同位相
4	1/2	数10から数100	逆位相
5	1/2	4	同位相

> **ポイント** スロットアレーアンテナには「1/2」×λ_g の間隔ごとに「数10から数100」個のスロットが切られていて、鋭いビーム特性を有している。スロットの数が多くなるにつれてビーム幅が鋭くなる。隣接するスロットからは「逆位相」の電界の垂直方向成分が放射される。
>
> **正 答** 4

次の記述は、図に示すスロットアレーアンテナについて述べたものである。
□□□内に入れるべき字句の正しい組合せを下の番号から選べ。ただし、λ_g は
管内波長とする。

(1) 方形導波管の側面に、 A の間隔 (D) ごとにスロットを切り、隣り合うスロッ
トの傾斜を逆方向にする。通常、スロットの数は数十から数百個程度である。

(2) スロットの一対から放射される電波の電界の水平成分は同位相となり、垂直成
分は逆位相となるので、スロットアレーアンテナ全体としては、 B 偏波を
放射する。

	A	B
1	$\lambda_g/2$	水平
2	$\lambda_g/2$	垂直
3	$\lambda_g/4$	水平
4	$\lambda_g/4$	垂直
5	$3\lambda_g/4$	水平

方形導波管

入力電波

D

スロット

最大放射方向

ポイント スロットアレーアンテナはレーダーに使用されるアンテナで、「水平」
偏波の鋭いビームとして放射する。スロットの間隔は管内波長 λ_g の「1/2」であ
る。

正答 1

次の記述は、図に示すレーダーに用いられるスロットアレーアンテナについて
述べたものである。□□□内に入れるべき字句の正しい組合せを下の番号から
選べ。ただし、λ_g は管内波長とする。

(1) 方形導波管の側面に、 A の間隔 (D) ごとにスロットを切り、隣り合うスロッ
トの傾斜を逆方向にする。通常、スロットの数は数十から数百個程度である。

(2) スロットの一対から放射される電波の電界の水平成分は同位相となり、垂直成
分は逆位相となるので、スロットアレーアンテナ全体としては水平偏波を放射
する。水平面内の主ビーム幅は、スロットの数が多いほど B 。

	A	B
1	$\lambda_g/4$	広い
2	$\lambda_g/4$	狭い
3	$3\lambda_g/4$	広い
4	$\lambda_g/2$	広い
5	$\lambda_g/2$	狭い

方形導波管

入力電波

D

スロット

最大放射方向

ポイント スロットの間隔は管内波長 λ_g の「1/2」で、水平面内の主ビーム幅は
スロットの数が多いほど「狭く」(ビームが鋭く)なる。　　　　**正答** 5

問題43　重要度 ★★★★★　　　　1回目　2回目　3回目

次の記述は、アダプティブアレーアンテナ(Adaptive Array Antenna)の
特徴について述べたものである。□□□内に入れるべき字句の正しい組合せを
下の番号から選べ。

(1) 一般にアダプティブアレーアンテナは、複数のアンテナ素子から成り、各アン
テナの受信信号の □A□ に適切な重みを付けて合成することにより電気的に指
向性を制御することができ、電波環境の変化に応じて指向性を適応的に変える
ことができる。

(2) さらに、干渉波の到来方向にヌル点(null：指向性パターンの落ち込み点)を
向け干渉波を □B□ 、通信の品質を改善することもできる。

	A	B
1	振幅と位相	強めて
2	振幅と位相	弱めて
3	ドップラー周波数	強めて
4	ドップラー周波数	弱めて

ポイント アダプティブアレーアンテナは、複数のアンテナの受信信号の「振幅と
位相」に重み付けを施すことで、電気的に指向性を制御できる。また、ヌル(Null)
点を利用して干渉波を「弱めて」いる。(1)の「電気的」、(2)の「ヌル点」、「干渉波」
が空欄の問いもある。　　　　**正答** 2

次の記述は、電磁ホーンアンテナについて述べたものである。このうち誤っているものを下の番号から選べ。

1　ホーンの開き角を大きくとるほど、放射される電磁波は平面波に近づく。
2　給電導波管の断面を徐々に広げて、所要の開口を持たせたアンテナである。
3　反射鏡アンテナの一次放射器として用いられる。
4　インピーダンス特性は、広帯域にわたって良好である。
5　角すいホーンは、利得の理論計算値がかなり正確なので、利得の標準アンテナとしても用いられる。

ポイント　電磁ホーンアンテナのホーンの開き角を大きくしても、放射される電磁波は「球面波」のままである。　　　　　　　　　　　　正答　1

次の記述は、VHF 及び UHF 帯で用いられる各種のアンテナについて述べたものである。このうち誤っているものを下の番号から選べ。

1　八木アンテナは、一般に導波器の数を多くするほど利得は増加し、指向性は鋭くなる。
2　ブラウンアンテナは、水平面内指向性が全方向性である。
3　コーナレフレクタアンテナは、サイドローブが比較的少なく、前後比の値を大きくできる。
4　2線式折返し半波長ダイポールアンテナの放射抵抗は、半波長ダイポールアンテナの放射抵抗の約2倍である。
5　スリーブアンテナは、垂直半波長ダイポールアンテナとほぼ同じ特性である。

ポイント　2線式折返し半波長ダイポールアンテナの放射抵抗（入力インピーダンス）は、半波長ダイポールアンテナの約2倍ではなく、「約4倍」である。
　　　　　　　　　　　　　　　　　　　　　　　　　　正答　4

問題46　重要度 ★★★☆☆　　1回目 2回目 3回目

次の記述は、MIMO（Multiple Input Multiple Output）の特徴などについて述べたものである。□□内に入れるべき字句の正しい組合せを下の番号から選べ。

(1) MIMO では、送信側と受信側の双方に複数のアンテナを設置し、マルチパス伝搬環境を積極的に利用することにより送受信アンテナ間に複数の伝送路を形成して、伝送容量の増大の実現あるいは伝送品質の向上を図ることができる。

　例えば、基地局から端末への通信（下りリンク）において、複数の基地局送信アンテナから異なるデータ信号を送信しつつ、複数の端末受信アンテナで信号を受信し、信号処理技術により送信アンテナ毎のデータ信号に分離を行うことにより、新たに周波数帯域を増やさずに高速伝送できるため、周波数の利用効率に　A　いる。

(2) MIMO は、WiMAX や　B　などで用いられている。

	A	B
1	劣って	LTE（Long Term Evolution）
2	優れて	VSAT
3	優れて	LTE（Long Term Evolution）
4	劣って	VSAT

ポイント 周波数帯域を増やさずに高速伝送できるのであるから、周波数の利用効率に「優れて」いる。「LTE」は携帯電話通信規格の一つで、第3世代携帯の通信規格（3G）をさらに高速化させたものである。　**正答** 3

問題47　重要度 ★★★★★　　1回目 2回目 3回目

次の記述は、無線 LAN や携帯電話などで用いられる MIMO（Multiple Input Multiple Output）の特徴などについて述べたものである。□□内に入れるべき字句の正しい組合せを下の番号から選べ。

(1) MIMO では、送信側と受信側の双方に複数のアンテナを設置し、送受信アンテナ間に　A　の伝送路を形成して、空間多重伝送による伝送容量の増大の実現を図ることができる。

(2) 例えば、ある基地局からある端末への通信（下りリンク）において、基地局の複数の送信アンテナから異なるデータ信号を送信しつつ、端末の複数の受信アンテナで信号を受信し、　B　により送信アンテナ毎のデータ信号に分離する

ことができ、新たに周波数帯域を増やさずに　C　できる。

	A	B	C
1	複数	信号処理	高速伝送
2	複数	グレイ符号化	高速伝送
3	複数	グレイ符号化	伝送遅延を多く
4	単一	信号処理	高速伝送
5	単一	グレイ符号化	伝送遅延を多く

> **ポイント** MIMO は送信側、受信側双方が複数のアンテナを持ち、「複数」の伝送路を形成して、「信号処理」をすることでデータ信号に分離され、「高速伝送」できる。(1) の「空間」、(2) の「送信アンテナ」、「周波数帯域」が空欄の問いもある。 **正答** 1

問題48　重要度 ★★★☆☆　　1回目 2回目 3回目

次の記述は、伝送線路の反射について述べたものである。このうち誤っているものを下の番号から選べ。

1　電流反射係数の大きさと電圧反射係数の大きさは等しく、位相は逆となる。
2　反射の大きさは、伝送線路の特性インピーダンスと負荷側のインピーダンスから求めることができる。
3　電圧反射係数は、入射電圧の値を反射電圧の値で割った値 (入射電圧／反射電圧) で表される。
4　反射が大きいと電圧定在波比 (VSWR) の値も大きくなる。
5　負荷インピーダンスが伝送線路の特性インピーダンスに等しく、整合しているときは、伝送線路上には入射波のみが存在し反射波は生じない。

> **ポイント** 電圧反射係数は、「反射電圧」の値を「入射電圧」の値で割った値 (「反射電圧」/「入射電圧」) である。 **正答** 3

問題49　重要度 ★★★★★　　1回目 2回目 3回目

次の記述は、伝送線路の反射について述べたものである。このうち誤っているものを下の番号から選べ。

1　反射の大きさは、伝送線路の特性インピーダンスと負荷側のインピーダンスから求めることができる。
2　負荷インピーダンスが伝送線路の特性インピーダンスに等しく、整合しているときは、伝送線路上には進行波のみが存在し反射波は生じない。
3　反射が大きいと電圧定在波比（VSWR）の値は小さくなる。
4　整合しているとき、電圧反射係数の値は、0となる。
5　電圧反射係数は、反射波の電圧（V_r）を進行波の電圧（V_f）で割った値（V_r/V_f）で表される。

ポイント　反射が大きいと VSWR の値は「大きく」なる。　　**正答**　3

問題50　重要度 ★★★★☆　　1回目 2回目 3回目

次の記述は、アンテナと給電線との接続について述べたものである。このうち誤っているものを下の番号から選べ。

1　アンテナと給電線のインピーダンスの整合をとるには、アンテナの損失抵抗と給電線の特性インピーダンスを等しくする。
2　アンテナと給電線のインピーダンスが整合していないと、反射損が生ずる。
3　アンテナと給電線のインピーダンスが整合していないと、伝送効率が悪くなる。
4　アンテナと給電線のインピーダンスが整合していないと、給電線に定在波が生ずる。
5　半波長ダイポールアンテナと不平衡形の同軸ケーブルを接続するときは、バランを用いる。

ポイント　アンテナと給電線のインピーダンスの整合をとるには、アンテナの「放射抵抗」と給電線の特性インピーダンスを等しくする。　　**正答**　1

問題51　重要度 ★★★★★　　1回目 2回目 3回目

次の記述は、送信アンテナと給電線との接続について述べたものである。このうち誤っているものを下の番号から選べ。

1　アンテナと給電線のインピーダンスの整合をとるには、整合回路などによりアンテナの給電点インピーダンスと給電線の特性インピーダンスを合わせる。
2　アンテナと給電線のインピーダンスが整合していないと、伝送効率が悪くなる。

3　アンテナと給電線のインピーダンスが整合していないと、給電線に定在波が生じる。

4　アンテナと給電線のインピーダンスが整合しているときの電圧定在波比（VSWR）の値は0である。

5　アンテナと給電線のインピーダンスが整合していないと、反射損が生じる。

ポイント インピーダンスが整合しているときのVSWRの値は「1」である。

正答 4

問題52　重要度 ★★★★★　[1回目] [2回目] [3回目]

次の記述は、アンテナと給電線との接続について述べたものである。□□内に入れるべき字句の正しい組合せを下の番号から選べ。

(1) アンテナと給電線のインピーダンスが整合しているとき、給電線からアンテナへの伝送効率が □ A □ になる。

(2) アンテナと給電線のインピーダンスが整合しているとき、給電線に定在波が □ B □ 。

(3) アンテナと給電線のインピーダンスが整合しているとき、電圧定在波比（VSWR）の値は □ C □ である。

	A	B	C
1	最大	生じない	1
2	最大	生ずる	0
3	最大	生じない	0
4	最小	生ずる	0
5	最小	生じない	1

ポイント 整合がとれているときは定在波が「生じない」ので損失がなく、伝送効率は「最大」となり、VSWRは「1」となる。

正答 1

問題53　重要度 ★★☆☆☆　[1回目] [2回目] [3回目]

次の記述は、整合について述べたものである。□□内に入れるべき字句の正しい組合せを下の番号から選べ。

(1) 給電線の特性インピーダンスとアンテナの給電点インピーダンスが異なると、給電線とアンテナの接続点から A が生じ、伝送効率が低下する。これを防ぐため、接続点にインピーダンス整合回路を挿入して、整合をとる。

(2) 同軸給電線のような不平衡回路とダイポールアンテナのような平衡回路を直接接続すると、平衡回路に B が流れ、送信や受信に悪影響を生ずる。これを防ぐため、二つの回路の間に C を挿入して、整合をとる。

	A	B	C
1	反射波	平衡電流	スタブ
2	反射波	不平衡電流	バラン
3	反射波	平衡電流	バラン
4	進行波	不平衡電流	スタブ
5	進行波	平衡電流	バラン

ポイント 給電線の特性インピーダンスとアンテナの給電点インピーダンスが異なると「反射波」が生じ、伝送効率が低下してしまうので整合をとる必要がある。不平衡回路と平衡回路を直接接続すると、平衡回路に「不平衡電流」が流れてしまうので二つの回路の間に平衡不平衡変換回路である「バラン」を挿入して、整合をとる。

正答 2

問題54　重要度 ★★★★☆

1回目 2回目 3回目

次の記述は、図に示す同軸給電線について述べたものである。このうち誤っているものを下の番号から選べ。

1 絶縁物質の比誘電率が大きくなるほど、特性インピーダンスは小さくなる。

2 外部導体の内形寸法 D と内部導体の外形寸法 d の比 D/d の値が大きくなるほど、特性インピーダンスは大きくなる。

3 使用周波数が高くなるほど誘電体損失が大きくなる。

4 平衡形給電線として用いられる。

5 送信機及びアンテナに接続して使用する場合は、それぞれのインピーダンスを特性インピーダンスに整合させる必要がある。

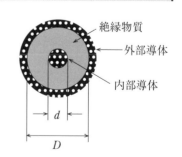

絶縁物質
外部導体
内部導体
d
D

問題55　重要度　★★★★★　　1回目　2回目　3回目

次の記述は、同軸ケーブルについて述べたものである。□□内に入れるべき字句の正しい組合せを下の番号から選べ。

(1) 同軸ケーブルは、一本の中心導体のまわりに同心円状に外部導体を配置し、両導体間に □ A □ を詰めた不平衡の給電線であり、伝送する電波が外部に漏れにくく、外部からの誘導妨害を受け □ B □。

(2) 半波長ダイポールアンテナと不平衡形の同軸ケーブルを接続するときは、□ C □ を用いて整合させる。

	A	B	C
1	導電性樹脂	にくい	バラン
2	導電性樹脂	やすい	スタブ
3	誘電体	にくい	バラン
4	誘電体	やすい	スタブ
5	絶縁体	にくい	スタブ

ポイント 同軸ケーブル (給電線) は内部導体と外部導体の間に「誘電体」を入れ、シールドされているので電波は外部に漏れにくく、外部からの誘導妨害を受け「にくい」構造になっている。「バラン」は、平衡－不平衡変換器のこと。Aの誘電体が「絶縁体」として出題される (問題56参照) こともある。　**正　答**　3

問題56　重要度　★★★★★　　1回目　2回目　3回目

次の記述は、同軸ケーブルについて述べたものである。□□内に入れるべき字句の正しい組合せを下の番号から選べ。

(1) 同軸ケーブルは、一本の内部導体のまわりに同心円状に外部導体を配置し、両導体間に絶縁体を詰めた不平衡形の給電線であり、伝送する電波が外部へ漏れにくく、外部からの □ A □ を受けにくい。

(2) 不平衡形の同軸ケーブルと半波長ダイポールアンテナを接続するときは、平衡給電を行うため □ B □ を用いる。

(3) 同軸ケーブルの特性インピーダンスは、一般に平行二線式給電線に比べて □ C □。

	A	B	C
1	誘導妨害	バラン	低い
2	誘導妨害	スタブ	高い
3	伝送損失	バラン	高い
4	伝送損失	スタブ	低い

ポイント 同軸ケーブルは外部導体でシールドされているので、外部からの「誘導妨害」を受けにくい。平衡給電には「バラン」を使用する。また、同軸ケーブルの特性インピーダンスは「低い」。　**正答** 1

問題57 重要度 ★★★★★　　1回目 2回目 3回目

次の記述は、同軸ケーブルについて述べたものである。このうち正しいものを下の番号から選べ。

1　使用周波数が高くなるほど誘電損が大きくなる。
2　同軸ケーブルは、一本の内部導体のまわりに同心円状に外部導体を配置し、両導体間に導電性樹脂を詰めた給電線である。
3　伝送する電波が外部へ漏れやすく、外部からの誘導妨害を受けやすい。
4　不平衡形の同軸ケーブルと半波長ダイポールアンテナを接続するときは、平衡給電を行うためスタブを用いる。

ポイント 同軸ケーブルの誘電損は周波数に比例するので、使用周波数が高くなるほど誘電損が大きくなる。　**正答** 1

次の記述は、図に示すサーキュレータについて述べたものである。このうち誤っているものを下の番号から選べ。

1　端子①からの入力は端子②へ出力される。
2　端子①へ接続したアンテナを送信と受信で共用するには、原理的に端子②に送信機を、端子③に受信機を接続すればよい。
3　端子③からの入力は端子①へ出力される。
4　3個の入出力端子の間には互に可逆性がない。

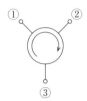

ポイント 端子①へ接続したアンテナを送信と受信で共用するには、端子②に「受信機」を、端子③に「送信機」を接続する。　　**正答** 2

次の記述は、図に示すサーキュレータの原理、動作などについて述べたものである。このうち誤っているものを下の番号から選べ。

1　端子①からの入力は端子②へ出力され、端子②からの入力は端子③へ出力される。
2　端子①へ接続したアンテナを送受信用に共用するには、原理的に端子②に受信機を、端子③に送信機を接続すればよい。
3　フェライトを用いたサーキュレータでは、これに静電界を加えて動作させる。
4　3個の入出力端子の間には互に可逆性がない。

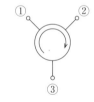

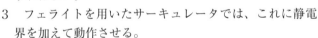

ポイント フェライトを用いたサーキュレータでは、これに「静磁界」を加えて動作させる。　　**正答** 3

問題60　重要度 ★★★★★　　1回目 2回目 3回目

次の記述は、図に示す導波管サーキュレータについて述べたものである。
□□□内に入れるべき字句の正しい組合せを下の番号から選べ。なお、同じ記号の□□□内には、同じ字句が入るものとする。

(1) Y接合した方形導波管の接合部の中心に円柱状の □A□ を置き、この円柱の軸方向に適当な大きさの □B□ を加えた構造である。

(2) TE_{10} モードの電磁波をポート①へ入力するとポート②へ、ポート②へ入力するとポート③へ、ポート③へ入力するとポート①へそれぞれ出力し、それぞれ他のポートへの出力は極めて小さいので、各ポート間に可逆性が □C□ 。

	A	B	C
1	フェライト	静電界	ある
2	フェライト	静磁界	ない
3	セラミックス	静磁界	ある
4	セラミックス	静電界	ない

ポート①

A　　　方形導波管

ポート③　　ポート②

ポイント 強磁性体の「フェライト」を中心部に置き、円柱の軸方向に「静磁界」を加えた構造である。各ポート間は一定方向にしか出力しないので、可逆性が「ない」。(2)の「可逆性」が空欄の問いもある。　　**正答** 2

電波伝搬
の問題

問題1　重要度 ★☆☆☆☆　　　　　　1回目 2回目 3回目

次の記述は、VHF帯の電波の伝搬について述べたものである。□□□内に入れるべき字句の正しい組合せを下の番号から選べ。

(1) 地表波は、波長が□A□なるにしたがって地表面による損失が増加し、その伝搬距離は短くなる。

(2) 送信点からの距離が可視距離（見通し距離）より遠くなると、波長が短くなるほど受信電界強度の減衰が□B□なる。

(3) 可視距離内で生ずる直接波と大地反射波による受信電波の強度の干渉じま（電界強度の変化）は、波長が□C□ほど粗くなる。

	A	B	C
1	短く	小さく	短い
2	短く	大きく	長い
3	短く	小さく	長い
4	長く	大きく	長い
5	長く	小さく	短い

> **ポイント** 地表波は、波長が「短い」（周波数が高い）ほど損失が増加する。距離が遠くなると、波長が短くなるほど受信電界強度の減衰が「大きく」なる。干渉じまは、波長が「長い」ほど粗い。　　　　**正答** 2

問題2　重要度 ★★★★★　　　　　　1回目 2回目 3回目

次の記述は、VHF帯の電波の伝搬について述べたものである。このうち誤っているものを下の番号から選べ。

1　スポラジックE（Es）層と呼ばれる電離層によって、見通し外の遠方まで伝わることがある。

2　見通し距離内では、受信点の高さを変化させると、直接波と大地反射波との干渉により、受信電界強度が変動する。

3　標準大気中を伝搬する電波の見通し距離は、幾何学的な見通し距離より短くなる。

4　直進する性質があるが、山岳や建物などの障害物の背後にも届くことがある。

5　地形や建物の影響は、大地の凹凸が増すほど、また、周波数が高いほど大きい。

> **ポイント** VHF帯の電波は、直接波以外にも大地反射波もあるので幾何学的な見通し距離よりも「長く」なり遠くに届く。　　　**正答** 3

問題3　重要度 ★☆☆☆☆　　1回目 2回目 3回目

次の記述は、VHF帯の電波の伝搬について述べたものである。このうち誤っているものを下の番号から選べ。

1　VHF帯の周波数では、主に直接波と地表面等からの反射波が伝搬する。

2　地表波は、波長が短くなるにしたがって、地表面による損失が減少しその伝搬距離は長くなる。

3　空間波は、波長が短くなり、E層、F層等の電離層を突き抜けるようになると、電離層反射波を生じなくなる。

4　送信点からの距離が可視距離（見通し距離）より遠くなると、波長が短くなるほど受信電界強度の減衰が大きくなる。

5　可視距離（見通し距離）内で生ずる直接波と大地反射波の受信電波の強度の干渉じま（電界強度の変化）は、波長が長いほど粗くなる。

> **ポイント** 地表波は波長が短くなるにしたがって地表面による損失が「増大」するので、伝搬距離は「短く」なる。　　　**正答** 2

問題4　重要度 ★★★★★　　1回目 2回目 3回目

次の記述は、陸上の移動体通信の電波伝搬特性について述べたものである。□□内に入れるべき字句の正しい組合せを下の番号から選べ。

(1) 基地局から送信された電波は、移動局周辺の建物などにより反射、回折され、定在波を生じ、この定在波の中を移動局が移動すると受信波にフェージングが発生する。一般に、周波数が高いほど、また移動速度が　A　ほど変動が速いフェージングとなる。

(2) さまざまな方向から反射、回折して移動局に到来する電波の遅延時間に差があ

249

るため、広帯域伝送では、一般に帯域内の各周波数の振幅と位相の変動が一様
ではなく、伝送路の　B　が劣化し、伝送信号の波形ひずみが生じる。到来す
る電波の遅延時間を横軸にとり、各到来波の受信レベルを縦軸にプロットした
ものは、遅延プロファイルと呼ばれる。

	A	B
1	遅い	周波数特性
2	遅い	フレネルゾーン
3	速い	周波数特性
4	速い	フレネルゾーン

ポイント 周波数が高く、移動速度が「速い」と発生するフェージングの変動は速
くなる。広帯域伝送では、伝送路の「周波数特性」が劣化し、伝送信号の波形ひ
ずみが生じる。(2)の「遅延プロファイル」が空欄の問いもある。　**正答** 3

問題5　重要度 ★★★★★　　　　　　　1回目 2回目 3回目

次の記述は、陸上の移動体通信の電波伝搬特性について述べたものである。
□□□内に入れるべき字句の正しい組合せを下の番号から選べ。

(1) 基地局から送信された電波は、移動局周辺の建物などにより反射、回折され、
定在波を生じ、この定在波の中を移動局が移動すると受信波にフェージングが
発生する。一般に、周波数が　A　ほど、また移動速度が速いほど変動が速い
フェージングとなる。

(2) さまざまな方向から反射、回折して移動局に到来する電波の遅延時間に差があ
るため、広帯域伝送では、一般に帯域内の各周波数の振幅と位相の変動が一様
ではなく、伝送路の周波数特性が劣化し、伝送信号の波形ひずみが生じる。到
来する電波の遅延時間を横軸にとり、各到来波の受信レベルを縦軸にプロット
したものは、　B　と呼ばれる。

	A	B
1	低い	遅延プロファイル
2	低い	フレネルゾーン
3	高い	遅延プロファイル
4	高い	フレネルゾーン

> **ポイント** 周波数が「高く」、移動速度が速いと発生するフェージングの変動は速くなる。「遅延プロファイル」は、伝搬遅延特性とも呼ばれる。(1) の「回折」が空欄の問いもある。　**正答** 3

問題6　重要度 ★★★★★　　1回目 2回目 3回目

次の記述は、陸上における移動体通信の電波伝搬特性について述べたものである。このうち誤っているものを下の番号から選べ。

1　市街地などでは、反射波や回折波が多く存在し、直接波のみで通信することは少ない。

2　基地局から送信された電波は、移動局周辺の建物などにより反射、回折され、定在波を生じ、この定在波の中を移動局が移動すると受信波にフェージングが発生する。

3　受信波に発生するフェージングは、一般に、周波数が高いほど、また移動速度が速いほど、変動が遅いフェージングとなる。

4　さまざまな方向から反射、回折して移動局に到来する電波の遅延時間に差があるため、広帯域伝送では、一般に、帯域内の各周波数の振幅と位相の変動が一様ではない。

5　到来する電波の遅延時間を横軸にとり、各到来波の受信レベルを縦軸にプロットしたものは、遅延プロファイルと呼ばれる。

> **ポイント** 周波数が高いほど波長が短くなるので、変動が「速い」フェージングとなる。　**正答** 3

問題7　重要度 ★★★★★　　1回目 2回目 3回目

次の記述は、マイクロ波の見通し内伝搬におけるフェージングについて述べたものである。□□内に入れるべき字句の正しい組合せを下の番号から選べ。ただし、降雨や降雪による減衰はフェージングに含まないものとする。

(1) フェージングは、　A　の影響を受けて発生する。

(2) 約 10〔GHz〕以下の周波数帯では、一般に嵐や降雨などの日より風のない平穏な日に、フェージングが　B　。

(3) 等価地球半径（係数）の変動により、直接波と大地反射波との通路差が変動するために生ずるフェージングを　C　フェージングという。

	A	B	C
1	対流圏の気象	大きい	ダクト形
2	対流圏の気象	大きい	K形
3	対流圏の気象	小さい	K形
4	電離層の諸現象	小さい	ダクト形
5	電離層の諸現象	大きい	ダクト形

ポイント マイクロ波の波長が短いので、「対流圏の気象」によって大きく影響を受ける（フェージングの影響を受ける）。10〔GHz〕以下では、荒天日より平穏な日にフェージングが「大きい」。「K形」フェージングの「K」は等価地球半径の「係数 K」に由来する。

正答 2

問題8　重要度 ★★★☆☆　　　1回目 2回目 3回目

次の記述は、マイクロ波の対流圏見通し内伝搬における、フェージングについて述べたものである。□□□内に入れるべき字句の正しい組合せを下の番号から選べ。ただし、降雨や降雪による減衰はフェージングに含まないものとする。

(1) フェージングは、一般に伝搬距離が長くなるほど A なり、また、周波数が高くなるほど増大する。

(2) 直接波のほかに、ラジオダクト内を伝搬して受信点に到達するために生ずるフェージングを、 B フェージングという。

(3) フェージングは、一般に伝搬路が陸上にある場合よりも海上にある場合の方が C 。

	A	B	C
1	小さく	ダクト形	大きい
2	小さく	K形	小さい
3	大きく	ダクト形	大きい
4	大きく	K形	小さい
5	大きく	ダクト形	小さい

ポイント フェージングは、伝送距離が長くなるほど「大きく」なる。ラジオダクト内を伝搬＝「ダクト形」フェージング。また、フェージングは陸上より海上の方が「大きい」。

正答 3

問題9　重要度 ★★★★★　　1回目 2回目 3回目

次の記述は、マイクロ波 (SHF) 帯の電波の大気中における減衰について述べたものである。□□□内に入れるべき字句の正しい組合せを下の番号から選べ。

(1) 伝搬路中の降雨域で受ける減衰は、降雨量が多いほど □ A □、電波の波長が長いほど □ B □。

(2) 雨や霧や雲などによる吸収や散乱により減衰が生じる。雨の影響は、概ね □ C □ の周波数の電波で著しい。

	A	B	C
1	小さく	小さい	10〔GHz〕以上
2	小さく	大きい	10〔GHz〕未満
3	大きく	大きい	10〔GHz〕以上
4	大きく	大きい	10〔GHz〕未満
5	大きく	小さい	10〔GHz〕以上

ポイント 降雨域で受ける減衰は、降雨量に比例するので降雨量が多いほど「大きく」、電波の波長に反比例するので電波の波長が長いほど「小さい」。雨の影響は「10〔GHz〕以上」の周波数の電波で著しくなる。　　正 答　5

問題10　重要度 ★★★☆☆　　1回目 2回目 3回目

次の記述は、マイクロ波の電波の大気中における減衰について述べたものである。□□□に入れるべき字句の正しい組合せを下の番号から選べ。

(1) 伝搬路中の降雨域で受ける減衰は、降雨量に □ A □ し、電波の周波数が高いほど □ B □。

(2) 特定の周波数の電波は、大気中の水蒸気や酸素分子などで □ C □ 現象を生じ、エネルギーが吸収されて減衰する。

	A	B	C
1	反比例	大きい	屈折
2	反比例	小さい	共振
3	比例	大きい	共振
4	比例	小さい	共振
5	比例	大きい	屈折

問題11　重要度 ★★★★★　　1回目 2回目 3回目

次の記述は、マイクロ波 (SHF) 帯の電波の大気中における減衰について述べたものである。このうち誤っているものを下の番号から選べ。

1　伝搬路中の降雨域で受ける減衰は、降雨量が多いほど大きい。

2　伝搬路中の降雨域で受ける減衰は、電波の波長が短いほど小さい。

3　雨や霧や雲などによる吸収や散乱により減衰が生じる。

4　雨の影響は、概ね10〔GHz〕以上の周波数の電波で著しい。

問題12　重要度 ★★★★★　　1回目 2回目 3回目

マイクロ波通信において、送信及び受信アンテナ系の利得がそれぞれ36〔dB〕、自由空間基本伝送損失が122〔dB〕、受信機の入力換算雑音電力が−129〔dBW〕であるとき、受信側の信号対雑音比 (S/N) を49〔dB〕とするために必要な送信側の電力の値として、正しいものを下の番号から選べ。ただし、1〔W〕を0〔dBW〕とする。

1　0.1〔mW〕

2　0.3〔mW〕

3　0.6〔mW〕

4　1　〔mW〕

5　3　〔mW〕

ポイント 受信機の入力換算雑音電力を N 〔dBW〕、受信側の信号対雑音比を S_N 〔dB〕とすると、必要な受信電力 P_R 〔dBW〕は、

$$P_R = N + S_N = -129 + 49 = -80 \text{〔dBW〕}$$

自由空間基本伝送損失を Γ_0 〔dB〕、送信アンテナ系の利得を G_T、受信アンテナ系の利得を G_R とすると、必要な送信電力 P_T 〔dBW〕は、

$$P_T = P_R + \Gamma_0 - G_T - G_R = -80 + 122 - 36 - 36 = -30 \text{〔dBW〕}$$

したがって、必要な送信電力 P_T 〔W〕は、

$$-30 \text{〔dBW〕} = 10 \log_{10} P_T$$
$$P_T = 10^{-3} = 1 \times 10^{-3} \text{〔W〕} = 1 \text{〔mW〕}$$

となる。

正 答 4

問題13　重要度 ★★★★★　　　1回目 2回目 3回目

次の記述は、マイクロ波回線の設計に重要な第1フレネルゾーンについて述べたものである。□□□内に入れるべき値として、最も近いものを下の番号から選べ。

　図において、送信点 T から受信点 R 方向に測った距離 d_1〔m〕の点 P における第1フレネルゾーンの回転楕円体の断面の半径 r〔m〕は、点 P から受信点 R までの距離を d_2〔m〕、波長を λ〔m〕とすれば、次式で与えられる。周波数が 7.5〔GHz〕、送受信点間の距離 D が 15〔km〕であるとき、d_1 が 6〔km〕の点 P での r は、約 □A□ である。

$$r \doteqdot \sqrt{\lambda \frac{d_1 d_2}{d_1 + d_2}}$$

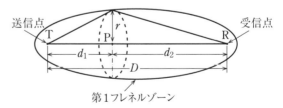

第1フレネルゾーン

　　A
1　　5〔m〕
2　　8〔m〕
3　　12〔m〕
4　　15〔m〕
5　　20〔m〕

図より、

$$d_2 = D - d_1 = 15 - 6 = 9 \text{ [km]}$$

周波数を f [Hz] とすると、電波の波長 λ [m] は、

$$\lambda = \frac{3 \times 10^8}{f} = \frac{3 \times 10^8}{7.5 \times 10^9} = 0.4 \times 10^{-1} = 0.04 \text{ [m]}$$

与式に $\lambda = 0.04$ [m]、$d_1 = 6$ [km]、$d_2 = 9$ [km] を代入すると、

$$r \fallingdotseq \sqrt{\lambda \frac{d_1 d_2}{d_1 + d_2}} = \sqrt{0.04 \times \frac{(6 \times 10^3) \times (9 \times 10^3)}{(6 \times 10^3) + (9 \times 10^3)}}$$

$$= \sqrt{0.04 \times \frac{54 \times 10^6}{15 \times 10^3}} = \sqrt{0.04 \times 3.6 \times 10^3} = \sqrt{0.144 \times 10^3}$$

$$= \sqrt{144} = 12 \text{ [m]}$$

となる。与式が空欄の問いもある。

単位を [km] → [m] にして計算することに注意する。　　　**正答** 3

問題 14 重要度 ★★★★★　　　1回目 2回目 3回目

次の記述は、マイクロ波回線の設定の際に考慮される第 1 フレネルゾーンについて述べたものである。□□□□内に入れるべき字句の正しい組合せを下の番号から選べ。ただし、使用する周波数の電波の波長を λ とする。

(1) 図に示すように、送信点 T と受信点 R を焦点とし、TP と PR の距離の和が、焦点間の最短の距離 TR よりも □ A □ だけ長い楕円を描くと、直線 TR を軸とする回転楕円体となり、この楕円 T の内側の範囲を第 1 フレネルゾーンという。

(2) 一般的には、自由空間に近い良好な伝搬路を保つため、回線途中にある山や建物などの障害物が第 1 フレネルゾーンに入らないようにする必要がある。この障害物と見通し線との間隔 h_c を □ B □ という。

<table>
<tr><td></td><td>A</td><td>B</td></tr>
<tr><td>1</td><td>$\lambda/2$</td><td>クリアランス</td></tr>
<tr><td>2</td><td>λ</td><td>クリアランス</td></tr>
<tr><td>3</td><td>λ</td><td>ハイトパターン</td></tr>
<tr><td>4</td><td>$\lambda/2$</td><td>ハイトパターン</td></tr>
</table>

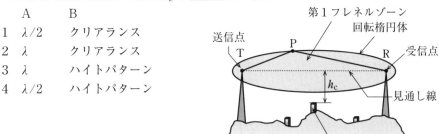

電波伝搬

> **ポイント** 第1フレネルゾーンは、距離 TR より「λ/2」だけ長い楕円を描く。「クリアランス」とは、障害を受けないという意味である。(2) の「自由空間」が空欄の問いもある。
>
> **正答** 1

問題15　重要度 ★★★☆☆　　1回目 2回目 3回目

次の記述は、マイクロ波回線の設定の際に考慮される第1フレネルゾーンについて述べたものである。□□□内に入れるべき字句の正しい組合せを下の番号から選べ。ただし、使用する電波の波長をλとする。

(1) 図に示すように、送信点 T と受信点 R を焦点とし、TP と PR の距離の和が、焦点間の最短の距離 TR よりも □ A □ だけ長い楕円を描くと、直線 TR を軸とする回転楕円体となり、この楕円の内側の範囲を第1フレネルゾーンという。

(2) 一般的には、自由空間に近い良好な伝搬路を保つため、回線途中にある山や建物などの障害物が第1フレネルゾーンに入らないようにクリアランスを設ける必要がある。

(3) 図に示す第1フレネルゾーンの断面の半径 r は、使用する周波数が高くなるほど □ B □ なる。

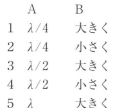

	A	B
1	$\lambda/4$	大きく
2	$\lambda/4$	小さく
3	$\lambda/2$	大きく
4	$\lambda/2$	小さく
5	λ	大きく

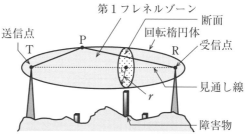

r : 第1フレネルゾーンの断面の半径

> **ポイント** 第1フレネルゾーンは、距離 TR より「λ/2」だけ長い楕円を描く。第1フレネルゾーンの断面の半径 r は、使用する周波数が高くなるほど「小さく」なる。
>
> **正答** 4

使用周波数が6〔GHz〕の電波の伝搬において、自由空間基本伝搬損失が140〔dB〕となる送受信アンテナ間の距離の値として、最も近いものを下の番号から選べ。ただし、自由空間基本伝搬損失Γ_0（真数）は、送受信アンテナ間の距離をd〔m〕、使用電波の波長をλ〔m〕とすると、次式で表される。

$$\Gamma_0 = \left(\frac{4 \pi d}{\lambda} \right)^2$$

1　　6〔km〕
2　12〔km〕
3　25〔km〕
4　40〔km〕
5　60〔km〕

ポイント 自由空間基本伝搬損失Γ_0（真数）は、次式で求めることができる。

$$\Gamma_0 = \left(\frac{4 \pi d}{\lambda} \right)^2 \qquad \cdots\cdots (1)$$

題意より使用周波数は$f=6$〔GHz〕であるので、電波の波長λ〔m〕は、

$$\lambda = \frac{3 \times 10^8}{f} = \frac{3 \times 10^8}{6 \times 10^9} = 0.5 \times 10^{-1} = 0.05 \text{〔m〕}$$

自由空間基本伝搬損失が140〔dB〕となるには、Γ_0（真数）は次のようでなければならない。

$$140 \text{〔dB〕} = 10 \log_{10} \Gamma_0 = 10 \log_{10} 10^{14} \quad \text{よって、} \Gamma_0 = 10^{14}$$

(1) 式を変形して送受信アンテナ間の距離dを求めると、

$$d = \frac{\lambda \sqrt{\Gamma_0}}{4\pi} = \frac{0.05 \times \sqrt{10^{14}}}{4 \times 3.14} = \frac{0.05 \times \sqrt{10^{14}}}{12.56} = \frac{0.05}{12.56} \times 10^7$$

$$\fallingdotseq 0.004 \times 10^7 = 40 \times 10^3 \text{〔m〕} = 40 \text{〔km〕}$$

となる。

正答 4

問題 17 　重要度 ★★★★★ 　　　　1回目 2回目 3回目

電波の伝搬において、送受信アンテナ間の距離を 12.5〔km〕、使用周波数を 6〔GHz〕とした場合の自由空間基本伝搬損失の値として、最も近いものを下の番号から選べ。ただし、自由空間基本伝搬損失 Γ_0（真数）は、送受信アンテナ間の距離を d〔m〕、使用電波の波長を λ〔m〕とすると、次式で表される。

$$\Gamma_0 = \left(\frac{4\pi d}{\lambda}\right)^2$$

1　　90〔dB〕
2　　110〔dB〕
3　　130〔dB〕
4　　140〔dB〕
5　　150〔dB〕

ポイント 自由空間基本伝搬損失 Γ_0（真数）は、次式で求めることができる。

$$\Gamma_0 = \left(\frac{4\pi d}{\lambda}\right)^2 \qquad\qquad \cdots\cdots (1)$$

題意より使用周波数は $f = 6$〔GHz〕であるので、電波の波長 λ〔m〕は、

$$\lambda = \frac{3\times10^8}{f} = \frac{3\times10^8}{6\times10^9} = 0.5\times10^{-1} = 0.05 \text{〔m〕}$$

(1) 式に送受信アンテナ間の距離 $d = 12.5$〔km〕$= 12.5\times10^3$〔m〕を代入すると、自由空間基本伝搬損失 Γ_0（真数）は、

$$\Gamma_0 = \left(\frac{4\pi d}{\lambda}\right)^2 = \left(\frac{4\pi\times12.5\times10^3}{0.05}\right)^2 = \left(\frac{4\pi\times12.5\times10^3}{5\times10^{-2}}\right)^2$$

$$= (4\pi\times2.5\times10^5)^2 = (10\pi\times10^5)^2$$

$$= 100\times\pi^2\times10^{10} \fallingdotseq 10^2\times10\times10^{10} = 10^{13}$$

Γ_0 をデシベルで表示すると、

$$10\log_{10}10^{13} = 13\times10\times1 = 130 \text{〔dB〕}$$

となる。ただし、$\pi^2 \fallingdotseq 10$、$\log_{10}10 = 1$ とする。

正 答　3

問題 18 　重要度 ★★★★★ 　　　　1回目 2回目 3回目

次の記述は、マイクロ波回線における電波伝搬について述べたものである。□□□内に入れるべき字句の正しい組合せを下の番号から選べ。

(1) 自由空間基本伝送損失 Γ_0（真数）は、送受信アンテナ間の距離を d〔m〕、使用電波の波長を λ〔m〕とすると、次式で与えられる。

   $\Gamma_0 = \boxed{\quad A \quad}$

(2) 送受信アンテナ間の距離を 16〔km〕、使用周波数を 7.5〔GHz〕とした場合の自由空間基本伝送損失の値は、約 $\boxed{\quad B \quad}$ である。ただし、$\log_{10} 2 = 0.3$ 及び $\pi^2 = 10$ とする。

	A	B
1	$(4\pi\lambda/d)^2$	116〔dB〕
2	$(4\pi\lambda/d)^2$	122〔dB〕
3	$(4\pi d/\lambda)^2$	128〔dB〕
4	$(4\pi d/\lambda)^2$	134〔dB〕
5	$(4\pi d/\lambda)^2$	140〔dB〕

ポイント

$\Gamma_0 = \left(\dfrac{4\pi d}{\lambda}\right)^2$ の式を用いて、Γ_0 を求める。

題意より使用周波数は $f = 7.5$〔GHz〕であるので、電波の波長 λ〔m〕は、

$$\lambda = \frac{3 \times 10^8}{f} = \frac{3 \times 10^8}{7.5 \times 10^9} = \frac{3}{75} = \frac{1}{25} \text{〔m〕}$$

$\lambda = 1/25$〔m〕、送受信アンテナ間の距離 $d = 16$〔km〕$= 16 \times 10^3$〔m〕なので、

$$\Gamma_0 = \left(\frac{4\pi d}{\lambda}\right)^2 = \left(\frac{4 \times 16 \times 10^3}{\dfrac{1}{25}}\right)^2 \times \pi^2 \fallingdotseq (4 \times 16 \times 25 \times 10^3)^2 \times 10$$

$$= (16 \times 10^5)^2 \times 10 = 256 \times 10^{11}$$

Γ_0 をデシベルで表示すると、

$$10 \log_{10} \Gamma_0 = 10 \log_{10}(256 \times 10^{11}) = 10 \log_{10}(2^8 \times 10^{11})$$

$$= 10 (\log_{10} 2^8 + \log_{10} 10^{11})$$

$$= 10 (8 \times \log_{10} 2 + 11 \times \log_{10} 10)$$

$$= 10 (8 \times 0.3 + 11 \times 1) = 10 \times 13.4 = 134 \text{〔dB〕}$$

となる。ただし、$\pi^2 \fallingdotseq 10$、$\log_{10} 10 = 1$ とする。 　**正答** 　**4**

電波伝搬

問題19 重要度 ★★★☆☆　　　1回目 2回目 3回目

自由空間において、相対利得が 17〔dB〕の指向性アンテナに 32〔W〕の電力を供給して電波を放射したとき、最大放射方向で送信点からの距離が 10〔km〕の受信点における電界強度の値として、最も近いものを下の番号から選べ。

ただし電界強度 E は、放射電力を P〔W〕、送受信点間の距離を d〔m〕、アンテナの相対利得を G_a（倍数による表示（真数表示）とする。）とすると、次式で表されるものとする。また、アンテナ及び給電系の損失は無いものとし、$\log_{10}2 \fallingdotseq 0.3$ とする。

$$E = \frac{7\sqrt{G_aP}}{d} \ \text{〔mV/m〕}$$

1　2.0〔mV/m〕
2　4.4〔mV/m〕
3　8.9〔mV/m〕
4　16　〔mV/m〕
5　28　〔mV/m〕

ポイント 送受信点間の距離を d、アンテナの相対利得を G_a、送信電力を P とすると、受信電界強度 E は、次式で求めることができる。

$$E = \frac{7\sqrt{G_aP}}{d} \ \text{〔V/m〕} \qquad\qquad \cdots\cdots (1)$$

題意のアンテナの相対利得を真数 G_a で表すと、

$$17\text{〔dB〕} = 10\log_{10}G_a$$

両辺を 10 で割ると、

$$1.7 = \log_{10}G_a$$

$$G_a = 10^{1.7} = 10^{1+0.7} = 10^{1+(1-0.3)} = 10 \times \frac{10}{2} = 50$$

(1)式に $P=32$〔W〕、$d=10$〔km〕$=10 \times 10^3$〔m〕、$G_a=50$ を代入すると、

$$E = \frac{7\sqrt{G_aP}}{d} = \frac{7\sqrt{50 \times 32}}{10 \times 10^3} = \frac{7\sqrt{1600}}{10 \times 10^3}$$

$$= \frac{7 \times 40}{10 \times 10^3} = 28 \times 10^{-3} \text{〔V/m〕} = 28 \text{〔mV/m〕}$$

となる。

正答 5

次の記述は、自由空間における電波伝搬について述べたものである。□内に入れるべき字句の正しい組合せを下の番号から選べ。

(1) 等方性アンテナから、距離 d 〔m〕のところにおける自由空間電界強度 E〔V/m〕は、放射電力を P〔W〕とすると、次式で表される。

$$E = \frac{\sqrt{30P}}{d} \ \text{〔V/m〕}$$

　　また、半波長ダイポールアンテナに対する相対利得 G（真数）のアンテナの場合、最大放射方向における自由空間電界強度 E_r〔V/m〕は、次式で表される。

$$E_r \fallingdotseq \boxed{} \ \text{〔V/m〕}$$

(2) 半波長ダイポールアンテナに対する相対利得が 14〔dB〕の指向性アンテナに、4〔W〕の電力を供給した場合、最大放射方向で送信点からの距離が 12.5〔km〕の受信点における電界強度の値は、約 □B□ 〔V/m〕である。ただし、アンテナ及び給電系の損失はないものとし、$\log_{10}2$ の値は 0.3 とする。

	A	B
1	$\dfrac{7\sqrt{GP}}{d}$	4.0×10^{-3}
2	$\dfrac{7\sqrt{GP}}{d}$	5.6×10^{-3}
3	$\dfrac{G\sqrt{30P}}{d}$	17.5×10^{-3}
4	$\dfrac{G\sqrt{30P}}{d}$	21.9×10^{-3}

ポイント

$E_r \fallingdotseq \dfrac{7\sqrt{GP}}{d}$ の式を用いて、E_r を求める。 ……(1)

題意のアンテナの相対利得を真数 G で表すと、

$14\,(dB) = 10\log_{10}G$

両辺を 10 で割ると、

$1.4 = \log_{10}G$

$G = 10^{1.4} = 10^{2-0.6} = 10^2 \times 10^{-6}$

$\quad = 10^2 \times \dfrac{1}{10^{0.6}} = 10^2 \times \dfrac{1}{(10^{0.3})^2} = 100 \times \dfrac{1}{2^2} = 25$

$\log_{10}2 = 0.3$ より、$10^{0.3} = 2$

(1) 式に $P = 4\,(W)$、$d = 12.5\,(km) = 12.5 \times 10^3\,(m)$、$G = 25$ を代入すると、

$E_r = \dfrac{7\sqrt{GP}}{d} = \dfrac{7\sqrt{25 \times 4}}{12.5 \times 10^3} = \dfrac{7\sqrt{100}}{12.5 \times 10^3}$

$\quad = \dfrac{7 \times 10}{12.5 \times 10^3} = \dfrac{70}{12.5 \times 10^3} = \dfrac{70}{12.5} \times 10^{-3}$

$\quad = 5.6 \times 10^{-3}\,(V/m)$

となる。

正答 2

問題21 重要度 ★★★★★ ［1回目］［2回目］［3回目］

自由空間において、相対利得が 30〔dB〕の指向性アンテナに 2.5〔W〕の電力を供給して電波を放射したとき、最大放射方向の受信点における電界強度が 10〔mV/m〕となる送受信点間距離の値として、最も近いものを下の番号から選べ。

ただし電界強度 E は、放射電力を P〔W〕、送受信点間の距離を d〔m〕、アンテナの相対利得を G_a（倍数による表示（真数表示）とする。）とすると、次式で表されるものとする。また、アンテナ及び給電系の損失は無いものとする。

$$E - \frac{7\sqrt{G_a P}}{d} \ \text{[mV/m]}$$

1　　6〔km〕

2　12〔km〕

3　20〔km〕

4　35〔km〕

5　50〔km〕

ポイント 送受信点間の距離を d、アンテナの相対利得を G_a、送信電力を P とすると、受信電界強度 E は、次式で求めることができる。

$$E = \frac{7\sqrt{G_a P}}{d} \ \text{[V/m]} \qquad\qquad \cdots\cdots (1)$$

題意のアンテナの相対利得を真数 G_a で表すと、

$$30 \ \text{[dB]} = 10 \log_{10} G_a$$

両辺を10で割ると、

$$3 = \log_{10} G_a \qquad G_a = 10^3 = 1000$$

(1) 式を d を求める式に変形して、$P = 2.5$ 〔W〕、$E = 10$ 〔mV/m〕$= 10 \times 10^{-3}$ 〔V/m〕、$G_a = 1000$ を代入すると、

$$d = \frac{7\sqrt{G_a P}}{E} = \frac{7\sqrt{1000 \times 2.5}}{10 \times 10^{-3}} = \frac{7\sqrt{2500}}{10 \times 10^{-3}}$$

$$= \frac{7 \times 50}{10 \times 10^{-3}} = \frac{7 \times 5}{10^{-3}} = 35 \times 10^3 \ \text{[m]} = 35 \ \text{[km]}$$

となる。

正答 　**4**

問題 22　重要度 ★★★★★　　　1回目　2回目　3回目

次の記述は、自由空間における電波伝搬について述べたものである。 □□□ 内に入れるべき字句の正しい組合せを下の番号から選べ。

(1)等方性アンテナから、距離 d〔m〕のところにおける自由空間電界強度 E〔V/m〕は、放射電力を P〔W〕とすると、次式で表される。

$$E = \frac{\sqrt{30P}}{d} \ \text{[V/m]}$$

また、半波長ダイポールアンテナに対する相対利得G（真数）のアンテナの場合、最大放射方向における自由空間電界強度E_r〔V/m〕は、次式で表される。

$$E_r \fallingdotseq \boxed{} \text{〔V/m〕}$$

(2)半波長ダイポールアンテナに対する相対利得が15〔dB〕の指向性アンテナに、2〔W〕の電力を供給した場合、最大放射方向で、受信点における電界強度が5〔mV/m〕となる送受信点間距離の値は、約$\boxed{}$〔km〕である。ただし、アンテナ及び給電系の損失はないものとし、$\log_{10}2$の値は0.3とする。

	A	B
1	$\dfrac{G\sqrt{30P}}{d}$	49.6
2	$\dfrac{G\sqrt{30P}}{d}$	24.8
3	$\dfrac{7\sqrt{GP}}{d}$	11.2
4	$\dfrac{7\sqrt{GP}}{d}$	7.9

ポイント

$E_r \fallingdotseq \dfrac{7\sqrt{GP}}{d}$ の式を用いて、E_r を求める。 ...... (1)

題意のアンテナの相対利得を真数 G で表すと、

$$15\text{〔dB〕}=10\log_{10}G$$

両辺を 10 で割ると、

$$1.5=\log_{10}G \qquad G=10^{1.5}=(10^{0.3})^5=2^5=32$$

$\log_{10}2=0.3$ より、$10^{0.3}=2$

(1) 式を d を求める式に変形して、$P=2$〔W〕、$E_r=5$〔mV/m〕$=5\times10^{-3}$〔V/m〕、$G=32$ を代入すると、

$$d=\frac{7\sqrt{GP}}{E_r}=\frac{7\sqrt{32\times2}}{5\times10^{-3}}=\frac{7\sqrt{64}}{5\times10^{-3}}$$

$$=\frac{7\times8}{5\times10^{-3}}=\frac{56}{5\times10^{-3}}=\frac{56}{5}\times10^3=11.2\times10^3\text{〔m〕}$$

$$=11.2\text{〔km〕} \quad となる。$$

正 答 3

図に示すマイクロ波回線において、A局から送信機出力電力5〔W〕で送信したときのB局の受信機入力電力の値として、最も近いものを下の番号から選べ。ただし、自由空間伝搬損失を137〔dB〕、送信及び受信アンテナの利得をそれぞれ40〔dB〕、送信及び受信帯域フィルタの損失をそれぞれ1〔dB〕、送信及び受信給電線の長さをそれぞれ10〔m〕、給電線損失を0.2〔dB/m〕とする。また、1〔mW〕を0〔dBm〕とする。

1　−19〔dBm〕
2　−23〔dBm〕
3　−26〔dBm〕
4　−51〔dBm〕
5　−95〔dBm〕

送信アンテナ　　受信アンテナ

A局　　　　　　　　　　　　　　B局

送信機 ― 帯域フィルタ（BPF）― 給電線 ～ 給電線 ― 帯域フィルタ（BPF）― 受信機

ポイント 単位をデシベルに揃えるため送信機の出力電力5〔W〕を1〔mW〕を基準にしたdBmに直すと、

$$10\log_{10}\frac{5}{1\times10^{-3}}=10(\log_{10}5+\log_{10}10^3)=10\left(\log_{10}\frac{10}{2}+\log_{10}10^3\right)$$

$$=10(\log_{10}10-\log_{10}2+3\times\log_{10}10)$$

$$=10(1-0.3+3)=10\times3.7=37 \text{〔dBm〕}$$

題意の数値より、

給電線損失＝0.2〔dB/m〕×10〔m〕＝2〔dB〕

送信アンテナ出力＝送信機電力−給電線損失−帯域フィルタの損失
　　　　　　　　　　＋送信アンテナの絶対利得

　　　　　　　　＝37−2−1+40＝74〔dB〕

受信アンテナ入力＝送信アンテナ出力−自由空間伝搬損失

　　　　　　　　＝74−137＝−63〔dB〕

である。したがって、

受信機入力電力＝受信アンテナ入力＋受信アンテナの絶対利得

　　　　　　　　−給電線損失−帯域フィルタの損失

　　　　　　　　＝−63+40−2−1＝−26〔dBm〕

となる。

正答　3

問題24　重要度 ★★★★★　　1回目 2回目 3回目

図に示すマイクロ波回線において、A 局から送信機出力電力 2〔W〕で送信したときの B 局の受信機入力電力−35〔dBm〕であった。この回線の自由空間伝搬損失の値として、最も近いものを下の番号から選べ。

ただし、送信及び受信アンテナの絶対利得をそれぞれ 43〔dB〕、送信及び受信帯域フィルタの損失をそれぞれ 2〔dB〕、送信及び受信給電線の長さをそれぞれ 20〔m〕とし、給電線損失を 0.2〔dB/m〕とする。また、〔dBm〕は、1〔mW〕を基準レベルとしたデシベル表示である。

1　　86〔dB〕
2　　117〔dB〕
3　　130〔dB〕
4　　142〔dB〕
5　　150〔dB〕

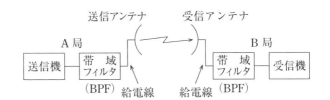

ポイント 単位をデシベルに揃えるため送信機の出力電力 2〔W〕を 1〔mW〕を基準とした dBm に直すと、

$$10 \log_{10} \frac{2}{1 \times 10^{-3}} = 10 (\log_{10} 2 + \log_{10} 10^3) = 10 (0.3 + 3)$$

$$= 10 \times 3.3 = 33 〔dBm〕$$

題意の数値より、

給電線損失 = 0.2〔dB/m〕× 20〔m〕= 4〔dB〕

送信アンテナ出力 = 送信機電力 − 給電線損失 − 帯域フィルタ損失

+ 送信アンテナの絶対利得

= 33 − 4 − 2 + 43 = 70〔dB〕

である。ここで、受信アンテナ入力を X〔dB〕とすると、

受信機入力電力 = 受信アンテナ入力 + 受信アンテナの絶対利得

− 給電線損失 − 帯域フィルタ損失

であるから、

−35 = X + 43 − 4 − 2　　　X = −35 − 37 = −72〔dB〕

したがって、自由空間伝搬損失は、

送信アンテナ出力 − 受信アンテナ入力 = 70 − (−72) = 142〔dB〕

となる。　　　　　　　　　　　　　　　　　　　**正 答**　4

問題 25 　重要度 ★★★★★ 　 1回目 2回目 3回目

次の記述は、電波の屈折について述べたものである。このうち正しいものを下の番号から選べ。

1　一般に、屈折率と屈折の角度との関係を表す式をファラデーの法則という。
2　短波の電離層反射波は、地上からの電波の電離層内への入射角に対し、電離層内での屈折角が小さいため、再び地上に向かう電波である。
3　VHF及びUHFの電波は、大気中の屈折率の小さな媒質から屈折率の大きな媒質に入射するとき、屈折角が入射角より大きくなるように屈折する。
4　電波が屈折率の大きな媒質から屈折率の小さい媒質へ入射するとき、媒質の境界面において、屈折角が入射角より大きくなるように屈折する。

ポイント 一般には、入射角＝反射角であるが媒質の「屈折率が異なる」と屈折角（反射角）が入射角より大きくなる。 **正答** 4

問題 26 　重要度 ★★★★★ 　 1回目 2回目 3回目

次の記述は、電波の屈折について述べたものである。このうち誤っているものを下の番号から選べ。

1　一般に、屈折率と屈折角との関係を表す式は、スネルの法則といわれる。
2　電波が屈折率の小さな媒質から屈折率の大きな媒質に入射するとき、屈折角が入射角より小さくなるように屈折する。
3　短波の電離層反射波は、地上からの電波の電離層内への入射角に対し、電離層内での屈折角が大きいため、再び地上に向かう電波である。
4　電波の伝搬速度は、屈折率の小さな媒質中よりも、屈折率の大きな媒質中の方が速い。

ポイント 電波の伝搬速度は、屈折率の小さな媒質中よりも、屈折率の大きな媒質中の方が「遅い」。 **正答** 4

問題 27 　重要度 ★★★★★ 　 1回目 2回目 3回目

次の記述は、電波の対流圏伝搬について述べたものである。このうち正しいものを下の番号から選べ。

1 標準大気中では、等価地球半径は真の地球半径より小さい。

2 標準大気の屈折率は、地上からの高さに比例して増加する。

3 標準大気における M 曲線は、グラフ上で1本の直線で表される。

4 標準大気中では、電波の見通し距離は幾何学的な見通し距離と等しい。

5 ラジオダクトが発生すると電波がダクト内に閉じ込められて減衰し、遠方まで伝搬しない。

> **ポイント** M 曲線は横軸を「屈折率」、縦軸を「高さ」にして表示される1本の直線である。
>
> **正 答** 3

問題28 重要度 ★★★★★   1回目 2回目 3回目

次の記述は、図に示す対流圏電波伝搬における M 曲線について述べたものである。□□□内に入れるべき字句の正しい組合せを下の番号から選べ。

(1) 大気が標準状態であるときの M 曲線は、 $\boxed{\text{A}}$ である。

(2) 接地形ラジオダクトが発生しているときの M 曲線は、 $\boxed{\text{B}}$ である。

(3) 接地形ラジオダクトが発生すると、電波は、ダクト $\boxed{\text{C}}$ を伝搬し、見通し距離外まで伝搬することがある。

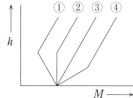

h：地表からの高さ

	A	B	C
1	③	④	外
2	③	①	内
3	③	④	内
4	②	①	内
5	②	④	外

> **ポイント** 大気が標準状態であるときの M 曲線は直線なので、「③」である。ラジオダクトが発生しているときは逆転が生じるので、「①」である。。接地形ラジオダクトが発生すると、電波はダクト「内」を伝搬し、見通し外まで伝搬する。
>
> **正 答** 2

問題29 重要度 ★★★★★   1回目 2回目 3回目

次の記述は、ラジオダクトについて述べたものである。このうち誤っているものを下の番号から選べ。

1　ラジオダクトによる伝搬は、気象状態の変化によるフェージングが少なく、長期間安定した通信が可能である。

2　ラジオダクトは、地表を取り巻く大気圏に発生する大気の屈折率の逆転層が発生の原因となる。

3　夜間冷却によるラジオダクトは、冬季のよく晴れた風のない日の陸上で、夜半から明け方に発生しやすい。

4　ラジオダクト内に閉じ込められて伝搬するVHF帯以上の電波は、少ない減衰で遠方まで伝わる。

> **ポイント**　ラジオダクトは、温度の変化による大気層の逆転で生じる現象で、周波数の高い電波を屈折・回折する。したがって、気象状態の変化によるフェージングが「多く」、長期間安定した通信が「できない」。
>
> **正答**　**1**

問題30　重要度　★★★★★　　　　　1回目　2回目　3回目

次の記述は、等価地球半径について述べたものである。このうち正しいものを下の番号から選べ。ただし、大気は標準大気とする。

1　電波は、電離層のE層の電子密度の不均一による電離層散乱によって遠方まで伝搬し、実際の地球半径に散乱域までの地上高を加えたものを等価地球半径という。

2　大気の屈折率は、地上からの高さとともに減少し、大気中を伝搬する電波は送受信点間を弧を描いて伝搬する。この電波の通路を直線で表すため、仮想した地球の半径を等価地球半径という。

3　地球の中心から静止衛星までの距離を半径とした球を仮想したとき、この球の半径を等価地球半径という。

4　等価地球半径は、真の地球半径を3/4倍したものである。

> **ポイント**　電波の伝わり方を考えるには、電波は直進するものとしたほうが便利である。そのために考えられたものが、等価地球半径である。この等価地球半径は、真の地球半径の4/3倍である。
>
> **正答**　**2**

問題31 重要度 ★★★★☆　　　1回目 2回目 3回目

次の記述は、標準大気における等価地球半径について述べたものである。このうち誤っているものを下の番号から選べ。

1　見通し距離や電界強度を計算するとき、等価地球半径を取り入れると計算が容易になる。
2　等価地球半径は、真の地球半径を 4/3 倍したものである。
3　送受信アンテナ間を弧を描いて伝搬する電波の通路を曲線で表すために考えられたものである。
4　等価地球半径と真の地球半径との比を、等価地球半径係数という。

ポイント 等価地球半径は、伝搬する電波の経路を「直線」で表すために考えられたものである。　　　**正答** 3

問題32 重要度 ★★★★★　　　1回目 2回目 3回目

大気中における電波の屈折を考慮して、等価地球半径係数 $K=4/3$ のときの、球面大地での見通し距離 d を求める式として正しいものを下の番号から選べ。ただし、h_1〔m〕及び h_2〔m〕は、それぞれ送信及び受信アンテナの地上高とする。

1　$d \fallingdotseq 4.12\,(h_1{}^2 + h_2{}^2)$ 〔km〕
2　$d \fallingdotseq 4.12\,(\sqrt{h_1} + \sqrt{h_2}\,)$ 〔km〕
3　$d \fallingdotseq 4.12\,(h_1 + h_2)$ 〔km〕
4　$d \fallingdotseq 3.57\,(h_1{}^2 + h_2{}^2)$ 〔km〕
5　$d \fallingdotseq 3.57\,(\sqrt{h_1} + \sqrt{h_2}\,)$ 〔km〕

ポイント 見通し距離 d は、h_1 と h_2 のそれぞれに「$\sqrt{\ }$ が掛かる」ことと、K の値が「4/3」のときは「4.12」の数値を覚えておく。　　　**正答** 2

問題33 重要度 ★★★★★　　　1回目 2回目 3回目

大気中における、等価地球半径係数 $K=1$ のときの、球面大地での見通し距離 d を求める式として正しいものを下の番号から選べ。ただし、h_1〔m〕及び h_2〔m〕は、それぞれ送信及び受信アンテナの地上高とする。

電波伝搬

271

1   $d \fallingdotseq 3.57 (\sqrt{h_1} + \sqrt{h_2})$ 〔km〕

2   $d \fallingdotseq 3.57 (h_1{}^2 + h_2{}^2)$ 〔km〕

3   $d \fallingdotseq 4.12 (h_1 + h_2)$ 〔km〕

4   $d \fallingdotseq 4.12 (\sqrt{h_1} + \sqrt{h_2})$ 〔km〕

5   $d \fallingdotseq 4.12 (h_1{}^2 + h_2{}^2)$ 〔km〕

> **ポイント** 見通し距離 d は、h_1 と h_2 のそれぞれに「$\sqrt{}$ が掛かる」ことと、K の値が「1」のときは「3.57」の数値を覚えておく。　**正答** 1

問題34　重要度 ★★★★★　　　1回目 2回目 3回目

送信アンテナの地上高を 625〔m〕、受信アンテナの地上高を 4〔m〕としたとき、送受信アンテナ間の電波の見通し距離の値として、最も近いものを下の番号から選べ。ただし、大地は球面とし、標準大気中における電波の屈折を考慮するものとする。

1 117〔km〕   2 111〔km〕   3 105〔km〕

4   99〔km〕   5   93〔km〕

> **ポイント** 送信アンテナの地上高を h_1〔m〕、受信アンテナの地上高を h_2〔m〕とすると、標準大気中の電波の屈折率を考慮したときの見通し距離 d〔km〕は、
>
> $$d = 4.12 (\sqrt{h_1} + \sqrt{h_2})$$
> $$= 4.12 (\sqrt{625} + \sqrt{4}) \fallingdotseq 4.12 (25 + 2) \fallingdotseq 111 \text{〔km〕}$$
>
> となる。d の単位は〔km〕、h_1、h_2 の単位は〔m〕であることに注意。
>
> **正答** 2

問題35　重要度 ★★★★★　　　1回目 2回目 3回目

次の記述は、標準大気における等価地球半径について述べたものである。このうち誤っているものを下の番号から選べ。

1   同一地上高では、標準大気は、同一状態であるとみなしている。

2   等価地球半径は、真の地球半径の 3/4 倍したものである。

3   送受信アンテナ間の電波通路を、直線で表すために考えられたものである。

4   等価地球半径と真の地球半径との比を、等価地球半径係数という。

5　見通し距離や電界強度を計算するとき、等価地球半径を取り入れると計算が容易になる。

> **ポイント** 等価地球半径と真の地球半径の比を等価地球半径係数といい、その値は「4/3」倍である。
>
> **正答** 2

問題36　重要度 ★★★★☆　　1回目 2回目 3回目

次の記述は、送受信点間の見通し線上にナイフエッジの縁（ふち）がある場合、受信アンテナの高さを変化したときの受信点の電界強度の変化について述べたものである。このうち誤っているものを下の番号から選べ。ただし、大地反射波の影響は無視するものとする。

1　見通し線より上方の領域では、受信アンテナを高くするにつれて受信電界強度は、自由空間の電界強度より強くなったり、弱くなったり、強弱を繰り返して自由空間の電界強度に近づく。

2　見通し線より上方の電界強度の振動領域をクリアランスゾーンという。

3　受信電界強度は、見通し線上では、自由空間の電界強度の1/2となる。

4　見通し線より下方の領域では、ナイフエッジによる回折波だけが到達するので、受信アンテナを低くするにつれて電界強度は急激に低下する。

> **ポイント** 電界強度の振動領域は「フレネルゾーン」と呼ばれる。
>
> **正答** 2

問題37　重要度 ★★★★★　　1回目 2回目 3回目

次の記述は、図に示すマイクロ波通信の送受信点間の見通し線上にナイフエッジがある場合、受信地点において、受信点の高さを変化したときの受信点の電界強度の変化などについて述べたものである。このうち誤っているものを下の番号から選べ。ただし、大地反射波の影響は無視するものとする。

1　見通し線より上方の領域では、受信点を高くするにつれて受信点の電界強度は、自由空間の伝搬による電界強度より強くなったり、弱くなったり、強弱を繰り返して自由空間の伝搬による電界強度に近づく。

2　受信点の電界強度は、見通し線上では、自由空間の電界強度のほぼ1/4となる。

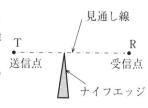

見通し線
T　　　　　R
送信点　　受信点
ナイフエッジ

3　見通し線より下方の領域では、受信点を低くするにつれて受信点の電界強度
　は低下する。

4　見通し線より下方の領域へは、ナイフエッジによる回折波が到達する。

> **ポイント**　見通し線上の電界強度は、自由空間の電界強度のほぼ「1/2」である。
>
> **正答**　2

問題38　重要度 ★★★★★　　　1回目　2回目　3回目

次の記述は、地上系のマイクロ波（SHF）通信の見通し内伝搬におけるフェージングについて述べたものである。　　　内に入れるべき字句の正しい組合せを下の番号から選べ。ただし、降雨や降雪による減衰はフェージングに含まないものとする。

(1) フェージングは、　A　の影響を受けて発生する。

(2) フェージングは、一般に伝搬距離が長くなるほど　B　する。

(3) ダクト形フェージングは、雨天や強風の時より、晴天で風の弱いときに発生
　　C　。

	A	B	C
1	対流圏の気象	増加	しやすい
2	対流圏の気象	減少	しにくい
3	電離層の諸現象	増加	しにくい
4	電離層の諸現象	減少	しやすい

> **ポイント**　見通し内伝搬のフェージングは電離層反射による伝搬ではないので、「対流圏の気象」によって影響を受け、伝搬距離が長くなるほど「増加」する。ダクト形フェージングは、晴天で風の弱いときに発生「しやすい」。　**正答**　1

問題39　重要度 ★★☆☆☆　　　1回目　2回目　3回目

次の記述は、マイクロ波（SHF）のフェージングについて述べたものである。
　　　内に入れるべき字句の正しい組合せを下の番号から選べ。

(1) 大気層の揺らぎなどにより部分的に屈折率が変化するため、電波の一部が散乱
　　して直接波との　A　が生じ、受信電界強度が、数秒から数十秒程度の比較的

短い周期で小幅に変動する現象を B フェージングという。

(2) 大気屈折率の分布状態が変化して地球の等価半径係数が変化するため、直接波と大地反射波との干渉状態や大地による回折状態が変化して生じるフェージングを C フェージングという。

	A	B	C
1	回折	シンチレーション	K形
2	回折	K形	ダクト形
3	干渉	シンチレーション	ダクト形
4	干渉	K形	ダクト形
5	干渉	シンチレーション	K形

ポイント 電波の一部が散乱すると、その散乱波と直接波が「干渉」し合ってフェージングが発生する。比較的短い周期で小幅に変動する現象を「シンチレーション」フェージングという。「K形」フェージングは、等価地球半径の「係数K」に由来する。(2)の「等価半径係数」が空欄の問いもある。　**正 答　5**

問題40　重要度 ★★★★★　　1回目 2回目 3回目

次の記述は、マイクロ波のフェージングについて述べたものである。□□□内に入れるべき字句の正しい組合せを下の番号から選べ。

(1) 大気層の揺らぎなどにより部分的に A が変化し、電波の一部が散乱して直接波と干渉するため、受信電界強度が比較的 B 周期で小幅に変動する現象をシンチレーションフェージングという。

(2) 大気層において温度の逆転層や高さによる湿度の急変があるとき、ラジオダクトが発生し、受信電界強度が C に変動する現象をダクト形フェージングという。

	A	B	C
1	屈折率	短い	不規則
2	屈折率	長い	不規則
3	屈折率	短い	規則的
4	電子密度	長い	規則的
5	電子密度	短い	不規則

シンチレーションフェージングの特徴は部分的に「屈折率」が変化し、「短い」周期で小幅に変動する。ダクト形フェージングは、受信電界強度が「不規則」に変動する。 1

問題41 重要度 ★☆☆☆☆ 　1回目 2回目 3回目

次の記述は、マイクロ波の電波の見通し内伝搬におけるフェージングについて述べたものである。このうち誤っているものを下の番号から選べ。

1　山岳回線よりも海上や沿岸回線の方がフェージングの発生が少ない。

2　シンチレーションフェージングやK形フェージングが発生することがある。

3　温帯地方では、夏季よりも冬季の方が、一般にフェージングの発生が少ない。

4　温帯地方では、風雨の日よりも晴天でおだやかな日の方が、一般にフェージングの発生が多い。

山岳回線では、様々な地形の変化によるフェージングを受けるが、海上や沿岸における回線の方がフェージングの発生が「多い」。 1

問題42 重要度 ★★★★★ 　1回目 2回目 3回目

次の記述は、マイクロ波（SHF）のフェージングについて述べたものである。
　□□□内に入れるべき字句の正しい組合せを下の番号から選べ。

(1) 大気層の揺らぎなどにより部分的に屈折率が変化し、電波の一部が散乱して直接波と干渉するため、受信電界強度が　A　変動する現象をシンチレーションフェージングという。

(2) 大気層において高さによる湿度の急変や　B　があるとき、ラジオダクトが発生し、受信電界強度が不規則に変動する現象をダクト形フェージングという。

(3) 大気屈折率の分布状態が変化して地球の　C　が変化するため、直接波と大地反射波との干渉状態や大地による回折状態が変化して生ずるフェージングをK形フェージングという。

	A	B	C
1	比較的短い周期で小幅に	温度の逆転層	等価半径係数
2	比較的短い周期で小幅に	大気成分割合の変化	自転の角速度
3	比較的長い周期で大幅に	温度の逆転層	自転の角速度
4	比較的長い周期で大幅に	大気成分割合の変化	自転の角速度

5　比較的長い周期で大幅に　　温度の逆転層　　　　等価半径係数

ポイント　シンチレーションは「短い周期で小幅」に変動する現象。「温度の逆転層」が発生するとラジオダクトが発生する。地球の「等価半径係数」が変わると、大地反射波と直接波の干渉が変化してK形フェージングを生じる。**正答　1**

電波伝搬

問題43　重要度 ★★★★★ 　　　1回目 2回目 3回目

次の記述は、スポラジックE層（Es層）について述べたものである。このうち誤っているものを下の番号から選べ。

1　E層とほぼ同じ高さに発生する。
2　電子密度は、E層より大きい。
3　発生は不規則で、局所的である。
4　超短波（VHF）帯の電波は、電離層を突き抜けてしまうので、スポラジックE層（Es層）による伝搬上の影響は受けない。
5　我が国では、夏季に発生することが多い。

ポイント　スポラジックE層によって、VHF帯の周波数の伝搬状況は大きく影響を「受ける」。**正答　4**

問題44　重要度 ★★★★★ 　　　1回目 2回目 3回目

次の記述は、スポラジックE層（Es層）について述べたものである。このうち正しいものを下の番号から選べ。

1　F層とほぼ同じ高さに発生する。
2　電子密度はD層より小さい。
3　通常E層を突き抜けてしまう超短波（VHF）帯の電波が、スポラジックE層（Es層）で反射され、見通しをはるかに越えた遠方まで伝搬することがある。
4　我が国では、冬季の夜間に発生することが多い。
5　比較的長期間、数ケ月継続することが多い。

ポイント　スポラジックE層は、VHF帯の周波数の電波を強く反射するので遠距離まで電波が届く。**正答　3**

電 源
の問題

次の記述は、鉛蓄電池について述べたものである。□□内に入れるべき字句の正しい組合せを下の番号から選べ。

　鉛蓄電池は、電解液に　A　、陽極板には二酸化鉛及び陰極板には　B　が用いられている。

　この蓄電池の公称電圧は、単位電池当り　C　〔V〕であり、放電につれて徐々に低下し、放電終止電圧になると急速に電圧が降下する。

	A	B	C
1	希硫酸	鉛	2.0
2	希硫酸	ニッケル	2.0
3	希硫酸	鉛	1.5
4	アルカリ溶液	鉄	6.0
5	アルカリ溶液	ニッケル	6.0

ポイント 鉛蓄電池は、電解液に「希硫酸」、陽極板に二酸化鉛、陰極板に「鉛」の電極を入れた構造である。放電と充電を繰り返すことができる二次電池で、単位電池当りの電圧は「2.0」〔V〕である。　　**正 答**　**1**

次の記述は、鉛蓄電池について述べたものである。□□内に入れるべき字句の正しい組合せを下の番号から選べ。

(1) 鉛蓄電池は、　A　電池の代表的なものであり、電解液には　B　が用いられる。
(2) 鉛蓄電池の容量が、10時間率で30〔Ah〕のとき、この蓄電池は、3〔A〕の電流を連続して10時間流すことができる。この蓄電池で、30〔A〕の電流を連続して流すことができる時間は、1時間　C　。

	A	B	C
1	一次	蒸留水	より長い

2　一次　　希硫酸　　より短い
3　一次　　希硫酸　　より長い
4　二次　　蒸留水　　より長い
5　二次　　希硫酸　　より短い

> **ポイント** 鉛蓄電池は「二次」電池で、電解液は「希硫酸」である。容量は10時間率で30〔Ah〕なので30〔A〕の電流を流すと30/30＝1時間となる。よって、1時間「より短い」時間しか流せない。　　**正答** 5

電源

問題3　重要度 ★★★★☆　　1回目 2回目 3回目

次の記述は、鉛蓄電池について述べたものである。□□に入れるべき字句の正しい組合せを下の番号から選べ。

(1) 陽極に二酸化鉛、陰極に□A□が用いられ、電解液に□B□が用いられる。
(2) 商用電源の停電を補償するためインバータと組み合せて□C□にも利用される。

	A	B	C
1	鉛	希硫酸	無停電電源装置
2	鉛	塩酸	自動電圧調整器
3	ニッケル	塩酸	無停電電源装置
4	ニッケル	希硫酸	自動電圧調整器
5	ニッケル	希硫酸	無停電電源装置

> **ポイント** 鉛蓄電池のキーワードは二酸化鉛、「鉛」と「希硫酸」。インバータは、直流電圧から交流電圧を得る装置で、停電になったとき自動的に働く「無停電電源装置」として使用される。(1)の「二酸化鉛」、(2)の「インバータ」が空欄の問いもある。　　**正答** 1

問題4　重要度 ★★★☆☆　　1回目 2回目 3回目

次の記述は、鉛蓄電池について述べたものである。□□内に入れるべさ字句の正しい組合せを下の番号から選べ。

(1) 鉛蓄電池は、□A□電池の代表的なものであり、電解液には□B□が用いられる。
(2) 鉛蓄電池の容量は、10時間率の放電量で表すのが標準的であるが、これより短い時間率で放電するときは、10時間率のときより容量が□C□する。

	A	B	C		A	B	C
1	一次	蒸留水	増加	2	一次	希硫酸	減少
3	一次	希硫酸	増加	4	二次	希硫酸	減少
5	二次	蒸留水	増加				

ポイント 鉛蓄電池は「二次」電池で放電と充電が繰り返し可能な電池である。電解液は「希硫酸」である。標準より短時間に多くの電流を取り出すと、容量は「減少」する。

正答 4

問題5　重要度 ★★☆☆☆　　1回目 2回目 3回目

次の記述は、鉛蓄電池の取扱いについて述べたものである。このうち誤っているものを下の番号から選べ。

1　放電終止電圧以下では使用しない。
2　放電後は直ちに充電し、全く使用しない時でも1箇月に一回程度は充電する。
3　極板が露出する程度に電解液を補充する。
4　浮動（フロート）充電する場合は、充電電圧を規定値に保つ。

ポイント 鉛蓄電池の極板を露出「してはならない」ので、少し上まで電解液を補充しておく。

正答 3

問題6　重要度 ★★★★☆　　1回目 2回目 3回目

次の記述は、鉛蓄電池の一般的な取扱いについて述べたものである。このうち、誤っているものを下の番号から選べ。

1　3～6か月に1度は、過放電をしておくこと。
2　電解液は極板が露出しない程度に補充しておくこと。
3　放電した後は、電圧や比重などを放電前の状態に完全に回復させておくこと。
4　直射日光の当たる場所に放置しないこと。
5　並列接続で使用する場合は、異なる電圧の電池を接続しないこと。

ポイント 鉛蓄電池の「過放電」は禁物である。電極にダメージを与えて、充電しても回復しなくなって寿命を縮めてしまう。

正答 1

問題7　重要度 ★★★★★　　1回目 2回目 3回目

次の記述は、鉛蓄電池の一般的な取扱い及び浮動充電について述べたものである。このうち誤っているものを下の番号から選べ。

1　電解液は、極板が露出しない程度に補充しておく。
2　鉛蓄電池は、直射日光の良く当たる明るい場所に設置する。
3　放電した後は、電圧や比重などを放電前の状態に完全に回復させておく。
4　充電電圧を、常に一定の規定値に保つことが必要である。
5　浮動充電にすると、鉛蓄電池単体で使用する場合より充放電電気量が極めて少ないため寿命が長くなる。

ポイント 鉛蓄電池は、直接日光などが「当たらない」場所に設置する。

正答 2

問題8　重要度 ★★★★★　　1回目 2回目 3回目

次の記述は、鉛蓄電池の浮動充電について述べたものである。このうち、誤っているものを下の番号から選べ。

1　蓄電池は、整流器又は直流発電機の出力側に直列に接続する。
2　浮動充電は、直流出力電圧が極めて安定している。
3　充電中の電圧を一定に保つため、定電圧機能を持った整流器が使用される。
4　商用電源の瞬時の停電に対しても安定な電源を供給できる。
5　蓄電池は、自己放電を補う程度の電流で常時充電が行われる。

ポイント 蓄電池を浮動充電するには、整流器又は直流発電機の出力側に「並列」に接続する。

正答 1

問題9　重要度 ★★★☆☆　　1回目 2回目 3回目

次の記述は、図に示す浮動充電方式について述べたものである。このうち、誤っているものを下の番号から選べ。

1　停電などの非常時において、鉛蓄電池から負荷に電力を供給するときの瞬断がない。

2　浮動充電は、電圧変動を鉛蓄電池が吸収するため直流出力電圧が安定している。

3　鉛蓄電池には、自己放電量を補う程度の微小電流で充電を行う。

4　通常（非停電時）、負荷への電力の大部分は鉛蓄電池から供給される。

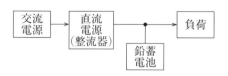

> **ポイント** 通常、負荷への電力の大部分は、鉛蓄電池からでなく「直流電源」から供給される。
>
> **正 答**　**4**

問題 10　重要度 ★★★★★　　　　1回目 2回目 3回目

次の記述は、リチウムイオン蓄電池について述べたものである。□□□内に入れるべき字句の正しい組合せを下の番号から選べ。

(1) セル1個の公称電圧は、2.0〔V〕より　A　。

(2) ニッケルカドミウム蓄電池に比べ、小型軽量で　B　エネルギー密度であるため移動機器用電源として広く用いられている。また、メモリー効果が　C　ので、使用した分だけ補充する継ぎ足し充電が可能であり、その上自己放電量が小さいという特長がある。

	A	B	C
1	低い	高	ない
2	低い	低	ある
3	高い	高	ある
4	高い	低	ある
5	高い	高	ない

> **ポイント** リチウムイオン蓄電池の公称電圧は 2.0〔V〕より「高く」、3.7〔V〕であり、ニッケルカドミウム蓄電池の公称電圧より高く「高」エネルギー密度を有している。メモリー効果が「ない」。メモリー効果とは、「完全放電する前に継ぎ足し充電を繰り返すと 100％ 充電できなくなる現象」のこと。
>
> **正 答**　**5**

問題11　重要度 ★★★★★　　1回目 2回目 3回目

次の記述は、リチウムイオン蓄電池について述べたものである。このうち誤っているものを下の番号から選べ。

1　ニッケルカドミウム蓄電池に比べ自己放電量が小さい。
2　セル1個の公称電圧は、1.5〔V〕である。
3　ニッケルカドミウム蓄電池と異なり、メモリー効果がないので使用した分だけ充電する継ぎ足し充電が可能である。
4　小型軽量・高エネルギー密度であるため移動機器用電源として広く用いられている。
5　放電特性は、放電の初期から末期まで、比較的なだらかな下降曲線を描く。

ポイント リチウムイオン蓄電池の公称電圧は「3.7〔V〕」である。　**正答**　2

問題12　重要度 ★★★★★　　1回目 2回目 3回目

次の記述は、無線中継所等において広く使用されているシール鉛蓄電池について述べたものである。このうち正しいものを下の番号から選べ。

1　正極はカドミウム、負極は金属鉛、電解液には希硫酸が用いられる。
2　電解液は、放電が進むにつれて比重が上昇する。
3　定期的な補水（蒸留水）は、不必要である。
4　単セルの電圧は、約12〔V〕である。
5　大電流放電に弱く、大容量化ができない。

ポイント シール鉛蓄電池はシール（密封）された構造なので水分が蒸発することはなく、蒸留水を補充する必要はない。　**正答**　3

問題13　重要度 ★★★★★　　1回目 2回目 3回目

次の記述は、無線中継所等において広く使用されているシール鉛蓄電池について述べたものである。このうち誤っているものを下の番号から選べ。

1　正極は二酸化鉛、負極は金属鉛、電解液には希硫酸が用いられる。
2　電解液は、放電が進むにつれて比重が低下する。
3　定期的な補水（蒸留水）は、不必要である。
4　単セルの電圧は、約2〔V〕である。

5　大電流放電に弱く、大容量化ができない。

> **ポイント** 大電流放電に「強く」、大容量化が「できる」。鉛蓄電池は、自動車等に使用されていることでわかる。
>
> **正答** 5

問題14　重要度 ★☆☆☆☆　　1回目 2回目 3回目

次の記述は、シール型鉛蓄電池の一般的な性質等について述べたものである。□□□内に入れるべき字句の正しい組合せを下の番号から選べ。

(1) 正極は二酸化鉛、負極は金属鉛、電解液は□ A □が用いられる。
(2) 定期的な補水（蒸留水）は、□ B □である。

	A	B
1	希塩酸	必要
2	希塩酸	不必要
3	希硫酸	必要
4	希硫酸	不必要

> **ポイント** シール型鉛蓄電池の電解液には「希硫酸」が使用される。シール型では容器がシール（密閉）されていることから定期的な補水は「不必要」である。
>
> **正答** 4

問題15　重要度 ★★★★☆　　1回目 2回目 3回目

次の記述は、平滑回路について述べたものである。□□□内に入れるべき字句の正しい組合せを下の番号から選べ。

(1) 平滑回路は、一般に、コンデンサ C 及びチョークコイル L を用いて構成し、整流回路から出力された脈流の交流分（リプル）を取り除き、直流に近い出力電圧を得るための□ A □フィルタである。
(2) 図は、□ B □入力形平滑回路である。

	A	B
1	高域	チョーク
2	高域	コンデンサ
3	低域	チョーク
4	低域	コンデンサ
5	帯域	コンデンサ

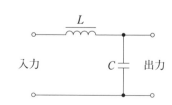

ポイント 「低域」フィルタは、ある一定以下の周波数成分だけを通すフィルタである。コンデンサ C は交流成分をアースし、コイル CH は交流成分をストップさせる。整流電圧は、はじめにコイルに入るので「チョーク」入力形である。

正答 3

問題 16 重要度 ★★★★☆　　　　1回目 2回目 3回目

次の記述は、平滑回路について述べたものである。□□内に入れるべき字句の正しい組合せを下の番号から選べ。

(1) 平滑回路は、一般に、コンデンサ C 及びチョークコイル L を用いて構成し、□ A □から出力された脈流の交流分（リプル）を取り除き、直流に近い出力電圧を得るための低域フィルタである。

(2) 図は、□ B □入力形平滑回路である。

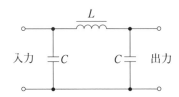

	A	B
1	負荷	チョーク
2	負荷	コンデンサ
3	電源変圧器	チョーク
4	整流回路	コンデンサ
5	整流回路	チョーク

電源

ポイント 「整流回路」の後に平滑回路がつながる。平滑回路でチョークコイルより整流器に近いほうにコンデンサが接続されていたら「コンデンサ」入力形、チョークコイルが先の場合はチョーク入力形と呼ばれる。

正答 4

問題 17 重要度 ★★★☆☆　　　　1回目 2回目 3回目

次の記述は、図に示す無停電電源装置の原理的な構成例について述べたものである。□□内に入れるべき字句の正しい組合せを下の番号から選べ。ただし、□□内の同じ記号は、同じ字句を示す。

(1) この電源装置は、通常は商用電源より整流器で蓄電池を□ A □しながらインバータに直流電力を送り、インバータから負荷へ□ B □を供給する。

(2) 停電時には、蓄電池の直流電力がインバータに入力され、インバータから負荷へ□ B □が供給される。蓄電池の電力供給可能時間は限られているため、より長時間の停電補償を行うためには、□ C □を別に設け、商用電源と切り替えて

使用することが必要となる。

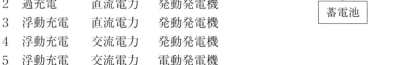

	A	B	C
1	過充電	直流電力	電動発電機
2	過充電	直流電力	発動発電機
3	浮動充電	直流電力	発動発電機
4	浮動充電	交流電力	発動発電機
5	浮動充電	交流電力	電動発電機

ポイント 整流器で蓄電池を「浮動充電」しながらインバータに直流電力を送り、インバータから負荷へ「交流電力」を供給する。浮動充電とは、電池にある一定の規定電流を流して常時充電状態にしておくことである。長時間の停電補償を行うため「発動発電機」を別に設ける。発動発電機はガソリンなどの燃料でエンジンを回し、その回転により発電機を動作させる。　**正答　4**

問題18　重要度 ★★★★★　　　　　　　　1回目　2回目　3回目

次の記述は、一般的な無停電電源装置について述べたものである。□□□内に入れるべき字句の正しい組合せを下の番号から選べ。

(1) 定常時には、商用電源からの交流入力が□A□器で直流に変換され、インバータに直流電力が供給される。インバータはその直流電力を交流電力に変換し負荷に供給する。

(2) 商用電源が停電した場合は、□B□電池に蓄えられていた直流電力がインバータにより交流電力に変換され、負荷には連続して交流電力が供給される。

(3) 無停電電源装置の交流出力は、一般的に、インバータのPWM制御を利用してその波形が正弦波に近く、また、□C□を得ることができる。

	A	B	C
1	変圧	一次	可変電圧、可変周波数
2	変圧	二次	定電圧、定周波数
3	整流	一次	可変電圧、可変周波数
4	整流	一次	定電圧、定周波数
5	整流	二次	定電圧、定周波数

ポイント 交流は「整流」器で直流に変換される。停電時は、充放電できる「二次」電池でインバータを動作させ、「定電圧、定周波数」を得る。　**正答　5**

問題19　重要度 ★★★★★　　　1回目 2回目 3回目

図は、無停電電源装置の基本的な構成例を示したものである。□□内に入れるべき字句の正しい組合せを下の番号から選べ。

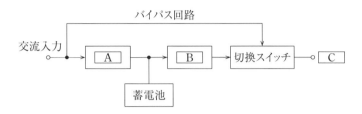

	A	B	C
1	整流器	インバータ	直流出力
2	整流器	インバータ	交流出力
3	発電機	インバータ	直流出力
4	インバータ	整流器	交流出力
5	インバータ	整流器	直流出力

ポイント 無停電電源装置は、インバータで直流電圧を交流電圧に変換する。Aの「整流器」を通った直流、または蓄電池の直流電圧をBの「インバータ」で交流電圧に変換し「交流出力」を得る。　　　正答　2

問題20　重要度 ★★★★☆　　　1回目 2回目 3回目

次の記述は、図に示す図記号のサイリスタについて述べたものである。□□内に入れるべき字句の正しい組合せを下の番号から選べ。

(1) P形半導体とN形半導体を用いた □A□ 構成からなり、アノード、カソード及び □B□ の三つの電極がある。

(2) 導通 (ON) 及び非導通 (OFF) の二つの安定状態をもつ □C□ 素子である。

	A	B	C
1	PNPN	グリッド	発振
2	PNPN	ゲート	スイッチング
3	PNP	ベース	発振
4	PNP	ドレイン	スイッチング
5	PN	ソース	増幅

図記号

電
源

問題21　重要度 ★★★★☆　　　　　1回目 2回目 3回目

次の記述は、図に示す図記号のサイリスタについて述べたものである。このう
ち誤っているものを下の番号から選べ。

1　P 形半導体と N 形半導体を用いた PNPN 構造である。
2　アノード、カソード及びゲートの 3 つの電極がある。
3　導通 (ON) 及び非導通 (OFF) の二つの安定状態をもつ素子である。
4　カソード電流でアノード電流を制御する増幅素子である。

図記号

ポイント サイリスタは「ゲート」電流で「アノード・カソード間」電流の導通及び
非導通を制御する「スイッチング」作用のある素子である。　　　正 答　4

測　定
の問題

問題 1　重要度 ★★★★☆　　　　1回目　2回目　3回目

内部抵抗 r〔Ω〕の電流計に、$r/3$〔Ω〕の値の分流器を接続したときの測定範囲の倍率として、正しいものを下の番号から選べ。

1　2倍
2　3倍
3　4倍
4　5倍
5　6倍

> **ポイント**　内部抵抗を r、分流器の抵抗を R とすると、測定倍率 N は、
>
> $$N = \frac{r}{R} + 1 = \frac{r}{\dfrac{r}{3}} + 1 = 3 + 1 = 4 \text{ 倍} \quad \text{となる。}$$
>
> **正答**　3

問題 2　重要度 ★★★★☆　　　　1回目　2回目　3回目

内部抵抗 r〔Ω〕の電圧計に、$5r$〔Ω〕の値の直列抵抗器（倍率器）を接続したときの測定範囲の倍率として、正しいものを下の番号から選べ。

1　3倍
2　4倍
3　5倍
4　6倍
5　7倍

> **ポイント**　内部抵抗を r、倍率器の抵抗を R とすると、測定倍率 N は、
>
> $$N = \frac{R}{r} + 1 = \frac{5r}{r} + 1 = 6 \text{ 倍} \quad \text{となる。}$$
>
> **正答**　4

測　定

次の記述は、一般的なアナログ方式のテスタ（回路計）について述べたものである。このうち誤っているものを下の番号から選べ。

1　テスタに内蔵されている乾電池は、抵抗測定で使用される。
2　テスタを使用する際、テスタの指針が零（0）を指示していることを確かめてから測定に入る。
3　0〔Ω〕調整用のつまみをいっぱいに回しても、指針を0〔Ω〕に調整することができないときは、乾電池が消耗しているので、電池を新しいものに交換する。
4　通常、100〔kHz〕以上の高周波の電流値も直接測定できる。
5　測定が終了しテスタを保管する場合、テスタの切換えスイッチの位置は、OFF のレンジがついていないときには、最大の電圧レンジにしておく。

ポイント 通常、100〔kHz〕以上の高周波の電流値は直接測定「できない」。なお、アナログ方式テスタは、直流電流、直流電圧、交流電圧、抵抗が測定でき、交流電流は測定できない特徴がある。　　　　　　　　　　　**正答** 4

次の記述は、一般的なデジタル方式のテスタ（回路計）について述べたものである。このうち誤っているものを下の番号から選べ。

1　入力回路には保護回路が入っている。
2　動作電源が必要であり、特に乾電池動作の場合、電池の消耗に注意が必要である。
3　アナログ方式のテスタ（回路計）に比べ、指示の読取りに個人差がない。
4　アナログ方式のテスタ（回路計）に比べ、電圧を測るときの入力抵抗が低い。
5　電圧、電流、抵抗などの測定項目を切換える際は、テストリード（棒）を測定箇所からはずした後行う。

ポイント アナログ方式のテスタ（回路計）に比べ、電圧を測るときの入力抵抗が「高い」。　　　　　　　　　　　　　　　　　　　　　　　**正答** 4

問題5　重要度 ★★★★★　　1回目 2回目 3回目

次の記述は、デジタルマルチメータについて述べたものである。 □ 内に入れるべき字句の正しい組合せを下の番号から選べ。

(1) 増幅器、A-D 変換器、クロック信号発生器及びカウンタなどで構成され、A-D 変換器の方式には、 A などがある。

(2) 電圧測定において、アナログ方式の回路計（テスタ）に比べて入力インピーダンスが高く、被測定物に接続したときの被測定量の変動が B 。

(3) 直流電圧、直流電流、交流電圧、交流電流、抵抗などが測定でき、被測定量は、通常、 C に変換して測定される。

	A	B	C
1	微分形	大きい	交流電圧
2	微分形	小さい	交流電圧
3	微分形	大きい	直流電圧
4	積分形	大きい	交流電圧
5	積分形	小さい	直流電圧

ポイント A-D 変換方式には「積分形」が使われる。入力インピーダンスが高く、被測定物に接続したときの被測定量の変動が「小さい」特徴がある。直流電圧、直流電流、交流電圧、交流電流、抵抗などが測定でき、被測定量は、通常、「直流電圧」に変換して測定される。また、メータ指示形ではなく、数字表示なので、測定者の熟練度による測定結果の個人差がない。(1) の「A-D 変換器」が空欄の問いもある。　　**正答** 5

問題6　重要度 ★★★★★　　1回目 2回目 3回目

次の記述は、図に示す周波数カウンタ（計数形周波数計）の動作原理について述べたものである。このうち誤っているものを下の番号から選べ。

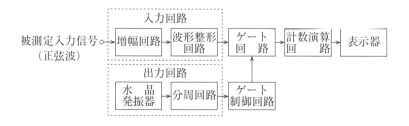

1 被測定入力信号は入力回路でパルスに変換され、被測定入力信号と同じ周期を持つパルス列が、ゲート回路に加えられる。
2 水晶発振器と分周回路で、擬似的にランダムな信号を作り、ゲート制御回路の制御信号として用いる。
3 T 秒間にゲート回路を通過するパルス数 N を、計数演算回路で計数演算すれば、周波数 f は、$f=N/T$〔Hz〕として測定できる。
4 被測定入力信号の周波数が高い場合は、波形整形回路とゲート回路の間に分周回路が用いられることもある。

> **ポイント** 水晶発振器と分周回路では「正確な時間間隔」でパルス列を通過させるようにゲート回路を制御する。　　　　　　　　　　　　**正答** 2

問題7　重要度 ★★★★★　　　　　　　　1回目 2回目 3回目

図は、周波数カウンタ（計数形周波数計）の原理的構成例を示したものである。□□□内に入れるべき字句の正しい組合せを下の番号から選べ。

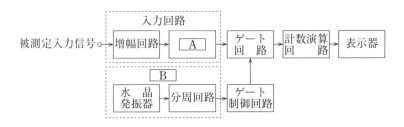

	A	B
1	周波数変換器	掃引発振器
2	周波数変換器	基準時間発生器
3	位相変調器	掃引発振器
4	波形整形回路	基準時間発生器
5	波形整形回路	掃引発振器

> **ポイント** 被測定入力信号は増幅され「波形整形回路」のリミッタなどを用いて方形波に整形されてパルス列になる。「基準時間発生器」は水晶発振器と分周回路で構成されている。　　　　　　　　　　　　**正答** 4

問題8　重要度 ★★★★★　　1回目 2回目 3回目

次の記述は、周波数カウンタ (計数形周波数計) について述べたものである。このうち誤っているものを下の番号から選べ。

1　周波数カウンタで直接計測できる周波数の上限は、一般に、ゲート及び計数器等の応答速度で決まる。
2　マイクロ波を測定する方法の一つとして、被測定周波数を $1/M$ に分周してゲート回路に加え、ゲート回路の開き時間を M 倍とするプリスケール (前置分周器) 方式がある。
3　マイクロ波を測定する方法の一つとして、被測定周波数と既知の発振周波数とを混合して差の周波数を作り、これを周波数測定回路で計測し、計算によって被測定周波数を求めるヘテロダイン変換方式がある。
4　±1カウント誤差は、被測定装置と周波数カウンタのインピーダンスが、不整合のときに生ずる誤差である。
5　±1カウント誤差は、計数した後で補正することができない。

ポイント ±1カウント誤差は、制御回路の出力信号と通過パルスの時間的位置関係から生じ、「1パルスをカウントするか、されないかのために生じる」誤差で、インピーダンス不整合時の誤差ではない。　　　**正 答** 4

問題9　重要度 ★★★★★　　1回目 2回目 3回目

次の記述は、マイクロ波用標準信号発生器として一般に必要な条件について述べたものである。このうち条件に該当しないものを下の番号から選べ。

1　出力の周波数及びレベルが正確で安定であること。
2　出力の周波数特性が良いこと。
3　出力インピーダンスが連続的に可変であること。
4　出力端子以外から高周波信号の漏れがないこと。
5　変調度が正確でひずみが小さいこと。

ポイント 出力インピーダンスが「一定」でないと、正確な測定ができない。
　　　正 答 3

測定

次の記述は、オシロスコープの一般的な機能について述べたものである。
□内に入れるべき字句の正しい組合せを下の番号から選べ。なお、同じ記号の□内には、同じ字句が入るものとする。

垂直軸入力及び水平軸入力に正弦波電圧を加えたとき、それぞれの正弦波電圧の　A　が整数比になると、画面に各種の静止図形が現れる。この図形を　B　といい、交流電圧の　A　の比較や　C　の観測を行うことができる。

	A	B	C
1	振幅	信号空間ダイアグラム	ひずみ率
2	振幅	信号空間ダイアグラム	位相差
3	周波数	リサジュー図形	位相差
4	振幅	リサジュー図形	ひずみ率
5	周波数	信号空間ダイアグラム	ひずみ率

ポイント 正弦波電圧の「周波数」が整数比になると静止図形が現れ、この図形を「リサジュー図形」という。交流電圧の「周波数」の比較や「位相差」の観測を行うことができる。

正答 3

オシロスコープを用いて正弦波交流電圧 v を観測したとき、図に示す波形が得られた。このとき、v の実効値 V 及び周波数 f の値の組合せとして、最も近いものを下の番号から選べ。ただし、オシロスコープの設定は、表に示すものとする。

	垂直軸	水平軸
	2〔V/div〕	0.2〔ms/div〕

div：画面上の1目盛

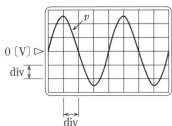

	V	f
1	3.5〔V〕	1.25〔kHz〕
2	3.5〔V〕	2.5 〔kHz〕
3	5 〔V〕	1.25〔kHz〕
4	5 〔V〕	2.5 〔kHz〕

ポイント 波形の最大値 V_m は、垂直軸の１目盛が２〔V〕で、波形の目盛は図より、2.5目盛なので、

$V_m = 2 \times 2.5 = 5$ 〔V〕

最大値 V_m を実効値 V にするには、V_m に $1/\sqrt{2}$ を掛ければよいので、

$V = \dfrac{1}{\sqrt{2}} \times V_m = \dfrac{5}{\sqrt{2}} \fallingdotseq 3.5$ 〔V〕

波形の１周期 T は、水平軸の４目盛で１目盛が 0.2〔ms〕なので、

$T = 4 \times 0.2 = 0.8$ 〔ms〕 $= 0.8 \times 10^{-3}$ 〔s〕

したがって、周波数 f は、

$f = \dfrac{1}{T} = \dfrac{1}{0.8 \times 10^{-3}} = 1.25 \times 10^3$ 〔Hz〕 $= 1.25$ 〔kHz〕

となる。

正 答　1

問題 12　重要度 ★☆☆☆☆　　　　1回目 2回目 3回目

次の記述は、スペクトルアナライザを用いて入力信号のスペクトルの分析をするときの一般的な取扱い方などについて述べたものである。このうち誤っているものを下の番号から選べ。

1　垂直軸は振幅を、また水平軸は時間を表している。
2　ひずみ波の周波数成分を測定できる。
3　変調波の周波数成分を測定できる。
4　スプリアスの測定にも用いられる。

ポイント 水平軸は時間ではなく、「周波数」を表している。

正 答　1

測
定

問題 13　重要度 ★★★★☆　　　　1回目 2回目 3回目

次の図は、掃引同調形スペクトルアナライザの原理的構成例を示したものである。□□□内に入れるべき字句の正しい組合せを下の番号から選べ。

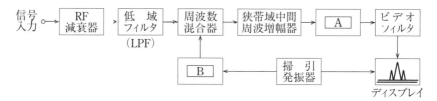

	A	B
1	振幅制限器	局部発振器
2	振幅制限器	整合器
3	検波器	整合器
4	検波器	信号切替器
5	検波器	局部発振器

ポイント 入力信号とBの項の「局部発振器」からの周波数を周波数混合器で中間周波数に変換し、その信号を「検波器」からビデオ信号を得てディスプレイに表示する。「RF減衰器」が空欄の問いもある。　　　　　正答　5

問題14　重要度 ★★★★★　　　1回目　2回目　3回目

次の記述は、スペクトルアナライザに必要な特性について述べたものである。□□内に入れるべき字句の正しい組合せを下の番号から選べ。

　測定周波数帯域内の任意の信号を同一の確度で測定できるように、周波数特性が□A□で、スプリアスが少なく、ダイナミックレンジが十分□B□こと。また、互いに周波数が接近している二つ以上の信号を十分な□C□で分離できることなどが要求される。

	A	B	C
1	広く平坦	大きい	雑音レベル
2	広く平坦	小さい	分解能
3	広く平坦	大きい	分解能
4	狭く急峻	小さい	雑音レベル
5	狭く急峻	大きい	分解能

ポイント スペクトルアナライザは広い範囲にわたって発振周波数や不要なスプリアス波などの周波数の分析に使用されるので、周波数特性が「広く平坦」なものが必要。また、ダイナミックレンジが「大きく」、「分解能」が高いことが望ましい。「ダイナミックレンジ」が空欄の問いもある。　**正　答**　3

問題15　重要度 ★★☆☆☆　　1回目 2回目 3回目

次に挙げる測定器のうち、単独で使用して送信機のスプリアス発射の周波数やレベルを計測できるものを下の番号から選べ。

1　周波数カウンタ
2　定在波測定器
3　ボロメータ形電力計
4　マイクロ波信号発生器
5　スペクトルアナライザ

ポイント「スペクトルアナライザ」は、広い範囲にわたって発振周波数や不要なスプリアス波などの周波数の分析に使用される。　**正　答**　5

問題16　重要度 ★★★★★　　1回目 2回目 3回目

次の記述に該当する測定器の名称を下の番号から選べ。

　観測信号に含まれている周波数成分を求めるための測定器であり、表示器（画面）の横軸に周波数、縦軸に振幅が表示され、送信機のスプリアスや占有周波数帯幅を計測できる。

1　定在波測定器
2　周波数カウンタ
3　オシロスコープ
4　スペクトルアナライザ
5　ボロメータ電力計

ポイント「スペクトルアナライザ」は、送信機のスプリアスや占有周波数帯幅の測定に使用される。　**正　答**　4

測
定

問題 17　重要度 ★★★★☆　　　1回目 2回目 3回目

次の記述は、オシロスコープ及びスペクトルアナライザについて述べたものである。このうち誤っているものを下の番号から選べ。

1　オシロスコープは、リサジュー図形を描かせて周波数を測定することができる。
2　オシロスコープに付属するプローブは、広い周波数範囲で使用することができ、高入力インピーダンスである。
3　オシロスコープの水平軸は振幅を、また、垂直軸は時間を表している。
4　スペクトルアナライザの水平軸は周波数を、また、垂直軸は振幅を表している。
5　スペクトルアナライザは、スペクトルの分析やスプリアスの測定などに用いられる。

> **ポイント**　オシロスコープの水平軸は「時間」、垂直軸は「振幅」を表示する。
>
> **正答**　3

問題 18　重要度 ★★★★☆　　　1回目 2回目 3回目

次の記述は、マイクロ波の測定に用いられる測定器について述べたものである。この記述に該当する測定器の名称を下の番号から選べ。

温度によって抵抗値が変化しやすい素子に、マイクロ波電力を吸収させ、ジュール熱による温度上昇によって起こる抵抗変化を測ることにより、電力測定を行うものである。素子としては、バレッタやサーミスタがあり、主に小電力の測定に用いられる。

1　CM 形電力計
2　ホール効果形電力計
3　ボロメータ形電力計
4　カロリーメータ形電力計
5　誘導形電力量計

> **ポイント**　半導体であるサーミスタは、温度が上昇するとその抵抗値が減少する素子である。「ボロメータ形電力計」は、サーミスタが電波を吸収すると温度が上がり、サーミスタの抵抗値が減少することにより電力を測定する。
>
> **正答**　3

問題19　重要度 ★★★★★

次に挙げる動作原理の異なる電力計のうち、マイクロ波を吸収することにより
抵抗値が変化する素子を利用するものを下の番号から選べ。

1　カロリメータ形電力計
2　CM 形電力計
3　ホール効果形電力計
4　ボロメータ電力計

> **ポイント**　「ボロメータ電力計」は、電力を吸収するとサーミスタの抵抗値が変化
> することを利用した電力計で、マイクロ波の電力測定に使用される。

正答 4

問題20　重要度 ★★★★★

次の記述は、マイクロ波等の高周波電力の測定器に用いられるボロメータにつ
いて述べたものである。□□□内に入れるべき字句の正しい組合せを下の番号
から選べ。

ボロメータは、半導体又は金属が電波を□A□すると温度が上昇し、電気抵抗
が変化することを利用した素子で、主として数十〔mW〕以下の高周波電力の測定
に用いられる。ボロメータの一つである□B□は、温度上昇とともに抵抗値が
□C□する特性を利用したものである。

	A	B	C
1	反射	サイリスタ	増加
2	反射	サーミスタ	減少
3	吸収	サイリスタ	減少
4	吸収	サーミスタ	減少
5	吸収	サイリスタ	増加

> **ポイント**　半導体であるサーミスタは、温度が上昇するとその抵抗値が減少する
> 素子である。電波を「吸収」すると温度が上がり、「サーミスタ」の抵抗値が「減少」
> することにより電力を測定する。

正答 4

測定

次の記述は、マイクロ波等の高周波電力の測定器に用いられるボロメータについて述べたものである。□□□内に入れるべき字句の正しい組合せを下の番号から選べ。

　ボロメータは、半導体又は金属が電波を　A　すると温度が上昇し、　B　の値が変化することを利用した素子で、高周波電力の測定に用いられる。ボロメータとしては、　C　やバレッタが使用される。

	A	B	C
1	反射	抵抗	サーミスタ
2	反射	静電容量	サイリスタ
3	吸収	抵抗	サイリスタ
4	吸収	抵抗	サーミスタ
5	吸収	静電容量	サイリスタ

ポイント ボロメータは、温度の変化によって抵抗値が変わる素子を使用した高周波電力用の測定器である。電波の「吸収」により温度が上昇し、「抵抗」の値が変化する。「サーミスタ」やバレッタが使用される。　　　　正答　4

問題22 重要度 ★★★★★ 　　1回目 2回目 3回目

次の記述は、図に示すボロメータ形電力計を用いたマイクロ波電力の測定方法の原理について述べたものである。□□□内に入れるべき字句の正しい組合せを下の番号から選べ。

(1) 直流ブリッジ回路の一辺を構成しているサーミスタ抵抗 R_S の値は、サーミスタに加わったマイクロ波電力及びブリッジの直流電流に応じて変化する。

(2) マイクロ波入力のない状態において、可変抵抗 R を加減してブリッジの平衡をとり、サーミスタに流れる電流 I_1〔A〕を電流計 A で読み取る。このときのサーミスタ抵抗 R_S の値は □ A □〔Ω〕で表される。

(3) 次に、サーミスタにマイクロ波電力を加えると、サーミスタの発熱により R_S が変化し、ブリッジの平衡が崩れるので、再び R を調整してブリッジの平衡をとる。このときのサーミスタに流れる電流 I_2〔A〕を電流計 A で読み取れば、サーミスタに吸収されたマイクロ波電力は □ B □〔W〕で求められる。

	A	B
1	R_1R_3/R_2	$(I_1-I_2)\,R_1R_3/R_2$
2	R_1R_3/R_2	$(I_1{}^2-I_2{}^2)\,R_1R_3/R_2$
3	R_1R_2/R_3	$(I_1{}^2-I_2{}^2)\,R_1R_2/R_3$
4	R_2R_3/R_1	$(I_1{}^2+I_2{}^2)\,R_2R_3/R_1$
5	R_1R_2/R_3	$(I_1+I_2)\,R_1R_2/R_3$

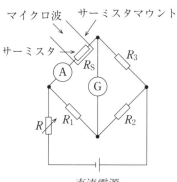

R_S：サーミスタ抵抗〔Ω〕、G：検流計
R_1、R_2、R_3：抵抗〔Ω〕、R：可変抵抗〔Ω〕

ポイント $R_SR_2=R_1R_3$ のときブリッジ回路は平衡する。よって、

$$R_S=R_1R_3/R_2$$

サーミスタで消費される電力は、

$$I_1{}^2R_S=I_1{}^2R_1R_3/R_2 〔W〕$$

したがって、サーミスタに吸収された電力は、

$$I_1{}^2R_1R_3/R_2-I_2{}^2R_1R_3/R_2=(I_1{}^2-I_2{}^2)\,R_1R_3/R_2 〔W〕$$

となる。

正答 2

測　定

次の記述は、図に示すボロメータ形電力計を用いたマイクロ波電力の測定方法の原理について述べたものである。□□□内に入れるべき字句の正しい組合せを下の番号から選べ。

(1) 直流ブリッジ回路の一辺を構成しているサーミスタ抵抗 R_S の値は、サーミスタに加わったマイクロ波電力及びブリッジの直流電流に応じて変化する。

(2) マイクロ波入力のない状態において、可変抵抗 R を加減してブリッジの平衡をとり、サーミスタに流れる電流 I_1〔A〕を電流計 A で読み取る。このときのサーミスタで消費される電力は　A　〔W〕で表される。

(3) 次に、サーミスタにマイクロ波電力を加えると、サーミスタの発熱により R_S が変化し、ブリッジの平衡が崩れるので、再び R を調整してブリッジの平衡をとる。このときのサーミスタに流れる電流 I_2〔A〕を電流計 A で読み取れば、サーミスタに吸収されたマイクロ波電力は　B　〔W〕で求められる。

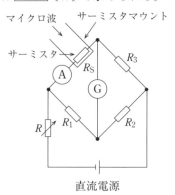

	A	B
1	$I_1{}^2 R_1 R_3 / R_2$	$(I_1{}^2 - I_2{}^2) R_1 R_3 / R_2$
2	$I_1{}^2 R_1 R_3 / R_2$	$(I_1 - I_2) R_1 R_3 / R_2$
3	$I_1{}^2 R_1 R_2 / R_3$	$(I_1{}^2 - I_2{}^2) R_1 R_2 / R_3$
4	$I_1{}^2 R_1 R_2 / R_3$	$(I_1{}^2 + I_2{}^2) R_1 R_2 / R_3$
5	$I_1{}^2 R_2 R_3 / R_1$	$(I_1 + I_2) R_2 R_3 / R_1$

マイクロ波　サーミスタマウント　サーミスタ

直流電源

R_S：サーミスタ抵抗〔Ω〕、　G：検流計
R_1, R_2, R_3：抵抗〔Ω〕、　R：可変抵抗〔Ω〕

ポイント $R_S R_2 = R_1 R_3$ のときブリッジ回路は平衡する。よって、

　$R_S = R_1 R_3 / R_2$

サーミスタで消費される電力は、

　$I_1{}^2 R_S = I_1{}^2 R_1 R_3 / R_2$〔W〕

したがって、サーミスタに吸収された電力は、

　$I_1{}^2 R_1 R_3 / R_2 - I_2{}^2 R_1 R_3 / R_2 = (I_1{}^2 - I_2{}^2) R_1 R_3 / R_2$〔W〕

となる。

正答　1

問題 24　重要度 ★★★★★　　1回目 2回目 3回目

図に示すように、送信機の出力電力を 20 [dB] の減衰器を通過させて電力計で測定したとき、その指示値が 5 [mW] であった。この送信機の出力電力の値として、最も近いものを下の番号から選べ。

1　500 [mW]
2　510 [mW]
3　520 [mW]
4　700 [mW]
5　800 [mW]

ポイント 20 [dB] を真数 G で表すと、

$$20 [dB] = 10 \log_{10} G$$

両辺を 10 で割ると、

$$2 = \log_{10} G$$
$$2 = \log_{10} 10^2 \qquad G = 10^2$$

したがって、出力電力 P_0 は、

$$P_0 = 5 \times 10^2 = 500 [mW]$$

となる。

正答 1

問題 25　重要度 ★★★★★　　1回目 2回目 3回目

伝送速度 5 [Mbps] のデジタルマイクロ波回線によりデータを連続して送信し、ビット誤りの発生状況を観測したところ、平均的に 50 秒間に 1 回の割合で、1 [bit] の誤りが生じていた。この回線のビット誤り率の値として、最も近いものを下の番号から選べ。ただし、観測時間は、50 秒よりも十分に長いものとする。

1　4×10^{-11}
2　2.5×10^{-10}
3　4×10^{-9}
4　2.5×10^{-8}
5　4×10^{-7}

$$5\times10^6\times50=2.5\times10^8\,\text{〔bit〕} \qquad\qquad \cdots\cdots(1)$$

(1) 式のビット数で 1〔bit〕の誤りを生じるので、ビット誤り率は、

$$\frac{1}{2.5\times10^8}=0.4\times10^{-8}=4\times10^{-9}$$

となる。

正 答 3

問題 26 重要度 ★★☆☆☆ 　　　　1回目 2回目 3回目

次の記述は、図に示す構成例を用いた FM（F3E）送信機の占有周波数帯幅の測定法について述べたものである。 内に入れるべき字句の正しい組合せを下の番号から選べ。なお、同じ記号の 内には、同じ字句が入るものとする。

(1) 送信機が発射する電波の占有周波数帯幅は、全輻射電力の A 〔%〕が含まれる周波数帯幅で表される。 B 発生器から規定のスペクトルを持つ B 信号を送信機に加え、所定の変調を行った周波数変調波を擬似負荷（減衰器）に出力する。

(2) スペクトルアナライザを規定の動作条件とし、規定の占有周波数帯幅の 2～3.5 倍程度の帯域を、スペクトルアナライザの狭帯域フィルタで掃引しながらサンプリングし、測定したすべての電力値をコンピュータに取り込む。

(3) これらの値の総和から全電力が求まる。取り込んだデータを、下側の周波数から積算し、その値が全電力の C 〔%〕となる周波数 f_1〔Hz〕を求める。同様に上側の周波数から積算し、その値が全電力の C 〔%〕となる周波数 f_2〔Hz〕を求める。このときの占有周波数帯幅は、 D 〔Hz〕となる。

	A	B	C	D
1	99	パルスパターン	0.5	$(f_2+f_1)/2$
2	99	擬似音声	0.5	$(f_2+f_1)/2$
3	99	擬似音声	0.5	(f_2-f_1)
4	90	擬似音声	5.0	$(f_2+f_1)/2$
5	90	パルスパターン	5.0	(f_2-f_1)

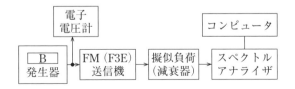

> **ポイント** 送信機から発射される電波は変調されると周波数に幅を持ち、変調速度に比例して広がる性質がある。この幅を占有周波数帯幅といい、無線設備規則によって、全輻射電力の「99」〔％〕が含まれる周波数の幅と定められている。占有周波数帯幅の測定は、擬似音声発生器の「擬似音声」信号を送信機に加え、定められた変調度で変調された被変調波を擬似負荷に加えスペクトルアナライザで測定する。
>
> 　測定したすべての電力値の測定結果をコンピュータに取り込み、そのデータを下側の周波数から電力値を積算し「0.5」〔％〕となる周波数 f_1 〔Hz〕を求める。上側の周波数側からも同様に電力値を積算し、「0.5」〔％〕になる周波数 f_2 〔Hz〕を求める。占有周波数帯幅は「$(f_2 - f_1)$」〔Hz〕となる。　**正答**　3

問題27　重要度 ★★★★☆　　　1回目 2回目 3回目

図に示す増幅器の利得の測定回路において、レベル計の指示が 0〔dBm〕となるように信号発生器の出力を調整して、減衰器の減衰量を 20〔dB〕としたとき、電圧計の指示が 0.71〔V〕となった。このとき被測定増幅器の電力増幅度の値（真数）として、最も近いものを下の番号から選べ。ただし、信号発生器、減衰器、被測定増幅器及び負荷抵抗は正しく整合されており、レベル計及び電圧計の入力インピーダンスによる影響はないものとする。また、1〔mW〕を 0〔dBm〕とする。

測

定

1　　60
2　　75
3　　85
4　　100
5　　120

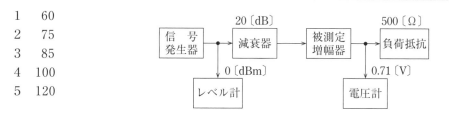

ポイント 測定回路の入力電力を P_i〔dB〕、出力電力を P_0〔dB〕、減衰器の減衰量を A〔dB〕、増幅器の電力利得を G〔dB〕とすると、次式が成立する。

$$P_0 = P_i - A + G \qquad \cdots\cdots (1)$$

題意より P_0 は、次のようになる。

$$P_0 = \frac{(\text{電圧計の指示値})^2}{\text{負荷抵抗}} = \frac{0.71^2}{500} \fallingdotseq \frac{0.5}{500}$$

$$= 0.001 = 1 \times 10^{-3}\,\text{〔W〕} = 1\,\text{〔mW〕}$$

1〔mW〕=0〔dB〕で、題意より P_i も0〔dB〕なので、(1)式を変形して G〔dB〕を求めると、

$$G = P_0 - P_i + A = 0 - 0 + 20 = 20\,\text{〔dB〕}$$

したがって、G を真数にすると、

$$10 \log_{10} G = 20 \text{であるから、}$$

$$G = 10^2 = 100$$

となる。

正答 4

問題28　重要度 ★★★★★　　　　1回目 2回目 3回目

図に示す増幅器の利得の測定回路において、切換えスイッチ S を①に接続して、レベル計の指示が 0〔dBm〕となるように信号発生器の出力を調整した。次に減衰器の減衰量を 15〔dB〕として、切換えスイッチ S を②に接続したところ、レベル計の指示が 5〔dBm〕となった。このとき被測定増幅器の電力増幅度の値（真数）として、最も近いものを下の番号から選べ。ただし、信号発生器、減衰器、被測定増幅器及び負荷抵抗は正しく整合されており、レベル計の入力インピーダンスによる影響はないものとする。また、1〔mW〕を0〔dBm〕とする。

1　30
2　50
3　80
4　100
5　200

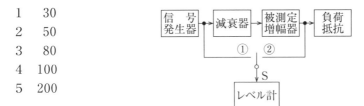

ポイント 測定回路の入力電力を P_i 〔dB〕、出力電力を P_0 〔dB〕、減衰器の減衰量を A 〔dB〕、増幅器の電力利得を G 〔dB〕とすると、次式が成立する。

$$P_0 = P_i - A + G \qquad \cdots\cdots (1)$$

題意より $P_i = 0$ 〔dB〕なので、(1) 式を変形して G 〔dB〕を求めると、

$$G = P_0 - P_i + A = 5 - 0 + 15 = 20 〔dB〕$$

したがって、G を真数にすると、

$$10 \log_{10} G = 20 \text{ であるから、}$$

$$G = 10^2 = 100$$

となる。

正答 4

問題 29 重要度 ★★★★★　　　　　1回目 2回目 3回目

図は、被測定系の変調器と復調器とが伝送路を介して離れている場合のビット誤り率測定の原理的構成例を示したものである。□□□内に入れるべき字句の正しい組合せを下の番号から選べ。

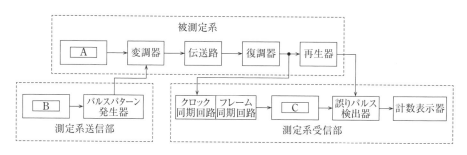

	A	B	C
1	搬送波発振器	クロックパルス発生器	クロックパルス発生器
2	搬送波発振器	クロックパルス発生器	パルスパターン発生器
3	搬送波発振器	搬送波発振器	クロックパルス発生器
4	クロックパルス発生器	搬送波発振器	クロックパルス発生器
5	クロックパルス発生器	搬送波発振器	パルスパターン発生器

ポイント A の項は「搬送波発振器」。「クロックパルス」と「パルスパターン」を間違えないこと。クロックパルスによってパルスパターンを発生させる。「復調器」、「再生器」が空欄の問いもある。

正答 2

測 定

図は、被測定系の送受信装置が同一場所にある場合のビット誤り率測定のための構成例である。図中の□□□内に入れるべき字句の正しい組合せを下の番号から選べ。

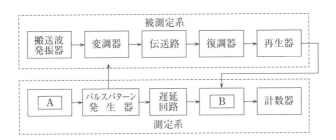

	A	B
1	マイクロ波信号発生器	スペクトルアナライザ
2	基準水晶発振器	パルス整形回路
3	雑音発生器	D-A変換回路
4	クロックパルス発生器	誤りパルス検出器

ポイント この回路は衛星通信における地球局の装置に組み込まれ、入力したパルスを被測定系の伝送時間に相当する時間だけ遅延させ、受信側のパルスと比較することによってビット誤り率を測定する。Aの項は「クロックパルス発生器」、Bの項は「誤りパルス検出器」が入る。「復調器」が空欄の問いもある。　正答 4

次の記述は、アイパターンについて述べたものである。□□□内に入れるべき字句の正しい組合せを下の番号から選べ。

(1) 伝送系のひずみや雑音が小さいほど、中央部のアイの開きは□A□なる。

(2) デジタル信号の伝送時における正確で定量的なビット誤り率の測定が□B□。

	A	B
1	小さく	できる
2	小さく	できない
3	大きく	できる
4	大きく	できない

ポイント アイパターンのアイは eye（目）のことで、雑音等が小さいときの開きは「大きい」。ビット誤り率は測定「できない」。　　**正　答**　4

問題32　重要度 ★★☆☆☆　　1回目 2回目 3回目

次の記述は、デジタル伝送における品質評価方法の一つであるアイパターンの観測について述べたものである。□□□内に入れるべき字句の正しい組合せを下の番号から選べ。

（1）アイパターンは、識別器直前のパルス波形を □A□ に同期して、オシロスコープ上に描かせたものである。

（2）伝送系のひずみや雑音が小さいほど、中央部のアイの開きは □B□ なる。

	A	B
1	パルス繰返し周波数（クロック周波数）	小さく
2	ドップラー周波数	小さく
3	パルス繰返し周波数（クロック周波数）	大きく
4	ドップラー周波数	大きく

ポイント アイパターンは、識別器直前のパルス波形を「パルス繰返し周波数」に同期して、オシロスコープ上に描かせて観測する。ひずみや雑音が小さいほど、アイの開きは「大きく」なる。　　**正　答**　3

問題33　重要度 ★★★☆☆　　1回目 2回目 3回目

次の記述は、デジタル伝送における品質評価方法の一つであるアイパターンによって観測できる事項について述べたものである。このうち正しいものを下の番号から選べ。

1　デジタル信号の伝送時におけるビット誤り率
2　デジタル信号の伝送系で発生する雑音及び波形ひずみ
3　デジタル送信機、中継器等から発生する高調波の波形及び周波数
4　アナログ多重信号の伝送系で発生する雑音及び波形ひずみ

ポイント オシロスコープに描かれた図形が「目（eye＝アイ）」の形に似ていることからこのように呼ばれ、雑音及び波形ひずみがわかる。　　**正　答**　2

問題 34 重要度 ★★★★☆   1回目 2回目 3回目

次の記述は、デジタル伝送における品質評価方法の一つであるアイパターンの観測について述べたものである。このうち誤っているものを下の番号から選べ。

1　識別器直前のパルス波形を、パルス繰返し周波数(クロック周波数)に同期して、オシロスコープ上に描かせて観測することができる。
2　デジタル伝送における波形ひずみの影響を観測できる。
3　アイパターンを観測することにより受信信号の雑音に対する余裕度がわかる。
4　伝送系のひずみや雑音が小さいほど、アイパターンの中央部のアイの開きは小さくなる。

ポイント ひずみや雑音が小さいほど、アイの開きは「大きく」なる。また、ひずみや雑音が「大きい」ほど、アイの開きは小さくなる。　　**正答**　**4**

問題 35 重要度 ★★★★★   1回目 2回目 3回目

図に示す方向性結合器を用いた導波管回路の定在波比 (SWR) の測定において、①にマイクロ波電力を加え、②に被測定回路、③に電力計Ⅰ、④に電力計Ⅱを接続したとき、電力計Ⅰ及び電力計Ⅱの指示値がそれぞれ M_1, 及び M_2 であった。このときの反射係数 Γ 及び SWR を表す式の正しい組合せを下の番号から選べ。

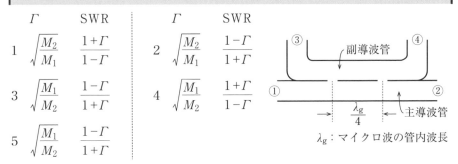

$$\begin{array}{ccc} & \Gamma & \text{SWR} \\ 1 & \sqrt{\dfrac{M_2}{M_1}} & \dfrac{1+\Gamma}{1-\Gamma} \end{array}$$

$$\begin{array}{ccc} & \Gamma & \text{SWR} \\ 2 & \sqrt{\dfrac{M_2}{M_1}} & \dfrac{1-\Gamma}{1+\Gamma} \end{array}$$

$$3 \quad \sqrt{\dfrac{M_1}{M_2}} \quad \dfrac{1-\Gamma}{1+\Gamma}$$

$$4 \quad \sqrt{\dfrac{M_1}{M_2}} \quad \dfrac{1+\Gamma}{1-\Gamma}$$

$$5 \quad \sqrt{\dfrac{M_1}{M_2}} \quad \dfrac{1-\Gamma}{1+\Gamma}$$

λ_g：マイクロ波の管内波長

ポイント 定在波比は (入射波＋反射波)／(入射波－反射波) なので、それぞれの式を入射波で割り、反射係数 Γ で表すと SWR＝「$(1+\Gamma)／(1-\Gamma)$」となる。また、Γ＝「$\sqrt{M_1/M_2}$」である。　　**正答**　**4**

問題36　重要度 ★★★★★　　　1回目 2回目 3回目

次の記述は、図に示す方向性結合器を用いて導波管回路の定在波比（SWR）を測定する方法について述べたものである。□□□内に入れるべき字句の正しい組合せを下の番号から選べ。

(1) 主導波管の①からマイクロ波電力を加え、②に被測定回路、③に電力計Ⅰ、④に電力計Ⅱを接続したときの電力計Ⅰ及び電力計Ⅱの指示値をそれぞれ M_1 及び M_2 とすると、M_1 には □A□ に比例した電力が、M_2 には □B□ に比例した電力が得られる。

(2) このときの反射係数 Γ は、□C□ で表される。

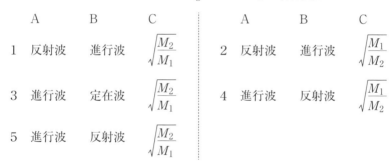

λ_g：マイクロ波の管内波長

	A	B	C
1	反射波	進行波	$\sqrt{\dfrac{M_2}{M_1}}$
3	進行波	定在波	$\sqrt{\dfrac{M_2}{M_1}}$
5	進行波	反射波	$\sqrt{\dfrac{M_2}{M_1}}$

	A	B	C
2	反射波	進行波	$\sqrt{\dfrac{M_1}{M_2}}$
4	進行波	反射波	$\sqrt{\dfrac{M_1}{M_2}}$

ポイント Bからの「反射波」は電力計Ⅰの M_1 へ、Aからの「進行波」は電力計Ⅱの M_2 へ現れるので、反射係数 $\Gamma =$「$\sqrt{M_1/M_2}$」となる。(1)の「比例」が空欄の問いもある。

正 答 2

同軸給電線とアンテナの接続部において、通過型高周波電力計で測定した進行波電力が 4〔W〕、反射波電力が 0.25〔W〕であるとき、接続部における定在波比（SWR）の値として、最も近いものを下の番号から選べ。

1　0.6

2　1.7

3　2.0

4　2.5

5　16.0

ポイント 進行波電力を P_f〔W〕、反射波電力を P_r〔W〕すると、SWRは、次式で求めることができる。

$$\text{SWR}=\frac{\sqrt{P_f}+\sqrt{P_r}}{\sqrt{P_f}-\sqrt{P_r}} \qquad \cdots\cdots (1)$$

(1) 式に $P_f=4$〔W〕、$P_r=0.25$〔W〕を代入すると、

$$\text{SWR}=\frac{\sqrt{P_f}+\sqrt{P_r}}{\sqrt{P_f}-\sqrt{P_r}}=\frac{\sqrt{4}+\sqrt{0.25}}{\sqrt{4}-\sqrt{0.25}}=\frac{2+0.5}{2-0.5}=\frac{2.5}{1.5}=1.67 \fallingdotseq 1.7$$

となる。

正答 2

法　規

　法規の試験問題は、電波法令から出題されるので「理屈抜き」に覚えることになりますが、ごく常識的なものもありますから、出題問題を何度も読み返すことで正答が得られるものもあります。ただし、数値については「丸暗記」する必要があり、よく似た数値や単位に惑わされないようにします。

　一例　定義の問題で「電波とは、300万メガヘルツ以下の周波数の電磁波をいう」の選択肢に「300万メガヘルツ」と「300万ギガヘルツ」というように、よく似た単位があります。

　また、設問には「正しいもの」はどれか、というものと「誤っているもの」はどれか、というのがあります。この設問に対しては、問題を何度も読み返して「正しいもの」を問うているのか、「誤っているもの」を問うているのかよく確かめることです。

■「定義・無線局の免許」の問題のポイント

・定義については、よく覚えておく。各用語について平均的に出題されている。この定義には「電波法」と「規則」で定められているものがある。

・無線局を開設する者は、総務大臣の免許を受けなければならない。

・無線局の免許が与えられない者が定められている。

・無線局の申請が申請基準に合致しているときには、指定事項が指定されて予備免許が与えられる。

・工事設計の内容について変更するときは、総務大臣の許可が必要である。

・工事が落成したときは落成後の検査を受けなければならない。

・免許状には記載事項が定められていて、運用するときは除外規定を除いて記載事項に限られる。また固定局等の免許の有効期間は5年である。

・免許状の記載事項を変更するときは、総務大臣の許可が必要であり、変更の許可を受けて工事を行った後、運用するときは変更検査を受ける。

・免許状の記載事項に変更があったときは訂正を受け、その効力を失ったときは返納しなければならない。

■「無線設備」の問題のポイント

・電波の質は、「送信設備に使用する電波の"周波数の偏差"及び"幅"、"高調波の強度等"電波の質は、総務省令で定めるところに適合するものでなければならない」と定められている。"　"の中を空欄にした問題がたいへん多く出題されるので、よく覚えておく。

・無線設備の安全性の確保、電波の強度に対する安全施設、高圧電気に対する安全施設では「高圧電気に対する安全施設」の問題が多く出題されている。
・電波の型式の表示の問題では「F2D」、「A3E」、「C3F」、「F3E」、「F7E」、「F9D」、「F9W」、「G7D」、「G1C」、「G7W」、「G9W」などを覚えておく。
・空中線電力の許容偏差、周波数安定のための条件、空中線に関するものなど。

■「無線従事者」の問題のポイント

・主任無線従事者の「職務」、「選解任」そして、とくに第一級陸上特殊無線技士の操作範囲と、次のことはよく出題されるので覚えておく。
・免許を与えない場合
・免許証の「訂正」、「返納」

■「無線局の運用」の問題のポイント

　目的外使用の禁止については、かなりの頻度で出題されている。
・「無線局は、免許状に記載された目的又は通信の相手方若しくは通信事項の範囲を超えて運用してはならない」
・「無線局を運用する場合においては、無線設備の設置場所、識別信号、電波の型式及び周波数は免許状に記載されたところによらなければならない。ただし、遭難通信についてはこの限りでない」
・擬似空中線回路の使用、無線通信の秘密の保護、無線通信の原則
・電波の発射前の措置、通報の送信、呼出し及び応答、試験電波の発射

■「監督」の問題のポイント

　「周波数等変更」、「電波の発射の停止」、「無線局の定期検査及び臨時検査」、「非常の場合の無線通信」、「免許人が受ける処分」、「無線従事者の免許の取消し」、そして「電波利用料」について出題されるが、とくに「電波の発射の停止」、「無線局の定期検査及び臨時検査」、「非常の場合の無線通信」、「免許人が受ける処分」、「無線従事者の免許の取消し」についてはよく目を通しておくこと。

■「業務書類」の問題のポイント

　業務書類の備え付けについての問題で、「免許状」、「無線局検査結果通知書」、「無線業務日誌」、そして「免許証の携帯」など。とくに「免許状」についての出題が多い。

★ よく出題される「電波の型式の表示」

電波の主搬送波の変調の型式、主搬送波を変調する信号の性質及び伝送情報の型式は、次の各号に掲げるように分類し、それぞれ当該各号に掲げる記号をもって

一　主搬送波の変調の型式	記号
（1）　無変調	N
（2）　振幅変調	
（一）　両側波帯	A
（二）　全搬送波による単側波帯	H
（三）　低減搬送波による単側波帯	R
（四）　抑圧搬送波による単側波帯	J
（五）　独立側波帯	B
（六）　残留側波帯	C
（3）　角度変調	
（一）　周波数変調	F
（二）　位相変調	G
（4）　同時に、又は一定の順序で振幅変調及び角度変調を行うもの	D
（5）　パルス変調	
（一）　無変調パルス列	P
（二）　変調パルス列	
ア　振幅変調	K
イ　幅変調又は時間変調	L
ウ　位置変調又は位相変調	M
エ　パルスの期間中に搬送波を角度変調するもの	Q
オ　アからエまでの各変調の組合せ又は他の方法によって変調するもの	V
（6）　（1）から（5）までに該当しないものであって、同時に、又は一定の順序で振幅変調、角度変調又はパルス変調のうちの2以上を組み合わせて行うもの	W
（7）　その他のもの	X

表示されます。ただし、主搬送波を変調する信号の性質を表示する記号は、対応する算用数字をもって表示することがあるものとします。（施行規則第4条の2）

二　主搬送波を変調する信号の性質	記号
⑴　変調信号のないもの	0
⑵　デジタル信号である単一チャネルのもの	
㈠　変調のための副搬送波を使用しないもの	1
㈡　変調のための副搬送波を使用するもの	2
⑶　アナログ信号である単一チャネルのもの	3
⑷　デジタル信号である2以上のチャネルのもの	7
⑸　アナログ信号である2以上のチャネルのもの	8
⑹　デジタル信号の1又は2以上のチャネルとアナログ信号の1又は2以上の 　チャネルを複合したもの	9
⑺　その他のもの	X
三　伝送情報の型式	記号
⑴　無情報	N
⑵　電信	
㈠　聴覚受信を目的とするもの	A
㈡　自動受信を目的とするもの	B
⑶　ファクシミリ	C
⑷　データ伝送、遠隔測定又は遠隔指令	D
⑸　電話（音響の放送を含む。）	E
⑹　テレビジョン（映像に限る。）	F
⑺　⑴から⑹までの型式の組合せのもの	W
⑻　その他のもの	X

2　この規則その他法に基づく省令、告示等において電波の型式は、前項に規定する主搬送波の変調の型式、主搬送波を変調する信号の性質及び伝送情報の型式を同項に規定する記号をもって、かつ、その順序に従って表記する。
3　この規則その他法に基づく省令、告示等においては、電波は、電波の型式、「電波」の文字、周波数の順序に従って表示することを例とする。

目的・定義
の問題

問題1　重要度 ★★★★★　　1回目 2回目 3回目

次の記述は、電波法の目的及び電波法に規定する用語の定義を述べたものである。電波法（第1条及び第2条）の規定に照らし、〔　　〕内に入れるべき最も適切な字句の組合せを下の1から4までのうちから一つ選べ。

① 電波法は、電波の〔　A　〕な利用を確保することによって、公共の福祉を増進することを目的とする。

② 「無線設備」とは、無線電信、無線電話その他電波を送り、又は受けるための〔　B　〕をいう。

③ 「無線局」とは、無線設備及び〔　C　〕の総体をいう。ただし、受信のみを目的とするものを含まない。

	A	B	C
1	公平かつ能率的	電気的設備	無線設備の操作を行う者
2	公平かつ能率的	通信設備	無線設備の操作の監督を行う者
3	有効かつ適正	電気的設備	無線設備の操作の監督を行う者
4	有効かつ適正	通信設備	無線設備の操作を行う者

ポイント 目的は「公平かつ能率的」、無線設備は「電気的設備」、無線局は「無線設備の操作を行う者」がキーワードである。　　**正答** 1

問題2　重要度 ★★★★★　　1回目 2回目 3回目

次の記述は、電波法（第2条）に規定する定義を掲げたものである。〔　　〕内に入れるべき字句の正しい組合せを下の番号から選べ。

① 「電波」とは、〔　A　〕以下の周波数の電磁波をいう。

② 「無線電話」とは、電波を利用して、音声その他の音響を送り、又は受けるための〔　B　〕をいう。

③ 「無線局」とは、無線設備及び〔　C　〕の総体をいう。ただし、受信のみを目的とするものを含まない。

	A	B	C
1	300万ギガヘルツ	通信設備	無線設備の操作の監督を行う者
2	300万ギガヘルツ	電気的設備	無線設備の操作を行う者
3	300万メガヘルツ	通信設備	無線設備の操作を行う者
4	300万メガヘルツ	電気的設備	無線設備の操作の監督を行う者

ポイント 電波は「300万メガヘルツ」、無線電話は「通信設備」、無線局は「無線設備の操作を行う者」がキーワードである。　**正答** 3

問題3　重要度 ★★★★★　　　　1回目 2回目 3回目

次の記述のうち、電波法に規定する用語の定義に適合するものはどれか。電波法（第2条）の規定に照らし、下の1から4までのうちから一つ選べ。

1　「電波」とは、500万メガヘルツ以下の周波数の電磁波をいう。
2　「無線従事者」とは、無線設備の操作又はその監督を行う者であって、総務大臣の免許を受けたものをいう。
3　「無線設備」とは、無線電話、テレビジョン、ファクシミリその他電波を送り、又は受けるための電気的設備をいう。
4　「無線局」とは、無線設備及び無線設備の管理を行う者の総体をいう。ただし、受信のみを目的とするものを含まない。

ポイント 無線従事者は無線設備の操作又はその監督を行う者がキーワードである。　**正答** 2

無線局の免許
の問題

問題 1　重要度 ★☆☆☆☆　　　1回目 2回目 3回目

次の記述のうち、無線局を開設しようとする際に総務大臣の免許を受ける必要のない無線局に該当しないものはどれか。電波法（第4条）の規定に照らし、下の1から4までのうちから一つ選べ。

1　発射する電波が著しく微弱な無線局で総務省令で定めるもの

2　陸上を移動中又はその特定しない地点に停止中運用する小規模な無線局であって、適合表示無線設備のみを使用するもの

3　26.9 MHzから27.2 MHzまでの周波数の電波を使用し、かつ、空中線電力が0.5ワット以下である無線局のうち総務省令で定めるものであって、適合表示無線設備のみを使用するもの

4　空中線電力が1ワット以下である無線局のうち総務省令で定めるものであって、電波法第4条の2（呼出符号又は呼出名称の指定）の規定により指定された呼出符号又は呼出名称を自動的に送信し、又は受信する機能その他総務省令で定める機能を有することにより他の無線局にその運用を阻害するような混信その他の妨害を与えないように運用することができるもので、かつ、適合表示無線設備のみを使用するもの

> **ポイント** 選択肢2の規定はない。　　　　　　**正答** 2

問題 2　重要度 ★★☆☆☆　　　1回目 2回目 3回目

次の記述は、無線局の開設について述べたものである。電波法（第4条及び第110条）の規定に照らし、□□□内に入れるべき最も適切な字句の組合せを下の1から4までのうちから一つ選べ。なお、同じ記号の□□□内には、同じ字句が入るものとする。

① 無線局を開設しようとする者は、□A□を受けなければならない。ただし、□B□無線局で総務省令で定めるもの等電波法第4条（無線局の開設）ただし書に定めるものについては、この限りでない。

② ①による　A　がないのに無線局を開設した者は、　C　に処する。

	A	B	C
1	総務大臣の免許	発射する電波が著しく微弱な	1年以下の懲役又は100万円以下の罰金
2	総務大臣の免許	小規模な	2年以下の懲役又は200万円以下の罰金
3	総務大臣の登録	発射する電波が著しく微弱な	2年以下の懲役又は200万円以下の罰金
4	総務大臣の登録	小規模な	1年以下の懲役又は100万円以下の罰金

ポイント 無線局の開設には総務大臣の「免許」が必要で、「微弱な」無線局はこの限りでない。不法開設の罰金は「100万円以下」。　**正答** 1

問題3　重要度 ★★★★★　　1回目 2回目 3回目

次の記述は、無線局（包括免許に係るものを除く。）の開設について述べたものである。電波法（第4条、第76条及び第110条）の規定に照らし、□□内に入れるべき最も適切な字句の組合せを下の1から4までのうちから一つ選べ。

① 無線局を開設しようとする者は、総務大臣の免許を受けなければならない。ただし、　A　無線局で総務省令で定めるもの等、電波法第4条（無線局の開設）ただし書に掲げる無線局については、この限りでない。

② 総務大臣は、免許人が不正な手段により①の規定による無線局の免許を受けたときは、　B　ことができる。

③ ①の規定による免許がないのに、無線局を開設した者は、1年以下の懲役又は　C　に処する。

	A	B	C
1	発射する電波が著しく微弱な	その無線局の運用の停止を命ずる	50万円以下の罰金
2	発射する電波が著しく微弱な	その免許を取り消す	100万円以下の罰金
3	小規模な	その無線局の運用の停止を命ずる	100万円以下の罰金
4	小規模な	その免許を取り消す	50万円以下の罰金

問題4　重要度 ★★★★★

次の記述は、電波法第4条（無線局の開設）第1項第1号に規定する発射する電波が著しく微弱なため、総務大臣の免許を受けることを要しない総務省令で定める無線局について述べたものである。電波法施行規則（第6条）の規定に照らし、□□□□内に入れるべき最も適切な字句の組合せを下の1から4までのうちから一つ選べ。

　当該無線局の無線設備から3メートルの距離において、その電界強度（注）が、次の表の左欄の区分に従い、それぞれ同表の右欄に掲げる値以下であるもの

注　総務大臣が別に告示する試験設備の内部においてのみ使用される無線設備については当該試験設備の外部における電界強度を当該無線設備からの距離に応じて補正して得たものとし、人の生体内に植え込まれた状態又は一時的に留置された状態においてのみ使用される無線設備については当該生体の外部におけるものとする。

周波数帯	電界強度
322 MHz 以下	毎メートル A
322 MHz を超え 10 GHz 以下	毎メートル B

	A	B
1	500マイクロボルト	35マイクロボルト
2	300マイクロボルト	100マイクロボルト
3	300マイクロボルト	35マイクロボルト
4	500マイクロボルト	100マイクロボルト

問題5　重要度 ★★★★★

次に掲げる者のうち、総務大臣が無線局の免許を与えないことができる者に該当するものはどれか。電波法（第5条）の規定に照らし、下の1から4までのうちから一つ選べ。

1　無線局の予備免許の際に指定された工事落成の期限経過後2週間以内に工事が落成した旨の届出がなかったことにより免許を拒否され、その拒否の日から2年を経過しない者
2　無線局の免許の取消しを受け、その取消しの日から2年を経過しない者
3　無線局の免許の有効期間満了により免許が効力を失い、その効力を失った日から2年を経過しない者
4　無線局を廃止し、その廃止の日から2年を経過しない者

> **ポイント** 無線局の免許を与えないことができる者は無線局の免許の取消しを受け、取消しの日から2年を経過しない者。　　**正答** 2

問題6　重要度 ★★★★★　　1回目 2回目 3回目

次の記述は、固定局の免許を受けようとする者が、申請書に記載しなければならない事項を掲げたものである。電波法（第6条）の規定に照らし、□□□内に入れるべき最も適切な字句の組合せを下の1から4までのうちから一つ選べ。

① 目的
② 　A　
③ 通信の相手方及び通信事項
④ 無線設備の設置場所
⑤ 電波の型式並びに　B　及び空中線電力
⑥ 希望する運用許容時間（運用することができる時間をいう。）
⑦ 無線設備（電波法第30条（安全施設）の規定により備え付けなければならない設備を含む。）の工事設計及び　C　。
⑧ 運用開始の予定期日

	A	B	C
1	開設を必要とする理由	発射可能な周波数の範囲	工事費の支弁方法
2	開設を必要とする理由	希望する周波数の範囲	工事落成の予定期日
3	申請者が現に行っている業務の概要	発射可能な周波数の範囲	工事落成の予定期日
4	申請者が現に行っている業務の概要	希望する周波数の範囲	工事費の支弁方法

> **ポイント** 申請書の記載事項である①〜⑧は覚えておくこと。　　**正答** 2

問題7　重要度 ★★★★★

次の記述のうち、総務大臣が基地局の免許の申請を審査する際に、審査する事項に該当しないものはどれか。電波法（第7条）の規定に照らし、下の1から4までのうちから一つ選べ。

1　工事設計が電波法第3章（無線設備）に定める技術基準に適合すること。
2　周波数の割当てが可能であること。
3　当該業務を維持するに足りる経理的基礎及び技術的能力があること。
4　総務省令で定める無線局（基幹放送局を除く。）の開設の根本的基準に合致すること。

ポイント 免許の申請の際、「経理的基礎及び技術的能力」は審査事項ではない。「財政的基礎」となっている問いもある。　**正答** 3

問題8　重要度 ★★★★☆

次に掲げる事項のうち、無線局の予備免許の際に総務大臣から指定されるものを、電波法（第8条）の規定に照らし下の番号から選べ。

1　通信の相手方及び通信事項
2　免許の有効期間
3　電波の型式及び周波数
4　無線局の目的

ポイント 予備免許の指定事項は、「工事落成の期限」、「電波の型式及び周波数」、「呼出符号（識別信号）」、「空中線電力」、そして「運用許容時間」である。　**正答** 3

問題9　重要度 ★★★★★

次の記述は、固定局の予備免許を受けた者が行う工事設計の変更について述べたものである。電波法（第9条）の規定に照らし、　　　内に入れるべき最も適切な字句の組合せを下の1から4までのうちから一つ選べ。

①　電波法第8条の予備免許を受けた者は、工事設計を変更しようとするときは、あらかじめ　A　なければならない。ただし、総務省令で定める軽微な事項については、この限りでない。
②　①のただし書の事項について工事設計を変更したときは、　B　なければばな

らない。

③　①の変更は、　C　に変更を来すものであってはならず、かつ、工事設計が電波法第3章（無線設備）に定める技術基準に合致するものでなければならない。

	A	B	C
1	総務大臣に届け出	遅滞なくその旨を総務大臣に届け出	無線設備の設置場所
2	総務大臣の許可を受け	変更した内容を無線局事項書の備考欄に記載し	無線設備の設置場所
3	総務大臣に届け出	変更した内容を無線局事項書の備考欄に記載し	周波数、電波の型式又は空中線電力
4	総務大臣の許可を受け	遅滞なくその旨を総務大臣に届け出	周波数、電波の型式又は空中線電力

無線局の免許

ポイント 工事設計を変更しようとするときは「総務大臣の許可を受ける」。工事設計を変更したときは「遅滞なく届け出る」。「周波数、電波の型式又は空中線電力」に変更を来すものでなく、技術基準に合致するものでなくてはならない。

正答 4

問題10　重要度 ★★★★☆　　1回目 2回目 3回目

次の無線局の予備免許中における指定事項等の変更に関する記述のうち、電波法（第8条及び第9条）の規定に照らし誤っているものを下の番号から選べ。

1　総務大臣は、予備免許を受けた者から申請があった場合において、相当と認めるときは、工事落成の期限を延長することができる。

2　予備免許を受けた者は、工事設計を変更しようとするときは、あらかじめ総務大臣に届け出なければならない。ただし、総務省令で定める軽微な事項については、この限りでない。

3　予備免許を受けた者が行う工事設計の変更は、周波数、電波の型式又は空中線電力に変更を来すものであってはならず、かつ、電波法に定める技術基準に合致するものでなければならない。

4　予備免許を受けた者は、総務大臣の許可を受けて、通信の相手方、通信事項又は無線設備の設置場所を変更することができる。

ポイント 選択肢2は「届け出なければならない」ではなく、「許可を受けなければならない」が正しい。

正答 2

固定局の予備免許中における工事設計の変更等に関する次の記述のうち、電波法（第8条、第9条、第11条及び第19条）の規定に照らし、これらの規定に定めるところに適合しないものはどれか。下の1から4までのうちから一つ選べ。

1　総務大臣は、無線局の予備免許の際に指定した工事落成の期限（期限の延長があったときは、その期限）経過後2週間以内に電波法第10条（落成後の検査）の規定による工事が落成した旨の届出がないときは、その無線局の免許を拒否しなければならない。

2　総務大臣は、予備免許を受けた者が、識別信号、電波の型式、周波数、空中線電力又は運用許容時間の指定の変更を申請した場合において、混信の除去その他特に必要があると認めるときは、その指定を変更することができる。

3　総務大臣は、予備免許を受けた者から申請があった場合において、相当と認めるときは、予備免許の際に指定した工事落成の期限を延長することができる。

4　予備免許を受けた者は、工事設計を変更しようとするときは、あらかじめ総務大臣にその旨を届け出なければならない。

> **ポイント** 選択肢4は「総務大臣にその旨を届け出なければならない」ではなく、「総務大臣の許可を受けなければならない」が正しい。
> 　　　　　　　　　　　　　　　　　　　　　　　　　**正答** 　4

次の記述は、予備免許及び申請による周波数等の変更について述べたものである。電波法（第8条及び第19条）の規定に照らし、□□□□内に入れるべき最も適切な字句の組合せを下の1から4までのうちから一つ選べ。なお、同じ記号の□□□□内には、同じ字句が入るものとする。

① 総務大臣は、電波法第7条（申請の審査）の規定により審査した結果、その申請が同条第1項各号に適合していると認めるときは、申請者に対し、次の(1)から(5)までに掲げる事項を指定して、無線局の予備免許を与える。

(1)　 A 　　(2)電波の型式及び周波数　　(3)識別信号　　(4)空中線電力

(5)　 B

② 総務大臣は、予備免許を受けた者から申請があった場合において、相当と認めるときは、□ A □を延長することができる。

③ 総務大臣は、免許人又は電波法第8条の予備免許を受けた者が識別信号、電波の型式、周波数、空中線電力又は□ B □の指定の変更を申請した場合におい

て、□ C □ときは、その指定を変更することができる。

	A	B	C
1	工事落成の期限	運用許容時間	混信の除去その他特に必要があると認める
2	工事落成の期限	無線設備の設置場所	電波の規整その他公益上必要がある
3	免許の有効期間	運用許容時間	電波の規整その他公益上必要がある
4	免許の有効期間	無線設備の設置場所	混信の除去その他特に必要があると認める

ポイント 予備免許の際の指定事項は「工事落成の期限」、電波の型式及び周波数、識別信号（呼出符号）、空中線電力、「運用許容時間」である。Cの項には「混信の除去その他特に必要があると認める」が入る。

正答 1

問題13 重要度 ★★★★★　　　　1回目 2回目 3回目

次の記述は、無線局の落成後の検査について電波法（第10条）の規定に沿って述べたものである。□□□内に入れるべき字句の正しい組合せを下の番号から選べ。

① 第8条の予備免許を受けた者は、工事が落成したときは、その旨を総務大臣に届け出て、その無線設備、無線従事者の資格（主任無線従事者の要件に係るもの等を含む。）及び□ A □並びに時計及び書類（以下「無線設備等」という。）について検査を受けなければならない。

② ①の検査は、①の検査を受けようとする者が、当該検査を受けようとする無線設備等について第24条の2第1項又は第24条の13第1項の登録を受けた者（「登録点検事業者」又は「登録外国点検事業者」のことをいう。）が総務省令で定めるところにより行った当該登録に係る□ B □を記載した書類を添えて①の届出をした場合においては、その□ C □を省略することができる。

	A	B	C		A	B	C
1	員数	点検の結果	一部	2	員数	検査の結果	全部
3	技能	点検の結果	全部	4	技能	検査の結果	一部

ポイント 「員数」、「点検の結果」、そして「一部」がキーワードである。

正答 1

無線局の予備免許を受けた者が総務大臣から指定された工事落成の期限（工事落成の期限の延長があったときは、その期限）経過後2週間以内に電波法第10条（落成後の検査）の規定による工事が落成した旨の届出をしないときは、総務大臣からどのような処分を受けるか。電波法（第11条）の規定に照らし、正しいものを下の1から4までのうちから一つ選べ。

1　無線局の免許を拒否される。
2　無線局の予備免許を取り消される。
3　速やかに工事を落成するよう命ぜられる。
4　工事落成期限の延長の申請をするよう命ぜられる。

ポイント 工事落成の期限を2週間経過したら、免許を拒否される。

正答　1

次の記述は、無線局の免許の有効期間及び再免許の申請の期間について述べたものである。電波法（第13条）、電波法施行規則（第7条）及び無線局免許手続規則（第18条）の規定に照らし、____内に入れるべき最も適切な字句の組合せを下の1から4までのうちから一つ選べ。なお、同じ記号の____内には、同じ字句が入るものとする。

① 免許の有効期間は、免許の日から起算して__A__を超えない範囲内において総務省令で定める。ただし、再免許を妨げない。
② 特定実験試験局（総務大臣が公示する周波数、当該周波数の使用が可能な地域及び期間並びに空中線電力の範囲内で開設する実験試験局をいう。以下同じ。）の免許の有効期間は、__B__とする。
③ 固定局の免許の有効期間は、__A__とする。
④ 再免許の申請は、特定実験試験局にあっては免許の有効期間満了前1箇月以上3箇月を超えない期間、固定局にあっては免許の有効期間満了前__C__を超えない期間において行わなければならない。ただし、免許の有効期間が1年以内である無線局については、その有効期間満了前1箇月までに行うことができる。
⑤ 免許の有効期間満了前1箇月以内に免許を与えられた無線局については、④の

規定にかかわらず、免許を受けた後直ちに再免許の申請を行わなければならない。

	A	B	C
1	5年	当該周波数の使用が可能な期間	3箇月以上6箇月
2	5年	当該実験又は試験の目的を達成するために必要な期間	1箇月以上1年
3	2年	当該実験又は試験の目的を達成するために必要な期間	3箇月以上6箇月
4	2年	当該周波数の使用が可能な期間	1箇月以上1年

ポイント 固定局等の一般的な無線局の免許の有効期間は「5年」であり、特定実験試験局は「当該周波数の使用が可能な期間」である。固定局の再免許の申請は、免許の有効期間満了前「3箇月以上6箇月」を超えない期間に行う。

正答 1

問題16 重要度 ★★★★☆ 　　　1回目 2回目 3回目

無線局の免許の有効期間及び再免許の申請の期間に関する次の記述のうち、電波法（第13条）、電波法施行規則（第7条）及び無線局免許手続規則（第18条）の規定に照らし、これらの規定に定めるところに適合しないものはどれか。下の1から4までのうちから一つ選べ。

1　免許の有効期間は、免許の日から起算して5年を超えない範囲内において総務省令で定める。ただし、再免許を妨げない。

2　特定実験試験局（総務大臣が公示する周波数、当該周波数の使用が可能な地域及び期間並びに空中線電力の範囲内で開設する実験試験局をいう。）の免許の有効期間は、当該実験又は試験の目的を達成するために必要な期間とする。

3　固定局の免許の有効期間は、5年とする。

4　再免許の申請は、固定局（免許の有効期間が1年以内であるものを除く。）にあっては免許の有効期間満了前3箇月以上6箇月を超えない期間において行わなければならない。

ポイント 特定実験試験局の免許の有効期間は、「当該周波数の使用が可能な期間」である。

正答 2

329

免許人は、無線設備の変更の工事（総務省令で定める軽微な事項を除く。）をしようとするときは、電波法（第17条）の規定によりどうしなければならないか、正しいものを下の番号から選べ。

1　あらかじめ総務大臣に届け出なければならない。

2　あらかじめ総務大臣に届け出て、その指示を受けなければならない。

3　あらかじめ総務大臣の許可を受けなければならない。

4　適宜工事を行い、工事完了後総務大臣に届け出なければならない。

ポイント　無線設備の変更の工事は「届出」ではなく許可が必要である。

正答　3

次の記述は、固定局の免許後の変更手続について述べたものである。電波法（第17条）の規定に照らし、□□□内に入れるべき最も適切な字句の組合せを下の1から4までのうちから一つ選べ。

　免許人は、無線局の目的、　A　若しくは無線設備の設置場所を変更し、又は　B　ときは、あらかじめ　C　ならない（注）。ただし、総務省令で定める軽微な事項については、この限りでない。

　（注）基幹放送局以外の無線局が基幹放送をすることとする目的の変更は、これを行うことができない。

	A	B	C
1	通信の相手方、通信事項	無線設備の変更の工事をしようとする	総務大臣の許可を受けなければ
2	通信の相手方、通信事項	電波の型式若しくは周波数を変更しようとする	総務大臣に届け出なければ
3	無線局の種別、通信の相手方、通信事項	無線設備の変更の工事をしようとする	総務大臣に届け出なければ
4	無線局の種別、通信の相手方、通信事項	電波の型式若しくは周波数を変更しようとする	総務大臣の許可を受けなければ

> **ポイント**　「通信の相手方、通信事項」若しくは無線設備の設置場所を変更、又は「無線設備の変更の工事」をしようとするときはあらかじめ「総務大臣の許可を受けなければならない」。
>
> **正答**　1

問題19　重要度 ★★☆☆☆　　1回目 2回目 3回目

次の記述は、固定局の免許後の変更手続について述べたものである。電波法（第17条）の規定に照らし、□□□内に入れるべき最も適切な字句の組合せを下の1から4までのうちから一つ選べ。

① 免許人は、無線局の目的（注）、通信の相手方、通信事項若しくは無線設備の設置場所を変更し、又は無線設備の変更の工事をしようとするときは、あらかじめ □ A □ なければならない。

　　注　基幹放送局以外の無線局が基幹放送をすることとする無線局の目的の変更は、これを行うことができない。

② ①の変更は、□ B □ ものであってはならず、かつ、工事設計が電波法第3章（無線設備）に定める技術基準に合致するものでなければならない。

③ 総務省令で定める軽微な事項について無線設備の変更の工事をしたときは、□ C □ ならない。

	A	B	C
1	総務大臣の許可を受け	無線設備の性能を低下させる	変更した内容を無線局事項書の備考欄に記載しなければ
2	総務大臣に届け出	無線設備の性能を低下させる	遅滞なくその旨を総務大臣に届け出なければ
3	総務大臣に届け出	周波数、電波の型式又は空中線電力に変更を来す	変更した内容を無線局事項書の備考欄に記載しなければ
4	総務大臣の許可を受け	周波数、電波の型式又は空中線電力に変更を来す	遅滞なくその旨を総務大臣に届け出なければ

> **ポイント**　「総務大臣の許可を受け」、「周波数、電波の型式…変更を来す」ものであってはならず、軽微な無線設備の変更工事は「総務大臣に届け出る」。
>
> **正答**　4

次の記述は、無線局の免許後の変更手続等について述べたものである。電波法（第17条及び第18条）の規定に照らし、□□□内に入れるべき最も適切な字句の組合せを下の1から4までのうちから一つ選べ。なお、同じ記号の□□□内には、同じ字句が入るものとする。

① 免許人は、無線局の目的、[A]若しくは無線設備の設置場所を変更し、又は[B]をしようとするときは、あらかじめ総務大臣の許可を受けなければならない(注)。ただし、総務省令で定める軽微な事項については、この限りでない。

　　注　基幹放送局以外の無線局が基幹放送をすることとする無線局の目的の変更は、これを行
　　　うことができない。

② ①により無線設備の設置場所の変更又は[B]の許可を受けた免許人は、総務大臣の検査を受け、当該変更又は工事の結果が①の許可の内容に適合していると認められた後でなければ、[C]を運用してはならない。ただし、総務省令で定める場合は、この限りでない。

	A	B	C
1	無線局の種別、通信の相手方、通信事項	無線設備の変更の工事	当該無線局の無線設備
2	無線局の種別、通信の相手方、通信事項	周波数、電波の型式若しくは空中線電力の変更	許可に係る無線設備
3	通信の相手方、通信事項	無線設備の変更の工事	許可に係る無線設備
4	通信の相手方、通信事項	周波数、電波の型式若しくは空中線電力の変更	当該無線局の無線設備

ポイント 無線局の目的、「通信の相手方、通信事項」若しくは無線設備の設置場所を変更し、又は「無線設備の変更の工事」をしようとするときは、あらかじめ総務大臣の許可を受ける。「無線設備の変更の工事」の結果が許可の内容に適合していると認められなければ「許可に係る無線設備」を運用してはならない。

正答 3

次の記述は、無線局の変更検査について電波法（第18条及び第110条）の規定に沿って述べたものである。□□□内に入れるべき字句の正しい組合せを下の番号から選べ。

① 第17条（変更等の許可）第1項の規定により ⬜A⬜ の変更又は無線設備の変更の工事の許可を受けた免許人は、総務大臣の検査を受け、当該変更又は工事の結果が同条同項の許可の内容に適合していると認められた後でなければ、許可に係る無線設備を運用してはならない。ただし、総務省令で定める場合は、この限りでない。

② ①の規定に違反して無線設備を運用した者は、 ⬜B⬜ の罰金に処する。

	A	B
1	無線設備の設置場所	1年以下の懲役又は100万円以下
2	無線設備の設置場所	1年以下の懲役又は50万円以下
3	通信の相手方、通信事項若しくは無線設備の設置場所	1年以下の懲役又は100万円以下
4	通信の相手方、通信事項若しくは無線設備の設置場所	1年以下の懲役又は50万円以下

> **ポイント** 「無線設備の設置場所」、「100万円以下」の罰金がキーワードである。

正答 1

問題22 重要度 ★★★★★　　　　1回目 2回目 3回目

無線設備の変更の工事について総務大臣の許可を受けた免許人は、その無線設備を運用するためにはどのような手続が必要か。電波法（第18条）の規定に照らし、下の1から4までのうちから一つ選べ。

1 無線設備の変更の工事を行った後、遅滞なくその工事が終了した旨を総務大臣に届け出る。

2 登録検査等事業者（注1）又は登録外国点検事業者（注2）の検査を受け、無線設備の変更の工事の結果が電波法第3章に定める技術基準に適合していると認められる。

　注1 登録検査等事業者とは、電波法第24条の2（検査等事業者の登録）第1項の登録を受けた者をいう。
　注2 登録外国点検事業者とは、電波法第24条の13（外国点検事業者の登録等）第1項の登録を受けた者をいう。

3 総務省令で定める場合を除き、総務大臣の検査を受け、無線設備の変更の工事の結果が許可の内容に適合していると認められる。

4 無線設備の変更の工事を実施した旨を免許状の余白に記載し、その写しを総務大臣に提出する。

問題23　重要度 ★★★★★　　　　1回目 2回目 3回目

次の記述は、変更検査について電波法（第18条）の規定に沿って述べたものである。　　内に入れるべき字句の正しい組合せを下の番号から選べ。

① 第17条第1項の規定により　A　の変更又は無線設備の変更の工事の許可を受けた免許人は、総務大臣の検査を受け、当該変更又は工事の結果が同条同項の許可の内容に適合していると認められた後でなければ、許可に係る無線設備を運用してはならない。ただし、総務省令で定める場合は、この限りでない。

② ①の検査は、①の検査を受けようとする者が、当該検査を受けようとする無線設備について第24条の2第1項又は第24条の13第1項の登録を受けた者（「登録検査等事業者」又は「登録外国点検事業者」のことをいう。）が総務省令で定めるところにより行った当該登録に係る点検の結果を記載した書類を総務大臣に提出した場合においては、その　B　の省略することができる。

	A	B
1	無線設備の設置場所	全部
2	無線設備の設置場所	一部
3	工事設計	全部
4	工事設計	一部

問題24　重要度 ★★★★★　　　　1回目 2回目 3回目

次の記述は、申請による周波数等の指定の変更について電波法（第19条）の規定に沿って述べたものである。　　内に入れるべき字句の正しい組合せを下の番号から選べ。

　総務大臣は、免許人又は第8条の予備免許を受けた者が識別信号、　A　、周波数、　B　又は運用許容時間の指定の変更を申請した場合において、混信の除去その他特に必要があると認めるときは、その指定を変更することができる。

	A	B
1	変調方式	占有周波数帯幅
2	変調方式	空中線電力
3	電波の型式	通信方式
4	電波の型式	空中線電力

ポイント 指定事項である「電波の型式」、「空中線電力」が該当する。「混信の除去その他特に必要がある」が空欄の問いもある。　**正答** 4

問題25　重要度 ★★★★★　1回目 2回目 3回目

次の記述は、申請による周波数等の変更について述べたものである。電波法（第19条及び第76条）の規定に照らし、□□□内に入れるべき最も適切な字句の組合せを下の1から4までのうちから一つ選べ。

① 総務大臣は、免許人又は電波法第8条の予備免許を受けた者が識別信号、□A□又は運用許容時間の指定の変更を申請した場合において、□B□特に必要があると認めるときは、その指定を変更することができる。

② 総務大臣は、免許人（包括免許人を除く。）が不正な手段により電波法第19条（申請による周波数等の変更）の規定による①の指定の変更を行わせたときは、□C□ことができる。

	A	B	C
1	電波の型式、周波数、空中線電力	電波の規整その他公益上	6箇月以内の期間を定めて無線局の運用の停止を命ずる
2	電波の型式、周波数、空中線電力	混信の除去その他	その免許を取り消す
3	無線設備の設置場所、電波の型式、周波数、空中線電力	電波の規整その他公益上	その免許を取り消す
4	無線設備の設置場所、電波の型式、周波数、空中線電力	混信の除去その他	6箇月以内の期間を定めて無線局の運用の停止を命ずる

ポイント 「電波の型式、周波数、空中線電力」、「混信の除去その他」がキーワードである。不正な手段は「その免許を取り消す」ことができる。　**正答** 2

次の記述は、無線局に関する情報の提供について述べたものである。電波法（第25条）の規定に照らし、□□□内ににに入れるべき最も適切な字句の組合せを下の1から4までのうちから一つ選べ。

① 総務大臣は、　 A 　その他総務省令で定める場合に必要とされる　 B 　を行おうとする者の求めに応じ、当該調査を行うために必要な限度において、当該者に対し、無線局の無線設備の工事設計その他の無線局に関する事項に係る情報であって総務省令で定めるものを提供することができる。

② ①の規定に基づき情報の提供を受けた者は、当該情報を　 C 　ならない。

	A	B	C
1	自己の無線局の開設又は周波数の変更をする場合	電波の利用状況調査	他人に利益を与え、又は他人に損害を加える目的に使用しては
2	自己の無線局の開設又は周波数の変更をする場合	混信又は輻輳に関する調査	①の調査の用に供する目的以外の目的のために利用し、又は提供しては
3	免許人が電波の能率的な利用に関する調査を行う場合	電波の利用状況の調査	①の調査の用に供する目的以外の目的のために利用し、又は提供しては
4	免許人が電波の能率的な利用に関する調査を行う場合	混信又は輻輳に関する調査	他人に利益を与え、又は他人に損害を加える目的に使用しては

ポイント 「自己の無線局の開設又は周波数の変更をする場合」は「混信又は輻輳に関する調査」を求め、その情報の提供を受けることができる。当該情報は、目的以外に「利用、又は提供してはならない」。

正答　2

次の記述は、固定局の再免許の申請について無線局免許手続規則（第17条）の規定に沿って述べたものである。□□□内に入れるべき字句の正しい組合せを下の番号から選べ。

① 再免許の申請は、免許の有効期間満了前　 A 　を超えない期間において行わなければならない。ただし、免許の有効期間が　 B 　以内である無線局につい

ては、その有効期間満了前　C　までに行うことができる。

② 免許の有効期間満了前　D　以内に免許を与えられた無線局については、①の
規定にかかわらず、免許を受けた後直ちに再免許の申請を行わなければならない。

	A	B	C	D
1	3箇月以上6箇月	2年	2箇月	2箇月
2	3箇月以上6箇月	1年	1箇月	1箇月
3	4箇月以上6箇月	2年	1箇月	1箇月
4	4箇月以上6箇月	1年	2箇月	2箇月

ポイント　「3箇月以上6箇月」を超えない期間、有効期間が「1年」以内の無線
局は満了前「1箇月」までに行うことができる。また、満了前「1箇月」以内に免
許を与えられた無線局は直ちに再免許申請を行わなければならない。

正答　**2**

問題28　重要度 ★★★★★　　1回目　2回目　3回目

次の記述は、免許状の訂正等について述べたものである。電波法（第21条）及
び無線局免許手続規則（第22条）の規定に照らし、　　　内に入れるべき最
も適切な字句の組合せを下の1から4までのうちから一つ選べ。

① 免許人は、免許状に記載した事項に変更を生じたときは、　A　、訂正を受
けなければならない。

② 免許人は、免許状の訂正を受けようとするときは、総務大臣又は総合通信局
長（沖縄総合通信事務所長を含む。以下③及び④において同じ。）に対し、事由
及び訂正すべき個所を付して、その旨を申請するものとする。

③ ②の申請があった場合において、総務大臣又は総合通信局長は、新たな免許
状の交付による訂正を行うことがある。

④ 総務大臣又は総合通信局長は、②の申請による場合のほか、職権により免許
状の訂正を行うことがある。

⑤ 免許人は、新たな免許状の交付を受けたときは、遅滞なく　B　ならない。

	A	B
1	速やかに総務大臣に報告し	旧免許状を返さなければ
2	速やかに総務大臣に報告し	旧免許状を廃棄しなければ
3	その免許状を総務大臣に提出し	旧免許状を廃棄しなければ
4	その免許状を総務大臣に提出し	旧免許状を返さなければ

問題29 重要度 ★★★★★ 1回目 2回目 3回目

次の記述は、無線局（包括免許の場合を除く。）の免許状の訂正及び再交付について述べたものである。無線局免許手続規則（第22条及び第23条）の規定に照らし、□□□内に入れるべき最も適切な字句の組合せを下の1から4までのうちから一つ選べ。なお、同じ記号の□□□内には、同じ字句が入るものとする。

① 免許人は、電波法第21条の免許状の訂正を受けようとするときは、総務大臣又は総合通信局長（沖縄総合通信事務所長を含む。以下同じ。）に対し、事由及び訂正すべき箇所を付して、その旨を □A□ するものとする。

② ①の □A□ があった場合において、総務大臣又は総合通信局長は、新たな免許状の交付による訂正を行うことがある。

③ 総務大臣又は総合通信局長は、①の □A□ による場合のほか、職権により免許状の訂正を行うことがある。

④ 免許人は、②の規定により新たな免許状の交付を受けたときは、□B□旧免許状を返さなければならない。

⑤ 免許人は、免許状を □C□、失った等のために免許状の再交付の申請をしようとするときは、理由及び免許の番号並びに識別信号を記載した申請書を総務大臣又は総合通信局長に提出しなければならない。

⑥ ④の規定は、⑤の規定により免許状の再交付を受けた場合に準用する。ただし、免許状を失った等のためにこれを返すことができない場合は、この限りでない。

	A	B	C
1	申請	遅滞なく	破損し、汚し
2	届出	10日以内に	破損し、汚し
3	申請	10日以内に	破損し
4	届出	遅滞なく	破損し

問題30　重要度 ★★★☆☆　　1回目 2回目 3回目

次の記述は、無線局（包括免許に係るものを除く。）の免許状の訂正及び再交付について述べたものである。無線局免許手続規則（第22条及び第23条）の規定に照らし、□□□内に入れるべき最も適切な字句の組合せを下の1から4までのうちから一つ選べ。なお、同じ記号の□□□内には、同じ字句が入るものとする。

① 免許人は、電波法第21条の免許状の訂正を受けようとするときは、次の(1)から(5)までに掲げる事項を記載した　A　を総務大臣又は総合通信局長（沖縄総合通信事務所長を含む。以下同じ。）に提出しなければならない。

(1) 免許人の氏名又は名称及び住所並びに法人にあっては、その代表者の氏名

(2) 無線局の種別及び局数　(3) 識別信号　(4) 免許の番号

(5) 訂正を受ける箇所及び訂正を受ける理由

② 免許人は、新たな免許状の交付による訂正を受けたときは、　B　旧免許状を返さなければならない。

③ 免許人は、免許状を　C　、失った等のために免許状の再交付の申請をしようとするときは、次の(1)から(5)までに掲げる事項を記載した申請書を総務大臣又は総合通信局長に提出しなければならない。

(1) 免許人の氏名又は名称及び住所並びに法人にあっては、その代表者の氏名

(2) 無線局の種別及び局数　(3) 識別信号　(4) 免許の番号

(5) 再交付を求める理由

④ 免許人は、③により免許状の再交付を受けたときは、　B　旧免許状を返さなければならない。ただし、免許状を失った等のためにこれを返すことができない場合は、この限りでない。

	A	B	C
1	届出書	遅滞なく	破損し
2	申請書	遅滞なく	破損し、汚し
3	申請書	10日以内に	破損し
4	届出書	10日以内に	破損し、汚し

ポイント 免許状の訂正を受けようとするときは必要事項を記載した「申請書」を提出しなければならない。新たな免許状の交付を受けたときは「遅滞なく」旧免許状を返納する。免許状の再交付申請は、免許状を「破損し、汚し」、失った等の場合に行う。

正答 **2**

次の記述は、無線局（包括免許に係るものを除く。）の免許状について述べたものである。電波法（第24条）及び無線局免許手続規則（第22条及び第23条）の規定に照らし、□□□内に入れるべき最も適切な字句の組合せを下の1から4までのうちから一つ選べ。

① 免許がその効力を失ったときは、免許人であった者は、□A□その免許状を返納しなければならない。

② 免許人は、電波法第21条の免許状の訂正を受けようとするときは、総務大臣又は総合通信局長（沖縄総合通信事務所長を含む。以下同じ。）に対し、事由及び訂正すべき箇所を付して、その旨を□B□ものとする。

③ 免許人は、免許状を破損し、汚し、失った等のために免許状の再交付の申請をしようとするときは、理由及び免許の番号並びに識別信号を記載した申請書を総務大臣又は総合通信局長に提出しなければならない。

④ 免許人は、新たな免許状の交付による訂正を受けたとき、又は免許状の再交付を受けたときは、□C□旧免許状を返さなければならない。ただし、免許状を失った等のためにこれを返すことができない場合は、この限りでない。

	A	B	C
1	1箇月以内に	届け出る	1箇月以内に
2	遅滞なく	届け出る	遅滞なく
3	遅滞なく	申請する	1箇月以内に
4	1箇月以内に	申請する	遅滞なく

ポイント 免許がその効力を失ったときは、「1箇月以内に」その免許状を返納する。免許状の訂正を受けるときは、事由及び訂正すべき箇所を付して「申請する」。旧免許状は「遅滞なく」返納する。　　　**正答** 4

次の記述は、固定局の廃止等について述べたものである。電波法（第22条から第24条まで及び第78条）の規定に照らし、□□□内に入れるべき最も適切な字句の組合せを下の1から4までのうちから一つ選べ。

① 免許人は、その無線局を□A□ときは、その旨を総務大臣に届け出なければならない。

② 免許人が無線局を廃止したときは、免許は、その効力を失う。

③　無線局の免許がその効力を失ったときは、免許人であった者は、　B　しなければならない。

④　無線局の免許がその効力を失ったときは、免許人であった者は、遅滞なく　C　の撤去その他の総務省令で定める電波の発射を防止するために必要な措置を講じなければならない。

	A	B	C
1	廃止した	速やかにその免許状を廃棄し、その旨を総務大臣に報告	送信装置
2	廃止する	速やかにその免許状を廃棄し、その旨を総務大臣に報告	空中線
3	廃止する	1箇月以内にその免許状を返納	空中線
4	廃止した	1箇月以内にその免許状を返納	送信装置

ポイント　総務大臣に届け出るのは「廃止する」ときであって、廃止したときでないことに注意。効力を失った免許状は「1箇月」以内に返納する。撤去するものは「空中線（アンテナ）」である。④の項で、「電波の発射を防止」が空欄の問いもある。

正答　3

無線設備
の問題

問題 1　重要度 ★★★★★　　1回目 2回目 3回目

次の記述は、人工衛星局の条件について述べたものである。電波法（第36条の2）及び電波法施行規則（第32条の5）の規定に照らし、￤＿＿￤内に入れるべき最も適切な字句の組合せを下の1から4までのうちから一つ選べ。

① 人工衛星局の無線設備は、遠隔操作により ￤ A ￤ ことのできるものでなければならない。

② 人工衛星局は、その ￤ B ￤ を遠隔操作により変更することができるものでなければならない。ただし、総務省令で定める人工衛星局については、この限りでない。

③ ②の総務省令で定める人工衛星局は、対地静止衛星に開設する ￤ C ￤ とする。

	A	B	C
1	空中線電力を低下する	周波数	人工衛星局以外の人工衛星局
2	空中線電力を低下する	無線設備の設置場所	人工衛星局
3	電波の発射を直ちに停止する	周波数	人工衛星局
4	電波の発射を直ちに停止する	無線設備の設置場所	人工衛星局以外の人工衛星局

ポイント 人工衛星局は、遠隔操作により「電波の発射を直ちに停止する」ようにしておかなければ障害発生時に制御できなくなり、また「無線設備の設置場所」を遠隔操作により変更することができなければならない。　**正答** 4

問題 2　重要度 ★★★★★　　1回目 2回目 3回目

次に掲げる無線設備の機器のうち、その型式について、総務大臣の行う検定に合格した無線設備の機器でなければ施設してはならない（注）ものはどれか。電波法（第37条）の規定に照らし、下の1から4までのうちから一つ選べ。

　（注）ただし、総務大臣が行う検定に相当する型式検定に合格している機器その他の機器であって総務省令で定めるものを施設する場合は、この限りでない。

1　電気通信業務の用に供する無線局の無線設備の機器
2　放送の業務の用に供する無線局の無線設備の機器
3　人命若しくは財産の保護又は治安の維持の用に供する無線局の無線設備の機器
4　電波法第 31 条の規定により備え付けなければならない周波数測定装置

> **ポイント** 検定に合格した周波数測定装置を使用する。　**正 答** 4

問題 3　重要度 ★★☆☆☆　　1回目 2回目 3回目

周波数測定装置の備付け等に関する次の記述のうち、電波法（第 31 条及び第 37 条）及び電波法施行規則（第 11 条の 3）の規定に照らし、これらの規定に定めるところに適合しないものはどれか。下の 1 から 4 までのうちから一つ選べ。

1　総務省令で定める送信設備には、その誤差が使用周波数の許容偏差の 2 分の 1 以下である周波数測定装置を備え付けなければならない。
2　電波法第 31 条の規定により備え付けなければならない周波数測定装置は、その型式について、総務大臣の行う検査に合格したものでなければ、施設してはならない（注）。
　（注）ただし、総務大臣が行う検定に相当する型式検定に合格している機器その他の機器であって総務省令で定めるものを施設する場合は、この限りでない。
3　470 MHz 以下の周波数の電波を利用する送信設備には、電波法第 31 条に規定する周波数測定装置を備え付けなければならない。
4　空中線電力が 10 ワット以下の送信設備には、電波法第 31 条に規定する周波数測定装置の備付けを要しない。

> **ポイント** 選択肢 3 を正しくすると、470 MHz 以下の周波数でなく、「26.175 MHz を超える」周波数の電波を利用する送信設備には、電波法第 31 条に規定する周波数測定装置の「備付けを要しない」となる。　**正 答** 3

問題 4　重要度 ★★★★★　　1回目 2回目 3回目

周波数測定装置の備付け等に関する次の記述のうち、電波法（第 31 条及び第 37 条）及び電波法施行規則（第 11 条の 3）の規定に照らし、これらの規定に定めるところに適合しないものはどれか。下の 1 から 4 までのうちから一つ選べ。

1　総務省令で定める送信設備には、その誤差が使用周波数の許容偏差の2分の1以下である周波数測定装置を備え付けなければならない。

2　26.175 MHz を超える周波数の電波を利用する送信設備には、電波法第31条に規定する周波数測定装置の備付けを要しない。

3　空中線電力100ワット以下の送信設備には、電波法第31条に規定する周波数測定装置の備付けを要しない。

4　電波法第31条の規定により備え付けなければならない周波数測定装置は、その型式について、総務大臣の行う検定に合格したものでなければ、施設してはならない (注)。

(注) ただし、総務大臣が行う検定に相当する型式検定に合格している機器その他の機器であって総務省令で定めるものを施設する場合は、この限りでない。

> **ポイント** 選択肢3の空中線電力100ワット以下は誤りで、正しくは「10ワット以下」である。
>
> **正答** 3

問題5　**重要度 ★★★★★**　　1回目 2回目 3回目

次の記述は、通信方式に関する定義である。電波法施行規則（第2条）の規定に照らし、□□□内に入れるべき最も適切な字句の組合せを下の1から4までのうちから一つ選べ。

① 「単向通信方式」とは、□A□通信方式をいう。

② 「複信方式」とは、相対する方向で□B□行われる通信方式をいう。

	A	B
1	単一の通信の相手方に対し、送信のみを行う	2以上の周波数で送信が同時に
2	単一の通信の相手方に対し、送信のみを行う	送信が同時に
3	通信の相手方と送受信が交互に行われる単信の	送信が同時に
4	通信の相手方と送受信が交互に行われる単信の	2以上の周波数で送信が同時に

> **ポイント** 単向通信方式は「送信のみを行う」、複信方式は「送信が同時に」がキーワードである。
>
> **正答** 2

問題6　重要度 ★★★☆☆　　1回目 2回目 3回目

通信方式の定義に関する次の記述のうち、電波法施行規則（第2条）の規定に照らし、この規定に定めるところに適合しないものはどれか。下の1から4までのうちから一つ選べ。

1　「単信方式」とは、相対する方向で送信が交互に行われる通信方式をいう。

2　「複信方式」とは、相対する方向で送信が同時に行われる通信方式をいう。

3　「単向通信方式」とは、通信路の一端においては単信方式であり、他の一端においては複信方式である通信方式をいう。

4　「同報通信方式」とは、特定の2以上の受信設備に対し、同時に同一内容の通報の送信のみを行う通信方式をいう。

> **ポイント**「単向通信方式」とは、「単一の通信の相手方に対し、送信のみを行う通信方式」をいう。選択肢3は半複信方式の定義である。　　**正答** 3

問題7　重要度 ★★★★★　　1回目 2回目 3回目

次に掲げるもののうち、「無給電中継装置」の定義として電波法施行規則（第2条）に規定されているものを下の番号から選べ。

1　自動的に動作する無線設備であって、通常の状態においては技術操作を直接必要としないものをいう。

2　送信機、受信機その他の電源を必要とする機器を使用しないで電波の伝搬方向を変える中継装置をいう。

3　受信装置のみによって電波の伝搬方向を変える中継装置をいう。

4　電源として太陽電池を使用して自動的に中継する装置をいう。

> **ポイント** 設問に「無給電」とあるように、電源を必要とする機器を使用しないがキーワードである。　　**正答** 2

問題8　重要度 ★★★★★　　1回目 2回目 3回目

次に掲げるもののうち、「無人方式の無線設備」の定義として電波法施行規則（第2条）に規定されているものを下の番号から選べ。

無線設備

345

1 他の無線局が遠隔操作をすることによって動作する無線設備をいう。

2 無線従事者が常駐しない場所に設置されている無線設備をいう。

3 自動的に動作する無線設備であって、通常の状態においては技術操作を直接必要としないものをいう。

4 無線設備の操作を全く必要としない無線設備をいう。

ポイント 自動的に動作、技術操作を直接必要としないがキーワードである。

正答 3

問題9　重要度 ★★★★★　　　　1回目 2回目 3回目

次の記述は、周波数に関する定義である。電波法施行規則（第2条）の規定に照らし、□□□内に入れるべき最も適切な字句の組合せを下の1から4までのうちから一つ選べ。

① 「割当周波数」とは、無線局に割り当てられた周波数帯の □A□ をいう。

② 「特性周波数」とは、与えられた発射において □B□ をいう。

③ 「基準周波数」とは、割当周波数に対して、固定し、かつ、特定した位置にある周波数をいう。この場合において、この周波数の割当周波数に対する偏位は、特性周波数が発射によって占有する周波数帯の中央の周波数に対してもつ偏位と同一の □C□ 及び同一の符号をもつものとする。

	A	B	C
1	中央の周波数	必要周波数帯に隣接する周波数	相対値
2	中央の周波数	容易に識別し、かつ、測定することのできる周波数	絶対値
3	下限の周波数	容易に識別し、かつ、測定することのできる周波数	相対値
4	下限の周波数	必要周波数帯に隣接する周波数	絶対値

ポイント 割当周波数は「中央の周波数」、特性周波数は「容易に識別し、……できる周波数」、基準周波数は「絶対値」がキーワードである。

正答 2

問題10　重要度　★★★★★　　1回目　2回目　3回目

次の記述は、「周波数の許容偏差」及び「占有周波数帯幅」の定義である。電波法施行規則（第2条）の規定に照らし、□□□内に入れるべき最も適切な字句の組合せを下の1から4までのうちから一つ選べ。なお、同じ記号の□□□内には、同じ字句が入るものとする。

① 「周波数の許容偏差」とは、発射によって占有する周波数帯の中央の周波数の割当周波数からの許容することができる最大の偏差又は発射の　A　からの許容することができる最大の偏差をいい、　B　で表わす。

② 「占有周波数帯幅」とは、その上限の周波数を超えて輻射され、及びその下限の周波数未満において輻射される平均電力がそれぞれ与えられた発射によって輻射される全平均電力の　C　に等しい上限及び下限の周波数帯幅をいう。ただし、周波数分割多重方式の場合、テレビジョン伝送の場合等　C　の比率が占有周波数帯幅及び必要周波数帯幅の定義を実際に適用することが困難な場合においては、異なる比率によることができる。

	A	B	C
1	特性周波数の割当周波数	100万分率	0.5パーセント
2	特性周波数の割当周波数	100万分率又はヘルツ	0.1パーセント
3	特性周波数の基準周波数	100万分率又はヘルツ	0.5パーセント
4	特性周波数の基準周波数	100万分率	0.1パーセント

ポイント　周波数の許容偏差は「特性周波数の基準周波数」、「100万分率又はヘルツ」、占有周波数帯幅は「0.5パーセント」がキーワードである。

正答　3

問題11　重要度　★★★★☆　　1回目　2回目　3回目

次の記述は、「周波数の許容偏差」及び「スプリアス発射」の定義を述べたものである。電波法施行規則（第2条）の規定に照らし、□□□内に入れるべき最も適切な字句の組合せを下の1から4までのうちから一つ選べ。

① 「周波数の許容偏差」とは、発射によって占有する周波数帯の中央の周波数の割当周波数からの許容することができる最大の偏差又は発射の特性周波数の　A　からの許容することができる最大の偏差をいい、　B　で表す。

② 「スプリアス発射」とは、必要周波数帯外における1又は2以上の周波数の電

波の発射であって、そのレベルを情報の伝送に影響を与えないで　C　することができるものをいい、高調波発射、低調波発射、寄生発射及び相互変調積を含み、帯域外発射を含まないものとする。

	A	B	C
1	基準周波数	100万分率	除去
2	基準周波数	100万分率又はヘルツ	低減
3	割当周波数	100万分率	低減
4	割当周波数	100万分率又はヘルツ	除去

> **ポイント** 周波数の許容偏差は「基準周波数」と「100万分率又はヘルツ」がキーワードである。Cの項は「低減」が入る。　**正答** 　2

問題12　重要度 ★★★★★　　　　1回目　2回目　3回目

次の記述は、「スプリアス発射」及び「帯域外発射」の定義である。電波法施行規則（第2条）の規定に照らし、　　　　内に入れるべき最も適切な字句の組合せを下の1から4までのうちから一つ選べ。なお、同じ記号の　　　　内には、同じ字句が入るものとする。

① 「スプリアス発射」とは、　A　外における1又は2以上の周波数の電波の発射であって、そのレベルを情報の伝送に影響を与えないで　B　することができるものをいい、　C　を含み、帯域外発射を含まないものとする。

② 「帯域外発射」とは、　A　に近接する周波数の電波の発射で情報の伝送のための変調の過程において生ずるものをいう。

	A	B	C
1	必要周波数帯	除去	高調波発射及び低調波発射
2	必要周波数帯	低減	高調波発射、低調波発射、寄生発射及び相互変調積
3	送信周波数帯	除去	高調波発射、低調波発射、寄生発射及び相互変調積
4	送信周波数帯	低減	高調波発射及び低調波発射

> **ポイント** スプリアス発射とは「必要周波数帯」外における…電波の発射であって、そのレベルを…「低減」できるもので、「高調波発射、低調波発射、寄生発射及び相互変調積」を含み、帯域外発射を含まない。　**正答** 　2

問題13　重要度 ★★★★★　　1回目　2回目　3回目

次の記述は、スプリアス発射、帯域外発射等の定義である。電波法施行規則（第2条）の規定に照らし、____内に入れるべき最も適切な字句の組合せを下の1から4までのうちから一つ選べ。なお、同じ記号の____内には、同じ字句が入るものとする。

① 「スプリアス発射」とは、__A__外における1又は2以上の周波数の電波の発射であって、そのレベルを情報の伝送に影響を与えないで低減することができるものをいい、高調波発射、低調波発射、寄生発射及び相互変調積を含み、帯域外発射を含まないものとする。

② 「帯域外発射」とは、__A__に近接する周波数の電波の発射で__B__において生ずるものをいう。

③ 「不要発射」とは、スプリアス発射及び帯域外発射をいう。

④ 「スプリアス領域」とは、帯域外領域の__C__のスプリアス発射が支配的な周波数帯をいう。

⑤ 「帯域外領域」とは、__A__の__C__の帯域外発射が支配的な周波数帯をいう。

	A	B	C
1	必要周波数帯	送信機の周波数変換の過程	内側
2	必要周波数帯	情報伝送のための変調の過程	外側
3	指定周波数帯	送信機の周波数変換の過程	外側
4	指定周波数帯	情報伝送のための変調の過程	内側

ポイント 「必要周波数帯」、「情報伝送のため」、そして「外側」がキーワードである。

正答　2

問題14　重要度 ★★★★★　　1回目　2回目　3回目

次の記述は、「混信」の定義に関する電波法施行規則（第2条）の規定について述べたものである。____内に入れるべき字句の正しい組合せを下の番号から選べ。

「混信」とは、他の無線局の正常な業務の運行を__A__する電波の発射、輻射（ふく）又は__B__をいう。

	A	B
1	妨害	誘導
2	断続	空中線電力の許容偏差の逸脱

3 制限　　回析
4 中断　　占有周波数帯幅の許容値の逸脱

> **ポイント** 「妨害」、「誘導」がキーワード。「混信は妨害と誘導」と覚えよう。
>
> **正　答**　1

問題 15　重要度 ★★★★★　　　　1回目 2回目 3回目

空中線電力の定義に関する次の記述のうち、電波法施行規則（第2条）の規定に照らし、この規定に定めるところに適合しないものはどれか。下の1から4までのうちから一つ選べ。

1　「尖頭電力」とは、通常の動作状態において、変調包絡線の最高尖頭における無線周波数1サイクルの間に送信機から空中線系の給電線に供給される平均の電力をいう。
2　「平均電力」とは、通常の動作中の送信機から空中線系の給電線に供給される電力であって、変調において用いられる平均の周波数の周期に比較して十分長い時間（通常、平均の電力が最大である約2分の1秒間）にわたって平均されたものをいう。
3　「搬送波電力」とは、変調のない状態における無線周波数1サイクルの間に送信機から空中線系の給電線に供給される平均の電力をいう。ただし、この定義は、パルス変調の発射には適用しない。
4　「規格電力」とは、終段真空管の使用状態における出力規格の値をいう。

> **ポイント** 平均電力の十分長い時間とは「約10分の1秒間」であり、選択肢2の約2分の1秒間は誤り。
>
> **正　答**　2

問題 16　重要度 ★★★★☆　　　　1回目 2回目 3回目

次の記述のうち、「実効輻射電力」の定義として電波法施行規則（第2条）の規定に適合するものはどれか。下の1から4までのうちから一つ選べ。

1　「実効輻射電力」とは、空中線に供給される電力に、与えられた方向における空中線の相対利得を乗じたものをいう。
2　「実効輻射電力」とは、空中線に供給される電力に、与えられた方向における空中線の絶対利得を乗じたものをいう。
3　「実効輻射電力」とは、空中線系の給電線に供給される電力に、与えられた方向における空中線の相対利得を乗じたものをいう。

4　「実効輻射電力」とは、空中線系の給電線に供給される電力に、与えられた方向における空中線の絶対利得を乗じたものをいう。

> **ポイント**　空中線に供給される電力と空中線の相対利得がキーワードである。
>
> **正答**　1

問題17　重要度 ★☆☆☆☆　　1回目 2回目 3回目

次の表は、記号をもって表示する電波の型式について、各記号が表す主搬送波の変調の型式、主搬送波を変調する信号の性質及び伝送情報の型式の内容を掲げたものである。電波法施行規則（第4条の2）の規定に照らしその内容の組合せの正しいものを下の番号から選べ。

番号	電波の型式の記号	各記号が表す内容		
		主搬送波の変調の型式	主搬送波を変調する信号の性質	伝送情報の型式
1	C3F	振幅変調であって残留側波帯	アナログ信号である単一チャネルのもの	ファクシミリ
2	F3C	周波数変調	アナログ信号である単一チャネルのもの	テレビジョン（映像に限る。）
3	F7E	周波数変調	アナログ信号である2以上のチャネルのもの	電話（音響の放送を含む。）
4	G7D	位相変調	デジタル信号である2以上のチャネルのもの	データ伝送、遠隔測定又は遠隔指令

> **ポイント**　「G」は位相変調、「7」はデジタル信号で2以上、「D」はデータ伝送と覚えよう。
>
> **正答**　4

問題18　重要度 ★★☆☆☆　　1回目 2回目 3回目

次の表は、記号をもって表示する電波の型式について、各記号が表す主搬送波の変調の型式、主搬送波を変調する信号の性質及び伝送情報の型式の内容を掲げたものである。電波法施行規則（第4条の2）の規定に照らしその内容の組合せの正しいものを表の中の番号から選べ。

番号	電波の型式の記号	各記号が表す内容		
		主搬送波の変調の型式	主搬送波を変調する信号の性質	伝送情報の型式
1	F3C	周波数変調	アナログ信号である単一チャネルのもの	データ伝送、遠隔測定又は遠隔指令
2	G7D	位相変調	アナログ信号である2以上のチャネルのもの	ファクシミリ
3	F7E	周波数変調	デジタル信号である2以上のチャネルのもの	電話（音響の放送を含む。）
4	F9W	周波数変調	デジタル信号の1又は2以上のチャネルとアナログ信号の1又は2以上のチャネルを複合したもの	テレビジョン（映像に限る。）

ポイント 「F」は周波数変調、「7」はデジタル信号で2以上、「E」は電話と覚えよう。

正答 3

問題19 重要度 ★★☆☆☆ 1回目 2回目 3回目

次の表は、記号をもって表示する電波の型式について述べたものである。電波法施行規則（第4条の2）の規定に照らし、各記号とその表す内容の組合せの正しいものを表の番号から選べ。

番号	電波の型式の記号	各記号が表す内容		
		主搬送波の変調の型式	主搬送波を変調する信号の性質	伝送情報の型式
1	F3C	角度変調であって周波数変調	アナログ信号である単一チャネルのもの	データ伝送、遠隔測定又は遠隔指令
2	G7D	角度変調であって位相変調	アナログ信号である2以上のチャネルのもの	ファクシミリ
3	F9D	角度変調であって周波数変調	デジタル信号の1又は2以上のチャネルとアナログ信号の1又は2以上のチャネルを複合したもの	データ伝送、遠隔測定又は遠隔指令
4	G8W	角度変調であって位相変調	アナログ信号である単一チャネルのもの	テレビジョン（映像に限る。）

ポイント 「F」は周波数変調、「9」は複合、「D」はデータ伝送と覚えよう。

正答 3

問題20　重要度 ★★★★★　　1回目 2回目 3回目

次の表は、記号をもって表示する電波の型式について述べたものである。電波法施行規則（第4条の2）の規定に照らし、各記号とその表す内容の組合せの誤っているものを表の番号から選べ。

番号	電波の型式の記号	各記号が表す内容		
		主搬送波の変調の型式	主搬送波を変調する信号の性質	伝送情報の型式
1	F3E	角度変調であって周波数変調	アナログ信号である単一チャネルのもの	電話（音響の放送を含む。）
2	F8D	角度変調であって周波数変調	アナログ信号である2以上のチャネルのもの	データ伝送、遠隔測定又は遠隔指令
3	J3E	振幅変調であって抑圧搬送波による単側波帯	アナログ信号である単一チャネルのもの	電話（音響の放送を含む。）
4	G9W	角度変調であって位相変調	デジタル信号の1又は2以上のチャネルとアナログ信号の1又は2以上のチャネルを複合したもの	テレビジョン（映像に限る。）

ポイント 選択肢4は誤りで、G9Wの「W」はテレビジョンではなく、「組合せ」による伝送情報である。　　**正答** 4

問題21　重要度 ★★★★★　　1回目 2回目 3回目

次の表は、記号をもって表示する電波の型式について述べたものである。電波法施行規則（第4条の2）の規定に照らし、各記号とその表す内容の組合せの誤っているものを表の番号から選べ。

番号	電波の型式の記号	各記号が表す内容		
		主搬送波の変調の型式	主搬送波を変調する信号の性質	伝送情報の型式
1	F3E	角度変調であって周波数変調	アナログ信号である単一チャネルのもの	電話（音響の放送を含む。）
2	F8D	角度変調であって周波数変調	アナログ信号である2以上のチャネルのもの	データ伝送、遠隔測定又は遠隔指令
3	J3E	振幅変調であって抑圧搬送波による単側波帯	アナログ信号である単一チャネルのもの	電話（音響の放送を含む。）

| 4 | G7W | 角度変調であって位相変調 | デジタル信号の１又は２以上のチャネルとアナログ信号の１又は２以上のチャネルを複合したもの | テレビジョン（映像に限る。） |

ポイント 選択肢４は誤りで、G7Wの「7」は「デジタル信号で２以上」、「W」はテレビジョンでなく、「組合せ」による伝送情報である。 **正　答** 4

問題22　重要度 ★★★☆☆　　　　　　　1回目 2回目 3回目

次の表は、記号をもって表示する電波の型式について述べたものである。電波法施行規則（第４条の２）の規定に照らし、各記号とその表す内容の組合せの誤っているものを下の表の１から４までのうちから選べ。

番号	電波の型式の記号	各記号が表す内容		
		主搬送波の変調の型式	主搬送波を変調する信号の性質	伝送情報の型式
1	F3E	角度変調であって周波数変調	アナログ信号である単一チャネルのもの	電話（音響の放送を含む。）
2	F2D	角度変調であって周波数変調	デジタル信号である２以上のチャネルのもの	データ伝送、遠隔測定又は遠隔指令
3	J8E	振幅変調であって抑圧搬送波による単側波帯	アナログ信号である２以上のチャネルのもの	電話（音響の放送を含む。）
4	G1F	角度変調であって位相変調	デジタル信号である単一チャネルのものであって変調のための副搬送波を使用しないもの	テレビジョン（映像に限る。）

ポイント 選択肢２は誤りで、F2Dの「2」は「デジタル信号である単一チャネルのものであって、変調のための副搬送波を使用するもの」である。 **正　答** 2

問題23　重要度 ★★★★☆　　　　　　　1回目 2回目 3回目

次の表の各欄の記述は、それぞれ電波の型式の記号表示と主搬送波の変調の型式、主搬送波を変調する信号の性質及び伝送情報の型式に分類して表す電波の型式を示すものである。電波法施行規則（第４条の２）の規定に照らし、□□□内に入れるべき最も適切な字句の組合せを下の１から４までのうちから一つ選べ。

電波の型式の記号	電波の型式		
	主搬送波の変調の型式	主搬送波を変調する信号の性質	伝送情報の型式
J3E	A	アナログ信号である単一チャネルのもの	電話（音響の放送を含む。）
G7W	角度変調で位相変調	B	次の型式の組合せのもの ①無情報 ②ファクシミリ ③電話（音響放送を含む。） ④電信 ⑤データ伝送、遠隔測定又は遠隔指令 ⑥テレビジョン（映像に限る。）
F2D	角度変調で周波数変調	デジタル信号である単一チャネルのものであって、変調のための副搬送波を使用するもの	C

	A	B	C
1	振幅変調で抑圧搬送波による単側波帯	デジタル信号である2以上のチャネルのもの	データ伝送、遠隔測定又は遠隔指令
2	振幅変調で抑圧搬送波による単側波帯	アナログ信号である2以上のチャネルのもの	ファクシミリ
3	振幅変調で低減搬送波による単側波帯	デジタル信号である2以上のチャネルのもの	ファクシミリ
4	振幅変調で低減搬送波による単側波帯	アナログ信号である2以上のチャネルのもの	データ伝送、遠隔測定又は遠隔指令

ポイント 「J3E」電波は、一般的に使用される「抑圧搬送波」のSSB電波と覚えておく。「7」は「デジタル信号で2以上」、「D」は「データ伝送」。　正答　1

問題24　重要度 ★★★★☆　1回目 2回目 3回目

次の記述は、無線設備の安全施設等について述べたものである。電波法施行規則（第21条の3及び第21条の4）の規定に照らし、□□内に入れるべき最も適切な字句の組合せを下の1から4までのうちから一つ選べ。

① 無線設備は、破損、発火、発煙等により A ことがあってはならない。

② 無線設備には、当該無線設備から発射される電波の強度（注1）が電波法施行規則（別表第2号の3の3（電波の強度の値の表））に定める値を超える場所（注2）に取扱者のほか容易に出入りすることができないように、施設をしなければなら

ない。ただし、次の (1) から (4) までに掲げる無線局の無線設備については、この限りではない。

(注1) 電界強度、磁界強度及び電力束密度をいう。

(注2) 人が通常、集合し、通行し、その他出入りする場所に限る。

(1) 平均電力が ┃ B ┃ 以下の無線局の無線設備

(2) 移動する無線局の無線設備

(3) 地震、台風、洪水、津波、雪害、火災、暴動その他非常の事態が発生し、
又は発生する虞（おそれ）がある場合において、┃ C ┃の無線設備

(4) (1) から (3) までに掲げるもののほか、この規定を適用することが不合理
であるものとして総務大臣が別に告示する無線局の無線設備

	A	B	C
1	人体に危害を及ぼし、又は物件に損傷を与える	20 ミリワット	臨時に開設する無線局
2	人体に危害を及ぼし、又は物件に損傷を与える	1 ワット	非常通信業務のみを行うことを目的として開設する無線局
3	異状を呈する	1 ワット	臨時に開設する無線局
4	異状を呈する	20 ミリワット	非常通信業務のみを行うことを目的として開設する無線局

ポイント 「人体に危害」、「20 ミリワット」、そして「臨時に開設」がキーワードである。②の項で、「取扱者」が空欄の問いもある。　　**正 答**　**1**

問題25　重要度 ★★★★★　　1回目　2回目　3回目

次の記述は、電波の強度に対する安全施設について電波法施行規則（第21条の4）の規定に沿って述べたものである。┃　　┃内に入れるべき字句の正しい組合せを下の番号から選べ。

① 無線設備には、当該無線設備から発射される電波の強度（┃ A ┃をいう。以下同じ。）が別表第2号の3の3に定める値を超える場所（人が通常、集合し、通行し、その他出入りする場所に限る。）に取扱者のほか容易に出入りすることができないように、施設をしなければならない。ただし、次に掲げる無線局の無線設備については、この限りではない。

(1) ┃ B ┃ 以下の無線局の無線設備

(2) 移動する無線局の無線設備

(3) 地震、台風、洪水、津波、雪害、火災、暴動その他非常の事態が発生し、又は発生するおそれがある場合において、臨時に開設する無線局の無線設備

(4)　(1) から (3) までに掲げるもののほか、この規定を適用することが不合理
であるものとして総務大臣が別に告示する無線局の無線設備

②　①の電波の強度の算出方法及び測定方法については、総務大臣が別に告示する。

	A	B
1	電界強度及び磁界強度	平均電力が 50 ミリワット
2	電界強度及び磁界強度	規格電力が 20 ミリワット
3	電界強度、磁界強度及び電力束密度	平均電力が 20 ミリワット
4	電界強度、磁界強度及び電力束密度	規格電力が 50 ミリワット

ポイント　「電界強度…電力束密度」と「20 ミリワット」がキーワードである。
①の項で、「取扱者」が空欄の問いもある。　　　　**正答　3**

問題26　重要度 ★★★★☆　　1回目 2回目 3回目

次の記述は、電波の強度(注) に対する安全施設について述べたものである。電
波法施行規則 (第 21 条の 4) の規定に照らし、□内に入れるべき最も適切
な字句の組合せを下の 1 から 4 までのうちから一つ選べ。

注　電界強度、磁界強度、電力束密度及び磁束密度をいう。

　無線設備には、当該無線設備から発射される電波の強度が電波法施行規則別表
第 2 号の 3 の 3 (電波の強度の値の表) に定める値を超える　A　に　B　のほか
容易に出入りすることができないように、施設をしなければならない。ただし、
次の (1) から (4) までに掲げる無線局の無線設備については、この限りではない。

(1) 平均電力が　C　以下の無線局の無線設備

(2) 移動する無線局の無線設備

(3) 地震、台風、洪水、津波、雪害、火災、暴動その他非常の事態が発生し、又
は発生するおそれがある場合において、臨時に開設する無線局の無線設備

(4) (1) から (3) までに掲げるもののほか、この規定を適用することが不合理
であるものとして総務大臣が別に告示する無線局の無線設備

	A	B	C
1	場所 (人が通常、集合し、通行し、その他出入りする場所に限る。)	無線従事者	10 ミリワット
2	場所 (人が出入りするおそれのあるいかなる場所も含む。)	取扱者	10 ミリワット
3	場所 (人が通常、集合し、通行し、その他出入りする場所に限る。)	取扱者	20 ミリワット
4	場所 (人が出入りするおそれのあるいかなる場所も含む。)	無線従事者	20 ミリワット

無線設備には電波の強度が法令に定める値を超える「場所（人が通常、集合し、通行し、その他出入りする場所に限る。）」に「取扱者」のほか、容易に出入りすることができないように施設しなければならないが、平均電力が「20ミリワット以下」の無線局の無線設備などは、この限りではない。 　正答　3

問題27　重要度 ★★★★★　　　1回目 2回目 3回目

高圧電気を使用する電動発電機、変圧器、ろ波器、整流器その他の機器が満たすべき安全施設に関する次の記述のうち、電波法施行規則（第22条）の規定に照らし、正しいものを下の番号から選べ。

1　外部を電気的に完全に絶縁し、かつ、電気設備に関する技術基準を定める省令の規定に従って措置しなければならない。ただし、無線従事者のほか容易に出入できないように設備した場所に装置する場合は、この限りでない。

2　その高さが人の歩行その他起居する平面から2.5メートル以上のものでなければならない。ただし、2.5メートルに満たない高さの部分が人体に容易に触れない構造である場合は、この限りでない。

3　外部より容易に触れることができないように、絶縁しゃへい体又は接地された金属しゃへい体の内に収容しなければならない。ただし、取扱者のほか出入できないように設備した場所に装置する場合は、この限りでない。

4　人の目につく箇所に「高圧注意」の表示をしなければならない。ただし、移動局であって、その移動体の構造上困難であり、かつ、無線従事者以外の者が出入しない場所に装置する場合は、この限りでない。

触れることができないように…収容しなければならないがキーワードである。 　正答　3

問題28　重要度 ★★★★☆　　　1回目 2回目 3回目

次の記述は、高圧電気に対する安全施設について電波法施行規則（第22条）の規定に沿って述べたものである。□□□内に入れるべき字句の正しい組合せを下の番号から選べ。

　高圧電気（高周波若しくは交流の電圧300ボルト又は直流の電圧　A　を超える電気をいう。）を使用する電動発電機、変圧器、ろ波器、整流器その他の機器は、外部より容易に触れることができないように、絶縁遮へい体又は　B　の内に収

358

容しなければならない。ただし、　C　のほか出入りできないように設備した場所に装置する場合は、この限りでない。

	A	B	C
1	750 ボルト	接地された金属遮へい体	取扱者
2	750 ボルト	金属遮へい体	無線従事者
3	900 ボルト	接地された金属遮へい体	無線従事者
4	900 ボルト	金属遮へい体	取扱者

ポイント 直流電圧「750 ボルト」、「接地」、そして「取扱者」がキーワードである。交流電圧の「300 ボルト」が空欄の問いもある。　**正答**　1

問題29　重要度 ★★★★☆　1回目 2回目 3回目

次の記述は、高圧電気に対する安全施設について電波法施行規則（第25条）の規定に沿って述べたものである。　内に入れるべき字句の正しい組合せを下の番号から選べ。なお、　内の同じ記号は、同じ字句を示す。

送信設備の空中線、給電線若しくはカウンターポイズであって高圧電気（高周波若しくは交流の電圧　A　又は直流の電圧 750 ボルトを超える電気をいう。）を通ずるものは、その高さが人の歩行その他起居する平面から　B　以上のものでなければならない。ただし、次に掲げる場合は、この限りでない。

(1)　B　に満たない高さの部分が、人体に容易にふれない構造である場合又は人体が容易にふれない位置にある場合

(2) 移動局であって、その移動体の構造上困難であり、かつ、　C　以外の者が出入りしない場所にある場合

	A	B	C
1	300 ボルト	3 メートル	取扱者
2	300 ボルト	2.5 メートル	無線従事者
3	350 ボルト	2.5 メートル	取扱者
4	350 ボルト	3 メートル	無線従事者

ポイント 交流電圧「300 ボルト」、「2.5 メートル」、そして「無線従事者」がキーワードである。　**正答**　2

次の記述は、空中線等の保安施設について述べたものである。電波法施行規則（第26条）の規定に照らし、[　　]内に入れるべき最も適切な字句の組合せを下の1から4までのうちから一つ選べ。

　無線設備の空中線系には[　A　]を、また、カウンターポイズには接地装置をそれぞれ設けなければならない。ただし、[　B　]を超える周波数を使用する無線局の無線設備及び[　C　]の無線設備の空中線については、この限りでない。

	A	B	C
1	落下防止の措置	54 MHz	陸上移動局又は携帯局
2	落下防止の措置	26.175 MHz	移動する無線局であって、その構造上接地装置を設けることが困難である無線局
3	避雷器又は接地装置	26.175 MHz	陸上移動局又は携帯局
4	避雷器又は接地装置	54 MHz	移動する無線局であって、その構造上接地装置を設けることが困難である無線局

ポイント 「避雷器又は接地装置」、「26.175 MHz」、そして「陸上移動局又は携帯局」がキーワードである。「接地装置」が空欄の問いもある。　**正答** **3**

高圧電気(注)に対する安全施設に関して述べた次の記述のうち、電波法施行規則（第22条から第25条まで）の規定に照らし、これらの規定に適合しないものはどれか。下の1から4までのうちから一つ選べ。
　注　高周波若しくは交流の電圧300ボルト又は直流の電圧750ボルトを超える電気をいう。

1　高圧電気を使用する電動発電機、変圧器、ろ波器、整流器その他の機器は、外部より容易に触れることができないように、絶縁遮蔽体又は接地された金属遮蔽体の内に収容しなければならない。ただし、取扱者のほか出入できないように設備した場所に装置する場合は、この限りでない。

2　送信設備の各単位装置相互間をつなぐ電線であって高圧電気を通ずるものは、線溝若しくは丈夫な絶縁体又は接地された金属遮蔽体の内に収容しなければならない。ただし、取扱者のほか出入できないように設備した場所に装置する場合は、この限りでない。

3　送信設備の調整盤又は外箱から露出する電線に高圧電気を通ずる場合においては、その電線が絶縁されているときであっても、電気設備に関する技術基準を

定める省令（昭和40年通商産業省令第61号）の規定するところに準じて保護しなければならない。

4　送信設備の空中線、給電線又はカウンターポイズであって高圧電気を通ずるものは、その高さが人の歩行その他起居する平面から2メートル以上のものでなければならない。ただし、次の(1)及び(2)の場合は、この限りでない。

(1)2メートルに満たない高さの部分が、人体に容易に触れない構造である場合又は人体が容易に触れない位置にある場合

(2)移動局であって、その移動体の構造上困難であり、かつ、取扱者以外の者が出入しない場所にある場合

> **ポイント**　選択肢4の2メートルは誤りで、正しくは「2.5メートル」である。
>
> **正答**　4

問題32　重要度 ★★★☆☆　　1回目 2回目 3回目

次の記述は、高圧電気に対する安全施設について述べたものである。電波法施行規則（第22条、第23条及び第25条）の規定に照らし、□□□内に入れるべき最も適切な字句の組合せを下の1から4までのうちから一つ選べ。なお、同じ記号の□□□内には、同じ字句が入るものとする。

① 高圧電気（高周波若しくは交流の電圧　A　又は直流の電圧750ボルトを超える電気をいう。以下同じ。）を使用する電動発電機、変圧器、ろ波器、整流器その他の機器は、外部より容易に触れることができないように、絶縁しゃへい体又は　B　の内に収容しなければならない。ただし、取扱者のほか出入できないように設備した場所に装置する場合は、この限りでない。

② 送信設備の各単位装置相互間をつなぐ電線であって高圧電気を通ずるものは、線溝若しくは丈夫な絶縁体又は　B　の内に収容しなければならない。ただし、取扱者のほか出入できないように設備した場所に装置する場合は、この限りでない。

③ 送信設備の空中線、給電線又はカウンターポイズであって高圧電気を通ずるものは、その高さが人の歩行その他起居する平面から　C　以上のものでなければならない。ただし、次の(1)及び(2)の場合は、この限りでない。

(1)　C　に満たない高さの部分が、人体に容易に触れない構造である場合又は人体が容易に触れない位置にある場合

(2)移動局であって、その移動体の構造上困難であり、かつ、無線従事者以外の者が出入しない場所にある場合

	A	B	C
1	300 ボルト	接地された金属しゃへい体	2.5 メートル
2	300 ボルト	金属しゃへい体	3 メートル
3	500 ボルト	接地された金属しゃへい体	3 メートル
4	500 ボルト	金属しゃへい体	2.5 メートル

> **ポイント** 交流電圧「300 ボルト」、「接地された金属しゃへい体」、「2.5 メートル」がキーワードである。②の項で、「線溝」が空欄の問いもある。 **正答** 1

問題 33　重要度 ★★★☆☆　　1回目 2回目 3回目

次の記述は、電波の質に関する電波法（第 28 条）の規定について述べたものである。 □□□内に入れるべき字句の正しい組合せを下の番号から選べ。

　送信設備に使用する電波の周波数の □A□ 、 □B□ 電波の質は、総務省令で定めるところに適合するものでなければならない。

	A	B
1	偏差及び幅	高調波の強度等
2	偏差又は幅	空中線電力の偏差等
3	偏差	高調波の強度等
4	幅	空中線電力の偏差等

> **ポイント** 電波の質は周波数の「偏差及び幅」、「高調波の強度等」がキーワードである。 **正答** 1

問題 34　重要度 ★★★★★　　1回目 2回目 3回目

次の記述は、電波の質及び用語の定義について述べたものである。電波法（第 28 条）及び電波法施行規則（第 2 条）の規定に照らし□□□内に入れるべき最も適切な字句の組合せを下の 1 から 4 までのうちから一つ選べ。なお、同じ記号の□□□内には、同じ字句が入るものとする。

① 送信設備に使用する電波の周波数の偏差及び幅、 □A□ 電波の質は、総務省令で定めるところに適合するものでなければならない。

② 「周波数の許容偏差」とは、発射によって占有する周波数帯の中央の周波数の割当周波数からの許容することができる最大の偏差又は発射の □B□ からの許

362

容することができる最大の偏差をいい、百万分率又はヘルツで表わす。

③　「占有周波数帯幅」とは、その上限の周波数を超えて輻射され、及びその下限の周波数未満において輻射される平均電力がそれぞれ与えられた発射によって輻射される全平均電力の　C　に等しい上限及び下限の周波数帯幅をいう。ただし、周波数分割多重方式の場合、テレビジョン伝送の場合等　C　の比率が占有周波数帯幅及び必要周波数帯幅の定義を実際に適用することが困難な場合においては、異なる比率によることができる。

	A	B	C
1	空中線電力の偏差等	特性周波数の基準周波数	0.1 パーセント
2	高調波の強度等	特性周波数の割当周波数	0.1 パーセント
3	空中線電力の偏差等	特性周波数の割当周波数	0.5 パーセント
4	高調波の強度等	特性周波数の基準周波数	0.5 パーセント

ポイント　電波の質は、周波数の偏差及び幅、「高調波の強度等」である。周波数の許容偏差は「特性周波数の基準周波数」、占有周波数帯幅は「0.5 パーセント」がそれぞれキーワードである。　　**正答**　4

無線設備

問題35　重要度 ★★★★★　　1回目 2回目 3回目

次の記述は、電波の質及び受信設備の条件について述べたものである。電波法（第 28 条及び第 29 条）の規定に照らし、□□内に入れるべき最も適切な字句の組合せを下の 1 から 4 までのうちから一つ選べ。

①　送信設備に使用する電波の周波数の　A　、高調波の強度等電波の質は、総務省令で定めるところに適合するものでなければならない。
②　受信設備は、その副次的に発する　B　が、総務省令で定める限度を超えて他の　C　に支障を与えるものであってはならない。

	A	B	C
1	偏差及び幅	電波又は高周波電流	無線設備の機能
2	偏差及び幅	電波	無線局の運用
3	偏差	電波又は高周波電流	無線局の運用
4	偏差	電波	無線設備の機能

ポイント　電波の質は、「周波数の偏差及び幅」、高調波の強度等である。受信設備は、その副次的に発する「電波又は高周波電流」が他の「無線設備の機能」に支障を与えてはならない。　　**正答**　1

次の記述は、電波の質等について述べたものである。電波法（第28条及び第72条）の規定に照らし、□□□内に入れるべき最も適切な字句の組合せを下の1から4までのうちから一つ選べ。

① 送信設備に使用する電波の周波数の偏差及び幅、□A□電波の質は、総務省令で定めるところに適合するものでなければならない。

② 総務大臣は、無線局の発射する電波の質が①の総務省令で定めるものに適合していないと認めるときは、当該無線局に対して臨時に電波の発射の停止を命ずることができる。

③ 総務大臣は、②の命令を受けた無線局からその発射する電波の質が電波法第28条の総務省令の定めるものに適合するに至った旨の申出を受けたときは、その無線局に□B□させなければならない。

④ 総務大臣は、③により発射する電波の質が電波法第28条の総務省令で定めるものに適合しているときは、□C□しなければならない。

	A	B	C
1	空中線電力の偏差等	電波を試験的に発射	当該無線局に対してその旨を通知
2	高調波の強度等	電波の質の測定結果を報告	当該無線局に対してその旨を通知
3	空中線電力の偏差等	電波の質の測定結果を報告	直ちに②の停止を解除
4	高調波の強度等	電波を試験的に発射	直ちに②の停止を解除

ポイント 電波の質は、周波数の偏差及び幅、「高調波の強度等」である。総務大臣は、電波の質が法令に定めるものに適合するに至った申出を受けたときは「電波を試験的に発射」させ、適合しているときは「直ちに臨時に電波の発射の停止命令を解除」する。

正答　4

次の記述は、受信設備の条件について述べたものである。電波法（第29条）及び無線設備規則（第24条）の規定に照らし、□□□内に入れるべき最も適切な字句の組合せを下の1から4までのうちから一つ選べ。なお、同じ記号の□□□内には、同じ字句が入るものとする。

① 受信設備は、その副次的に発する電波又は高周波電流が、総務省令で定める限度を超えて □A□ に支障を与えるものであってはならない。

② ①の副次的に発する電波が □A□ に支障を与えない限度は、受信空中線と □B□ の等しい擬似空中線回路を使用して測定した場合に、その回路の電力が □C□ 以下でなければならない。

③ 無線設備規則第24条（副次的に発する電波等の限度）の規定において、②にかかわらず別段の定めがあるものは、その定めるところによるものとする。

	A	B	C
1	重要無線通信に使用する無線設備の運用	利得及び能率	4ナノワット
2	重要無線通信に使用する無線設備の運用	電気的常数	4ミリワット
3	他の無線設備の機能	電気的常数	4ナノワット
4	他の無線設備の機能	利得及び能率	4ミリワット

ポイント 受信設備の条件のキーワードは「他の無線設備の機能」に支障を与えない、「電気的常数」、電力が「4ナノワット」以下である。 **正答** **3**

無線設備

問題38 重要度 ★★★★★ 1回目 2回目 3回目

次の記述は、受信設備の条件等について述べたものである。電波法（第29条及び第82条）及び無線設備規則（第24条）の規定に照らし、□□□内に入れるべき最も適切な字句の組合せを下の1から4までのうちから一つ選べ。なお、同じ記号の□□□内には、同じ字句が入るものとする。

① 受信設備は、その副次的に発する電波又は高周波電流が、総務省令で定める限度を超えて □A□ の機能に支障を与えるものであってはならない。

② ①の副次的に発する電波が □A□ の機能に支障を与えない限度は、受信空中線と電気的常数の等しい擬似空中線回路を使用して測定した場合に、その回路の電力が □B□ 以下でなければならない。

③ 無線設備規則第24条（副次的に発する電波等の限度）第2項以下の規定において、別段の定めがあるものは②にかかわらず、その定めるところによるものとする。

④ 総務大臣は、受信設備が副次的に発する電波又は高周波電流が □A□ の機能に継続的かつ重大な障害を与えるときは、その設備の所有者又は占有者に対し、その障害を除去するために必要な措置を執るべきことを命ずることができる。

⑤ 総務大臣は、放送の受信を目的とする受信設備以外の受信設備について④の措置を執るべきことを命じた場合において特に必要があると認めるときは、□C□ ことができる。

	A	B	C
1	重要無線通信に使用する無線設備	4 ミリワット	その職員を当該設備のある場所に派遣し、その設備を検査させる
2	他の無線設備	4 ミリワット	その事実及び措置の内容を記載した書面の提出を求める
3	他の無線設備	4 ナノワット	その職員を当該設備のある場所に派遣し、その設備を検査させる
4	重要無線通信に使用する無線設備	4 ナノワット	その事実及び措置の内容を記載した書面の提出を求める

> **ポイント** 受信設備の条件のキーワードは「他の無線設備」の機能に支障を与えない、電力が「4ナノワット」以下である。特に必要があると認めるときは、「その職員を当該設備のある場所に派遣し、その設備を検査させる」ことができる。
>
> **正答** 3

問題39 重要度 ★★★★☆　　　　　1回目 2回目 3回目

次の記述は、送信設備に使用する電波の質、受信設備の条件及び安全施設について述べたものである。電波法（第28条から第30条まで）の規定に照らし、□□□内に入れるべき最も適切な字句の組合せを下の1から4までのうちから一つ選べ。

① 送信設備に使用する電波の周波数の偏差及び幅、□A□電波の質は、総務省令で定めるところに適合するものでなければならない。

② 受信設備は、その副次的に発する電波又は高周波電流が、総務省令で定める限度を超えて□B□に支障を与えるものであってはならない。

③ 無線設備には、人体に危害を及ぼし、又は□C□ことがないように、総務省令で定める施設をしなければならない。

	A	B	C
1	高調波の強度等	他の無線設備の機能	物件に損傷を与える
2	空中線電力の偏差等	他の無線設備の機能	他の電気的設備の機能に障害を及ぼす
3	空中線電力の偏差等	重要無線通信の運用	物件に損傷を与える
4	高調波の強度等	重要無線通信の運用	他の電気的設備の機能に障害を及ぼす

問題40　重要度 ★★★★☆　　1回目 2回目 3回目

次の記述は、周波数の安定のための条件について述べたものである。無線設備規則（第15条）の規定に照らし、□□□内に入れるべき最も適切な字句の組合せを下の1から4までのうちから一つ選べ。

① 周波数をその許容偏差内に維持するため、送信装置は、できる限り□A□によって発振周波数に影響を与えないものでなくてはならない。
② 周波数をその許容偏差内に維持するため、発振回路の方式は、できる限り□B□によって影響を受けないものでなくてはならない。
③ 移動局（移動するアマチュア局を含む。）の送信装置は、実際上起り得る□C□によっても周波数をその許容偏差内に維持するものでなくてはならない。

無線設備

	A	B	C
1	電源電圧又は負荷の変化	外囲の温度若しくは湿度の変化	振動又は衝撃
2	電源電圧又は負荷の変化	外囲の気圧の変化	地面への落下
3	8時間の連続動作	外囲の気圧の変化	振動又は衝撃
4	8時間の連続動作	外囲の温度若しくは湿度の変化	地面への落下

ポイント 発振周波数の変動の要因には「電源電圧又は負荷の変化」、「外囲の温度若しくは湿度の変化」、「振動又は衝撃」が挙げられる。　**正答**　1

問題41　重要度 ★★★★★　　1回目 2回目 3回目

周波数の安定のための条件に関する次の記述のうち、無線設備規則（第15条及び第16条）の規定に照らし、これらの規定に定めるところに適合しないものはどれか。下の1から4までのうちから一つ選べ。

1 周波数をその許容偏差内に維持するため、送信装置は、できる限り電源電圧又は負荷の変化によって発振周波数に影響を与えないものでなければならない。
2 周波数をその許容偏差内に維持するため、発振回路の方式は、できる限り気圧の変化によって影響を受けないものでなければならない。
3 移動局（移動するアマチュア局を含む。）の送信装置は、実際上起り得る振動又は衝撃によっても周波数をその許容偏差内に維持するものでなければならない。

4　水晶発振回路に使用する水晶発振子は、周波数をその許容偏差内に維持するため、発振周波数が当該送信装置の水晶発振回路により又はこれと同一の条件の回路によりあらかじめ試験を行って決定されているものでなければならない。

> **ポイント** 周波数をその許容偏差内に維持するため、発振回路の方式は、できる限り「外囲の温度若しくは湿度」の変化によって影響を受けないものでなければならない。　**正答**　2

問題42　重要度 ★★★★★　　1回目 2回目 3回目

次に掲げるもののうち、送信空中線の型式及び構成が適合しなければならない条件として定められていないものはどれか。無線設備規則（第20条）の規定に照らし、1から4までのうちから一つ選べ。

1　整合が十分であること。
2　満足な指向特性が得られること。
3　空中線の利得及び能率がなるべく大であること。
4　空中線の位置の近傍にある物体による影響を受けないこと。

> **ポイント** 送信空中線（アンテナ）の条件として定められているものは、「整合」、「指向特性」と「利得及び能率」の三つで、選択肢4は定められていない。定められていないものとして「発射可能な電波の周波数帯域がなるべく広いものであること。」が出題される問いもある。　**正答**　4

問題43　重要度 ★★★★★　　1回目 2回目 3回目

次の記述は、送信空中線の型式及び構成等について述べたものである。無線設備規則（第20条及び第22条）の規定に照らし、□□□内に入れるべき最も適切な字句の組合せを下の1から4までのうちから一つ選べ。

①　送信空中線の型式及び構成は、次の（1）から（3）までに適合するものでなければならない。
　（1）空中線の利得及び能率がなるべく大であること。
　（2）　A　が十分であること。
　（3）満足な指向特性が得られること。

② 空中線の指向特性は、次の (1) から(4)までに掲げる事項によって定める。
　(1) 主輻射方向及び副輻射方向
　(2) ＿B＿の主輻射の角度の幅
　(3) 空中線を設置する位置の近傍にあるものであって電波の伝わる方向を乱す
　　　もの
　(4) ＿C＿よりの輻射

	A	B	C
1	調整	水平面	接地線
2	調整	垂直面	給電線
3	整合	垂直面	接地線
4	整合	水平面	給電線

ポイント 送信空中線の条件として定められているものは、「利得及び能率」、「整合」、「指向特性」の三つである。アンテナの指向特性は「垂直面」は重要でなく、「水平面」の主輻射の角度の幅が定められている。Cの項には「給電線」が入る。

正答 **4**

問題44 **重要度 ★★★★★** 　　　　1回目 2回目 3回目

次に掲げるもののうち、空中線の指向特性として定められていないものはどれか。無線設備規則（第22条）の規定に照らし、1から4までのうちから一つ選べ。

1　給電線よりの輻射
2　主輻射方向及び副輻射方向
3　垂直面の主輻射の角度の幅
4　空中線を設置する位置の近傍にあるものであって電波の伝わる方向を乱すもの

ポイント アンテナの指向特性として定められているものは、アンテナからの「主輻射方向と副輻射方向」と「水平面の主輻射の角度の幅」で、「垂直面」は定められていない。定められていないものとして「空中線の利得及び能率」が出題される問いもある。

正答 **3**

問題1　重要度 ★★★★★　　1回目 2回目 3回目

次に掲げる者のうち、主任無線従事者はどれか、電波法（第39条）の規定により正しいものを下の番号から選べ。

1　無線従事者であって、無線局（アマチュア無線局を除く。）の無線設備の操作の監督を行う者をいう。
2　無線従事者であって、無線局の無線設備の管理を行う者をいう。
3　同一免許人に属する無線局の無線設備の操作を行う者のうち、その責任者をいう。
4　2人以上選任された無線従事者がいるとき、その責任者となる無線従事者をいう。

ポイント 無線設備の操作の監督がキーワードである。　　**正答** 1

問題2　重要度 ★★★★☆　　1回目 2回目 3回目

次の記述は、無線局（アマチュア無線局を除く。）の主任無線従事者の意義を述べたものである。電波法（第39条）の規定に照らし、この規定に定めるところに適合するものを下の1から4までのうちから一つ選べ。

1　無線局の無線設備の操作の監督を行う者をいう。
2　無線局の管理を免許人から命ぜられ、その旨を総務大臣に届け出た者をいう。
3　2以上の無線局が機能上一体となって通信系を構成する場合に、それらの無線設備を管理する者をいう。
4　同一免許人に属する無線局の無線設備の操作を行う者のうち、免許人から責任者として命ぜられた者をいう。

ポイント 選択肢2～4の規定はない。　　**正答** 1

問題3　重要度 ★★★★★ 　　1回目 2回目 3回目

主任無線従事者に関する次の記述のうち、電波法（第39条）の規定に照らし、この規定に定めるところに適合しないものはどれか。下の1から4までのうちから一つ選べ。

1　無線局の免許人は、主任無線従事者を選任しようとするときは、あらかじめ、その旨を総務大臣に届け出なければならない。これを解任しようとするときも、同様とする。

2　主任無線従事者は、電波法第40条（無線従事者の資格）の定めるところにより、無線設備の操作の監督を行うことができる無線従事者であって、総務省令で定める事由に該当しないものでなければならない。

3　無線局の免許人が選任し、その届出がされた主任無線従事者は、無線設備の操作の監督に関し総務省令で定める職務を誠実に行わなければならない。

4　無線局の免許人が選任し、その届出がされた主任無線従事者の監督の下に無線設備の操作に従事する者は、当該主任無線従事者が職務を行うために必要であると認めてする指示に従わなければならない。

ポイント 主任無線従事者を選任・解任「した」ときは、「遅滞なく」その旨を総務大臣に届け出なければならない。　　　　　正答 1

問題4　重要度 ★★☆☆☆ 　　1回目 2回目 3回目

次に掲げるもののうち、主任無線従事者の職務に該当しないものを、電波法施行規則（第34条の5）の規定に照らし下の番号から選べ。

1　無線従事者を選任し、又は解任すること及びその旨を総務大臣に届け出ること。

2　主任無線従事者の職務を遂行するために必要な事項に関し免許人に対して意見を述べること。

3　主任無線従事者の監督を受けて無線設備の操作を行う者に対する訓練（実習を含む。）の計画を立案し、実施すること。

4　無線業務日誌その他の書類を作成し、又はその作成を監督すること（記載された事項に関し必要な措置を執ることを含む。）。

ポイント 主任無線従事者が、無線従事者を「選任」又は「解任」することは職務ではない。　　　　　正答 1

次の記述のうち、電波法施行規則（第34条の5）の規定に照らし、主任無線従事者の職務としてこの規定に定めるものに適合しないものはどれか。下の1から4までのうちから一つ選べ。

1　主任無線従事者の監督を受けて無線設備の操作を行う者に対する訓練（実習を含む。）の計画を立案し、実施すること。

2　周波数、空中線電力等の指定の変更の申請又は無線設備の変更の工事、通信事項の変更等の許可の申請を行うこと。

3　無線設備の機器の点検若しくは保守を行い、又はその監督を行うこと。

4　主任無線従事者の職務を遂行するために必要な事項に関し免許人等（注）又は電波法第70条の9（登録人以外の者による登録局の運用）第1項の規定により登録局を運用する当該登録局の登録人以外の者に対して意見を述べること。

（注）免許人又は登録人をいう。

ポイント 指定事項の変更、変更の工事などの「許可の申請」は主任無線従事者の職務ではない。

正答 2

次の記述のうち、主任無線従事者の職務に該当しないものはどれか。電波法施行規則（第34条の5）の規定に照らし、下の1から4までのうちから一つ選べ。

1　無線設備の機器の点検若しくは保守を行い、又はその監督を行うこと。

2　電波法若しくは電波法に基づく命令に規定する申請又は届出を行うこと。

3　主任無線従事者の監督を受けて無線設備の操作を行う者に対する訓練（実習を含む。）の計画を立案し、実施すること。

4　無線業務日誌その他の書類を作成し、又はその作成を監督すること（記載された事項に関し必要な措置を執ることを含む。）。

ポイント 「電波法令に規定する申請又は届出」は、主任無線従事者の職務ではない。

正答 2

問題7　重要度 ★★★★★　　　1回目 2回目 3回目

次の記述は、固定局に選任する主任無線従事者について述べたものである。電波法（第39条）及び電波法施行規則（第34条の3）の規定に照らし、これらの規定に定めるところに適合しないものを下の1から4までのうちから一つ選べ。

1　主任無線従事者は、無線局の無線設備の操作の監督を行うことができる無線従事者であって、主任無線従事者として選任される日以前3年間において無線局の無線設備の操作又はその監督の業務に従事した期間が6箇月以上でなければならない。

2　無線局の免許人は、主任無線従事者を選任したときは、遅滞なく、その旨を総務大臣に届け出なければならない。これを解任したときも、同様とする。

3　総務大臣に選任の届出がされた主任無線従事者の監督の下に無線設備の操作に従事する者は、当該主任無線従事者が無線設備の操作の監督に関し総務省令で定める職務を行うため必要であると認めてする指示に従わなければならない。

4　無線局の免許人は、電波法第39条（無線設備の操作）第4項の規定によりその選任の届出をした主任無線従事者に、総務省令で定める期間ごとに、無線設備の操作の監督に関し総務大臣の行う講習を受けさせなければならない。

ポイント 選択肢1の3年間、6箇月以上は誤りで、それぞれ「5年間」、「3箇月以上」が正しい。　　　**正答** 1

問題8　重要度 ★★★★★　　　1回目 2回目 3回目

次の記述は、陸上に開設する無線局に係る主任無線従事者について述べたものである。電波法（第39条）及び電波法施行規則（第34条の7）の規定に照らし、□□□内に入れるべき最も適切な字句の組合せを下の1から4までのうちから一つ選べ。なお、同じ記号の□□□内には、同じ字句が入るものとする。

① 電波法第40条（無線従事者の資格）の定めるところにより無線設備の操作を行うことができる無線従事者以外の者は、□A□の無線設備の□B□を行う者（以下「主任無線従事者」という。）として選任された者であって②によりその選任の届出がされたものにより監督を受けなければ、□A□の無線設備の操作(注)を行ってはならない。ただし、総務省令で定める場合は、この限りでない。

(注) 簡易な操作であって総務省令で定めるものを除く。

② 無線局の免許人等(注)は、主任無線従事者を選任したときは、遅滞なく、その旨を総務大臣に届け出なければならない。これを解任したときも、同様とする。

(注) 免許人又は登録人をいう。以下③、④及び⑤において同じ。

無線従事者

③　無線局（総務省令で定めるものを除く。）の免許人等は、②によりその選任の届出をした主任無線従事者に、総務省令で定める期間ごとに、無線設備の　B　に関し総務大臣の行う講習を受けさせなければならない。

④　③の規定により、免許人等又は電波法第70条の9（登録人以外の者による登録局の運用）第1項の規定により登録局を運用する当該登録局の登録人以外の者は、主任無線従事者を選任したときは、当該主任無線従事者に　C　に無線設備の　B　に関し総務大臣の行う講習を受けさせなければならない。

⑤　免許人等又は電波法第70条の9第1項の規定により登録局を運用する当該登録局の登録人以外の者は、④の講習を受けた主任無線従事者にその講習を受けた日から5年以内に講習を受けさせなければならない。当該講習を受けた日以降についても同様とする。

	A	B	C
1	無線局（アマチュア無線局を除く。）	操作の監督	選任の日から6箇月以内
2	無線局（アマチュア無線局を除く。）	技術操作の管理	選任の日から3箇月以内
3	無線局（実験等無線局及びアマチュア無線局を除く。）	操作の監督	選任の日から3箇月以内
4	無線局（実験等無線局及びアマチュア無線局を除く。）	技術操作の管理	選任の日から6箇月以内

ポイント　主任無線従事者は「実験等無線局」の操作の範囲を含み、「操作の監督」を行い、選任されたときは「選任の日から6箇月以内」に講習を受ける。

正答　1

問題9　重要度 ★★★★★　　1回目 2回目 3回目

次の記述は、主任無線従事者の講習について、電波法及び電波法施行規則（第34条の7）の規定に沿って述べたものである。　　内に入れるべき字句の正しい組合せを下の番号から選べ。

①　無線局（総務省令で定める無線局を除く。）の免許人又は登録人（以下「免許人等」という。）は、主任無線従事者を　A　無線設備の操作の監督に関し総務大臣の行う講習を受けさせなければならない。

②　免許人等は、①の講習を受けた主任無線従事者にその講習を受けた日から　B　に講習を受けさせなければならない。当該講習を受けた日以降について

も同様とする。

	A	B
1	選任したときは、当該主任無線従事者に選任の日から6箇月以内に	3年以内
2	選任したときは、当該主任無線従事者に選任の日から6箇月以内に	5年以内
3	選任するときは、あらかじめ	3年以内
4	選任するときは、あらかじめ	5年以内

ポイント キーワードは、「6箇月以内」に講習を、「5年以内」に講習である。

正答 2

問題10　重要度 ★★★☆☆　　1回目 2回目 3回目

次の記述は、主任無線従事者の選任について述べたものである。電波法（第39条）及び電波法施行規則（第34条の7）の規定に照らし、□□□内に入れるべき最も適切な字句の組み合わせを下の1から4までのうちから一つ選べ。

① 無線局の免許人等(注)は、主任無線従事者を□A□なければならない。
（注）免許人又は登録人をいう。以下②において同じ。

② 無線局の免許人等は、主任無線従事者を選任したときは、当該主任無線従事者に選任の日から□B□以内に無線設備の操作の監督に関し総務大臣の行う□C□を受けさせなければならない。

	A	B	C
1	選任したときは、遅滞なく、その旨を総務大臣に届け出	6箇月	講習
2	選任したときは、遅滞なく、その旨を総務大臣に届け出	1年	実習
3	選任しようとするときは、総務大臣の承認を受け	6箇月	実習
4	選任しようとするときは、総務大臣の承認を受け	1年	講習

ポイント 選任届は「遅滞なく」、総務大臣に「届け出る」。選任の日から「6箇月」以内に、「講習」を受けさせる。

正答 1

問題11　重要度 ★★★★☆　　1回目 2回目 3回目

次の記述は、主任無線従事者の非適格事由について述べたものである。電波法（第39条）及び電波法施行規則（第34条の3）の規定に照らし、最も適切な字句の組合せを下の1から4までのうちから一つ選べ。

375

① 主任無線従事者は、電波法第40条（無線従事者の資格）の定めるところにより無線設備の　A　を行うことができる無線従事者であって、総務省令で定める事由に該当しないものでなければならない。

② ①の総務省令で定める事由は、次のとおりとする。

(1) 電波法第9章（罰則）の罪を犯し罰金以上の刑に処せられ、その執行を終わり、又はその執行を受けることがなくなった日から　B　を経過しない者に該当する者であること。

(2) 電波法第79条（無線従事者の免許の取消し等）第1項第1号の規定により業務に従事することを停止され、その処分の期間が終了した日から3箇月を経過していない者であること。

(3) 主任無線従事者として選任される日以前5年間において無線局（無線従事者の選任を要する無線局でアマチュア局以外のものに限る。）の無線設備の操作又はその　C　に従事した期間が3箇月に満たない者であること。

	A	B	C
1	操作の監督	2年	監督の業務
2	操作の監督	3年	管理の業務
3	管理	2年	管理の業務
4	管理	3年	監督の業務

ポイント 無線従事者の定義で「操作の監督」が規定され、また罰金刑から「2年」を経過しない者、無線設備の「監督の業務」に従事した期間が3箇月に満たない者でないことである。

正答 1

問題12 **重要度 ★★★★★** 　　1回目 2回目 3回目

次の記述は、主任無線従事者の非適格事由について、電波法（第39条）及び電波法施行規則（第34条の3）の規定に沿って述べたものである。□□□内に入れるべき字句の正しい組合せを下の番号から選べ。

① 主任無線従事者は、電波法第40条（無線従事者の資格）の定めるところにより、無線設備の操作の監督を行うことができる無線従事者であって、総務省令で定める事由に該当しないものでなければならない。

② ①の総務省令で定める事由は、次のとおりとする。

(1) 電波法第9章（罰則）の罪を犯し罰金以上の刑に処せられ、その執行を終わり、又はその執行を受けることがなくなった日から2年を経過しない者に該当する者であること。

(2) 電波法第79条（無線従事者の免許の取消し等）第1項第1号の規定により　A　され、その処分の期間が終了した日から3箇月を経過していない者であること。

(3) 主任無線従事者として選任される日以前5年間において無線局（無線従事者の選任を要する無線局でアマチュア局以外のものに限る。）の無線設備の操作又はその監督の業務に従事した期間が　B　に満たない者であること。

	A	B
1	業務に従事することを停止	3箇月
2	業務に従事することを停止	2箇月
3	業務に従事することを制限	3箇月
4	業務に従事することを制限	2箇月

ポイント　「業務の従事停止」と「3箇月」がキーワードである。　　**正 答**　1

問題13　重要度 ★★★★★　　1回目　2回目　3回目

次の記述は、無線局（登録局を除く。）に選任された主任無線従事者の職務について述べたものである。電波法（第39条）及び電波法施行規則（第34条の5）の規定に照らし、　　内に入れるべき最も適切な字句の組合せを下の1から4までのうちから一つ選べ。なお、同じ記号の　　内には、同じ字句が入るものとする。

① 電波法第39条（無線設備の操作）第4項の規定によりその選任の届出がされた主任無線従事者は、　A　に関し総務省令で定める職務を誠実に行わなければならない。

② ①の総務省令で定める職務は、次のとおりとする。

(1) 主任無線従事者の監督を受けて無線設備の操作を行う者に対する訓練（実習を含む。）の計画を立案し、実施すること。

(2) 　B　を行い、又はその監督を行うこと。

(3) 無線業務日誌その他の書類を作成し、又はその作成を監督すること（記載された事項に関し必要な措置を執ることを含む。）。

(4) 主任無線従事者の職務を遂行するために必要な事項に関し　C　に対して意見を述べること。

(5) その他無線局の　A　に関し必要と認められる事項

A	B	C
1　無線設備の管理	電波法に規定する申請又は届出	免許人

無線従事者

377

2	無線設備の操作の監督	無線設備の機器の点検若しくは保守	免許人
3	無線設備の管理	無線設備の機器の点検若しくは保守	総務大臣
4	無線設備の操作の監督	電波法に規定する申請又は届出	総務大臣

ポイント 「操作の監督」、「点検若しくは保守」、そして「免許人」がキーワードである。

正答 2

問題 14 重要度 ★★★★★　　　　　　　　　1回目 2回目 3回目

無線局（登録局を除く。）に選任される主任無線従事者に関する次の記述のうち、電波法（第39条）及び電波法施行規則（第34条の3、第34条の5及び第34条の7）の規定に照らし、これらの規定に定めるところに適合しないものはどれか。下の1から4までのうちから一つ選べ。

1　主任無線従事者は、電波法第40条（無線従事者の資格）の定めるところにより、無線設備の操作の監督を行うことができる無線従事者であって、主任無線従事者として選任される日以前3年間において無線局の無線設備の操作又はその監督の業務に従事した期間が6箇月以上でなければならない。

2　無線局の免許人は、主任無線従事者を選任したときは、遅滞なく、その旨を総務大臣に届け出なければならない。これを解任したときも、同様とする。

3　無線局の免許人によりその選任の届出がされた主任無線従事者は、当該主任無線従事者の監督を受けて無線設備の操作を行う者に対する訓練（実習を含む。）の計画を立案し、実施するなど、無線設備の操作の監督に関し総務省令で定める職務を誠実に行わなければならない。

4　無線局の免許人は、その選任の届出をした主任無線従事者に、選任の日から6箇月以内に無線設備の操作の監督に関し総務大臣の行う講習を受けさせなければならない。

ポイント 選択肢1の3年間、6箇月以上は誤りで、それぞれ「5年間」、「3箇月以上」が正しい。

正答 1

問題15　重要度 ★★★★★ 　1回目 2回目 3回目

次の記述は、無線局の免許人が行う無線従事者の選任又は解任について述べたものである。電波法（第39条及び第51条）の規定に照らし、これらの規定に適合するものはどれか。下の1から4までのうちから一つ選べ。

1　無線局の免許人は、無線従事者を選任又は解任しようとするときは、あらかじめ総務大臣の許可を受けなければならない。

2　無線局の免許人は、無線従事者を選任又は解任しようとするときは、あらかじめ総務大臣に届け出なければならない。

3　無線局の免許人は、無線従事者を選任したときは、遅滞なく、その旨を総務大臣に届け出なければならない。これを解任したときも同様とする。

4　無線局の免許人は、無線従事者を選任しようとするときは、総務大臣に届け出て、その指示を受けなければならない。これを解任したときも同様とする。

ポイント 選任・解任したときは、遅滞なく、その旨を総務大臣に届け出なければならない。　**正答** 3

問題16　重要度 ★★★★★ 　1回目 2回目 3回目

無線従事者の免許等に関する次の記述のうち、電波法（第41条）、電波法施行規則（第38条）及び無線従事者規則（第50条及び第51条）の規定に照らし、誤っているものはどれか。下の1から4までのうちから一つ選べ。

1　無線従事者になろうとする者は、総務大臣の免許を受けなければならない。

2　無線従事者は、その業務に従事しているときは、免許証を携帯していなければならない。

3　無線従事者は、免許の取消しの処分を受けたときは、その処分を受けた日から1箇月以内にその免許証を総務大臣又は総合通信局長（沖縄総合通信事務所長を含む。）に返納しなければならない。

4　無線従事者は、免許を失ったために免許証の再交付を受けようとするときは、申請書に写真1枚を添えて総務大臣又は総合通信局長（沖縄総合通信事務所長を含む。）に提出しなければならない。

ポイント 免許の取消しの処分を受けたときは「10日以内」にその免許証を返納する。選択肢3の1箇月以内は誤り。　**正答** 3

無線従事者

次に掲げる者のうち、電波法（第42条）の規定に照らし、無線従事者の免許が与えられないことがあるものに該当しないものはどれか。下の1から4までのうちから一つ選べ。

1　電波法又は電波法に基づく命令に違反して電波法第79条（無線従事者の免許の取消し等）の規定により、無線従事者の免許を取り消され、取消しの日から3年を経過しない者

2　電波法第9章（罰則）の罪を犯し罰金以上の刑に処せられ、その執行を終わり、又はその執行を受けることがなくなった日から2年を経過しない者

3　不正な手段により免許を受けて電波法第79条（無線従事者の免許の取消し等）の規定により、無線従事者の免許を取り消され、取消しの日から2年を経過しない者

4　著しく心身に欠陥があって無線従事者たるに適しない者

ポイント 無線従事者の免許を取り消され、取り消しの日から「2年」を経過しない者には免許を与えられないことがある。選択肢1の3年は誤り。　**正 答** 1

無線従事者の免許が与えられないことがある者に関する次の記述のうち、電波法（第42条）の規定に照らし、この規定に定めるところに適合しないものはどれか。下の1から4までのうちから一つ選べ。

1　日本の国籍を有しなくなった者

2　電波法第9章（罰則）の罪を犯し罰金以上の刑に処せられ、その執行を終わり、又はその執行を受けることがなくなった日から2年を経過しない者

3　不正な手段により免許を受けて電波法第79条（無線従事者の免許の取消し等）の規定により、無線従事者の免許を取り消され、取消しの日から2年を経過しない者

4　電波法若しくは電波法に基づく命令又はこれらに基づく処分に違反して電波法第79条（無線従事者の免許の取消し等）の規定により、無線従事者の免許を取り消され、取消しの日から2年を経過しない者

ポイント 日本の国籍を有していなくても「無線従事者」の免許は与えられるので、選択肢1は誤り。　**正 答** 1

問題19　重要度 ★★★★★

次の記述は、無線従事者の免許の欠格事由について述べたものである。電波法（第42条）の規定に照らし、▢▢▢内に入れるべき最も適切な字句の組合せを下の1から4までのうちから一つ選べ。なお、同じ記号の▢▢▢内には、同じ字句が入るものとする。

次のいずれかに該当する者に対しては、無線従事者の免許を与えないことができる。
① 電波法第9章（罰則）の罪を犯し ▢A▢ の刑に処せられ、その執行を終わり、又はその執行を受けることがなくなった日から ▢B▢ を経過しない者
② 電波法第79条（無線従事者の免許の取消し等）の規定により無線従事者の免許を取り消され、取消しの日から ▢B▢ を経過しない者
③ ▢C▢ 欠陥があって無線従事者たるに適しない者

	A	B	C
1	罰金以上	2年	著しく心身に
2	罰金以上	5年	身体に
3	懲役	2年	身体に
4	懲役	5年	著しく心身に

ポイント 「罰金以上」の刑、「2年」を経過しない、そして「著しく心身に」がキーワードである。単に「身体」だけでないことに注意。　　**正答** 1

問題20　重要度 ★★★★★

無線従事者の免許証に関する次の記述のうち、電波法施行規則（第38条）及び無線従事者規則（第50条及び第51条）の規定に照らし、これらの規定に定めるところに適合しないものはどれか。下の1から4までのうちから一つ選べ。

1 無線従事者は、その業務に従事しているときは、免許証を携帯していなければならない。
2 無線従事者は、氏名に変更を生じたために免許証の再交付を受けようとするときは、無線従事者免許証再交付申請書に免許証、写真1枚及び氏名の変更の事実を証する書類を添えて総務大臣又は総合通信局長（沖縄総合通信事務所長を含む。）に提出しなければならない。
3 無線従事者は、免許の取消しの処分を受けたときは、その処分を受けた日から10日以内にその免許証を総務大臣又は総合通信局長（沖縄総合通信事務所長を含む。）に返納しなければならない。

4 無線従事者は、免許証を失ったために免許証の再交付を受けた後失った免許証を発見したときは、1箇月以内に再交付を受けた免許証を総務大臣又は総合通信局長（沖縄総合通信事務所長を含む。）に返納しなければならない。

> **ポイント** 再交付を受けた後、失った免許証を発見したときは、1箇月以内でなく「10日以内」に「発見した免許証」を返納する。　　　**正答** 4

問題21　重要度 ★★★★★　　　　　1回目 2回目 3回目

次の記述は、無線従事者の免許証について述べたものである。電波法施行規則（第38条）及び無線従事者規則（第50条及び第51条）の規定に照らし、□□□内に入れるべき最も適切な字句の組合せを下の1から4までのうちから一つ選べ。なお、同じ記号の□□□内には、同じ字句が入るものとする。

① 無線従事者は、その業務に従事しているときは、免許証を □ A □ していなければならない。

② 無線従事者は、□ B □ に変更を生じたとき又は免許証を汚し、破り、若しくは失ったために免許証の再交付を受けようとするときは、申請書に次の (1) から (3) までに掲げる書類を添えて総務大臣又は総合通信局長（沖縄総合通信事務所長を含む。以下同じ。）に提出しなければならない。

　(1) 免許証（免許証を失った場合を除く。）　　　(2) 写真1枚

　(3) □ B □ の変更の事実を証する書類（□ B □ に変更を生じたときに限る。）

③ 無線従事者は、免許の取消しの処分を受けたときは、その処分を受けた日から □ C □ にその免許証を総務大臣又は総合通信局長に返納しなければならない。免許証の再交付を受けた後失った免許証を発見したときも同様とする。

	A	B	C
1	携帯	氏名	10日以内
2	無線局に保管	氏名	30日以内
3	携帯	氏名又は住所	30日以内
4	無線局に保管	氏名又は住所	10日以内

> **ポイント** 業務に従事中は、免許証を「携帯」する。「氏名」に変更を生じたときは、免許証、写真1枚、「氏名」の変更の事実を証する書類（住民票の写しなど）を添えて再交付申請を行う。免許の取消しの処分を受けたときは、「10日」以内にその免許証を返納する。　　　**正答** 1

問題22　重要度 ★★☆☆☆　　1回目　2回目　3回目

次の記述は、無線従事者の免許証の返納について述べたものである。無線従事者規則（第51条）の規定に照らし、□□□内に入れるべき最も適切な字句の組合せを下の1から4までのうちから一つ選べ。

① 無線従事者は、免許の取消しの処分を受けたときは、その処分を受けた日から□A□以内にその免許証を総務大臣又は総合通信局長（沖縄総合通信事務所長を含む。以下同じ。）に返納しなければならない。免許証の再交付を受けた後□B□ときも同様とする。

② 無線従事者が死亡し、又は失そうの宣告を受けたときは、戸籍法（昭和22年法律第224号）による死亡又は失そう宣告の届出義務者は、□C□、その免許証を総務大臣又は総合通信局長に返納しなければならない。

	A	B	C
1	10日	氏名に変更を生じた	遅滞なく
2	20日	失った免許証を発見した	1箇月以内に
3	10日	失った免許証を発見した	遅滞なく
4	20日	氏名に変更を生じた	1箇月以内に

ポイント 返納する期限は「10日」以内で、「失った免許証を発見した」ときも同様。死亡等の場合は「遅滞なく」免許証を返納。　　正答　3

問題23　重要度 ★★★☆☆　　1回目　2回目　3回目

次の記述は、無線従事者の免許の取消し等について述べたものである。電波法（第42条及び第79条）及び無線従事者規則（第51条）の規定に照らし、□□□内に入れるべき最も適切な字句の組合せを下の1から4までのうちから一つ選べ。

① 総務大臣は、無線従事者が電波法若しくは電波法に基づく命令又はこれらに基づく処分に違反したときは、無線従事者の免許を取り消し、又は3箇月以内の期間を定めて□A□することができる。

② 無線従事者は、①の規定により無線従事者の免許の取消しの処分を受けたときは、その処分を受けた日から□B□以内にその免許証を総務大臣又は総合通信局長（沖縄総合通信事務所長を含む。）に返納しなければならない。

③ 総務大臣は、①の規定により無線従事者の免許を取り消され、取消しの日から□C□を経過しない者に対しては、無線従事者の免許を与えないことができる。

無線従事者

	A	B	C
1	その業務に従事することを停止	1箇月	5年
2	無線設備の操作の範囲を制限	1箇月	2年
3	その業務に従事することを停止	10日	2年
4	無線設備の操作の範囲を制限	10日	5年

ポイント 無線従事者が電波法令に違反したときはその免許を取り消されるか、3箇月以内の期間を定めて「その業務に従事することを停止」される。免許の取消しの処分を受けたときは「10日」以内にその免許証を返納しなければならず、取消しの日から「2年」を経過しない者は無線従事者の免許を与えられないことがある。

正答 3

問題24 重要度 ★★★★★ 　1回目 2回目 3回目

無線従事者の免許の取消し等に関する次の記述のうち、電波法（第42条及び第79条）及び無線従事者規則（第51条）の規定に照らし、これらの規定に定めるところに適合しないものはどれか。下の1から4までのうちから一つ選べ。

1 総務大臣は、無線従事者が電波法若しくは電波法に基づく命令又はこれらに基づく処分に違反したときは、その免許を取り消し、又は3箇月以内の期間を定めて無線設備の操作の範囲を制限することができる。

2 総務大臣は、無線従事者の免許を取り消され、取消しの日から2年を経過しない者に対しては、無線従事者の免許を与えないことができる。

3 無線従事者は、免許の取消しの処分を受けたときは、その処分を受けた日から10日以内にその免許証を総務大臣又は総合通信局長（沖縄総合通信事務所長を含む。）に返納しなければならない。

4 総務大臣は、無線従事者が不正な手段により免許を受けたときは、その免許を取り消し、又は3箇月以内の期間を定めてその業務に従事することを停止することができる。

ポイント 無線従事者が電波法令に違反したとき、総務大臣はその免許を取り消すか、3箇月以内の期間を定めて「その業務に従事することを停止」させることができる。

正答 1

問題25　重要度 ★★★★★　　1回目 2回目 3回目

無線従事者の免許の取消し等に関する次の記述のうち、電波法（第39条、第42条及び第79条）、電波法施行規則（第34条の3）及び無線従事者規則（第51条）の規定に照らし、これらの規定に定めるところに適合しないものはどれか。下の1から4までのうちから一つ選べ。

1　総務大臣は、無線従事者が電波法若しくは電波法に基づく命令又はこれらに基づく処分に違反したときは、無線従事者の免許を取り消し、又は3箇月以内の期間を定めてその業務に従事することを停止することができる。
2　無線従事者は、免許の取消しの処分を受けたときは、その処分を受けた日から1箇月以内にその免許証を総務大臣又は総合通信局長（沖縄総合通信事務所長を含む。）に返納しなければならない。
3　総務大臣は、無線従事者の免許を取り消され、取消しの日から2年を経過しない者に対しては、無線従事者の免許を与えないことができる。
4　主任無線従事者は、電波法第40条（無線従事者の資格）の定めるところにより、無線設備の操作の監督を行うことができる無線従事者であって、主任無線従事者として選任される日以前5年間において無線局（無線従事者の選任を要する無線局でアマチュア局以外のものに限る。）の無線設備の操作又はその監督の業務に従事した期間が3箇月に満たない者に該当しないものでなければならない。

ポイント 無線従事者は、免許の取消しの処分を受けたときは、その処分を受けた日から「10日」以内にその免許証を総務大臣又は総合通信局長に返納しなければならない。　　**正答** 2

問題26　重要度 ★★★☆☆　　1回目 2回目 3回目

次に掲げるもののうち、第一級陸上特殊無線技士の資格を有する者が行うことができる無線設備の操作に該当するものはどれか。電波法施行令（第3条）の規定に照らし、正しいものを1から4までのうちから一つ選べ。

1　陸上の無線局の空中線電力500ワット以下の多重無線設備（多重通信を行うことができる無線設備でテレビジョンとして使用するものを含む。）で30メガヘルツ未満の周波数の電波を使用するものの技術操作
2　陸上の無線局の空中線電力500ワット以上の多重無線設備（多重通信を行うことができる無線設備でテレビジョンとして使用するものを除く。）で30メガヘルツ以上の周波数の電波を使用するものの技術操作

3　陸上の無線局の空中線電力10ワット以下の無線設備（多重無線設備を除く。）の技術操作

4　陸上の無線局の空中線電力500ワット以下の多重無線設備（多重通信を行うことができる無線設備でテレビジョンとして使用するものを含む。）で30メガヘルツ以上の周波数の電波を使用するものの技術操作

ポイント 一陸特の操作範囲のキーワード：①空中線電力500ワット以下、②周波数は30メガヘルツ以上、③多重無線設備。　**正 答** 4

問題27　重要度 ★★☆☆☆　　　　　1回目 2回目 3回目

次の記述は、第一級陸上特殊無線技士の資格の無線従事者が行うことのできる無線設備の操作について述べたものである。電波法施行令（第3条）の規定に照らし、□□□内に入れるべき正しい字句の組合せを下の1から4までのうちから一つ選べ。

第一級陸上特殊無線技士の資格の無線従事者は、陸上の無線局(注)の空中線電力□A□の多重無線設備（多重通信を行うことができる無線設備でテレビジョンとして使用するものを含む。）で□B□の周波数の電波を使用するものの技術操作を行うことができる。

(注) 海岸局、海岸地球局、船舶局、船舶地球局、航空局、航空地球局、航空機局、航空機地球局、無線航行局及び放送局以外の無線局をいう。

	A	B
1	500ワット以下	30メガヘルツ以上
2	500ワット以下	25メガヘルツ以上
3	700ワット以下	25メガヘルツ以上
4	700ワット以下	30メガヘルツ以上

ポイント 空中線電力「500ワット以下」と「多重無線設備」で、「30メガヘルツ以上」の周波数の電波がキーワードである。　**正 答** 1

問題1　重要度 ★★★★★　　1回目 2回目 3回目

次の記述は、非常通信の意義について述べたものである。電波法（第52条）の規定に照らし、この規定に定めるところに適合するものはどれか。下の1から4までのうちから一つ選べ。

1　地震、台風、洪水、津波、雪害、火災、暴動その他非常の事態が発生した場合において、電気通信業務の通信を利用することができないときに人命の救助、災害の救援、交通通信の確保又は秩序の維持のために行われる無線通信をいう。

2　地震、台風、洪水、津波、雪害、火災、暴動その他非常の事態が発生した場合において、有線通信を利用することができないときに総務大臣の命令により人命の救助、災害の救援、交通通信の確保又は秩序の維持のために行われる無線通信をいう。

3　地震、台風、洪水、津波、雪害、火災、暴動その他非常の事態が発生し、又は発生する虞がある場合において、有線通信を利用することができないか又はこれを利用することが著しく困難であるときに人命の救助、災害の救援、交通通信の確保又は秩序の維持のために行われる無線通信をいう。

4　地震、台風、洪水、津波、雪害、火災、暴動その他非常の事態が発生し、又は発生する虞がある場合において、人命の救助、災害の救援、交通通信の確保又は秩序の維持のために行われる無線通信をいう。

ポイント　電波法第52条の非常通信は重要なので、全文を覚えておくこと。この設問では、発生する虞、有線通信の利用困難がキーワードである。

正答　3

運
用

問題2　重要度 ★★★★★　　1回目 2回目 3回目

次の記述は、非常通信について電波法（第52条）の規定に沿って述べたものである。□□内に入れるべき字句の正しい組合せを下の番号から選べ。

非常通信とは、地震、台風、洪水、津波、雪害、火災、暴動その他非常の事態

が　　A　　場合において、有線通信を　　B　　ときに人命の救助、災害の救援、交通通信の確保又は　　C　　のために行われる無線通信をいう。

	A	B	C
1	発生し、又は発生するおそれがある	利用することができない	電力の供給の確保
2	発生し、又は発生するおそれがある	利用することができないか又はこれを利用することが著しく困難である	秩序の維持
3	発生した	利用することができない	秩序の維持
4	発生した	利用することができないか又はこれを利用することが著しく困難である	電力の供給の確保

> **ポイント** 非常の事態が「発生し、又は発生するおそれがある」、有線通信を「…利用することが著しく困難」、そして「秩序の維持」がキーワードである。「有線通信」、「災害の救援」、「交通通信」が空欄の問いもある。　　**正答** 2

問題3　重要度 ★★★☆☆　　1回目　2回目　3回目

次の記述は、無線局（登録局を除く。）の目的外使用の禁止等について述べたものである。電波法（第52条から第54条まで）の規定に照らし、　　　　内に入れるべき最も適切な字句の組合せを下の1から4までのうちから一つ選べ。

① 無線局は、免許状に記載された目的又は　　A　　の範囲を超えて運用してはならない。ただし、次の(1)から(6)までに掲げる通信については、この限りでない。
　(1) 遭難通信　　(2) 緊急通信　　(3) 安全通信　　(4) 非常通信
　(5) 放送の受信　　(6) その他総務省令で定める通信

② 無線局を運用する場合においては、　　B　　、識別信号、電波の型式及び周波数は、その無線局の免許状に記載されたところによらなければならない。ただし、遭難通信については、この限りでない。

③ 無線局を運用する場合においては、空中線電力は、次の(1)及び(2)に定めるところによらなければならない。ただし、遭難通信については、この限りでない。
　(1) 免許状に記載されたものの範囲内であること。
　(2) 通信を行うため　　C　　ものであること。

	A	B	C
1	通信事項	無線設備の設置場所	必要かつ十分な
2	通信事項	無線設備	必要最小の

3　通信の相手方若しくは通信事項　　無線設備の設置場所　　必要最小の
4　通信の相手方若しくは通信事項　　無線設備　　　　　　必要かつ十分な

> **ポイント**　「通信の相手方若しくは通信事項」、「無線設備の設置場所」、そして「必要最小」がキーワードである。　　　　　　　　　　　　　　　**正答**　3

問題4　重要度 ★★★★★　　　1回目 2回目 3回目

無線局の運用に関する次の記述のうち、電波法（第52条から第55条まで）の規定に照らし、これらの規定に定めるところに適合しないものはどれか。下の1から4までのうちから一つ選べ。

1　無線局を運用する場合においては、空中線電力は、免許状に記載されたところによらなければならない。ただし、遭難通信、緊急通信、安全通信及び非常通信については、この限りでない。
2　無線局は、免許状に記載された目的又は通信の相手方若しくは通信事項の範囲を超えて運用してはならない。ただし、次に掲げる通信については、この限りでない。
　（1）遭難通信　　（2）緊急通信　　（3）安全通信　　（4）非常通信
　（5）放送の受信　　（6）その他総務省令で定める通信
3　無線局を運用する場合においては、無線設備の設置場所、識別信号、電波の型式及び周波数は、その無線局の免許状に記載されたところによらなければならない。ただし、遭難通信については、この限りでない。
4　無線局は、免許状に記載された運用許容時間内でなければ、運用してはならない。ただし、遭難通信、緊急通信、安全通信、非常通信、放送の受信その他総務省令で定める通信を行う場合及び総務省令で定める場合は、この限りでない。

> **ポイント**　「遭難通信」を除く、「緊急通信」、「安全通信」及び「非常通信」における空中線電力は、免許状に記載された範囲を超えてはならない。　**正答**　1

運用

問題5　重要度 ★★★★★　　　1回目 2回目 3回目

次の記述は、無線局（登録局を除く。）の目的外使用の禁止等について述べたものである。電波法（第52条から第55条まで）の規定に照らし、□□□内に入れるべき最も適切な字句の組合せを下の1から4までのうちから一つ選べ。

① 無線局は、免許状に記載された目的又は A の範囲を超えて運用してはならない。ただし、次の (1) から (6) までに掲げる通信については、この限りでない。

(1) 遭難通信　　(2) 緊急通信　　(3) 安全通信　　(4) 非常通信

(5) 放送の受信　　(6) その他総務省令で定める通信

② 無線局を運用する場合においては、 B 、識別信号、電波の型式及び周波数は、その無線局の免許状に記載されたところによらなければならない。ただし、遭難通信については、この限りでない。

③ 無線局を運用する場合においては、空中線電力は、次の (1) 及び (2) に定めるところによらなければならない。ただし、遭難通信については、この限りでない。

(1) 免許状に記載されたものの範囲内であること。

(2) 通信を行うため必要最小のものであること。

④ 無線局は、免許状に記載された運用許容時間内でなければ、運用してはならない。ただし、①の C に掲げる通信を行う場合及び総務省令で定める場合は、この限りでない。

	A	B	C
1	通信事項	無線設備	(1) から (6) まで
2	通信事項	無線設備の設置場所	(1) から (4) まで
3	通信の相手方若しくは通信事項	無線設備	(1) から (4) まで
4	通信の相手方若しくは通信事項	無線設備の設置場所	(1) から (6) まで

> **ポイント** 「通信の相手方若しくは通信事項」、「無線設備の設置場所」がキーワードである。Cの項の通信は、①に掲げる (1)〜 (6)のすべてである。③の項で、「必要最小のもの」が空欄の問いもある。　　**正 答**　4

問題6　重要度 ★★★☆☆　　　1回目　2回目　3回目

次の記述は、無線局の運用について述べたものである。電波法 (第52条、第53条及び第110条) の規定に照らし、 内に入れるべき最も適切な字句の組合せを下の1から4までのうちから一つ選べ。

① 無線局は、免許状に記載された A の範囲を超えて運用してはならない。ただし、遭難通信、緊急通信、安全通信、非常通信、放送の受信及びその他総務省令で定める通信については、この限りでない。

② 無線局を運用する場合においては、無線設備の設置場所、識別信号、 B は、免許状等 (注) に記載されたところによらなければならない。ただし、遭難通信

については、この限りでない。

（注）免許状又は登録状をいう。

③　①又は②の規定に違反して無線局を運用した者は、□　C　□に処する。

	A	B	C
1	目的又は通信の相手方若しくは通信事項	電波の型式及び周波数	1年以下の懲役又は100万円以下の罰金
2	目的又は通信の相手方若しくは通信事項	電波の型式、周波数及び空中線電力	2年以下の懲役又は100万円以下の罰金
3	目的又は通信事項	電波の型式及び周波数	2年以下の懲役又は100万円以下の罰金
4	目的又は通信事項	電波の型式、周波数及び空中線電力	1年以下の懲役又は100万円以下の罰金

ポイント 免許状に記載された「目的又は通信の相手方若しくは通信事項」の範囲を超えてはならない。「電波の型式及び周波数」、そして「1年以下… 100万円以下」がキーワードである。　　**正答** 1

問題7　重要度 ★★★☆☆　　1回目 2回目 3回目

次に掲げる通信のうち、固定局がその免許状に記載された目的の範囲を超えて運用することができないものを、電波法施行規則（第37条）の規定に照らし下の番号から選べ。

1　非常の場合の無線通信の訓練のために行う通信
2　気象の照会のために行う通信
3　無線機器の試験又は調整をするために行う通信
4　電波の規正に関する通信

ポイント「気象の照会」のために行う通信は、目的の範囲を超えた運用なのでできない。　　**正答** 2

問題8　重要度 ★★★★★　　1回目 2回目 3回目

次に掲げる通信のうち、固定局（電気通信業務用無線局を除く。）がその免許状に記載された目的の範囲を超えて運用することができないものはどれか。電波法施行規則（第37条）の規定に照らし、下の1から4までのうちから一つ選べ。

運用

1　電波の規正に関する通信
2　免許人以外の者の業務のために行う通信
3　非常の場合の無線通信の訓練のために行う通信
4　無線機器の試験又は調整を行うために行う通信

> **ポイント**　「免許人以外の者の業務通信」のために、目的の範囲を超えた運用はできない。
>
> **正答**　**2**

問題9　重要度 ★☆☆☆☆　1回目 2回目 3回目

次の通信に関する記述のうち、固定局がその免許状の目的等にかかわらず運用することができる通信に該当しないものはどれか。電波法施行規則（第37条）の規定に照らし、下の1から4までのうちから一つ選べ。

1　電波の規正に関する通信
2　無線機器の試験又は調整をするために行う通信
3　非常の場合の無線通信の訓練のために行う通信
4　総務大臣又は総合通信局長（沖縄総合通信事務所長を含む。）が行う検査のために必要な通信

> **ポイント**　選択肢4は規定されていない。
>
> **正答**　**4**

問題10　重要度 ★★★☆☆　1回目 2回目 3回目

次の記述は、無線局（登録局を除く。）の免許状記載事項の遵守について述べたものである。電波法（第53条）の規定に照らし、 ◯◯◯◯ 内に入れるべき最も適切な字句の組合せを下の1から4までのうちから一つ選べ。

　無線局を運用する場合においては、 A 、識別信号、 B は、その無線局の免許状に記載されたところによらなければならない。ただし、 C については、この限りでない。

	A	B	C
1	無線設備の設置場所	電波の型式、周波数及び空中線電力	遭難通信、緊急通信、安全通信及び非常通信
2	無線設備の設置場所	電波の型式及び周波数	遭難通信

| 3 | 無線設備 | 電波の型式及び周波数 | 遭難通信、緊急通信、安全通信及び非常通信 |
| 4 | 無線設備 | 電波の型式、周波数及び空中線電力 | 遭難通信 |

> **ポイント** 「無線設備の設置場所」、識別信号、「電波の型式及び周波数」は「遭難通信」を行う場合を除き、免許状の記載事項によらなければならない。
>
> **正答** 2

問題 11　重要度 ★★★★★　　1回目 2回目 3回目

次の記述は、無線局の運用について電波法（第53条及び第110条）の規定に沿って述べたものである。□□□内に入れるべき字句の正しい組合せを下の番号から選べ。

① 無線局を運用する場合においては、無線設備の設置場所、□A□は、免許状又は登録状に記載されたところによらなければならない。ただし、遭難通信については、この限りでない。

② ①の規定に違反して無線局を運用した者は、□B□に処する。

	A	B
1	識別信号、電波の型式及び周波数	1年以下の懲役又は100万円以下の罰金
2	識別信号、電波の型式及び周波数	2年以下の懲役又は100万円以下の罰金
3	電波の型式及び周波数	2年以下の懲役又は100万円以下の罰金
4	電波の型式及び周波数	1年以下の懲役又は50万円以下の罰金

> **ポイント** 「識別信号、電波の型式及び周波数」と「1年以下…100万円以下」がキーワードである。
>
> **正答** 1

運用

問題 12　重要度 ★★★★★　　1回目 2回目 3回目

次の記述は、無線局の運用について、電波法（第53条及び第54条）の規定に沿って述べたものである。□□□内に入れるべき字句の正しい組合せを下の番号から選べ。

① 無線局を運用する場合においては、無線設備の設置場所、識別信号、□A□は、免許状又は登録状に記載されたところによらなければならない。

② 無線局を運用する場合においては、空中線電力は、次に定めるところによらなければならない。

   (1) 免許状又は登録状に □B□ であること。

   (2) 通信を行うために □C□ であること。

	A	B	C
1	電波の型式及び周波数	記載されたものの範囲内	必要最小のもの
2	電波の型式及び周波数	記載されたもの	十分なもの
3	通信方式及び周波数	記載されたものの範囲内	十分なもの
4	通信方式及び周波数	記載されたもの	必要最小のもの

ポイント 免許状記載の「電波の型式及び周波数」、運用は免許状に「記載されたものの範囲内」、そして空中線電力は「必要最小のもの」がキーワードである。①の項で、「無線設備の設置場所」が空欄の問いもある。　　**正答** 1

問題 13　重要度 ★★★★★　　　　1回目 2回目 3回目

次の記述は、無線局を運用する場合の空中線電力について述べたものである。電波法（第 54 条）の規定に照らし、□□□内に入れるべき最も適切な字句の組合せを下の 1 から 4 までのうちから一つ選べ。

無線局を運用する場合においては、空中線電力は、次の (1) 及び (2) に定めるところによらなければならない。ただし、□A□ については、この限りでない。

   (1) 免許状に □B□ であること。

   (2) 通信を行うため □C□ であること。

	A	B	C
1	非常の場合の無線通信	記載されたとおりのもの	必要最小のもの
2	非常の場合の無線通信	記載されたものの範囲内	十分なもの
3	遭難通信	記載されたものの範囲内	必要最小のもの
4	遭難通信	記載されたとおりのもの	十分なもの

ポイント 無線局の運用の基本は、「免許状」に記載されたところによるものであること。ただし、「遭難通信」については適用が除外である。通信は免許状に「記載されたものの範囲内」と空中線電力は「必要最小のもの」がキーワードである。　　**正答** 3

問題14　重要度 ★★★★★　　　　　　　1回目 2回目 3回目

次の記述は、無線局の免許状又は登録状（以下「免許状等」という。）の記載事項の遵守について電波法（第53条、第54条及び第110条）の規定に沿って述べたものである。□□□内に入れるべき字句の正しい組合せを下の番号から選べ。なお、□□□内の同じ記号は、同じ字句を示す。

① 無線局を運用する場合においては、□A□は、免許状等に記載されたところによらなければならない。ただし、□B□については、この限りでない。

② 無線局を運用する場合においては、空中線電力は、次に定めるところによらなければならない。ただし、□B□については、この限りでない。

　(1) 免許状等に記載されたものの範囲内であること。

　(2) 通信を行うため必要最小のものであること。

③ ①又は□C□の規定に違反して無線局を運用した者は、1年以下の懲役又は100万円以下の罰金に処する。

	A	B	C
1	無線設備の設置場所、識別信号、電波の型式及び周波数	遭難通信	②の(1)
2	無線設備の設置場所、識別信号、電波の型式及び周波数	非常の場合の無線通信	②の(2)
3	無線設備、識別信号、電波の型式及び周波数	遭難通信	②の(2)
4	無線設備、識別信号、電波の型式及び周波数	非常の場合の無線通信	②の(1)

ポイント「設置場所・識別信号・電波の型式・周波数」はワンセットで覚えよう。「遭難通信」は、免許状の記載事項の制限を受けない。　　**正 答**　1

問題15　重要度 ★★★★★　　　　　　　1回目 2回目 3回目

次の記述は、無線局の運用について述べたものである。電波法（第53条から第55条まで）の規定に照らし、□□□内に入れるべき最も適切な字句の組合せを下の1から4までのうちから一つ選べ。

① 無線局を運用する場合においては、□A□、識別信号、電波の型式及び周波数は、免許状等（注）に記載されたところによらなければならない。ただし、遭難通信については、この限りでない。

（注）免許状又は登録状をいう。以下②の（1）において同じ。

② 無線局を運用する場合においては、空中線電力は、次の（1）及び（2）に定める
ところによらなければならない。ただし、遭難通信については、この限りでない。

（1）免許状等に記載されたものの範囲内であること。

（2）通信を行うため B であること。

③ 無線局は、免許状に記載された C 内でなければ、運用してはならない。
ただし、遭難通信、緊急通信、安全通信、非常通信、放送の受信、その他総務省
令で定める通信を行う場合及び総務省令で定める場合は、この限りでない。

	A	B	C
1	無線設備の設置場所	必要最小のもの	運用許容時間
2	無線設備の設置場所	十分なもの	運用義務時間
3	無線設備	必要最小のもの	運用義務時間
4	無線設備	十分なもの	運用許容時間

ポイント 無線局の運用の基本は、「免許状」に記載されたところによるもので、無線設備の「設置場所」、空中線電力は「必要最小」、運用「許容」時間がキーワードである。

正答 1

問題16 重要度 ★★☆☆☆ 　1回目 2回目 3回目

無線局（登録局を除く。）の運用に関する次の記述のうち、電波法（第53条、第56条、第57条及び第59条）の規定に照らし、これらの規定に定めるところに適合しないものはどれか。下の1から4までのうちから一つ選べ。

1 無線局は、放送の受信を目的とする受信設備又は電波天文業務の用に供する
受信設備その他の総務省令で定める受信設備（無線局のものを除く。）で総務大臣
が指定するものにその運用を阻害するような混信その他の妨害を与えないように
運用しなければならない。ただし、遭難通信については、この限りでない。

2 無線局は、次に掲げる場合には、なるべく擬似空中線回路を使用しなければ
ならない。

（1）無線設備の機器の試験又は調整を行うために運用するとき。

（2）実験等無線局を運用するとき。

3 無線局を運用する場合においては、無線設備の設置場所、識別信号、電波の
型式及び周波数は、その無線局の免許状に記載されたところによらなければなら
ない。ただし、遭難通信については、この限りでない。

4 何人も法律に別段の定めがある場合を除くほか、特定の相手方に対して行わ

れる無線通信（注）を傍受してその存在若しくは内容を漏らし、又はこれを窃用
してはならない。

注　電気通信事業法第4条（秘密の保護）第1項又は第164条（適用除外等）第3項の通信
　　であるものを除く。

> **ポイント** 選択肢1の放送の受信を目的とする受信設備は誤りで、正しくは「他の
> 無線局」。遭難通信も誤りで、正しくは「遭難通信、緊急通信、安全通信及び非
> 常通信」である。
> **正答** 1

問題17　重要度 ★★★☆☆　　1回目 2回目 3回目

次の記述は、無線局の免許状等（注）の記載事項の遵守について述べたものであ
る。電波法（第54条及び第110条）の規定に照らし、□□□内に入れるべき
最も適切な字句の組合せを下の1から4までのうちから一つ選べ。

（注）免許状又は登録状をいう。

① 　無線局を運用する場合においては、空中線電力は、次の (1) 及び (2) に定める
ところによらなければならない。ただし、遭難通信については、この限りでない。

(1) 免許状等に□ A □であること。

(2) 通信を行うため□ B □であること。

② 　□ C □に違反して無線局を運用した者は、1年以下の懲役又は100万円以下
の罰金に処する。

	A	B	C
1	記載されたところのもの	必要かつ十分なもの	①の (1) の規定
2	記載されたところのもの	必要最小のもの	①の規定
3	記載されたものの範囲内	必要かつ十分なもの	①の規定
4	記載されたものの範囲内	必要最小のもの	①の (1) の規定

> **ポイント** 無線局の運用の範囲は遭難通信をするときなどの除外規定を除いて免
> 許状に「記載されたものの範囲内」のもので、空中線電力は「必要最小」のもの
> であること。「遭難通信」が空欄の問いもある。
> **正答** 4

問題18　重要度 ★★★★★　　1回目 2回目 3回目

次の記述は、混信等の防止について、電波法（第56条）の規定に沿って述べ
たものである。□□□内に入れるべき字句の正しい組合せを下の番号から選べ。

運
用

無線局は、　A　又は電波天文業務（注）の用に供する受信設備その他の総務省令で定める受信設備（無線局のものを除く。）で総務大臣が指定するものにその運用を　B　その他の妨害を与えないように運用しなければならない。ただし、　C　については、この限りでない。

　（注）電波天文業務とは、宇宙から発する電波の受信を基礎とする天文学のための当該電波の受信の業務をいう。

	A	B	C
1	他の無線局	阻害するような混信	遭難通信、緊急通信、安全通信及び非常通信
2	他の無線局	不可能とするような混信	遭難通信
3	放送の受信を目的とする受信設備	阻害するような混信	遭難通信
4	放送の受信を目的とする受信設備	不可能とするような混信	遭難通信、緊急通信、安全通信及び非常通信

ポイント　「他の無線局」、「阻害…混信」がキーワードである。「遭難・緊急・安全・非常」通信は、ワンセットで覚えよう。　**正　答**　1

問題19　重要度 ★★☆☆☆　　1回目 2回目 3回目

次の記述は、混信等の防止について述べたものである。電波法（第56条）及び電波法施行規則（第50条の2）の規定に照らし、　　内に入れるべき最も適切な字句の組合せを下の1から4までのうちから一つ選べ。

① 　無線局は、　A　又は電波天文業務（注）の用に供する受信設備その他の総務省令で定める受信設備（無線局のものを除く。）で総務大臣が指定するものにその　B　その他の妨害を与えないように運用しなければならない。ただし、遭難通信、緊急通信、安全通信又は非常通信については、この限りでない。

　（注）電波天文業務とは、宇宙から発する電波の受信を基礎とする天文学のための当該電波の受信の業務をいう。以下同じ。

② 　①に規定する指定に係る受信設備は、次に掲げるもの（　C　するものを除く。）とする。

　（1）電波天文業務の用に供する受信設備
　（2）宇宙無線通信の電波の受信を行う受信設備

	A	B	C
1	他の無線局	運用を阻害するような混信	移動

2　他の無線局	受信を不可能とするような混信	固定
3　放送の受信を目的とする受信設備	運用を阻害するような混信	固定
4　放送の受信を目的とする受信設備	受信を不可能とするような混信	移動

ポイント「他の無線局」、「阻害…混信」、そして「移動」がキーワードである。

正答　1

問題20　重要度 ★★★☆☆　　1回目 2回目 3回目

次の記述は、無線設備の機器の試験又は調整のための無線局の運用について述べたものである。電波法（第57条）及び無線局運用規則（第22条及び第39条）の規定に照らし、□□□内に入れるべき最も適切な字句の組合せを下の1から4までのうちから一つ選べ。

① 無線局は、無線設備の機器の試験又は調整を行うために運用するときは、なるべく擬似空中線回路を使用しなければならない。

② 無線局は、無線設備の機器の試験又は調整のため電波の発射を必要とするときは、発射する前に自局の発射しようとする電波の　A　によって聴守し、他の無線局の通信に混信を与えないことを確かめなければならない。

③ ②の試験又は調整中は、しばしばその電波の周波数により聴守を行い、　B　どうかを確かめなければならない。

④ 無線局は、③により聴守を行った結果、無線設備の機器の試験又は調整のための電波の発射が他の既に行われている通信に混信を与える旨の通知を受けたときは、直ちに　C　しなければならない。

	A	B	C
1	周波数及びその他必要と認める周波数	他の無線局が通信を行っていないか	空中線電力を低下
2	周波数	他の無線局が通信を行っていないか	その電波の発射を中止
3	周波数及びその他必要と認める周波数	他の無線局から停止の要求がないか	その電波の発射を中止
4	周波数	他の無線局から停止の要求がないか	空中線電力を低下

ポイント「その他必要と認める周波数」、「停止の要求」、そして「電波の発射の停止」がキーワードである。

正答　3

問題21　重要度 ★★★★★

無線設備の機器の試験又は調整のための無線局の運用に関する次の記述のうち、電波法（第57条）及び無線局運用規則（第22条及び第39条）の規定に照らし、これらの規定に定めるところに適合しないものはどれか。下の1から4までのうちから一つ選べ。

1　無線局は、無線設備の機器の試験又は調整を行うために運用するときは、なるべく擬似空中線回路を使用しなければならない。

2　無線局は、無線設備の機器の試験又は調整のため電波の発射を必要とするときは、発射する前に自局の発射しようとする電波の周波数及びその他必要と認める周波数によって聴守し、他の無線局の通信に混信を与えないことを確かめなければならない。

3　無線局は、無線設備の機器の試験又は調整中は、しばしばその電波の周波数により聴守を行い、他の無線局が通信を行っていないかどうかを確かめなければならない。

4　無線局は、無線設備の機器の試験又は調整のための電波の発射が他の既に行われている通信に混信を与える旨の通知を受けたときは、直ちにその電波の発射を中止しなければならない。

ポイント 無線局は、無線設備の機器の試験又は調整中は、しばしばその電波の周波数により聴守を行い、「他の無線局から停止の要求がないか」どうかを確かめなければならない。　**正答** 3

問題22　重要度 ★★★★★

次の記述のうち、無線設備の機器の試験又は調整のための電波の発射が他の既に行われている通信に混信を与える旨の通知を受けたときに無線局が執らなければならない措置に該当するものはどれか。無線局運用規則（第22条）の規定に照らし、下の1から4までのうちから一つ選べ。

1　10秒間を超えて電波を発射しないように注意しなければならない。

2　空中線電力を低減して電波を発射しなければならない。

3　その通知に対して直ちに応答しなければならない。

4　直ちにその発射を中止しなければならない。

ポイント 他の通信に対し混信を与える旨の通知を受けたら、直ちにその発射を停止する。　**正答** 4

問題 23　重要度 ★★★★★　　1回目 2回目 3回目

次に掲げるもののうち、無線局がなるべく擬似空中線回路を使用しなければならない場合に該当するものはどれか。電波法（第57条）の規定に照らし、下の番号から選べ。

1　無線設備の機器の試験又は調整を行うために運用するとき。
2　工事設計書に記載された空中線を使用することができないとき。
3　無線設備の機器の取替え又は増設の際に運用するとき。
4　実用化試験局を運用するとき。

ポイント　機器の試験又は調整をするときは擬似空中線回路を使用する。

正答　1

問題 24　重要度 ★★★☆☆　　1回目 2回目 3回目

次の記述は、擬似空中線回路の使用等について述べたものである。電波法（第57条及び第58条）の規定に照らし、□□□内に入れるべき正しい字句の組合せを下の1から4までのうちから一つ選べ。なお、同じ記号の□□□内には、同じ字句が入るものとする。

① 無線局は、次に掲げる場合には、なるべく擬似空中線回路を使用しなければならない。
　　(1) □A□を行うために運用するとき。
　　(2) □B□を運用するとき。
② □B□及びアマチュア無線局の行う通信には、暗語を□C□。

	A	B	C
1	至近距離にある無線局と通信	実用化試験局	使用してはならない
2	至近距離にある無線局と通信	実験等無線局	使用することができる
3	無線設備の機器の試験又は調整	実用化試験局	使用することができる
4	無線設備の機器の試験又は調整	実験等無線局	使用してはならない

ポイント　「機器の試験又は調整」をするとき、「実験等無線局」を運用するときは擬似空中線回路を使用する。「実験等無線局」及びアマチュア無線局は暗語を「使用してはならない」。

正答　4

無線通信 (注) の秘密の保護に関する次の記述のうち、電波法 (第59条) の規定に照らし、この規定に定めるところに適合するものはどれか。下の1から4までのうちから一つ選べ。

(注) 電気通信事業法第4条 (秘密の保護) 第1項又は第164条 (適用除外等) 第2項の通信であるものを除く。

1 無線通信の業務に従事する何人も特定の相手方に対して行われる暗語による無線通信を傍受してその存在若しくは内容を漏らし、又はこれを窃用してはならない。

2 何人も法律に別段の定めがある場合を除くほか、総務省令で定める周波数を使用して行われるいかなる無線通信も傍受してその存在若しくは内容を漏らし、又はこれを窃用してはならない。

3 何人も法律に別段の定めがある場合を除くほか、特定の相手方に対して行われる無線通信を傍受してその存在若しくは内容を漏らし、又はこれを窃用してはならない。

4 何人も法律に別段の定めがある場合を除くほか、いかなる無線通信も傍受してはならない。

ポイント 秘密の保護はよく出題される重要条文なので、選択肢3の全文を覚えておく。何人は「なんびと」と読む。 正答 3

次の記述は、無線通信の秘密の保護について電波法 (第59条) の規定に沿って述べたものである。____内に入れるべき字句の正しい組合せを下の番号から選べ。

何人も法律に別段の定めがある場合を除くほか、 A の相手方に対して行われる無線通信を傍受してその B を漏らし、又はこれを C してはならない。

	A	B	C
1	特定	存在若しくは内容	窃用
2	特定	内容	他人の用に供
3	不特定	内容	窃用
4	不特定	存在若しくは内容	他人の用に供

問題27 重要度 ★★★★☆ 　　　　　　　1回目 2回目 3回目

次の記述は、無線通信の秘密の保護について電波法（第59条）の規定に沿って述べたものである。 内に入れるべき字句の正しい組合せを下の番号から選べ。

① 何人も法律に別段の定めがある場合を除くほか、 A の相手方に対して行われる無線通信（電気通信事業法第4条第1項又は第164条第2項の通信であるものを除く。以下同じ。）を傍受してその B を漏らし、又はこれを窃用してはならない。

② C の秘密を漏らし、又は窃用した者は、1年以下の懲役又は50万円以下の罰金に処する。

③ D がその業務に関し知り得た②の秘密を漏らし、又は窃用したときは、2年以下の懲役又は100万円以下の罰金に処する。

	A	B	C	D
1	不特定の	存在若しくは内容	無線通信	無線通信の業務に従事する者
2	不特定の	内容	無線局の取扱中に係る無線通信	無線従事者
3	特定の	存在若しくは内容	無線局の取扱中に係る無線通信	無線通信の業務に従事する者
4	特定の	内容	無線通信	無線従事者

運
用

問題28 重要度 ★★★★★ 　　　　　　　1回目 2回目 3回目

次の記述は、無線通信の秘密の保護について述べたものである。電波法（第59条及び第109条）の規定に照らし、 内に入れるべき最も適切な字句の組合せを下の1から4までのうちから一つ選べ。

① 何人も法律に別段の定めがある場合を除くほか、 $\boxed{\text{A}}$ （電気通信事業法第4条（秘密の保護）第1項又は第164条（適用除外等）第2項の通信であるものを除く。以下同じ。）を傍受してその存在若しくは内容を漏らし、又はこれを窃用してはならない。

② 無線局の取扱中に係る $\boxed{\text{B}}$ の秘密を漏らし、又は窃用した者は、1年以下の懲役又は50万円以下の罰金に処する。

③ $\boxed{\text{C}}$ がその業務に関し知り得た②の秘密を漏らし、又は窃用したときは、2年以下の懲役又は100万円以下の罰金に処する。

	A	B	C
1	特定の相手方に対して行われる無線通信	無線通信	無線通信の業務に従事する者
2	特定の相手方に対して行われる無線通信	暗語による無線通信	無線従事者
3	総務省令で定める周波数により行われる無線通信	無線通信	無線従事者
4	総務省令で定める周波数により行われる無線通信	暗語による無線通信	無線通信の業務に従事する者

ポイント ①の項はよく出題されるので全文を覚えよう。「特定の相手方」、「無線通信」、そして「業務に従事する者」がキーワードである。 **正 答** 1

問題29 重要度 ★★☆☆☆ ☐1回目 ☐2回目 ☐3回目

無線局の運用に関する次の記述のうち、電波法（第56条から第59条まで）の規定に照らし、これらの規定に定めるところに適合しないものはどれか。下の1から4までのうちから一つ選べ。

1 実験等無線局及びアマチュア無線局の行う通信には、暗語を使用してはならない。

2 無線局は、次に掲げる場合には、なるべく擬似空中線回路を使用しなければならない。
　(1) 無線設備の機器の試験又は調整を行うために運用するとき。
　(2) 実験等無線局を運用するとき。

3 何人も法律に別段の定めがある場合を除くほか、特定の相手方に対して行われる無線通信（注）を傍受してその存在若しくは内容を漏らし、又はこれを窃用してはならない。

注　電気通信事業法第4条（秘密の保護）第1項又は第164条（適用除外等）第2項の通信であるものを除く。

4　免許人は、無線局の発射する電波が他の無線局又は総務省令で定める受信設備（無線局のものを除く。）に混信その他の妨害を与えている旨の通知を総務大臣から受けたときは、当該電波の発射を直ちに停止し、混信その他の妨害を与えないよう措置しなければならない。ただし、遭難通信を行う場合については、この限りでない。

ポイント 選択肢4の規定はない。　　　　　　　　　　　　**正答** 4

問題30　重要度 ★★★★☆　　　　　　　1回目 2回目 3回目

次の記述は、無線局の運用について述べたものである。電波法（第56条、第57条及び第59条）の規定に照らし、□□□内に入れるべき最も適切な字句の組合せを下の1から4までのうちから一つ選べ。

① 無線局は、□A□又は電波天文業務の用に供する受信設備その他の総務省令で定める受信設備（無線局のものを除く。）で総務大臣が指定するものにその運用を阻害するような混信その他の妨害を与えないように運用しなければならない。ただし、遭難通信、緊急通信、安全通信及び非常通信については、この限りでない。

② 無線局は、□B□ときには、なるべく擬似空中線回路を使用しなければならない。

③ 何人も法律に別段の定めがある場合を除くほか、□C□無線通信（注）を傍受してその存在若しくは内容を漏らし、又はこれを窃用してはならない。

注　電気通信事業法第4条（秘密の保護）第1項又は第164条（適用除外等）第3項の通信であるものを除く。

	A	B	C
1	重要無線通信を行う無線局	総務大臣又は総合通信局長（沖縄総合通信事務所長を含む。）が行う無線局の検査のために運用する	特定の相手方に対して行われる
2	他の無線局	無線設備の機器の試験又は調整を行うために運用する	特定の相手方に対して行われる
3	他の無線局	総務大臣又は総合通信局長（沖縄総合通信事務所長を含む。）が行う無線局の検査のために運用する	総務省令で定める周波数により行われる
4	重要無線通信を行う無線局	無線設備の機器の試験又は調整を行うために運用する	総務省令で定める周波数により行われる

運用

問題31 重要度 ★★★★★ ［1回目］［2回目］［3回目］

一般通信方法における無線通信の原則について、無線局運用規則（第10条）の規定に照らし誤っているものを下の番号から選べ。

1　必要のない無線通信は、これを行ってはならない。
2　無線通信は、正確に行うものとし、通信上の誤りを知ったときは、通報終了後一括して訂正しなければならない。
3　無線通信に使用する用語は、できる限り簡潔でなければならない。
4　無線通信を行うときは、自局の識別信号を付して、その出所を明らかにしなければならない。

ポイント 通信上の誤りを知ったときは「直ちに」訂正しなければならない。選択肢2は誤り。
正答 2

問題32 重要度 ★★★★★ ［1回目］［2回目］［3回目］

一般通信方法における無線通信の原則に関する次の記述のうち、無線局運用規則（第10条）の規定に照らし、この規定に定めるところに適合しないものはどれか。下の1から4までのうちから一つ選べ。

1　必要のない無線通信は、これを行ってはならない。
2　無線通信に使用する用語は、できる限り簡潔でなければならない。
3　無線通信は、試験電波を発射した後でなければ行ってはならない。
4　無線通信を行うときは、自局の識別信号を付して、その出所を明らかにしなければならない。

ポイント 選択肢3の規定はない。
正答 3

問題33 重要度 ★★★★★ ［1回目］［2回目］［3回目］

次の記述は、一般通信方法における無線通信の原則について述べたものである。無線局運用規則（第10条）の規定に照らし、□□□内に入れるべき最も適切な字句の組合せを下の1から4までのうちから一つ選べ。

① 必要のない無線通信は、これを行ってはならない。

② 無線通信に使用する用語は、できる限り ┌ A ┐。

③ 無線通信を行うときは、自局の ┌ B ┐、その出所を明らかにしなければならない。

④ 無線通信は、正確に行うものとし、通信上の誤りを知ったときは、┌ C ┐しなければならない。

	A	B	C
1	簡潔でなければならない	識別信号を付して	直ちに訂正
2	簡潔でなければならない	電波の発射場所を付して	通報の送信終了後に一括して訂正
3	略語を使用しなければならない	電波の発射場所を付して	直ちに訂正
4	略語を使用しなければならない	識別信号を付して	通報の送信終了後に一括して訂正

ポイント 「簡潔」、「識別信号」、そして「直ちに訂正」がキーワードである。①〜④の無線通信の原則は重要なので覚えておくこと。　　　**正答**　1

問題34　重要度 ★★★★★　　1回目 2回目 3回目

次の記述は、無線電話による試験電波の発射について述べたものである。無線局運用規則（第14条、第39条及び第18条）の規定に照らし、☐☐☐内に入れるべき最も適切な字句の組合せを下の1から4までのうちから一つ選べ。なお、同じ記号の☐☐☐内には、同じ字句が入るものとする。

① 無線局は、無線機器の試験又は調整のため電波の発射を必要とするときは、発射する前に ┌ A ┐し、他の無線局の通信に混信を与えないことを確かめた後、次の符号を順次送信し、更に1分間聴守を行い、他の無線局から停止の請求がない場合に限り、「┌ B ┐」の連続及び自局の呼出名称1回を送信しなければならない。この場合において、「┌ B ┐」の連続及び自局の呼出名称の送信は、10秒間を超えてはならない。

  (1) ただいま試験中　　3回

  (2) こちらは　　　　　1回

  (3) 自局の呼出名称　　3回

② ①の試験又は調整中は、しばしばその電波の周波数により聴守を行い、┌ C ┐どうかを確かめなくてはならない。

③ ①の後段の規定にかかわらず、海上移動業務以外の業務の無線局にあっては、必要があるときは、10秒間を超えて、「　B　」の連続及び自局の呼出名称の送信をすることができる。

	A	B	C
1	自局の発射しようとする電波の周波数及びその他必要と認める周波数によって聴守	本日は晴天なり	他の無線局から停止の要求がないか
2	自局の発射しようとする電波の周波数及びその他必要と認める周波数によって聴守	試験電波発射中	他の無線局の通信に混信を与えていないか
3	送信機を最良の状態に調整	本日は晴天なり	他の無線局の通信に混信を与えていないか
4	送信機を最良の状態に調整	試験電波発射中	他の無線局から停止の要求がないか

ポイント 「自局の発射しようとする」、「本日は晴天なり」、そして「停止の要求」がキーワードである。

正答 1

問題35　重要度 ★★★☆☆　　1回目 2回目 3回目

次の記述は、無線局が電波を発射する前の措置について述べたものである。無線局運用規則（第19条の2）の規定に照らし、□□内に入れるべき最も適切な字句の組合せを下の1から4までのうちから一つ選べ。

① 無線局は、相手局を呼び出そうとするときは、電波を発射する前に、　A　、自局の発射しようとする電波の周波数その他必要と認める周波数によって聴守し、他の通信に混信を与えないことを確かめなくてはならない。ただし、　B　を行う場合並びに他の通信に混信を与えないことが確実である電波により通信を行う場合は、この限りではない。

② ①の場合において、他の通信に混信を与える虞（おそれ）があるときは、　C　呼出しをしてはならない。

	A	B	C
1	受信機を最良の感度に調整し	遭難通信	空中線電力を低減しなければ
2	受信機を最良の感度に調整し	遭難通信、緊急通信、安全通信及び電波法第74条（非常の場合の無線通信）第1項に規定する通信	その通信が終了した後でなければ

3　送信機を調整し	遭難通信	その通信が終了した後でなければ
4　送信機を調整し	遭難通信、緊急通信、安全通信及び電波法第74条（非常の場合の無線通信）第1項に規定する通信	空中線電力を低減しなければ

ポイント　他の通信に混信を与えないかどうかを確かめる必要から「受信機を最良の感度に調整し」、弱い信号の通信に対しても受信できるようにする。他の通信に混信を与える虞があるときは、「その通信が終了した後でなければ」呼出しをしてはならない。　　　　　　　　　　　　　　　　　　　　**正　答**　**2**

問題36　重要度 ★★★★★　　　　　　　　　1回目 2回目 3回目

無線局は、無線設備の機器の試験又は調整のための電波の発射が他の既に行われている通信に混信を与える旨の通知を受けたときは、どうしなければならないか、無線局運用規則（第39条）の規定により正しいものを下の番号から選べ。

1　空中線電力を低下しなければならない。
2　直ちにその発射を中止しなければならない。
3　その通知に対して直ちに応答しなければならない。
4　10秒間を超えて電波を発射しないように注意しなければならない。

ポイント　混信を与えたら直ちに発射を中止する。　　　　　　**正　答**　**2**

問題37　重要度 ★★★★★　　　　　　　　　1回目 2回目 3回目

電波を発射して行う無線電話の機器の試験又は調整中、無線局運用規則（第39条）の規定により、しばしばその電波の周波数により聴守を行って確かめなければならないこととなっているものを下の番号から選べ。

1　その電波の周波数の偏差が許容値を超えていないかどうか。
2　受信機が最良の感度に調整されているかどうか。
3　「本日は、晴天なり」の連続及び自局の呼出名称の送信が10秒超えていないかどうか。
4　他の無線局から停止の要求がないかどうか。

運　用

問題38　重要度 ★★★★★　　1回目　2回目　3回目

次の記述は、非常時運用人による無線局の運用について述べたものである。電波法（第70条の7）の規定に照らし、□□□内に入れるべき最も適切な字句の組み合わせを下の1から4までのうちから一つ選べ。

① 無線局 (注1) の免許人等 (注2) は、地震、台風、洪水、津波、雪害、火災、暴動その他非常の事態が発生し、又は発生する虞（おそれ）がある場合において、人命の救助、災害の救援、交通通信の確保又は秩序の維持のために必要な通信を行うときは、当該無線局の免許等 (注3) が効力を有する間、　A　ことができる。

（注1）その運用が、専ら電波法第39条（無線設備の操作）第1項本文の総務省令で定める簡易な操作によるものに限る。以下②及び③において同じ。
（注2）免許人又は登録人をいう。以下②及び③において同じ。
（注3）無線局の免許又は登録をいう。

② ①の規定により無線局を自己以外の者に運用させた免許人等は、遅滞なく、当該無線局を運用する非常時運用人 (注4) の氏名又は名称、　B　その他の総務省令で定める事項を総務大臣に届け出なければならない。

（注4）当該無線局を運用する自己以外の者をいう。以下③において同じ。

③ ②に規定する免許人等は、当該無線局の運用が適正に行われるよう、総務省令で定めるところにより、非常時運用人に対し、　C　を行わなければならない。

	A	B	C
1	総務大臣の許可を受けて当該無線局を自己以外の者に運用させる	非常時運用人が指定した運用責任者の氏名	必要かつ適切な監督
2	総務大臣の許可を受けて当該無線局を自己以外の者に運用させる	非常時運用人による運用の期間	無線設備の取扱いの訓練
3	当該無線局を自己以外の者に運用させる	非常時運用人による運用の期間	必要かつ適切な監督
4	当該無線局を自己以外の者に運用させる	非常時運用人が指定した運用責任者の氏名	無線設備の取扱いの訓練

ポイント 非常時運用人の規定では「当該無線局（許可不要）」、「運用の期間」、そして「必要かつ適切な監督」がキーワードである。

正 答 3

問題39　重要度 ★★★★★　　1回目 2回目 3回目

次の記述は、免許人の非常時運用人（注）に対する監督について述べたものである。電波法施行規則（第41条の2の2）の規定に照らし、□□□内に入れるべき最も適切な字句の組合せを下の1から4までのうちから一つ選べ。

> 注　電波法第70条の7（非常時運用人による無線局の運用）第2項の規定により、無線局（その運用が、専ら電波法第39条（無線設備の操作）第1項本文の総務省令で定める簡易な操作によるものに限る。）の免許人は、地震、台風、洪水、津波、雪害、火災、暴動その他非常の事態が発生し、又は発生するおそれがある場合において、人命の救助、災害の救援、交通通信の確保又は秩序の維持のために必要な通信を行うときは、当該無線局の免許が効力を有する間、当該無線局を自己以外の者に運用させることができる。この場合、当該無線局を運用する免許人以外の者を「非常時運用人」という。

① 電波法第70条の7（非常時運用人による無線局の運用）第2項に規定する免許人は、次に掲げる場合には、遅滞なく、非常時運用人に対し、報告させなければならない。

　(1) 非常時運用人が□A□を行ったとき。
　(2) 非常時運用人が□B□を認めたとき。
　(3) 非常時運用人が□C□を受けたとき。

② ①のほか、①の免許人は、非常時運用人に運用させた無線局の適正な運用を確保するために必要があるときは、非常時運用人に対し当該無線局の運用の状況を報告させ、非常時運用人による当該無線局の運用を停止し、その他必要な措置を講じなければならない。

	A	B	C
1	非常通信	混信妨害を与えている無線局	他の無線局から混信妨害の被害
2	他人の依頼による通信	混信妨害を与えている無線局	電波法又は電波法に基づく命令の規定に基づく処分
3	他人の依頼による通信	電波法又は電波法に基づく命令の規定に違反して運用した無線局	他の無線局から混信妨害の被害
4	非常通信	電波法又は電波法に基づく命令の規定に違反して運用した無線局	電波法又は電波法に基づく命令の規定に基づく処分

正答　4

次の記述は、地震、台風、洪水等の非常の事態が発生し、又は発生する虞がある場合に無線局（注1）を自己以外の者に運用させる免許人が非常時運用人（注2）に対して行う説明について述べたものである。電波法施行規則（第41条の2）の規定に照らし、□□□内に入れるべき最も適切な字句の組合せを下の1から4までのうちから一つ選べ。

(注1) その運用が、専ら電波法第39条（無線設備の操作）第1項本文の総務省令で定める簡易な操作によるものに限る。
(注2) 電波法第70条の7第1項の規定により、当該無線局を運用する免許人以外の者をいう。

　電波法第70条の7（非常時運用人による無線局の運用）第1項の規定により、無線局を自己以外の者に運用させる免許人は、あらかじめ、非常時運用人に対し、当該無線局の　A　、他の無線局の免許人との間で混信その他の妨害を防止するために必要な措置に関する契約の内容（当該契約を締結している場合に限る。）、当該無線局の　B　並びに　C　を説明しなければならない。

	A	B	C
1	工事設計書に記載された事項	適正な運用の方法	無線設備の機能に異状があると認めた場合の措置
2	工事設計書に記載された事項	無線設備の取扱方法	非常時運用人が遵守すべき電波法及び電波法に基づく命令並びにこれらに基づく処分の内容
3	免許状に記載された事項	適正な運用の方法	非常時運用人が遵守すべき電波法及び電波法に基づく命令並びにこれらに基づく処分の内容
4	免許状に記載された事項	無線設備の取扱方法	無線設備の機能に異状があると認めた場合の措置

ポイント　非常時の運用であっても該当する無線局は「免許状に記載された事項」で運用しなければならず、また「適正な運用の方法」、「非常時運用人が……基づく処分の内容」を説明しなければならない。

正答　3

監督・罰則
の問題

問題 1　重要度 ★★★★★　　　1回目 2回目 3回目

次の記述のうち、総務大臣が無線局（登録局を除く。）の周波数又は空中線電力の指定の変更を命ずることができる場合の規定に該当するものはどれか。電波法（第71条）の規定に照らし、下の1から4までのうちから一つ選べ。

1　総務大臣は、電波の能率的な利用の確保その他特に必要があると認めるときは、当該無線局の周波数又は空中線電力の指定の変更を命ずることができる。

2　総務大臣は、無線局が他の無線局に混信妨害を与えていると認めるときは、当該無線局の周波数又は空中線電力の指定の変更を命ずることができる。

3　総務大臣は、電波の規整その他公益上必要があるときは、無線局の目的の遂行に支障を及ぼさない範囲内に限り、当該無線局の周波数又は空中線電力の指定の変更を命ずることができる。

4　総務大臣は、無線局の発射する電波の質が総務省令で定めるものに適合していないと認めるときは、当該無線局の周波数又は空中線電力の指定の変更を命ずることができる。

> **ポイント** 電波の規整その他公益上必要がある、無線局の目的の遂行がキーワードである。
>
> **正答** 3

問題 2　重要度 ★★★★★　　　1回目 2回目 3回目

次の記述は、総務大臣が行う無線局（登録局を除く。）に対する周波数等の変更命令について述べたものである。電波法（第71条）の規定に照らし、□□□内に入れるべき最も適切な字句の組合せを下の1から4までのうちから一つ選べ。なお、同じ記号の□□□内には、同じ字句が入るものとする。

①　総務大臣は、　A　必要があるときは、無線局の目的の遂行に支障を及ぼさない範囲内に限り、当該無線局の　B　の指定を変更し、又は　C　の無線設備の設置場所の変更を命ずることができる。

②　①の規定により　C　の無線設備の設置場所の変更の命令を受けた免許人は、

413

その命令に係る措置を講じたときは、速やかに、その旨を総務大臣に報告しなければならない。

	A	B	C
1	混信の除去その他特に	周波数若しくは空中線電力	無線局
2	電波の規整その他公益上	周波数若しくは空中線電力	人工衛星局
3	電波の規整その他公益上	電波の型式若しくは周波数	無線局
4	混信の除去その他特に	電波の型式若しくは周波数	人工衛星局

> **ポイント** 「電波の規整その他公益上」必要があるときは、当該無線局の「周波数若しくは空中線電力」の指定を変更し、又は「人工衛星局」の無線設備の設置場所の変更を命じることができる。①の項で、「目的の遂行」が空欄の問いもある。
>
> **正答** 2

問題3 重要度 ★★★★★　　1回目 2回目 3回目

次に掲げる事項のうち、総務大臣が無線局に対し臨時に電波の発射の停止を命ずることができる場合はどれか。電波法（第72条）の規定に照らし、下の1から4までのうちから一つ選べ。

1　無線設備の変更の工事の許可に係る変更検査の結果、不合格と判定した場合
2　指定されていない周波数を使用していると認める場合
3　空中線電力が免許状に記載されたものの範囲を超えていると認める場合
4　無線局の発射する電波の質が総務省令で定めるものに適合していないと認める場合

> **ポイント** 電波の質が総務省令で定めるものに適合していないと認める場合は、臨時に電波の発射の停止を命じられる。
>
> **正答** 4

問題4 重要度 ★★★★★　　1回目 2回目 3回目

その発射する電波の質が総務省令で定めるものに適合していないと認められ、総務大臣から臨時に電波の発射の停止を命じられた無線局が、その発射する電波の質を総務省令の定めるものに適合するよう措置したときは、どうしなければならないか、電波法（第72条）の規定により正しいものを下の番号から選べ。

1　電波の発射を開始した後、その旨を総務大臣に申し出る。
2　その旨を総務大臣に申し出る。
3　直ちにその電波を発射する。
4　他の無線局の通信に混信を与えないことを確かめた後、電波を発射する。

> **ポイント** 臨時に電波の発射を命じられた無線局が、電波の質を総務省令に適合するよう措置したときは、総務大臣に申し出る。　　**正　答**　2

問題5　重要度 ★★★☆☆　　1回目 2回目 3回目

電波の質が総務省令で定めるものに適合していないと認められ、総務大臣又は総合通信局長（沖縄総合通信事務所長を含む。）から臨時に電波の発射の停止命令を受けた無線局が、その発射する電波の質を総務省令の定めるものに適合するよう措置したときは、どうしなければならないか、電波法（第72条）の規定により正しいものを下の番号から選べ。

1　その旨を総務大臣又は総合通信局長（沖縄総合通信事務所長を含む。）に届け出て、電波の発射を開始する。
2　その旨を総務大臣又は総合通信局長（沖縄総合通信事務所長を含む。）に申し出る。
3　直ちにその電波を発射する。
4　他の無線局の通信に混信を与えないことを確かめた後、電波を発射する。

> **ポイント** 適合するようにしたら、その旨を総務大臣（又は総合通信局長）に申し出る。　　**正　答**　2

問題6　重要度 ★☆☆☆☆　　1回目 2回目 3回目

次の記述は、総務大臣が行う電波の発射の停止を命ずる処分について述べたものである。電波法（第72条）の規定に照らし、この規定に適合するものはどれか。下の1から4までのうちから一つ選べ。

1　総務大臣は、無線局が免許又は無線設備の変更の許可を受けた無線設備以外のものを使用していると認めるときは、当該無線局に対して直ちに電波の発射の停止を命ずることができる。
2　総務大臣は、無線局の発射する電波が他の無線局又は総務省令で定める受信設備に妨害を与えていると認めるときは、当該無線局に対して臨時に電波の発射の停止を命ずることができる。
3　総務大臣は、無線局が指定事項以外の電波の型式及び周波数、空中線電力又は運用許容時間により運用していると認めるときは、当該無線局に対して直ちに電波の発射の停止を命ずることができる。
4　総務大臣は、無線局の発射する電波の質が電波法第28条（電波の質）の総務省令で定めるものに適合していないと認めるときは、当該無線局に対して臨時に電波の発射の停止を命ずることができる。

監督・罰則

415

電波の質が適合していないときは、臨時に電波の発射の停止を命じる。

4

問題7　重要度 ★★★★★　　　1回目 2回目 3回目

次の記述は、電波の発射の停止について電波法（第72条）の規定に沿って述べたものである。□□□内に入れるべき字句の正しい組合せを下の番号から選べ。

① 総務大臣は、無線局の発射する電波の質が総務省令で定めるものに適合していないと認めるときは、当該無線局に対して □ A □ 電波の発射の停止を命ずることができる。

② 総務大臣は、①の命令を受けた無線局からその発射する電波の質が総務省令の定めるものに適合するに至った旨の申出を受けたときは、その無線局に電波を □ B □ させなければならない。

③ 総務大臣は、②の規定により発射する電波の質が総務省令で定めるものに適合しているときは、直ちに □ C □ しなければならない。

	A	B	C
1	臨時に	臨時に発射	その旨を通知
2	臨時に	試験的に発射	①の停止を解除
3	期間を定めて	臨時に発射	①の停止を解除
4	期間を定めて	試験的に発射	その旨を通知

「臨時に」電波の発射停止、「試験的に」電波の発射と覚えよう。①の項で、「電波の質」、「電波の発射の停止」が空欄の問いもある。

2

問題8　重要度 ★★★☆☆　　　1回目 2回目 3回目

次の記述は、電波の発射の停止について述べたものである。電波法（第72条及び第110条）の規定に照らし、□□□内に入れるべき正しい字句の組合せを下の1から4までのうちから一つ選べ。

① 総務大臣は、無線局の発射する電波の質が総務省令で定めるものに適合していないと認めるときは、当該無線局に対して □ A □ 電波の発射の停止を命ずることができる。

② 総務大臣は、①の命令を受けた無線局からその発射する電波の質が総務省令の定めるものに適合するに至った旨の申出を受けたときは、その無線局に電波を

試験的に発射させなければならない。

③　総務大臣は、②の規定により発射する電波の質が総務省令で定めるものに適合しているときは、直ちに①の停止を解除しなければならない。

④　①の電波の発射を停止された無線局を運用した者は、□B□に処する。

	A	B
1	3箇月以内の期間を定めて	1年以下の懲役又は100万円以下の罰金
2	臨時に	2年以下の懲役又は200万円以下の罰金
3	3箇月以内の期間を定めて	2年以下の懲役又は200万円以下の罰金
4	臨時に	1年以下の懲役又は100万円以下の罰金

ポイント　「電波の質」が総務省令に適合していない＝「臨時に」電波の発射を停止。罰則は「1年以下の懲役又は100万円以下の罰金」。　　**正答**　4

問題9　重要度 ★★★★★　　1回目 2回目 3回目

次の記述は、総務大臣がその職員を無線局（登録局を除く。）に派遣し、その無線設備等(注)を検査させることができる場合等について述べたものである。電波法（第71条の5、第72条及び第73条）の規定に照らし、□□□内に入れるべき最も適切な字句の組合せを下の1から4までのうちから一つ選べ。なお、同じ記号の□□□内には、同じ字句が入るものとする。

注　無線設備、無線従事者の資格及び員数並びに時計及び書類をいう。

①　総務大臣は、無線設備が電波法第3章（無線設備）に定める技術基準に適合していないと認めるときは、当該無線設備を使用する無線局の免許人に対し、その技術基準に適合するように当該無線設備の□A□その他の必要な措置を執るべきことを命ずることができる。

②　総務大臣は、無線局の発射する電波の質が電波法第28条の総務省令で定めるものに適合していないと認めるときは、当該無線局に対して□B□電波の発射の停止を命ずることができる。

③　総務大臣は、②の命令を受けた無線局からその発射する電波の質が電波法第28条の総務省令の定めるものに適合するに至った旨の申出を受けたときは、その無線局に□C□させなければならない。

④　総務大臣は、③により発射する電波の質が電波法第28条の総務省令で定めるものに適合しているときは、直ちに②の停止を解除しなければならない。

⑤　総務大臣は、①の無線設備の□A□その他の必要な措置を執るべきことを命じたとき、②の電波の発射の停止を命じたとき、③の申出があったとき、その他

電波法の施行を確保するため特に必要があるときは、その職員を無線局に派遣し、その無線設備等を検査させることができる。

	A	B	C
1	修理	臨時に	電波を試験的に発射
2	取替え	期間を定めて	電波を試験的に発射
3	修理	期間を定めて	電波の質の測定結果を報告
4	取替え	臨時に	電波の質の測定結果を報告

ポイント「修理」、「臨時に」、「電波を試験的に発射」がキーワードである。

正答 1

問題10 重要度 ★★★★★ 1回目 2回目 3回目

次の記述は、総務大臣が無線局の発射する電波の質が総務省令で定めるものに適合していないと認めるときに総務大臣が行う処分等について述べたものである。電波法（第72条及び第73条）の規定に照らし、□□□内に入れるべき最も適切な字句の組合せを下の1から4までのうちから一つ選べ。なお、同じ記号の□□□内には、同じ字句が入るものとする。

① 総務大臣は、無線局の発射する電波の質が電波法第28条（電波の質）の総務省令で定めるものに適合していないと認めるときは、当該無線局に対して臨時に□A□を命ずることができる。

② 総務大臣は、①の命令を受けた無線局からその発射する電波の質が電波法第28条の総務省令の定めるものに適合するに至った旨の申出を受けたときは、その無線局に□B□させなければならない。

③ 総務大臣は、②の規定により発射する電波の質が電波法第28条の総務省令で定めるものに適合しているときは、直ちに①の停止を解除しなければならない。

④ 総務大臣は、電波法第71条の5（技術基準適合命令）の規定により無線設備が電波法第3章（無線設備）に定める技術基準に適合していないと認め、当該無線設備を使用する無線局の免許人等（注）に対し、その技術基準に適合するように当該無線設備の修理その他の必要な措置をとるべきことを命じたとき、①の□A□を命じたとき、②の申出があったとき、無線局のある船舶又は航空機が外国へ出港しようとするとき、その他電波法の施行を確保するため特に必要があるときは、□C□ことができる。

（注）免許人又は登録人をいう。

418

	A	B	C
1	電波の発射の停止	電波を試験的に発射	その職員を無線局に派遣し、その無線設備等を検査させる
2	電波の発射の停止	電波の質の測定結果を報告	免許人に対し、文書により報告を求める
3	運用の停止	電波を試験的に発射	免許人に対し、文書により報告を求める
4	運用の停止	電波の質の測定結果を報告	その職員を無線局に派遣し、その無線設備等を検査させる

ポイント 電波の質が総務省令の規定に適合しないときは臨時に「電波の発射を停止」され、…「電波を試験的に発射」させて、…「無線設備等を検査」させる。

正答 1

問題11 重要度 ★★★☆☆　　1回目 2回目 3回目

次の記述は、総務大臣がその職員を無線局に派遣し、その無線設備、無線従事者の資格及び員数並びに時計及び書類を検査させることができる場合について述べたものである。電波法（第73条）の規定に照らし□□内に入れるべき字句の正しい組合せを下の番号から選べ。ただし、□□内の同じ記号は、同じ字句を示す。

① 無線局の発射する A が総務省令で定めるものに適合していないと認め、当該無線局に対して B 電波の発射の停止を命じたとき。
② ①の命令を受けた無線局からその発射する A が総務省令の定めるものに適合するに至った旨の申出を受けたとき。
③ 無線局のある船舶又は航空機が外国へ出港しようとするとき。
④ その他 C の施行を確保するため特に必要があるとき。

	A	B	C
1	電波の質	臨時に	電波法
2	電波の質	3箇月以内の期間を定めて	電波法又は放送法
3	電波の強度	臨時に	電波法又は放送法
4	電波の強度	3箇月以内の期間を定めて	電波法

ポイント 「電波の質」、「臨時に」電波の発射の停止、そして「電波法」がキーワードである。

正答 1

監督・罰則

次の記述のうち、総務大臣がその職員を無線局に派遣し、その無線設備、無線従事者の資格及び員数並びに時計及び書類を検査させることができる場合に該当しないものはどれか。電波法（第73条）の規定に照らし、下の1から4までのうちから一つ選べ。

1　電波法第72条（電波の発射の停止）第1項の規定に基づき電波の発射の停止を命じた無線局からその発射する電波の質が電波法第28条（電波の質）の総務省令の定めるものに至った旨の申出があったとき。

2　電波法第103条の2（電波利用料の徴収等）第42項の規定に基づき督促状によって期限を指定して電波利用料の納付の督促をした免許人から、当該期限経過後2週間以内に電波利用料が納められなかったとき。

3　電波法第71条の5（技術基準適合命令）の規定に基づき無線設備の修理その他の必要な措置を命じたとき。

4　電波法第73条（検査）第5項の規定に基づき電波法の施行を確保するため特に必要があると認めたとき。

ポイント 選択肢2の規定はない。　　　　　　　　　　　　　　　　**正 答** 2

次の記述は、無線局の検査について述べたものである。電波法（第73条）の規定に照らし、□□□内に入れるべき最も適切な字句の組合せを下の1から4までのうちから一つ選べ。

① 総務大臣は、　A　、あらかじめ通知する期日に、その職員を無線局（総務省令で定めるものを除く。）に派遣し、その無線設備等（無線設備、無線従事者の資格（主任無線従事者の要件に係るものを含む。）及び員数並びに時計及び書類をいう。以下②において同じ。）を検査させる。

② ①の検査は、当該無線局（人の生命又は身体の安全の確保のためその適正な運用の確保が必要な無線局として総務省令で定めるものを除く。以下この②において同じ。）の免許人から、①の規定により総務大臣が通知した期日の　B　前までに、当該無線局の無線設備等について登録検査等事業者(注)（無線設備等の点検の事業のみを行う者を除く。）が総務省令で定めるところにより、当該登録に係る検査を行い、当該無線局の無線設備がその工事設計に合致しており、かつ、その無線従事者の資格等が電波法の関係規定にそれぞれ違反していない旨を記載した証明書の提出があったときは、①の規定にかかわらず、　C　することができる。

(注)登録検査等事業者とは、電波法第24条の2（検査等事業者の登録）第1項の登録を受けた者をいう。

	A	B	C
1	総務省令で定める時期ごとに	1月	省略
2	総務省令で定める時期ごとに	3月	一部を省略
3	毎年1回	3月	省略
4	毎年1回	1月	一部を省略

ポイント この検査を定期検査といい、定期検査は「総務省令で定める時期ごとに」行われる。定期検査は期日の「1月」前までに規定の証明書の提出があったときは「省略」することができる。　　　　　　　　　　　**正　答**　**1**

問題14　重要度 ★★★★★　　　　　　　　　1回目　2回目　3回目

次の記述は、無線局の検査及びその検査の結果について指示を受けたときの措置について述べたものである。電波法（第73条）及び電波法施行規則（第39条）の規定に照らし、□□□内に入れるべき最も適切な字句の組み合わせを下の1から4までのうちから一つ選べ。

① 総務大臣は、□A□、あらかじめ通知する期日に、その職員を無線局に派遣し、その無線設備等(注1)を検査させる。ただし、当該無線局の発射する電波の質又は空中線電力に係る無線設備の事項以外の事項の検査を行う必要がないと認める無線局については、その無線局に電波の発射を命じて、その発射する電波の質又は空中線電力の検査を行う。

　（注1）無線設備、無線従事者（主任無線従事者の要件を含む。）の資格及び員数並びに時計及び書類をいう。

② 免許人等(注2)は、検査の結果について総務大臣又は総合通信局長（沖縄総合通信事務所長を含む。）から指示を受け相当な措置をしたときは、速やかにその措置の内容を□B□しなければならない。

　（注2）免許人又は登録人をいう。

	A	B
1	総務省令で定める時期ごと	無線局検査結果通知書の余白に記載
2	総務省令で定める時期ごと	総務大臣又は総合通信局長（沖縄総合通信事務所長を含む。）に報告
3	毎年1回	総務大臣又は総合通信局長（沖縄総合通信事務所長を含む。）に報告
4	毎年1回	無線局検査結果通知書の余白に記載

問題15　重要度 ★★★★★　　　　1回目 2回目 3回目

次の記述は、固定局の臨時検査（電波法第73条第5項の検査をいう。）について述べたものである。電波法（第73条）の規定に照らし、□□□内に入れるべき最も適切な字句の組合せを下の1から4までのうちから一つ選べ。なお、同じ記号の□□□内には、同じ字句が入るものとする。

　総務大臣は、次に掲げる場合は、その職員を無線局に派遣し、その無線設備、無線従事者の資格（主任無線従事者の要件に係るものを含む。）及び員数並びに時計及び書類を検査させることができる。

① 　総務大臣が電波法第71条の5（技術基準適合命令）の規定により無線設備が第3章（無線設備）に定める技術基準に適合していないと認め、当該無線設備を使用する無線局の免許人等（注）に対し、その技術基準に適合するように当該無線設備の□ A □その他の必要な措置をとるべきことを命じたとき。

　(注) 免許人又は登録人をいう。

② 　総務大臣が電波法第72条（電波の発射の停止）第1項の規定により無線局の発射する□ B □が総務省令で定めるものに適合していないと認め、当該無線局に対して□ C □電波の発射の停止を命じたとき。

③ 　総務大臣が②の命令を受けた無線局からその発射する□ B □が総務省令の定めるものに適合するに至った旨の申出を受けたとき。

④ 　電波法の施行を確保するため特に必要があるとき。

	A	B	C
1	運用の停止	電波の強度	臨時に
2	運用の停止	電波の質	3月以内の期間を定めて
3	修理	電波の質	臨時に
4	修理	電波の強度	3月以内の期間を定めて

問題16　重要度 ★★★☆☆　　　　　　1回目 2回目 3回目

免許人等（注）は、無線局の検査の結果について総務大臣又は総合通信局長（沖縄総合通信事務所長を含む。以下同じ。）から指示を受け相当な措置をしたときはどうしなければならないか。電波法施行規則（第39条）の規定に照らし、この規定に適合するものを下の1から4までのうちから一つ選べ。

（注）免許人又は登録人をいう。

1　その措置の内容を免許状の余白に記載するとともに総務大臣又は総合通信局長に報告しなければならない。

2　その措置の内容を無線局検査結果通知書に記載しておかなければならない。

3　速やかに措置した旨を検査職員に報告し、検査を受けなければならない。

4　速やかにその措置の内容を総務大臣又は総合通信局長に報告しなければならない。

ポイント 措置の内容を総務大臣又は総合通信局長に報告する。　　**正答** 4

問題17　重要度 ★★★★★　　　　　　1回目 2回目 3回目

次の記述は、非常の場合の無線通信について電波法（第74条）の規定に沿って述べたものである。□□□内に入れるべき字句の正しい組合せを下の番号から選べ。なお、□□□内の同じ記号は、同じ字句を示す。

① 総務大臣は、地震、台風、洪水、津波、雪害、火災、暴動その他非常の事態が □A□ においては、人命の救助、災害の救援、□B□ の確保又は秩序の維持のために必要な通信を □C□ に行わせることができる。

② 総務大臣が①の規定により □C□ に通信を行わせたときは、国は、その通信に要した実費を弁償しなければならない。

	A	B	C
1	発生し、又は発生するおそれがある場合	交通通信	無線局
2	発生し、又は発生するおそれがある場合	電力の供給	電気通信事業者
3	発生するおそれがある場合	交通通信	電気通信事業者
4	発生するおそれがある場合	電力の供給	無線局

ポイント 「発生し、又は発生するおそれがある場合」と「交通通信」の確保がキーワードである。　　**正答** 1

問題18　重要度 ★★★☆☆

1回目 2回目 3回目

次の記述は、非常の場合の無線通信について電波法（第74条）の規定に沿って述べたものである。□□□内に入れるべき字句の正しい組合せを下の番号から選べ。

① 総務大臣は、地震、台風、洪水、津波、雪害、火災、暴動その他非常の事態が　A　においては、人命の救助、災害の救援、交通通信の確保又は秩序の維持のために必要な通信を　B　に行わせることができる。

② ①の規定による処分に違反した者は、1年以下の懲役又は　C　の罰金に処する。

	A	B	C
1	発生し、又は発生するおそれがある場合	無線局	100万円以下
2	発生し、又は発生するおそれがある場合	電気通信事業者	50万円以下
3	発生するおそれがある場合	無線局	50万円以下
4	発生するおそれがある場合	電気通信事業者	100万円以下

ポイント 「発生し、又は発生するおそれがある場合」と「無線局」がキーワードである。罰金は「100万円以下」。

正答 1

問題19　重要度 ★★★★★

1回目 2回目 3回目

次の記述は、非常の場合の無線通信について述べたものである。電波法（第74条及び第74条の2）の規定に照らし、□□□内に入れるべき正しい字句の組合せを下の1から4までのうちから一つ選べ。なお、同じ記号の□□□内には、同じ字句が入るものとする。

① 総務大臣は、地震、台風、洪水、津波、雪害、火災、暴動その他非常の事態が発生し、又は発生するおそれがある場合においては、人命の救助、　A　、交通通信の確保又は秩序の維持のために必要な通信を　B　に行わせることができる。

② 総務大臣が①の規定により　B　に通信を行わせたときは、国は、その通信に要した実費を弁償しなければならない。

③ 総務大臣は、①に規定する通信の円滑な実施を確保するため必要な体制を整備するため、非常の場合における通信計画の作成、通信訓練の実施その他の必要な措置を講じておかなければならない。

④ 総務大臣は、③に規定する措置を講じようとするときは、　C　の協力を求めることができる。

	A	B	C
1	災害の救援	無線局	免許人又は登録人
2	災害の救援	電気通信事業者	無線従事者
3	財貨の保全	無線局	無線従事者
4	財貨の保全	電気通信事業者	免許人又は登録人

ポイント　「非常通信」の定義と「非常の場合の通信」の定義は、はっきりと区別しておくこと。この問題は「非常の場合の通信」で、「無線局」に行わせることができ、「免許人」などに協力を求めることができる。　**正答**　**1**

問題20　重要度 ★★★★★　　1回目 2回目 3回目

次に掲げるもののうち、免許人（包括免許人を除く。）が不正な手段により無線設備の変更の工事の許可を受けたとき、電波法（第76条）の規定により総務大臣から受けることがある処分を下の番号から選べ。

1　3月以内の期間を定めた無線従事者の業務の従事停止
2　無線局の免許の取消し
3　6月以内の期間を定めた無線局の運用の停止
4　無線局の周波数又は空中線電力の制限

ポイント　無線局の免許人であり、「無線従事者」ではない。「不正な手段…」は「免許の取消し」と覚えよう。　**正答**　**2**

問題21　重要度 ★★★★★　　1回目 2回目 3回目

次に掲げるもののうち、免許人（登録人を除く。）が電波法、放送法若しくはこれらの法律に基づく命令又はこれらに基づく処分に違反したとき、総務大臣から受けることがある処分に該当するものはどれか。電波法（第76条）の規定に照らし、下の番号から選べ。

1　3月以内の期間を定めて行われる無線局の運用の停止の処分
2　6月以内の期間を定めて行われる無線局の電波の型式の制限の処分
3　3月以内の期間を定めて行われる無線局の通信の相手方又は通信事項の制限の処分
4　再免許の拒否

問題22　重要度 ★★☆☆☆　　　　　1回目 2回目 3回目

無線局（登録局を除く。）の免許人が電波法、放送法若しくはこれらの法律に基づく命令又はこれらに基づく処分に違反したときに総務大臣から受けることがある処分に関する次の記述のうち、電波法（第76条）の規定に照らし、この規定に定めるところに適合しないものはどれか。下の1から4までのうちから一つ選べ。

1　期間を定めて行う電波の型式の制限
2　期間を定めて行う周波数の制限
3　期間を定めて行う空中線電力の制限
4　期間を定めて行う運用許容時間の制限

問題23　重要度 ★★★☆☆　　　　　1回目 2回目 3回目

次の記述は、総務大臣が無線局の免許を取り消すことができる場合について述べたものである。電波法（第76条）の規定に照らし、この規定に定めるところに適合しないものを下の1から4までのうちから一つ選べ。

1　免許人が正当な理由がないのに、無線局の運用を引き続き6月以上休止したとき。
2　免許人が電波法又は放送法に規定する罪を犯し罰金以上の刑に処せられ、その執行を終わり、又はその執行を受けることがなくなった日から2年を経過しない者に該当するに至ったとき。
3　免許人が不正な手段により無線局の免許若しくは電波法第17条（変更等の許可）の許可を受け、又は第19条（申請による周波数等の変更）の規定による指定の変更を行わせたとき。
4　免許人が電波法、放送法若しくはこれらの法律に基づく命令又はこれらに基づく処分に違反し、総務大臣から6月以内の期間を定めて無線局の運用の停止を命じられ、又は期間を定めて電波の型式、周波数若しくは空中線電力を制限され、その命令又は制限に従わないとき。

> **ポイント** 選択肢4の「6月以内」と「電波の型式…空中線電力を制限」は誤りで、正しくは「3月以内」と「運用許容時間、周波数若しくは空中線電力を制限」となる。
>
> **正答** 4

問題24　重要度 ★★★★★

1回目　2回目　3回目

次の記述は、総務大臣が行う処分について電波法（第76条）の規定に沿って述べたものである。□□□内に入れるべき字句の正しい組合せを下の番号から選べ。

　総務大臣は、免許人又は登録人が電波法、□A□若しくはこれらの法律に基づく命令又はこれらに基づく処分に違反したときは、□B□を定めて無線局の運用の停止を命じ、又は期間を定めて□C□を制限することができる。

	A	B	C
1	電気通信事業法	3月以内の期間	周波数若しくは空中線電力
2	電気通信事業法	6月以内の期間	運用許容時間、周波数若しくは空中線電力
3	放送法	3月以内の期間	運用許容時間、周波数若しくは空中線電力
4	放送法	6月以内の期間	周波数若しくは空中線電力

> **ポイント** 「電波法、放送法」、「3月以内」の運用停止、「運用許容時間・周波数・空中線電力」の制限がキーワードである。「無線局の運用」が空欄の問いもある。
>
> **正答** 3

問題25　重要度 ★★★★☆

1回目　2回目　3回目

次の記述は、無線局の免許の取消し等について述べたものである。電波法（第76条）の規定に照らし、□□□内に入れるべき最も適切な字句の組合せを下の1から4までのうちから一つ選べ。

① 　総務大臣は、免許人が電波法、放送法若しくはこれらの法律に基づく命令又はこれらに基づく処分に違反したときは、3月以内の期間を定めて□A□の停止を命じ、又は期間を定めて運用許容時間、□B□を制限することができる。

② 　総務大臣は、免許人が正当な理由がないのに、無線局の運用を引き続き□C□以上休止したときは、その免許を取り消すことができる。

	A	B	C
1	無線局の運用	周波数若しくは空中線電力	6月
2	電波の発射	電波の型式若しくは周波数	1年
3	電波の発射	周波数若しくは空中線電力	6月
4	無線局の運用	電波の型式若しくは周波数	1年

ポイント 法令に違反したときは3月以内の期間を定めて「無線局の運用」の停止、運用許容時間、「周波数、空中線電力」を制限される。また、正当な理由がないのに引き続き、運用を「6月」以上休止したときは、その免許が取り消されることがある。「6月」とは6箇月のこと。 **正答** **1**

問題26 重要度 ★★★☆☆ 　 1回目 2回目 3回目

次の記述は、無線局の免許の取消しについて電波法（第76条）の規定に沿って述べたものである。□□□内に入れるべき字句の正しい組合せを下の番号から選べ。

総務大臣は、免許人（包括免許人を除く。）が次のいずれかに該当するときは、その免許を取り消すことができる。

(1) 正当な理由がないのに、無線局の運用を引き続き□ A □以上休止したとき。
(2) 不正な手段により無線局の免許を受けたとき。
(3) 不正な手段により通信の相手方、通信事項若しくは無線設備の設置場所の変更又は無線設備の変更の工事の許可を受けたとき。
(4) 不正な手段により識別信号、□ B □、空中線電力又は運用許容時間の指定の変更を行わせたとき。
(5) □ C □の停止の命令又は運用許容時間、周波数若しくは空中線電力の制限に従わないとき。
(6) 免許人が電波法又は放送法に規定する罪を犯し罰金以上の刑に処せられ、その執行を終わり、又はその執行を受けることがなくなった日から2年を経過しない者に該当するに至ったとき。

	A	B	C
1	6月	電波の型式、周波数	無線局の運用
2	6月	周波数	電波の発射
3	3月	電波の型式、周波数	電波の発射
4	3月	周波数	無線局の運用

問題27 重要度 ★☆☆☆☆ 　　　1回目 2回目 3回目

次の記述は、総務大臣が行う処分について、電波法（第76条）の規定に沿って述べたものである。＿＿＿内に入れるべき字句の正しい組合せを下の番号から選べ。

　総務大臣は、免許人又は登録人が電波法、放送法若しくはこれらの法律に基づく命令又はこれらに基づく処分に違反したときは、＿A＿以内の期間を定めて＿B＿の停止を命じ、若しくは第27条の18第1項の登録の全部若しくは一部の効力を停止し、又は期間を定めて運用許容時間、＿C＿若しくは空中線電力を制限することができる。

	A	B	C
1	1月	無線局の運用	電波の型式、周波数
2	1月	電波の発射	周波数
3	3月	無線局の運用	周波数
4	3月	電波の発射	電波の型式、周波数

問題28 重要度 ★☆☆☆☆ 　　　1回目 2回目 3回目

次の記述は、無線局（登録局を除く。）の免許の取消し等について述べたものである。電波法（第5条、第24条、第76条及び第78条）の規定に照らし、＿＿＿内に入れるべき最も適切な字句の組合せを下の1から4までのうちから一つ選べ。

① 　総務大臣は、免許人（包括免許人を除く。以下同じ。）が不正な手段により無線局の免許若しくは電波法第17条（変更等の許可）の許可を受け、又は電波法第19条（申請による周波数等の変更）の規定による指定の変更を行わせたときは、その免許を取り消すことができる。

② 　無線局の免許の取消し等により免許がその効力を失ったときは、免許人であった者は、1箇月以内にその免許状を返納しなければならない。

③ 無線局の免許がその効力を失ったときは、免許人であった者は、遅滞なく　A　の撤去その他の総務省令で定める　B　ために必要な措置を講じなければならない。

④ 総務大臣は、無線局の免許の取消しを受け、その取消しの日から　C　を経過しない者には、無線局の免許を与えないことができる。

	A	B	C
1	送信機	他の無線局に混信その他の妨害を与えない	2年
2	空中線	他の無線局に混信その他の妨害を与えない	5年
3	空中線	電波の発射を防止する	2年
4	送信機	電波の発射を防止する	5年

ポイント 無線局の免許の効力を失ったときは、遅滞なく「空中線」を撤去し、「電波の発射を防止する」ために必要な措置を講じる。免許の取消しから「2年」を経過しない場合、無線局の免許が与えられないことがある。　**正答** 3

問題29　重要度 ★★★★★　　1回目 2回目 3回目

次の記述のうち、無線従事者がその免許を取り消されることがある場合に該当しないものを、電波法（第79条）の規定に照らし下の番号から選べ。

1 電波法若しくは電波法に基づく命令又はこれらに基づく処分に違反したとき。
2 著しく心身に欠陥があって無線従事者たるに適しない者に該当するに至ったとき。
3 日本の国籍を失ったとき。
4 不正な手段により免許を受けたとき。

ポイント 「日本の国籍」を失っても、無線従事者免許は取り消されない。

正答 3

問題30　重要度 ★★★★★　　1回目 2回目 3回目

次に掲げるもののうち、無線従事者がその免許を取り消されることがある場合に該当しないものを、電波法（第79条）の規定に照らし下の番号から選べ。

1 著しく心身に欠陥があって無線従事者たるに適しない者に該当するに至ったとき。
2 電波法若しくは電波法に基づく命令又はこれらに基づく処分に違反したとき。
3 不正な手段により無線従事者の免許を受けたとき。
4 戸籍法による届出義務者から失そうの宣告を受けた旨の届出があったとき。

問題31 重要度 ★★★★★ 1回目 2回目 3回目

総務大臣が無線従事者の免許を取り消すことができる場合に関する次の記述のうち、電波法（第79条）の規定に照らし、この規定に定めるところに適合しないものはどれか。下の1から4までのうちから一つ選べ。

1 無線従事者が電波法若しくは電波法に基づく命令又はこれらに基づく処分に違反したとき。

2 無線従事者が不正な手段により無線従事者の免許を受けたとき。

3 無線従事者が著しく心身に欠陥があって無線従事者たるに適しない者に該当するに至ったとき。

4 無線従事者が正当な理由がないのに、無線通信の業務に5年以上従事しなかったとき。

ポイント 選択肢4の規定はない。 **正答** 4

問題32 重要度 ★★★★★ 1回目 2回目 3回目

無線従事者が電波法若しくは電波法に基づく命令又はこれらに基づく処分に違反したとき、総務大臣からどのような処分を受けることがあるか。電波法（第79条）の規定に照らし、正しいものを下の1から4までのうちから選べ。

1 無線局設備の操作の範囲の制限

2 6箇月以内の期間を定めてその無線通信の業務に従事することを停止

3 無線従事者が従事する無線局の運用の停止

4 無線従事者の免許の取消し

ポイント 無線従事者に対する処分で免許の取消しである。 **正答** 4

問題33 重要度 ★★★★★ 1回目 2回目 3回目

次に掲げるもののうち、無線従事者がその免許を取り消されることがある場合に該当するものを、電波法（第79条）の規定に照らし下の番号から選べ。

1 日本の国籍を失ったとき。

2 刑法に規定する罪を犯し、罰金以上の刑に処せられたとき。

3 5年以上無線設備の操作を行わなかったとき。

4 不正な手段により無線従事者の免許を受けたとき。

ポイント 無線従事者の免許を不正な手段により受けたときは、取り消されることがある。　　　　**正　答** 4

問題34　重要度 ★★★★★　　1回目 2回目 3回目

次に掲げるもののうち、無線従事者が総務大臣から3箇月以内の期間を定めてその業務に従事することを停止されることがある場合はどれか、電波法（第79条）の規定により正しいものを下の番号から選べ。

1 電波法若しくは電波法に基づく命令又はこれらに基づく処分に違反したとき。

2 無線従事者としてその業務に従事することがなくなったとき。

3 無線局の運用を6箇月以上休止したとき。

4 免許証を失ったとき。

ポイント 「3箇月以内の従事の停止」のキーワードは、電波法令に違反したとき。　　　　**正　答** 1

問題35　重要度 ★★★★☆　　1回目 2回目 3回目

次の記述は、無線従事者の免許の取消し等について電波法（第79条）の規定に沿って述べたものである。□□□内に入れるべき字句の正しい組合せを下の番号から選べ。

　総務大臣は、無線従事者が電波法若しくは電波法に基づく命令又はこれらに基づく処分に違反したときは、その免許を取り消し、又は □ A □ 以内の期間を定めて □ B □ することができる。

	A	B
1	3箇月	その業務に従事することを停止
2	3箇月	無線設備の操作の範囲を制限
3	6箇月	その業務に従事することを停止
4	6箇月	無線設備の操作の範囲を制限

> **ポイント** 電波法令に違反したときは「3箇月以内」の「業務従事停止」。
>
> **正 答** 1

問題36　重要度 ★★★★★　　1回目 2回目 3回目

次の記述は、無線局の免許人が電波法又は電波法に基づく命令の規定に違反して運用した無線局を認めたときに執らなければならない措置について述べたものである。電波法（第80条）の規定に照らし、これらの規定に適合するものを下の1から4までのうちから一つ選べ。

1　その無線局を告発する。
2　その無線局の電波の発射を停止させる。
3　その無線局の免許人にその旨を通知する。
4　総務省令で定める手続きにより、総務大臣に報告する。

> **ポイント** 電波法令に違反した無線局を認めたときは総務大臣に報告する。
>
> **正 答** 4

問題37　重要度 ★★★★★　　1回目 2回目 3回目

無線局の免許人等（注）は、電波法又は電波法に基づく命令の規定に違反して運用した無線局を認めたときは、どうしなければならないか。電波法（第80条）及び電波法施行規則（第42条の4）の規定に照らし、これらの規定に適合するものを下の1から4までのうちから一つ選べ。
（注）免許人又は登録人をいう。

1　その無線局の電波の発射を停止させる。
2　その無線局の免許人等にその旨を通知する。
3　その無線局を告発する。
4　できる限り速やかに、文書によって、総務大臣又は総合通信局長（沖縄総合通信事務所長を含む。）に報告する。

> **ポイント** 電波法令に違反した無線局を認めたときは、文書によって総務大臣に報告する。
>
> **正 答** 4

監督・罰則

問題38　重要度 ★★★★★

1回目 2回目 3回目

次の記述は、総務大臣への報告について、電波法（第80条及び第81条）の規定に沿って述べたものである。_____内に入れるべき字句の正しい組合せを下の番号から選べ。

① 無線局の免許人又は登録人は、次に掲げる場合には、総務省令で定める手続により、総務大臣に報告しなければならない。

(1) 遭難通信、緊急通信、安全通信又は_____A_____を行ったとき。

(2) 電波法又は_____B_____の規定に違反して運用した無線局を認めたとき。

(3) 無線局が外国において、あらかじめ総務大臣が告示した以外の運用の制限をされたとき。

② 総務大臣は、無線通信の秩序の維持その他無線局の適正な運用を確保するため必要があると認めるときは、免許人又は登録人に対し_____C_____に関し報告を求めることができる。

	A	B	C
1	非常通信	電波法に基づく命令	無線局
2	非常通信	電気通信事業法	電波監理上必要な事項
3	無線機器の試験又は調整のための通信	電波法に基づく命令	電波監理上必要な事項
4	無線機器の試験又は調整のための通信	電気通信事業法	無線局

ポイント 「非常通信」、「電波法に基づく命令」、そして「無線局」がキーワードである。

正答 1

問題39　重要度 ★★★★★

1回目 2回目 3回目

無線局（登録局を除く。）の免許人の総務大臣への報告に関する次の記述のうち、電波法（第80条及び第81条）の規定に照らし、これらの規定に定めるところに適合しないものはどれか。下の1から4までのうちから一つ選べ。

1 免許人は、遭難通信、緊急通信又は安全通信を行ったときは、総務省令で定める手続により、総務大臣に報告しなければならない。

2 免許人は、電波法又は電波法に基づく命令の規定に違反して運用した無線局を認めたときは、総務省令で定める手続により、総務大臣に報告しなければならない。

3　総務大臣は、無線通信の秩序の維持その他無線局の適正な運用を確保するため必要があると認めるときは、免許人に対し、無線局に関し報告を求めることができる。

4　免許人は、電波法第74条（非常の場合の無線通信）第1項に規定する通信の訓練のための通信を行ったときは、総務省令で定める手続により、総務大臣に報告しなければならない。

> **ポイント** 非常の場合の無線通信の訓練のための通信を行っても、総務大臣に報告する必要は「ない」。　　　　　　　　　　　　　　　　**正答** 　**4**

問題40　重要度 ★★★★★　　　　1回目 2回目 3回目

次の記述は、免許等を要しない無線局及び受信設備に対する監督について述べたものである。電波法（第82条）の規定に照らし、　　　内に入れるべき最も適切な字句の組合せを下の1から4までのうちから一つ選べ。

①　総務大臣は、電波法第4条（無線局の開設）第1号から第3号までに掲げる無線局（以下「免許等を要しない無線局」という。）の無線設備の発する電波又は受信設備が副次的に発する電波若しくは高周波電流が　A　ときは、その設備の所有者又は占有者に対し、その障害を除去するために　B　を命ずることができる。

②　総務大臣は、免許等を要しない無線局の無線設備について又は放送の受信を目的とする受信設備以外の受信設備について①の措置をとるべきことを命じた場合において特に必要があると認めるときは、　C　ことができる。

	A	B	C
1	他の無線設備の機能に継続的かつ重大な障害を与える	その設備の使用を中止する措置をとるべきこと	その事実及び措置の内容について、文書で報告させる
2	他の無線設備の機能に継続的かつ重大な障害を与える	必要な措置をとるべきこと	その職員を当該設備のある場所に派遣し、その設備を検査させる
3	電気通信業務の用に供する無線局の無線設備に継続的かつ重大な障害を与える	その設備の使用を中止する措置をとるべきこと	その職員を当該設備のある場所に派遣し、その設備を検査させる
4	電気通信業務の用に供する無線局の無線設備に継続的かつ重大な障害を与える	必要な措置をとるべきこと	その事実及び措置の内容について、文書で報告させる

問題41 重要度 ★★☆☆☆　　　1回目 2回目 3回目

無線局の免許人が国に納めるべき電波利用料に関する次の記述のうち、電波法（第103条の2）の規定に照らし、この規定の定めるところに適合しないものはどれか。下の1から4までのうちから一つ選べ。

1　免許人は、電波利用料として、無線局の免許の日から起算して30日以内及びその後毎年その応当日（注1）から起算して30日以内に、当該無線局の起算日（注2）から始まる各1年の期間について、電波法別表第6において無線局の区分に従って定める一定の金額を国に納めなければならない。

　（注1）応当日とは、その無線局の免許に応当する日（応当する日がない場合は、その翌日）をいう。以下同じ。
　（注2）起算日とは、その無線局の免許の日又は応当日をいう。

2　免許人は、電波利用料を納めるときには、その翌年の応当日以後の期間に係る電波利用料を前納することができる。

3　総務大臣は、電波利用料を納めない者があるときは、督促状によって、期限を指定して督促しなければならない。

4　総務大臣は、電波利用料の督促を受けた者が指定された期限までに電波利用料を納めないときは、その督促に係る無線局の運用の停止を命ずることができる。

問題42 重要度 ★★★★★　　　1回目 2回目 3回目

次の記述は、無線局の免許人（包括免許人を除く。）が国に納めるべき電波利用料について述べたものである。電波法（第103条の2）の規定に照らし、□□□内に入れるべき最も適切な字句の組合せを下の1から4までのうちから一つ選べ。なお、同じ記号の□□□内には、同じ字句が入るものとする。

①　免許人は、電波利用料として、無線局の免許の日から起算して□A□以内及びその後毎年その応当日（注1）から起算して□A□以内に、当該無線局の起算日

436

（注2）から始まる各1年の期間について、電波法（別表第6）において無線局の区分に従って定める一定の金額を国に納めなければならない。

　（注1）応当日とは、その無線局の免許の日に応当する日（応当する日がない場合は、その翌日）をいう。
　（注2）起算日とは、その無線局の免許の日又は応当日をいう。

②　免許人は、①の規定により電波利用料を納めるときには、　B　することができる。

　　　A　　　　B
1　30日　　　その翌年の応当日以後の期間に係る電波利用料を前納
2　30日　　　当該1年の期間に係る電波利用料を2回に分割して納付
3　6箇月　　当該1年の期間に係る電波利用料を2回に分割して納付
4　6箇月　　その翌年の応当日以後の期間に係る電波利用料を前納

ポイント 電波利用料は「30日」（1箇月ではない）と覚えておく。電波利用料の「前納」はできるが、分割納付はできない。　　　**正答** 1

問題43　重要度 ★★★★★　　　　1回目 2回目 3回目

総務大臣は、無線設備が電波法第3章（無線設備）に定める技術基準に適合しないと認めるときは、当該無線設備を使用する免許人等（注）に対し、どのような措置を執ることができるか。電波法（第71条の5）の規定に照らし、次の1から4までのうちから一つ選べ。

　（注）免許人又は登録人をいう。

1　3箇月以内の期間を定めて無線局の運用の停止を命じ、又は期間を定めて運用許容時間、周波数若しくは空中線電力を制限することができる。
2　技術基準に適合するように当該無線設備の修理その他の必要な措置を執るべきことを命ずることができる。
3　無線局の免許を取り消すことができる。
4　その職員を無線局に派遣し、その無線設備を検査することができる。

ポイント 技術基準に適合しないと認められた無線設備は、技術基準に適合するよう命じられる。　　　**正答** 2

問題44 重要度 ★★★☆☆ 　　　　1回目 2回目 3回目

次の記述は、基準不適合設備について述べたものである。電波法（第102条の11）の規定に照らし、□□□内に入れるべき最も適切な字句の組合せを下の1から4までのうちから一つ選べ。なお、同じ記号の□□□内には、同じ字句が入るものとする。

① 総務大臣は、無線局が他の無線局の運用を著しく阻害するような混信その他の妨害を与えた場合において、その妨害が電波法第3章（無線設備）に定める技術基準に適合しない設計に基づき製造され、又は改造された無線設備を使用したことにより生じたと認められ、かつ、当該設計と同一の設計に基づき製造され、又は改造された無線設備（以下「基準不適合設備」という。）が広く販売されており、これを放置しては、当該基準不適合設備を使用する無線局が他の無線局の運用に　A　を与えるおそれがあると認めるときは、　B　、当該基準不適合設備の製造業者又は販売業者に対して、その事態を除去するために必要な措置を講ずべきことを　C　することができる。

② 総務大臣は、①の規定による　C　をした場合において、その　C　を受けた者がその　C　に従わないときは、その旨を公表することができる。

	A	B	C
1	重大な悪影響	無線通信の秩序の維持を図るために必要な限度において	勧告
2	支障	無線通信の秩序の維持を図るために必要な限度において	命令
3	重大な悪影響	この法律の施行を確保するため特に必要と認めるときに限り	命令
4	支障	この法律の施行を確保するため特に必要と認めるときに限り	勧告

> **ポイント** 基準不適合設備の問いで、「重大な悪影響」、「無線通信の秩序の維持」、そして「勧告」がキーワードである。　　　　**正答** 1

問題45 重要度 ★★☆☆☆ 　　　　1回目 2回目 3回目

次の記述は、暗号通信の内容の復元に関する罰則について述べたものである。電波法（第109条の2）の規定に照らし、□□□内に入れるべき最も適切な字句の組合せを下の1から4までのうちから一つ選べ。なお、同じ記号の□□□内には、同じ字句が入るものとする。

① 暗号通信を傍受した者又は暗号通信を　A　であって当該暗号通信を受信したものが、　B　、その内容を復元したときは、1年以下の懲役又は50万円以下の罰金に処する。

② 　C　が、①の罪を犯したとき（その業務に関し暗号通信を傍受し、又は受信した場合に限る。）は、2年以下の懲役又は100万円以下の罰金に処する。

③ ①及び②において、「暗号通信」とは、通信の当事者（当該通信を　A　であって、その内容を復元する権限を有するものを含む。）以外の者がその内容を復元できないようにするための措置が行われた無線通信をいう。

④ ①及び②の未遂罪は、罰する。

	A	B	C
1	知り得る立場の者	自己又は他人に利益を与える目的で	無線通信の業務に従事する者
2	知り得る立場の者	当該暗号通信の秘密を漏らし、又は窃用する目的で	無線従事者
3	媒介する者	当該暗号通信の秘密を漏らし、又は窃用する目的で	無線通信の業務に従事する者
4	媒介する者	自己又は他人に利益を与える目的で	無線従事者

ポイント「媒介する者」とは通信事業者等を指す。「当該暗号通信の秘密を漏らし、又は窃用する目的」で、その内容を復元すると懲役又は罰金に処される。「無線通信の業務に従事する者」の罰則は、そうでない者の2倍である。

正答 3

業務書類
の問題

問題1　重要度 ★★☆☆☆　　　1回目 2回目 3回目

次に掲げる書類のうち、固定局に備え付けておかなければならないものはどれか。電波法施行規則（第38条）の規定に照らし、下の1から4までのうちから一つ選べ。

1　電波法及びこれに基づく命令の集録
2　無線設備の取扱説明書
3　無線従事者選解任届の写し
4　免許状

ポイント 固定局（無線局）に備え付けておかなければならない書類は免許状であり、選択肢1〜3は規定がない。　　　**正答** 4

問題2　重要度 ★★☆☆☆　　　1回目 2回目 3回目

次の記述は、無線局検査結果通知書等について述べたものである。電波法施行規則（第39条）の規定に照らし、_____内に入れるべき最も適切な字句の組合せを下の1から4までのうちから一つ選べ。

① 総務大臣又は総合通信局長（沖縄総合通信事務所長を含む。以下同じ。）は、電波法第10条（落成後の検査）第1項、第18条（変更検査）第1項又は第73条（検査）第1項本文、同項ただし書、第5項若しくは第6項の規定による検査を行い又はその職員に行わせたときは、当該__A__を電波法施行規則別表第4号に定める様式の無線局検査結果通知書により免許人又は予備免許を受けた者に通知するものとする。

② 総務大臣又は総合通信局長は、電波法第73条（検査）第3項の規定により検査を省略したときは、その旨を電波法施行規則別表第4号の2に定める様式の無線局検査省略通知書により免許人に通知するものとする。

③ 免許人は、検査の結果について総務大臣又は総合通信局長から__B__をしたときは、速やかにその措置の内容を総務大臣又は総合通信局長に報告しなければ

ならない。

	A	B
1	検査の結果に関する事項	指示を受け相当な措置
2	検査の結果に関する事項	勧告を受けて無線設備の修理又は無線設備の取替え
3	検査を実施した無線設備の測定結果	勧告を受けて無線設備の修理又は無線設備の取替え
4	検査を実施した無線設備の測定結果	指示を受け相当な措置

> **ポイント** 無線局検査結果通知書には、当該「検査の結果に関する事項」が通知される。検査の結果について「指示を受け相当な措置」をしたときは、速やかに報告する。　　　**正答** 1

問題3　重要度 ★★★★☆　　1回目 2回目 3回目

次の記述のうち、無線局の検査の結果について総務大臣又は総合通信局長（沖縄総合通信事務所長を含む。）から指示を受け相当な措置をしたときに、免許人が執らなければならない手続きに該当するものはどれか。電波法施行規則（第39条）の規定に照らし、下の1から4までのうちから一つ選べ。

1　その措置の内容を無線局検査結果通知書に記載する。
2　速やかに措置した旨を検査職員に報告し、確認を受ける。
3　速やかにその措置の内容を総務大臣又は総合通信局長に報告する。
4　速やかに措置した旨を総務大臣又は総合通信局長に報告し、再度検査を受ける。

> **ポイント** 検査の結果について、指示を受け相当な措置をしたときは速やかに報告する。　　　**正答** 3

問題4　重要度 ★★★★★　　1回目 2回目 3回目

無線局の免許人は、免許状に記載した事項に変更を生じたときは、どうしなければならないか、電波法（第21条）の規定により正しいものを下の番号から選べ。

1　3箇月以内に総務大臣にその旨を届け出なければならない。
2　1箇月以内に総務大臣にその旨を届け出なければならない。
3　免許状を総務大臣に提出し、訂正を受けなければならない。

4　速やかに総務大臣にその旨を報告しなければならない。

> **ポイント** 免許状の記載事項に変更を生じたときは、免許状を総務大臣に提出し訂正を受ける。
>
> **正答** 3

問題5　重要度 ★★★★★　　　1回目 2回目 3回目

無線局（包括免許に係るものを除く。）の免許状に関する次の記述のうち、電波法（第21条及び第24条）及び無線局免許手続規則（第22条及び第23条）の規定に照らし、これらの規定に定めるところに適合しないものはどれか。下の1から4までのうちから一つ選べ。

1　免許人は、免許状に記載した事項に変更を生じたときは、その免許状を総務大臣に提出し、訂正を受けなければならない。
2　免許がその効力を失ったときは、免許人であった者は、10日以内にその免許状を返納しなければならない。
3　免許人は、新たな免許状の交付による訂正を受けたときは、遅滞なく旧免許状を返さなければならない。
4　免許人は、免許状を破損し、汚し、失った等のために免許状の再交付を受けたときは、遅滞なく旧免許状を返さなければならない。ただし、免許状を失った等のためにこれを返すことができない場合は、この限りでない。

> **ポイント** 免許がその効力を失ったときは、免許人であった者は「1箇月」以内にその免許状を返納しなければならない。
>
> **正答** 2

問題6　重要度 ★★★★★　　　1回目 2回目 3回目

次の記述は、免許状の返納等について述べたものである。電波法（第24条及び第78条）の規定に照らし、⬚内に入れるべき正しい字句の組合せを下の1から4までのうちから選べ。

① 無線局の免許がその効力を失ったときは、免許人であった者は、⬚A⬚にその免許状を⬚B⬚しなければならない。
② 無線局の免許がその効力を失ったときは、免許人であった者は、遅滞なく⬚C⬚を撤去しなければならない。

	A	B	C
1	1箇月以内	返納	空中線

2	1箇月以内	破棄	送信装置
3	3箇月以内	返納	送信装置
4	3箇月以内	破棄	空中線

> **ポイント** 免許が失効したら免許状を「1箇月以内」に「返納」し、遅滞なく「空中線」を撤去する。空中線とは、アンテナのこと。　**正答　1**

問題7　重要度 ★★★★☆　　　　1回目 2回目 3回目

次の記述は、無線局の免許が効力を失ったときに免許人であった者が執るべき措置について述べたものである。電波法（第24条及び第78条）の規定に照らし、[   ]内に入れるべき最も適切な字句の組合せを下の1から4までのうちから一つ選べ。

① 無線局の免許がその効力を失ったときは、免許人であった者は、[A]にその免許状を[B]しなければならない。

② 無線局の免許がその効力を失ったときは、免許人であった者は、遅滞なく空中線の撤去その他の総務省令で定める[C]。

	A	B	C
1	10日以内	返納	電波の発射を防止するために必要な措置を講じなければならない
2	10日以内	廃棄	他の無線局に混信その他の妨害を与えないために必要な措置を講じなければならない
3	1箇月以内	返納	電波の発射を防止するために必要な措置を講じなければならない
4	1箇月以内	廃棄	他の無線局に混信その他の妨害を与えないために必要な措置を講じなければならない

> **ポイント** 効力を失った免許状は「1箇月」以内に「返納」する。また、電波が発射されないように措置する。　**正答　3**

問題8　重要度 ★★★★★　　　　1回目 2回目 3回目

次の記述は、無線局の廃止等について述べたものである。電波法（第22条から第24条まで）の規定に照らし、[   ]内に入れるべき最も適切な字句の組合せを下の1から4までのうちから一つ選べ。

① 免許人は、その無線局を廃止するときは、その旨を総務大臣に □A□ 。
② 免許人が無線局を廃止したときは、免許は、その効力を失う。
③ 無線局の免許がその効力を失ったときは、免許人であった者は、 □B□ にその免許状を □C□ 。

	A	B	C
1	申請しなければならない	10 日以内	返納しなければならない
2	申請しなければならない	1 箇月以内	廃棄しなければならない
3	届け出なければならない	10 日以内	廃棄しなければならない
4	届け出なければならない	1 箇月以内	返納しなければならない

ポイント 無線局を廃止するときは、総務大臣に「届け出る」。免許が失効したら免許状を「1 箇月以内」に「返納」する。　　　　**正答** 4

問題 9　重要度 ★★★☆☆　　　1回目 2回目 3回目

無線局の免許がその効力を失ったとき、免許人であった者は、免許状をどうしなければならないか、電波法（第24条）の規定により正しいものを下の番号から選べ。

1　遅滞なく廃棄しなければならない。
2　無線局検査結果通知書とともに3箇月以内に返納しなければならない。
3　1箇月以内に返納しなければならない。
4　無線局検査結果通知書とともに2箇月間保管しなければならない。

ポイント 失効した免許状は1箇月以内に返納する。　　　　**正答** 3

問題 10　重要度 ★★★★☆　　　1回目 2回目 3回目

次の記述は、無線局の免許がその効力を失ったときに執るべき措置等について述べたものである。電波法（第22条から第24条まで及び第78条）及び電波法施行規則（第42条の2）の規定に照らし、□□□内に入れるべき最も適切な字句の組合せを下の1から4までのうちから一つ選べ。

① 免許人（包括免許人を除く。）は、その無線局を □A□ ときは、その旨を総務大臣に届け出なければならない。
② 免許人（包括免許人を除く。）が無線局を廃止したときは、免許は、その効力

を失う。

③　無線局の免許がその効力を失ったときは、免許人であった者は、　B　以内にその免許状を返納しなければならない。

④　無線局の免許がその効力を失ったときは、免許人であった者は、遅滞なく空中線の撤去その他の総務省令で定める電波の発射を防止するために必要な措置を講じなければならない。

⑤　④の総務省令で定める電波の発射を防止するために必要な措置は、固定局の無線設備については、空中線を撤去すること（空中線を撤去することが困難な場合にあっては、　C　を撤去すること。）とする。

	A	B	C
1	廃止した	1箇月	送信機、給電線又は電源設備
2	廃止した	3箇月	送信機
3	廃止する	3箇月	送信機
4	廃止する	1箇月	送信機、給電線又は電源設備

ポイント　「廃止するとき」であって、「廃止したとき」でないことに注意。効力を失った免許状は「1箇月」以内に返納する。Cの項は「送信機、給電線又は電源設備」が入る。　**正答**　4

問題11　重要度 ★★★★★　　1回目　2回目　3回目

無線局の免許状に関する次の記述のうち、電波法（第21条及び第24条）、電波法施行規則（第38条）及び無線局免許手続規則（第23条）の規定に照らし、これらの規定に定めるところに適合するものはどれか。下の1から4までのうちから一つ選べ。

1　免許がその効力を失ったときは、免許人であった者は、10日以内にその免許状を返納しなければならない。

2　免許状は、免許人の事務所の見やすい箇所に掲げておかなければならない。ただし、掲示を困難とするものについては、その掲示を要しない。

3　免許人は、免許状に記載した免許人の氏名、名称又は住所に変更を生じたときは、当該免許状の備考欄又は余白に変更の年月日及びその内容を記載しておかなければなければならない。

4　免許人は、免許状を破損し、汚し、失った等のために免許状の再交付の申請をしようとするときは、理由及び免許の番号並びに識別信号を記載した申請書を総務大臣又は総合通信局長（沖縄総合通信事務所長を含む。）に提出しなければならない。

問題12 重要度 ★★★★★

1回目 2回目 3回目

無線局（包括免許に係るものを除く。）の免許状に関する次の記述のうち、電波法（第21条及び第24条）及び無線局免許手続規則（第22条及び第24条）の規定に照らし、これらの規定に定めるところに適合しないものはどれか。下の1から4までのうちから一つ選べ。

1　免許がその効力を失ったときは、免許人であった者は、1箇月以内にその免許状を返納しなければならない。

2　免許人は、免許状に記載した事項に変更を生じたときは、総務大臣又は総合通信局長（沖縄総合通信事務所長を含む。）に対し、事由及び訂正すべき箇所を付して、その旨を届け出るものとする。

3　免許人は、免許状を破損し、汚し、失った等のために免許状の再交付の申請をしようとするときは、理由及び免許の番号並びに識別信号を記載した申請書を総務大臣又は総合通信局長（沖縄総合通信事務所長を含む。）に提出しなければならない。

4　免許人は、新たな免許状の交付による訂正を受けたとき、又は免許状の再交付を受けたときは、遅滞なく旧免許状を返さなければならない。ただし、免許状を失った等のためにこれを返すことができない場合は、この限りでない。

模擬試験問題

科目	問題数	配点	満点	合格点	試験時間
無線工学	24	1問5点	120点	75点	3時間
法規	12	1問5点	60点	40点	

第一級陸上特殊無線技士「無線工学」試験問題

〔1〕 次の記述は、対地静止衛星を用いた衛星通信の特徴について述べたものである。□□□□内に入れるべき字句の正しい組合せを下の番号から選べ。

(1) 静止衛星の □A□ は、赤道上空にあり、静止衛星が地球を一周する公転周期は、地球の自転周期と等しく、また、静止衛星は地球の自転の方向と □B□ 方向に周回している。

(2) 静止衛星から地表に到来する電波は極めて微弱であるため、静止衛星による衛星通信は、春分と秋分のころに、地球局の受信アンテナビームの見通し線上から到来する □C□ の影響を受けることがある。

	A	B	C
1	円軌道	同一	太陽雑音
2	円軌道	逆	空電雑音
3	極軌道	逆	太陽雑音
4	極軌道	同一	空電雑音

〔2〕 次の記述は、デジタル伝送方式における標本化定理について述べたものである。□□□□内に入れるべき字句の正しい組合せを下の番号から選べ。

(1) 入力信号が周波数 f_0〔Hz〕よりも □A□ 周波数を含まない信号（理想的に帯域制限された信号）であるとき、繰返し周波数が □B□ のパルス列で標本化を行えば、そのパルス列から原信号（入力信号）を再生できる。

(2) この場合、標本点の間隔は □C□〔s〕であり、この間隔をナイキスト間隔という。

	A	B	C
1	低い	$0.5f_0$	$2/f_0$
2	低い	$2f_0$	$1/(2f_0)$
3	低い	$0.5f_0$	$1/(2f_0)$
4	高い	$2f_0$	$1/(2f_0)$
5	高い	$0.5f_0$	$2/f_0$

〔3〕 図に示す抵抗 R_1、R_2、R_3 及び R_4〔Ω〕からなる回路において、抵抗 R_2 及び R_4 に流れる電流 I_2 及び I_4 の大きさの値の組合せとして、正しいものを下の番号から選べ。ただし、回路の各部には図の矢印で示す方向と大きさの値の電流が流れているものとする。

	I_2	I_4
1	1〔A〕	2〔A〕
2	2〔A〕	4〔A〕
3	2〔A〕	6〔A〕
4	6〔A〕	2〔A〕
5	6〔A〕	4〔A〕

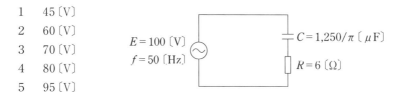

〔4〕 図に示す回路において、抵抗 R の両端の電圧の値として、最も近いものを下の番号から選べ。

1　45〔V〕
2　60〔V〕
3　70〔V〕
4　80〔V〕
5　95〔V〕

$E = 100$〔V〕
$f = 50$〔Hz〕

$C = 1,250/\pi$〔μF〕

$R = 6$〔Ω〕

〔5〕 次の記述は、半導体素子の一般的な働き、用途などについて述べたものである。このうち誤っているものを下の番号から選べ。

1　ツェナーダイオードは、順方向電圧を加えたときの定電圧特性を利用する素子として用いられる。
2　バラクタダイオードは、逆方向バイアスを与え、このバイアス電圧を変化させると、等価的に可変静電容量として動作する特性を利用する素子として用いられる。
3　ホトダイオードは、光を電気信号に変換する素子として用いられる。
4　発光ダイオード（LED）は、順方向電流が流れたときに発光する性質を利用する素子として用いられる。
5　トンネルダイオードは、その順方向の電圧－電流特性にトンネル効果による負性抵抗特性を持っており、応答特性が速いことを利用して、マイクロ波からミリ波帯の発振に用いることができる。

〔6〕 次の記述は、図に示す原理的な構造の電子管について述べたものである。　　　内に入れるべき字句の正しい組合せを下の番号から選べ。

(1) 名称は、 A である。

(2) 主な働きは、マイクロ波の B である。

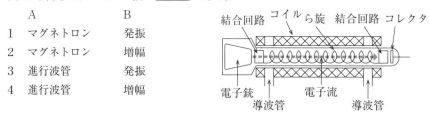

	A	B
1	マグネトロン	発振
2	マグネトロン	増幅
3	進行波管	発振
4	進行波管	増幅

〔7〕 図に示す理想的な演算増幅器 (オペアンプ) を使用した反転増幅回路の電圧利得の値として、最も近いものを下の番号から選べ。ただし、図の増幅回路の電圧増幅度 A_v (真数) は、次式で表されるものとする。また、$\log_{10}2 = 0.3$ とする。

$$|A_v| = R_2 / R_1$$

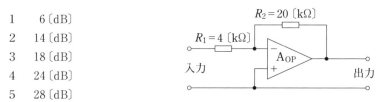

1   6 〔dB〕

2   14 〔dB〕

3   18 〔dB〕

4   24 〔dB〕

5   28 〔dB〕

A_{OP}：演算増幅器　　──▭──：抵抗

〔8〕 一般的なパルス符号変調 (PCM) における標本化についての記述として、正しいものを下の番号から選べ。

1   一定数のパルス列に幾つかの余分なパルスを付加して、伝送時のビット誤り制御信号にする。

2   アナログ信号の振幅を一定の時間間隔で抽出し、それぞれに対応した振幅を持つパルス波形列にする。

3   何段階かの定まった振幅値を持つパルス列について、1パルスごとに振幅値を2進符号に変換する。

4   アナログ信号より抽出したそれぞれのパルスの振幅を、何段階かの定まったレベルの振幅に近似する。

〔9〕 次の記述は、一般的なデジタル伝送における伝送誤りについて述べたものである。　　　　内に入れるべき字句の正しい組合せを下の番号から選べ。ただし、信号空間ダイアグラム上の信号点が変動し、受信側において隣接する信号点と誤って判断する現

象をシンボル誤りといい、シンボル誤りが発生する確率をシンボル誤り率という。

(1) 例えば、16相PSK（16PSK）と16値QAM（16QAM）を比較すると、両方式の搬送波電力（平均電力）が同じ場合、16値QAMの方が信号点間の距離が ☐ A ☐ 、シンボル誤り率が小さくなる。したがって一般に、多値変調ではQAMが利用されている。

(2) また、雑音やフェージングなどの影響によってシンボル誤りが生じた場合、データの誤り（ビット誤り）を最小にするために、信号空間ダイアグラムの縦横に隣接するシンボル同士が1ビットしか異ならないように ☐ B ☐ に基づいてデータを割り当てる方法がある。

	A	B
1	長く	グレイ符号
2	長く	ハミング符号
3	短く	グレイ符号
4	短く	ハミング符号

〔10〕　次の記述は、QPSK等のデジタル変調方式におけるシンボルレートとビットレートとの原理的な関係について述べたものである。 ☐ 内に入れるべき字句の正しい組合せを下の番号から選べ。ただし、シンボルレートは、1秒間に伝送するシンボル数（単位は〔sps〕）を表す。

(1) QPSK（4PSK）では、シンボルレートが5.0〔Msps〕のとき、ビットレートは、 ☐ A ☐ 〔Mbps〕である。

(2) 64QAMでは、ビットレートが48.0〔Mbps〕のとき、シンボルレートは、 ☐ B ☐ 〔Msps〕である。

	A	B
1	10.0	8.0
2	10.0	6.0
3	2.5	6.0
4	2.5	9.0
5	5.0	8.0

〔11〕　次の記述は、受信機で発生する混信の一現象について述べたものである。該当する現象を下の番号から選べ。

　一つの希望波信号を受信しているときに、二以上の強力な妨害波が到来し、それが、

受信機の非直線性により、受信機内部に希望波信号周波数又は受信機の中間周波数と等しい周波数を発生させ、希望波信号の受信を妨害する現象。

1　感度抑圧効果
2　ハウリング
3　相互変調
4　寄生振動

〔12〕　2段に縦続接続された増幅器の総合の等価雑音温度の値として、最も近いものを下の番号から選べ。ただし、初段の増幅器の等価雑音温度を250〔K〕、電力利得を6〔dB〕、次段の増幅器の等価雑音温度を480〔K〕とする。また、$\log_{10}2 \fallingdotseq 0.3$とする。

1　330〔K〕
2　370〔K〕
3　400〔K〕
4　430〔K〕
5　490〔K〕

〔13〕　次の記述は、図に示すマイクロ波（SHF）通信における2周波中継方式の一般的な送信及び受信の周波数配置について述べたものである。このうち正しいものを下の番号から選べ。

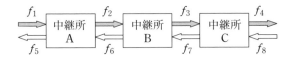

1　中継所Aの受信周波数f_1と中継所Bの受信周波数f_7は、同じ周波数である。
2　中継所Aの送信周波数f_2と中継所Cの送信周波数f_4は、同じ周波数である。
3　中継所Bの送信周波数f_3と中継所Aの送信周波数f_5は、同じ周波数である。
4　中継所Bの受信周波数f_7と中継所Cの受信周波数f_8は、同じ周波数である。

〔14〕　次の記述は、衛星通信に用いられるVSATシステムについて述べたものである。このうち誤っているものを下の番号から選べ。

1　VSAT地球局（ユーザー局）に一般的に用いられるアンテナは、オフセットパラボラアンテナである。
2　VSATシステムは、14〔GHz〕帯と12〔GHz〕帯等のSHF帯の周波数が用いら

れている。

3　VSAT 地球局（ユーザー局）は小型軽量の装置であるが、車両に搭載して走行中の通信に用いることはできない。

4　VSAT システムは、中継装置（トランスポンダ）を持つ宇宙局と複数の VSAT 地球局（ユーザー局）のみで構成でき、回線制御及び監視機能を持つ制御地球局がなくてもよい。

〔15〕　次の記述は、パルスレーダーの受信機に用いられる回路について述べたものである。◯◯◯内に入れるべき字句の正しい組合せを下の番号から選べ。

(1) 近距離からの強い反射波があると、PPI 表示の表示部の中心付近が明るくなり過ぎて、近くの物標が見えなくなる。このとき、STC 回路により近距離からの強い反射波に対しては感度を◯ A ◯、遠距離になるにつれて感度を◯ B ◯て、近距離にある物標を探知しやすくすることができる。

(2) 雨や雪などからの反射波によって、物標の識別が困難になることがある。このとき、FTC 回路により検波後の出力を◯ C ◯して、物標を際立たせることができる。

	A	B	C
1	上げ（良くし）	下げ（悪くし）	反転
2	上げ（良くし）	下げ（悪くし）	積分
3	上げ（良くし）	下げ（悪くし）	微分
4	下げ（悪くし）	上げ（良くし）	積分
5	下げ（悪くし）	上げ（良くし）	微分

〔16〕　次の記述は、パルスレーダーの最大探知距離を向上させる一般的な方法について述べたものである。このうち誤っているものを下の番号から選べ。

1　アンテナの利得を大きくする。

2　送信パルスの幅を広くし、パルス繰り返し周波数を低くする。

3　送信電力を大きくする。

4　受信機の感度を良くする。

5　アンテナの海抜高又は地上高を低くする。

〔17〕　無線局の送信アンテナの絶対利得が 37〔dB〕、送信アンテナに供給される電力が 40〔W〕のとき、等価等方輻射電力（EIRP）の値として、最も近いものを下の番号から選べ。ただし、等価等方輻射電力 P_E〔W〕は、送信アンテナに供給される電力を P_T〔W〕、送信アンテナの絶対利得を G_T（真数）とすると、次式で表されるものとする。

また、1〔W〕を 0〔dBW〕とし、$\log_{10}2=0.3$ とする。

$$P_E = P_T \times G_T \text{〔W〕}$$

1 41〔dBW〕

2 53〔dBW〕

3 69〔dBW〕

4 77〔dBW〕

5 83〔dBW〕

〔18〕 次の記述は、図に示すカセグレンアンテナについて述べたものである。 □ 内に入れるべき字句の正しい組合せを下の番号から選べ。

(1) 回転放物面の主反射鏡、回転双曲面の副反射鏡及び一次放射器で構成されている。副反射鏡の二つの焦点のうち、一方は主反射鏡の □A□ と、他方は一次放射器の励振点と一致している。

(2) 送信における主反射鏡は、 □B□ への変換器として動作する。

(3) 主放射方向と反対側のサイドローブが少なく、かつ小さいので、衛星通信用地球局のアンテナのように上空に向けて用いる場合、 □C□ からの熱雑音の影響を受けにくい。

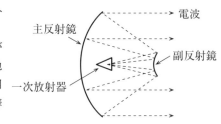

	A	B	C
1	開口面	球面波から平面波	大地
2	開口面	球面波から平面波	自由空間
3	開口面	平面波から球面波	大地
4	焦点	平面波から球面波	自由空間
5	焦点	球面波から平面波	大地

〔19〕 次の記述は、送信アンテナと給電線との接続について述べたものである。このうち誤っているものを下の番号から選べ。

1 アンテナと給電線のインピーダンスの整合をとるには、整合回路などによりアンテナの給電点インピーダンスと給電線の特性インピーダンスを合わせる。

2 アンテナと給電線のインピーダンスが整合していないと、伝送効率が悪くなる。

3 アンテナと給電線のインピーダンスが整合していないと、給電線に定在波が生じる。

4　アンテナと給電線のインピーダンスが整合しているときの電圧定在波比（VSWR）の値は0である。

5　アンテナと給電線のインピーダンスが整合していないと、反射損が生じる。

〔20〕　次の記述は、陸上の移動体通信の電波伝搬特性について述べたものである。 　　　　 内に入れるべき字句の正しい組合せを下の番号から選べ。

(1) 基地局から送信された電波は、移動局周辺の建物などにより反射、回折され、定在波を生じ、この定在波の中を移動局が移動すると受信波にフェージングが発生する。一般に、周波数が高いほど、また移動速度が 　A 　ほど変動が速いフェージングとなる。

(2) さまざまな方向から反射、回折して移動局に到来する電波の遅延時間に差があるため、広帯域伝送では、一般に帯域内の各周波数の振幅と位相の変動が一様ではなく、伝送路の 　B 　が劣化し、伝送信号の波形ひずみが生じる。到来する電波の遅延時間を横軸にとり、各到来波の受信レベルを縦軸にプロットしたものは、遅延プロファイルと呼ばれる。

	A	B
1	遅い	周波数特性
2	遅い	フレネルゾーン
3	速い	周波数特性
4	速い	フレネルゾーン

〔21〕　次の記述は、等価地球半径について述べたものである。このうち正しいものを下の番号から選べ。ただし、大気は標準大気とする。

1　電波は、電離層のE層の電子密度の不均一による電離層散乱によって遠方まで伝搬し、実際の地球半径に散乱域までの地上高を加えたものを等価地球半径という。

2　大気の屈折率は、地上からの高さとともに減少し、大気中を伝搬する電波は送受信点間を弧を描いて伝搬する。この電波の通路を直線で表すため、仮想した地球の半径を等価地球半径という。

3　地球の中心から静止衛星までの距離を半径とした球を仮想したとき、この球の半径を等価地球半径という。

4　等価地球半径は、真の地球半径を3/4倍したものである。

〔22〕　次の記述は、図に示す図記号のサイリスタについて述べたものである。このうち誤っているものを下の番号から選べ。

1　Ｐ形半導体とＮ形半導体を用いたPNPN構造である。
2　アノード、カソード及びゲートの3つの電極がある。
3　導通（ON）及び非導通（OFF）の二つの安定状態をもつ素子である。
4　カソード電流でアノード電流を制御する増幅素子である。

図記号

〔23〕　次の記述に該当する測定器の名称を下の番号から選べ。

　　観測信号に含まれている周波数成分を求めるための測定器であり、表示器（画面）の横軸に周波数、縦軸に振幅が表示され、送信機のスプリアスや占有周波数帯幅を計測できる。

1　定在波測定器
2　周波数カウンタ
3　オシロスコープ
4　スペクトルアナライザ
5　ボロメータ電力計

〔24〕　伝送速度5〔Mbps〕のデジタルマイクロ波回線によりデータを連続して送信し、ビット誤りの発生状況を観測したところ、平均的に50秒間に1回の割合で、1〔bit〕の誤りが生じていた。この回線のビット誤り率の値として、最も近いものを下の番号から選べ。ただし、観測時間は、50秒よりも十分に長いものとする。

1　4×10^{-11}
2　2.5×10^{-10}
3　4×10^{-9}
4　2.5×10^{-8}
5　4×10^{-7}

第一級陸上特殊無線技士「法規」試験問題

12問

〔1〕 次の記述は、電波法の目的及び電波法に規定する用語の定義を述べたものである。電波法（第1条及び第2条）の規定に照らし、□□□内に入れるべき最も適切な字句の組合せを下の1から4までのうちから一つ選べ。

① 電波法は、電波の□A□な利用を確保することによって、公共の福祉を増進することを目的とする。

② 「無線設備」とは、無線電信、無線電話その他電波を送り、又は受けるための□B□をいう。

③ 「無線局」とは、無線設備及び□C□の総体をいう。ただし、受信のみを目的とするものを含まない。

	A	B	C
1	公平かつ能率的	電気的設備	無線設備の操作を行う者
2	公平かつ能率的	通信設備	無線設備の操作の監督を行う者
3	有効かつ適正	電気的設備	無線設備の操作の監督を行う者
4	有効かつ適正	通信設備	無線設備の操作を行う者

〔2〕 無線局の免許の有効期間及び再免許の申請の期間に関する次の記述のうち、電波法（第13条）、電波法施行規則（第7条）及び無線局免許手続規則（第18条）の規定に照らし、これらの規定に定めるところに適合しないものはどれか。下の1から4までのうちから一つ選べ。

1 免許の有効期間は、免許の日から起算して5年を超えない範囲内において総務省令で定める。ただし、再免許を妨げない。

2 特定実験試験局（総務大臣が公示する周波数、当該周波数の使用が可能な地域及び期間並びに空中線電力の範囲内で開設する実験試験局をいう。）の免許の有効期間は、当該実験又は試験の目的を達成するために必要な期間とする。

3 固定局の免許の有効期間は、5年とする。

4 再免許の申請は、固定局（免許の有効期間が1年以内であるものを除く。）にあっては免許の有効期間満了前3箇月以上6箇月を超えない期間において行わなければならない。

〔3〕 周波数測定装置の備付け等に関する次の記述のうち、電波法（第31条及び第37条）及び電波法施行規則（第11条の3）の規定に照らし、これらの規定に定めるところに適

合しないものはどれか。下の1から4までのうちから一つ選べ。

1　総務省令で定める送信設備には、その誤差が使用周波数の許容偏差の2分の1以下である周波数測定装置を備え付けなければならない。

2　電波法第31条の規定により備え付けなければならない周波数測定装置は、その型式について、総務大臣の行う検査に合格したものでなければ、施設してはならない(注)。
　　(注) ただし、総務大臣が行う検定に相当する型式検定に合格している機器その他の機器であって総務省令で定めるものを施設する場合は、この限りでない。

3　470 MHz 以下の周波数の電波を利用する送信設備には、電波法第31条に規定する周波数測定装置を備え付けなければならない。

4　空中線電力が10ワット以下の送信設備には、電波法第31条に規定する周波数測定装置の備付けを要しない。

〔4〕　次に掲げるもののうち、「無人方式の無線設備」の定義として電波法施行規則（第2条）に規定されているものを下の番号から選べ。

1　他の無線局が遠隔操作をすることによって動作する無線設備をいう。

2　無線従事者が常駐しない場所に設置されている無線設備をいう。

3　自動的に動作する無線設備であって、通常の状態においては技術操作を直接必要としないものをいう。

4　無線設備の操作を全く必要としない無線設備をいう。

〔5〕　周波数の安定のための条件に関する次の記述のうち、無線設備規則（第15条及び第16条）の規定に照らし、これらの規定に定めるところに適合しないものはどれか。下の1から4までのうちから一つ選べ。

1　周波数をその許容偏差内に維持するため、送信装置は、できる限り電源電圧又は負荷の変化によって発振周波数に影響を与えないものでなければならない。

2　周波数をその許容偏差内に維持するため、発振回路の方式は、できる限り気圧の変化によって影響を受けないものでなければならない。

3　移動局（移動するアマチュア局を含む。）の送信装置は、実際上起り得る振動又は衝撃によっても周波数をその許容偏差内に維持するものでなければならない。

4　水晶発振回路に使用する水晶発振子は、周波数をその許容偏差内に維持するため、発振周波数が当該送信装置の水晶発振回路により又はこれと同一の条件の回路によりあらかじめ試験を行って決定されているものでなければならない。

〔6〕　無線従事者の免許等に関する次の記述のうち、電波法（第41条）、電波法施行規則（第38条）及び無線従事者規則（第50条及び第51条）の規定に照らし、誤っているものはどれか。下の1から4までのうちから一つ選べ。

1　無線従事者になろうとする者は、総務大臣の免許を受けなければならない。

2　無線従事者は、その業務に従事しているときは、免許証を携帯していなければならない。

3　無線従事者は、免許の取消しの処分を受けたときは、その処分を受けた日から1箇月以内にその免許証を総務大臣又は総合通信局長（沖縄総合通信事務所長を含む。）に返納しなければならない。

4　無線従事者は、免許を失ったために免許証の再交付を受けようとするときは、申請書に写真1枚を添えて総務大臣又は総合通信局長（沖縄総合通信事務所長を含む。）に提出しなければならない。

〔7〕　次の記述は、無線局の免許状等 (注) の記載事項の遵守について述べたものである。電波法（第54条及び第110条）の規定に照らし、□□□内に入れるべき最も適切な字句の組合せを下の1から4までのうちから一つ選べ。

　　　(注) 免許状又は登録状をいう。

①　無線局を運用する場合においては、空中線電力は、次の (1) 及び (2) に定めるところによらなければならない。ただし、遭難通信については、この限りでない。
　(1) 免許状等に □ A □ であること。
　(2) 通信を行うため □ B □ であること。

②　□ C □ に違反して無線局を運用した者は、1年以下の懲役又は100万円以下の罰金に処する。

	A	B	C
1	記載されたところのもの	必要かつ十分なもの	①の (1) の規定
2	記載されたところのもの	必要最小のもの	①の規定
3	記載されたものの範囲内	必要かつ十分なもの	①の規定
4	記載されたものの範囲内	必要最小のもの	①の (1) の規定

〔8〕　次に掲げるもののうち、無線局がなるべく擬似空中線回路を使用しなければならない場合に該当するものはどれか。電波法（第57条）の規定に照らし、下の番号から選べ。

1　無線設備の機器の試験又は調整を行うために運用するとき。

2　工事設計書に記載された空中線を使用することができないとき。

3　無線設備の機器の取替え又は増設の際に運用するとき。

4　実用化試験局を運用するとき。

〔9〕　次の記述のうち、総務大臣が無線局（登録局を除く。）の周波数又は空中線電力の指定の変更を命ずることができる場合の規定に該当するものはどれか。電波法（第71条）の規定に照らし、下の1から4までのうちから一つ選べ。

1　総務大臣は、電波の能率的な利用の確保その他特に必要があると認めるときは、当該無線局の周波数又は空中線電力の指定の変更を命ずることができる。

2　総務大臣は、無線局が他の無線局に混信妨害を与えていると認めるときは、当該無線局の周波数又は空中線電力の指定の変更を命ずることができる。

3　総務大臣は、電波の規整その他公益上必要があるときは、無線局の目的の遂行に支障を及ぼさない範囲内に限り、当該無線局の周波数又は空中線電力の指定の変更を命ずることができる。

4　総務大臣は、無線局の発射する電波の質が総務省令で定めるものに適合していないと認めるときは、当該無線局の周波数又は空中線電力の指定の変更を命ずることができる。

〔10〕　次の記述は、総務大臣が行う処分について、電波法（第76条）の規定に沿って述べたものである。□□□内に入れるべき字句の正しい組合せを下の番号から選べ。

　　総務大臣は、免許人又は登録人が電波法、放送法若しくはこれらの法律に基づく命令又はこれらに基づく処分に違反したときは、□A□以内の期間を定めて□B□の停止を命じ、若しくは第27条の18第1項の登録の全部若しくは一部の効力を停止し、又は期間を定めて運用許容時間、□C□若しくは空中線電力を制限することができる。

	A	B	C
1	1月	無線局の運用	電波の型式、周波数
2	1月	電波の発射	周波数
3	3月	無線局の運用	周波数
4	3月	電波の発射	電波の型式、周波数

〔11〕　無線局（登録局を除く。）の免許人の総務大臣への報告に関する次の記述のうち、電波法（第80条及び第81条）の規定に照らし、これらの規定に定めるところに適合しないものはどれか。下の1から4までのうちから一つ選べ。

1　免許人は、遭難通信、緊急通信又は安全通信を行ったときは、総務省令で定める

手続により、総務大臣に報告しなければならない。

2　免許人は、電波法又は電波法に基づく命令の規定に違反して運用した無線局を認めたときは、総務省令で定める手続により、総務大臣に報告しなければならない。

3　総務大臣は、無線通信の秩序の維持その他無線局の適正な運用を確保するため必要があると認めるときは、免許人に対し、無線局に関し報告を求めることができる。

4　免許人は、電波法第74条（非常の場合の無線通信）第1項に規定する通信の訓練のための通信を行ったときは、総務省令で定める手続により、総務大臣に報告しなければならない。

〔12〕　次の記述は、無線局の免許が効力を失ったときに免許人であった者が執るべき措置について述べたものである。電波法（第24条及び第78条）の規定に照らし、[　　]内に入れるべき最も適切な字句の組合せを下の1から4までのうちから一つ選べ。

①　無線局の免許がその効力を失ったときは、免許人であった者は、[A]にその免許状を[B]しなければならない。

②　無線局の免許がその効力を失ったときは、免許人であった者は、遅滞なく空中線の撤去その他の総務省令で定める[C]。

	A	B	C
1	10日以内	返納	電波の発射を防止するために必要な措置を講じなければならない
2	10日以内	廃棄	他の無線局に混信その他の妨害を与えないために必要な措置を講じなければならない
3	1箇月以内	返納	電波の発射を防止するために必要な措置を講じなければならない
4	1箇月以内	廃棄	他の無線局に混信その他の妨害を与えないために必要な措置を講じなければならない

【無線工学】模擬試験問題　正答

問題番号	正答	掲載ページ		出題項目
〔1〕	1	41 ページ	問題 43	多重通信の概念
〔2〕	4	30 ページ	問題 23	多重通信の概念
〔3〕	3	54 ページ	問題 8	基礎理論
〔4〕	2	70 ページ	問題 27	基礎理論
〔5〕	1	87 ページ	問題 52	基礎理論
〔6〕	4	94 ページ	問題 67	基礎理論
〔7〕	2	102 ページ	問題 82	基礎理論
〔8〕	2	113 ページ	問題 11	多重変調方式
〔9〕	1	115 ページ	問題 14	多重変調方式
〔10〕	1	131 ページ	問題 41	多重変調方式
〔11〕	3	151 ページ	問題 14	無線送受信装置
〔12〕	2	159 ページ	問題 29	無線送受信装置
〔13〕	2	180 ページ	問題 19	中継方式
〔14〕	4	188 ページ	問題 34	中継方式
〔15〕	5	200 ページ	問題 9	レーダー
〔16〕	5	203 ページ	問題 14	レーダー
〔17〕	2	214 ページ	問題 6	空中線及び給電線
〔18〕	5	227 ページ	問題 27	空中線及び給電線
〔19〕	4	241 ページ	問題 51	空中線及び給電線
〔20〕	3	249 ページ	問題 4	電波伝搬
〔21〕	2	270 ページ	問題 30	電波伝搬
〔22〕	4	288 ページ	問題 21	電源
〔23〕	4	297 ページ	問題 16	測定
〔24〕	3	303 ページ	問題 25	測定

【法規】模擬試験問題　正答

問題番号	正答	掲載ページ		出題項目
〔1〕	1	318 ページ	問題 1	目的・定義
〔2〕	2	329 ページ	問題 16	無線局の免許
〔3〕	3	343 ページ	問題 3	無線設備
〔4〕	3	345 ページ	問題 8	無線設備
〔5〕	2	367 ページ	問題 41	無線設備
〔6〕	3	379 ページ	問題 16	無線従事者
〔7〕	4	397 ページ	問題 17	運用
〔8〕	1	401 ページ	問題 23	運用
〔9〕	3	413 ページ	問題 1	監督・罰則
〔10〕	3	429 ページ	問題 27	監督・罰則
〔11〕	4	434 ページ	問題 39	監督・罰則
〔12〕	3	443 ページ	問題 7	業務書類

模擬試験問題

（株）QCQ企画

第一級アマチュア無線技士、第一級陸上特殊無線技士の資格取得のための「通信教育講座」を長年にわたり実施しているほか、総務省認定の第三級及び第四級アマチュア無線技士、そして第二級及び第三級陸上特殊無線技士の養成課程講習会・e ラーニングを実施している。

https://www.qcq.co.jp/

過去12年分のよく出る問題を厳選！
2023年10月期までの試験問題を収録！

第一級陸上特殊無線技士問題・解答集 2024-2025年版

2024 年 3 月 14 日　発　行　　　　　　　　NDC 547.5079

編　　　者	株式会社 Q C Q 企画
発　行　者	小川雄一
発　行　所	株式会社 誠文堂新光社
	〒 113-0033 東京都文京区本郷 3-3-11
	電話 03-5800-5780
	https://www.seibundo-shinkosha.net/
印　　　刷	広研印刷 株式会社
製　　　本	和 光 堂 株式会社

©QCQ PLANNING Co.,Ltd. 2024　　　　　　　Printed in Japan

ISBN978-4-416-72337-1